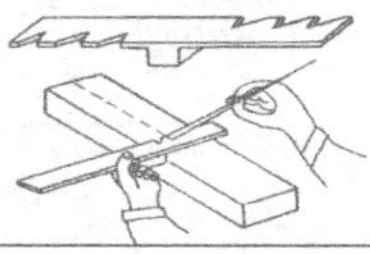

MUGONG
SHOUCE

木工手册

宋魁彦　朱晓冬　刘 玉　编著

化学工业出版社
·北京·

本书详细介绍了木工基础知识、木工常用材料、木工常用手工工具和设备、木制品基本处理方法、木质家具制作、室内木质材料装饰装修、木制品涂装技术等内容，同时简单介绍了本制品质量检验检测等内容。

本书适宜木工阅读。

图书在版编目（CIP）数据

木工手册/宋魁彦，朱晓冬，刘玉编著. —北京：化学工业出版社，2015.4（2023.7 重印）

ISBN 978-7-122-22914-4

Ⅰ.①木… Ⅱ.①宋…②朱…③刘… Ⅲ.①木工-技术手册 Ⅳ.①TU759.1-62

中国版本图书馆 CIP 数据核字（2015）第 020121 号

责任编辑：邢　涛　　　　装帧设计：韩　飞

责任校对：王素芹

出版发行：化学工业出版社（北京市东城区青年湖南街 13 号　邮政编码 100011）

印　　装：北京盛通商印快线网络科技有限公司

850mm×1168mm　1/32　印张 11¾　字数 431 千字

2023 年 7 月北京第 1 版第 9 次印刷

购书咨询：010-64518888　　　　售后服务：010-64518899

网　　址：http://www.cip.com.cn

凡购买本书，如有缺损质量问题，本社销售中心负责调换。

定　　价：58.00 元

前言

木材作为可循环利用的绿色环保材料在建筑装饰行业应用广泛。木工是中国传统行业之一，随着新技术的不断出现和应用快速发展，木工行业既是一门工艺，也是建筑室内装饰常用的技术。木制品产品加工经过了几百年的发展，已经从最初的原木初加工品发展到成材的再加工产品，如各种人造板、家具、包装容器和文体用品等；其工艺操作也从最初的通过刨子、手工锯等简单工具的手工加工，发展到以大型精密的机械化设备进行大规模生产。

本书以实用为原则，在广泛收集资料的基础上，归纳、总结和整理了相关木工实践操作经验。本书包括木工基础知识、木工常用材料、木工常用手工工具、木工常用机械设备、木制品基本结合方法、木质家具制作、室内木质装饰装修工程、木制品涂装技术、木制品产品质量检测等内容，其中第 1、2 章由东北林业大学宋魁彦教授编写，第 3、4 章由东北林业大学朱晓冬编写，第 5～9 章由东北林业大学刘玉编写。本书可作为木制品生产企业的生产技术人员和生产工人以及相关专业学校师生的参考用书。

由于编著者水平有限，书中不妥之处，敬请广大读者批评指正。

编著者

2015 年 1 月

目录

第4章 木工常用机械设备 137

第1章 木工基础知识

1.1 木工识图

1.1.1 图例与符号

1.1.1.1 线

（1）工程常用线型

工程常用线型见表1-1。

表1-1 工程常用线型

名称	用途
粗实线	平、剖面图中被剖切的主要建筑的轮廓线
中实线	建筑立面图的外轮廓线
细实线	建筑构造详图中被剖切的主要部分的轮廓线
中虚线	建筑构配件详图中构配件的外轮廓线
细虚线	平、剖面图中被剖切的次要建筑构造的轮廓线
粗点画线	建筑平、立、剖面图中建筑构配件的轮廓线
细点画线	建筑构造详图及建筑构配件详图中一般轮廓线
折断线	尺寸线、尺寸界线、图例线、索引符号等
波浪线	建筑构造及建筑构配件不可见的轮廓线

（2）基本线条宽度

各种类型图样，应根据复杂程度与比例大小，先选定基本线条宽 b，再选用相应的线宽组，如表1-2所示。

表1-2 线宽组

线宽比	线宽组/mm					
b	2.0	1.4	1.0	0.7	0.5	0.35
$0.5b$	1.0	0.7	0.5	0.35	0.25	0.18
$0.25b$	0.5	0.35	0.25	0.18	—	—

注：1. 需要微缩的图纸，不宜采用0.18mm及更细的线宽。

2. 同一张图纸内，各不同线宽中的细线，可统一采用较细的线宽组的线宽。

(3) 工程制图的图线

工程制图的图纸形式和宽度可按表 1-3 选用。

表 1-3　工程制图的图纸形式和宽度

名称		线宽	一般用途
实线	粗	b	主要可见轮廓线
	中	$0.5b$	可见轮廓线
	细	$0.25b$	可见轮廓线、图例线
虚线	粗	b	见各有关专业制图标准
	中	$0.5b$	不可见轮廓线
	细	$0.25b$	不可见轮廓线、图例线
单点长画线	粗	b	见各有关专业制图标准
	中	$0.5b$	见各有关专业制图标准
	细	$0.25b$	中心线、对称线等
双点长画线	粗	b	见各有关专业制图标准
	中	$0.5b$	见各有关专业制图标准
	细	$0.25b$	假想轮廓线、成型前原始轮廓线
折断线		$0.25b$	断开界线
波浪线		$0.25b$	断开界线

(4) 总图制图图线

总图制图图线按表 1-4 选用。

表 1-4　总图制图图线

名称		线宽	用　途
实线	粗	b	1. 新建建筑物±0.000 高度的可见轮廓线 2. 新建的铁路、管线
	中	$0.5b$	1. 新建构筑物、道路、桥涵、边坡、围墙、露天堆场、运输设施、挡土墙的可见轮廓线 2. 场地、区域分界线、用地红线、建筑红线、尺寸起止符号、河道蓝线 3. 新建建筑物±0.000 高度以外的可见轮廓线
	细	$0.25b$	1. 新建道路路肩、人行道、排水沟、树丛、草地、花坛的可见轮廓线 2. 原有(包括保留和拟拆除的)建筑物、构筑物、铁路、道路、桥涵、围墙的可见轮廓线 3. 坐标网线、图例线、尺寸线、尺寸界线、引出线、索引符号等

续表

名称		线宽	用途
虚线	粗	b	新建建筑物、构筑物的不可见轮廓线
	中	$0.5b$	1. 计划扩建建筑物、构筑物、预留地、铁路、道路、桥涵、围墙、运输设施、管线的轮廓线 2. 洪水淹没线
	细	$0.25b$	原有建筑物、构筑物、铁路、道路、桥涵、围墙的不可见轮廓线
单点长画线	粗	b	露天矿开采边界线
	中	$0.5b$	土方填挖区的零点线
	细	$0.25b$	分水线、中心线、对称线、定位轴线
粗双点长画线		b	
折断线		$0.5b$	断开界线
波浪线		$0.25b$	

注：应根据图样中所表示的不同重点，确定不同的粗细线型。例如，绘制总平面图时，新建建筑物采用粗实线，其他部分采用中线和细线；绘制管线综合图或铁路图时，管线、铁路采用粗实线。

(5) 建筑专业制图图线

建筑专业制图图线按表 1-5 选用。

表 1-5 建筑专业制图图线

名称	线宽	用途
粗实线	b	1. 平、剖面图中被剖切的主要建筑构造(包括构配件)的轮廓线 2. 建筑立面图或室内立面图的外轮廓线 3. 建筑构造详图中被剖切的主要部分的轮廓线 4. 建筑构配件详图中的外轮廓线 5. 平、立、剖面图的剖切符号
中实线	$0.5b$	1. 平、剖面图中被剖切的次要建筑构造(包括构配件)的轮廓线 2. 建筑平、立、剖面图中建筑构配件的轮廓线 3. 建筑构造详图及建筑构配件详图中的一般轮廓线
细实线	$0.25b$	小于 $0.5b$ 的图形线、尺寸线、尺寸界线、图例线、索引符号、标高符号、详图材料做法引出线等
中虚线	$0.5b$	1. 建筑构造详图及建筑构配件不可见的轮廓线 2. 平面图中的起重机(吊车)轮廓线 3. 拟扩建的建筑物轮廓线

续表

名称	线宽	用途
细虚线	0.25b	图例线、小于0.5b的不可见轮廓线
粗单点长画线	b	起重机(吊车)轨道线
细单点长画线	0.25b	中心线、对称线、定位轴线
折断线	0.25b	不需画全的断开界线
波浪线	0.25b	构造层次的断开界线

1.1.1.2 图样

(1) 图样的概念

对于生产工人和技术人员来说，要了解产品的结构和形状，简单的语言和文字描述是不容易表达清楚的。在实际的生产和生活中，往往要借助图形来说明和解决问题，绘制图形就好像说话写字，认识图形就好像听话认字，因此必须掌握绘图识图的规律。所谓图样，就是一种图形语言，它是利用图形来解释，分析和反映产品的结构、形状和内在联系的。实际的物体通过比例缩放，反映到产品图样上，虽然图样上的各种平面图形与实际产品的结构形状相一致，可是对于不会识图的人来说，很难想象其立体的形状，这就需要学习识图的基本知识。各种工业产品和设计产品，都有图样。

(2) 图样的分类

由于生产过程中不同阶段的需要，对于图样就有不同的要求。从一张图样上包括的内容来分，产品图样大致分为以下几种。

① 结构装配图　结构装配图是设计图样中最重要的一种，它能够全面表达产品的结构。其应该包括产品所有结构和装配的关系，如各种接合、各种装饰工艺，以及装配工序所需用的尺寸和技术要求等。

② 零件图　零件图是产品各个零件的图样，零件图上有零件的图形、尺寸、技术要求和注意事项等。大多数工业产品，除了产品零件图外，还包括产品附件的图样。所以，零件图实际上是生产工业产品的基本依据。

③ 组件图　组件图是介于结构装配图和零件图之间的一种图样，它是由几个零件装配而成产品的一个组件的图样，如家具中的抽屉、搁门等。生产分工不细的时候，常常用组件图代替零件图加工零件和装配成组件。

④ 大样图　工业产品中常常有曲线形的零件，形状和弯曲都有一定要求，加工比较困难。为了满足加工要求，把曲线形的零件画成和成品一样大小的图形，这就是大样图，在生产中，通常将大样图先复印在胶合板上，然后用锯按

线条锯下，制成画线用的样板。圆规不能画出的曲线，还要用一定尺寸的方格线正确绘制线条的形状，大样图上方格线的格子大小，要根据零件大小和曲线复杂程度决定，一般取5的倍数，应用起来较为方便。

⑤ 立体图 立体图又称为草图或者示意图。在一张立体图上，同时能看到三个方向（上、下、左、右和前、后六个方向中的三个）立体感很强的图形，由于它有这个特点，对初学识图的人很有帮助，先看了立体图，在脑子里就会有个大概的模样，然后再看结构装配图或零件图就比较容易些，因此，立体图作为结构装配图或零件图的辅助图形最合适。立体图在制图学中有透视图和轴测图的分别。透视图就像摄影照片一样，一件物品近大远小，跟肉眼看到的完全一样；而轴测图的画法就不同了，它是把远处和近处画成与和实际产品一样大小，平行的还是平行，这样画起来较为容易。

（3）制图标准

工程图是工程界的共同语言，为了统一画法，便于交流，我国制订了《建筑制图标准》（GB/T 50104—2010），设计人员及施工人员均必须熟悉并严格遵守。

① 图幅、图标及会签栏。图幅是指图纸的幅面规格，为使建筑图尽可能整齐化，以及图纸装订、保管方便。图标（也称标题栏）在图框的右下角，主要内容有：设计单位、工程名称、设计签字、图名及图号等内容。会签栏用来填写各位会签人员的专业、姓名、日期。

② 比例。图样的比例是图形的大小与实际物体的大小之比。选择适当的比例的目的是使图形的大小适宜和内容清楚，常用比例见表1-6。

表1-6 常用比例

图名	常用比例
总体规划图	1∶2000、1∶5000、1∶10000、1∶25000
总平面图	1∶500、1∶1000、1∶2000
建筑平、立、剖面图	1∶50、1∶100、1∶200
建筑局部放大图	1∶10、1∶20、1∶50
建筑构造详图	1∶1、1∶2、1∶5、1∶10、1∶20、1∶50

③ 图线。图线的形式很多，表达了不同的意义，并使图形轮廓粗细分明并且层次清楚。

④ 尺寸标注。尺寸的单位除了总平面图和标高以米为单位外，其余一律以毫米为单位。尺寸的标注应该完整、正确、清晰，图样上的尺寸数据表示物

体的真实大小，与比例无关。

⑤ 详图索引符号、详图符号。

a. 详图索引符号。有些图样比例较小，无法清楚地表达某处节点的形状和大小，需用较大的比例、齐全的尺寸和详尽的说明作出该节点的详图。为了便于查找，在小比例图样相应的位置上作一个索引符号，标明详图的编号和详图所在图样的位置。

b. 详图符号。用粗实线绘制一个直径为 14mm 的圆圈，标注出详图的编号和被索引小比例图样所在的位置。

⑥ 定位轴线。定位轴线是确定房屋主要承重物件（如梁、柱、墙等）位置的线，是施工定位、放线的依据。

⑦ 对称符号。对称图形可以只画一半，并画对称符号。对称符号是细点画线，两端画出长度 6～10mm 平行线，线间距 2～3mm。

⑧ 指北针。指北针是细实线圆，直径 24mm，指针尾端宽 3mm。当采用更大直径圆时，尾端宽度应是直径的 1/8。

⑨ 建筑图例和代号。施工图中为了简洁地表达设计意图，常用一些规定的图例和代号来表示，不熟悉、不掌握这些图例和代号就无法了解材料的做法和构件的名称，也就无法看懂图样。

(4) 常用建筑材料图例

常用建筑材料图例见表 1-7。

表 1-7 常用建筑材料图例

序号	名称	图 例	备 注
1	自然土壤		包括各种自然土壤
2	夯实土壤		
3	砂、灰土	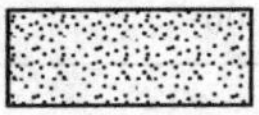	靠近轮廓线绘较密的点
4	砂砾石、碎砖、三合土	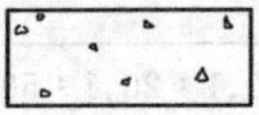	
5	石材		
6	毛石		

续表

序号	名称	图例	备注
7	普通砖	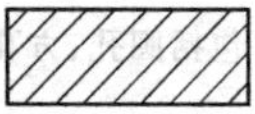	包括实心砖、多孔砖、砌块等砌体。断面较窄不易绘出图例线时，可涂红
8	耐火砖	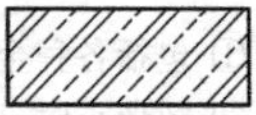	包括耐酸砖等砌体
9	空心砖	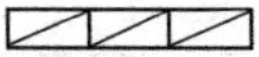	是指非承重砖砌体
10	饰面砖		包括铺地砖、陶瓷锦砖(马赛克)、人造大理石等
11	焦渣、矿渣	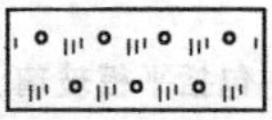	包括与水泥、石灰等混合而成的材料
12	混凝土		① 本图例是指能承重的混凝土及钢筋混凝土 ② 包括各种强度等级、骨料、添加剂的混凝土 ③ 在剖面图上画出钢筋时，不画图例线 ④ 断面图形小，不易画出图例线时，可涂黑
13	钢筋混凝土	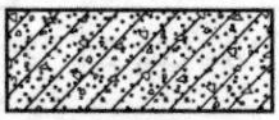	
14	多孔材料		包括水泥珍珠岩、沥青珍珠岩、泡沫混凝土、非承重加气混凝土、软木、蛭石制品等
15	纤维材料	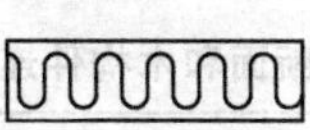	包括矿棉、岩棉、玻璃棉、麻丝、木丝板、纤维板等
16	泡沫塑料材料	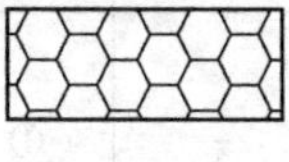	包括聚苯乙烯、聚乙烯、聚氨酯等多孔聚合物类材料
17	木材	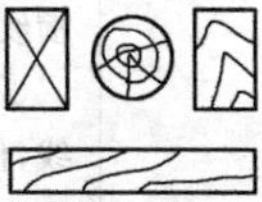	① 上图为横断面，上左图为垫木、木砖或木龙骨 ② 下图为纵断面
18	胶合板	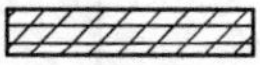	应注明为 X 层胶合板

续表

序号	名称	图例	备注
19	石膏板	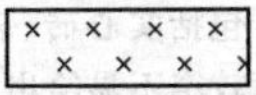	包括圆孔、方孔石膏板，防水石膏板等
20	金属		① 包括各种金属 ② 图形小时，可涂黑
21	网状材料		① 包括金属、塑料网状材料 ② 应注明具体材料名称
22	液体		应注明具体液体名称
23	玻璃		包括平板玻璃、磨砂玻璃、夹丝玻璃、钢化玻璃、中空玻璃、夹层玻璃、镀膜玻璃等
24	橡胶		
25	塑料		包括各种软、硬塑料及有机玻璃等
26	防水材料		构造层次多或比例大时，采用上面图例
27	粉刷		本图例采用较稀的点

注：序号 1、2、5、7、8、13、14、16、17、18、20、24、25 图例中的斜线、短斜线、交叉斜线等一律为 45°。

(5) 建筑结构图例

建筑结构中常用木构件断面和木构件连接表示方法见表 1-8。

表 1-8 建筑结构中常用木构件断面和木构件连接表示方法

序号	名称	图例	说明
1	圆木		① 木材的断面图均应画出横纹线或顺纹线 ② 立面图一般不画木纹线，但木键的立面图均须画出木纹线
2	半圆木	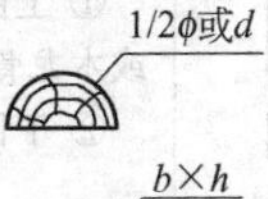	
3	方木	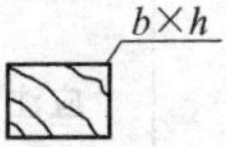	

续表

序号	名称	图例	说明
4	木板	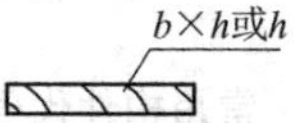	
5	连接正面画法(看得见钉帽的)	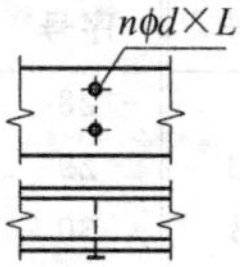	
6	连接背面画法(看不见钉帽的)	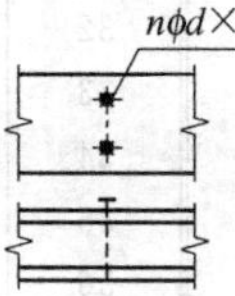	
7	木螺钉连接正面画法(看得见钉帽的)	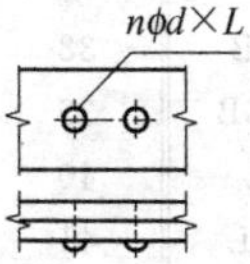	
8	木螺钉连接背面画法(看不见钉帽的)	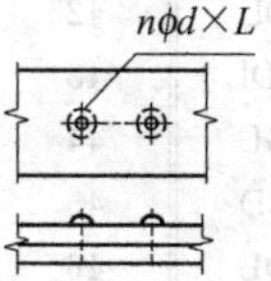	
9	螺栓连接	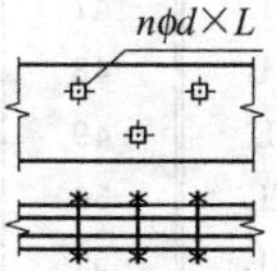	① 当采用双螺母时应加以注明 ② 当采用钢夹板时,可不画垫板线
10	杆件连接		仅用于单线图中
11	齿连接	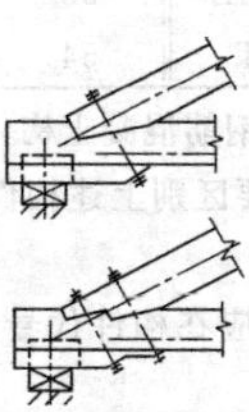	

1.1.1.3 符号

(1) 常用构件代号

常用构件代号见表 1-9。

表 1-9 常用构件代号

序号	名称	代号	序号	名称	代号
1	板	B	28	屋架	WJ
2	屋面板	WB	29	托架	TJ
3	空心板	KB	30	天窗架	CJ
4	槽形板	CB	31	框架	KJ
5	折板	ZB	32	刚架	GJ
6	密肋板	MB	33	支架	ZJ
7	楼梯板	TB	34	柱	Z
8	盖板或沟盖板	GB	35	框架柱	KZ
9	挡雨板或檐口	YB	36	构造柱	GZ
10	吊车安全走道板	DB	37	承台	CT
11	墙板	QB	38	设备基础	SJ
12	天沟板	TGB	39	桩	ZH
13	梁	L	40	挡土墙	DQ
14	屋面梁	WL	41	地沟	DG
15	吊车梁	DL	42	柱间支撑	ZC
16	单轨吊车梁	DDL	43	垂直支撑	CC
17	轨道连接	GL	44	水平支撑	SC
18	车挡	CD	45	梯	T
19	圈梁	QL	46	雨篷	YP
20	过梁	FL	47	阳台	YT
21	连系梁	LL	48	梁垫	LD
22	基础梁	JL	49	预埋件	M-
23	楼梯梁	TL	50	天窗端壁	TD
24	框架梁	KL	51	钢筋网	W
25	框支梁	KZL	52	钢筋骨架	G
26	屋面框架梁	WML	53	基础	J
27	檩条	LT	54	暗柱	AZ

注：1. 预制钢筋混凝土构件、现浇钢筋混凝土构件、钢构件和木构件，一般可直接采用表中的构件代号。在绘图中，当需要区别上述构件的材料种类时，可在构件代号前加注材料代号，并在图纸上加以说明。

2. 预应力钢筋混凝土构件的代号，应在构件代号前加注“Y-”，如 Y-DL 表示预应力钢筋混凝土吊车梁。

(2) 其他各种符号

各种常见符号见表 1-10。

表 1-10 各种常见符号

项目	符号名称	符号标志	说明
	剖面剖切符号	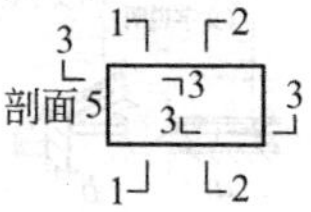	由剖切位置线及剖视方向线组成，均应以粗实线绘制，编号应注写在剖视方向的端部
	断(截)面剖切符号	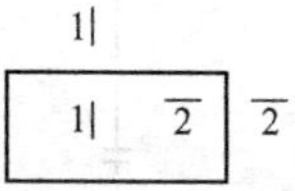	只用剖切线位置表示，以粗实线绘制，编号应注写在剖切位置的一侧，并为该断(截)面的剖视方向
索引符号	详图在本张图纸上		上半圆中数字系该详图的编号；下半圆中的一横代表在本张图纸上
	详图不在本张图纸上		上半圆中的数字系该详图编号；下半圆中的数字系该详图所在图纸的编号
	详图在标准图上	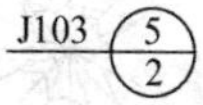	圆圈内数字同上，在水平直径延长线上标注的数字为标准图册的编号
	索引剖面图	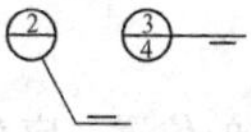	以引出线引出索引符号，引出线所在的一侧应为剖视方向
	详图与被索引的图样在同一张图纸内		圆内数字标注详图的编号
详图符号	详图与被索引的图样不在同一张图纸内	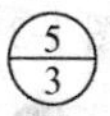	上半圆注明详图的编号，下半圆注明被索引图样的图纸编号
引出线	文字说明引出线	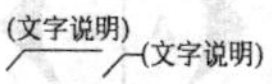	文字说明标注在横线上方或尾部
	索引详图引出线		引出线对准符号圆心

续表

项目	符号名称	符号标志	说明
引出线	同时引出几个相同部位的引出线		可平行，也可于一点放射引出，文字说明标注在上方
	多层构造引出线	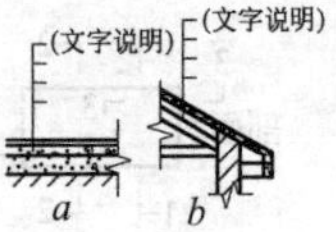	多层共用引出线应通过被引出的各层，说明顺序应由上至下，并与被说明的层次相互一致
对称符号		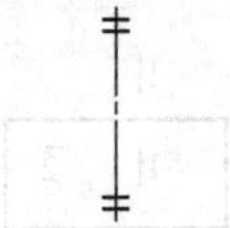	表示两侧的部位，其形状、尺寸完全对称，只需画出一半即可
连接符号		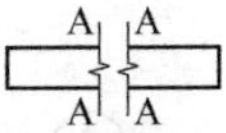 A—连接编号	以折断线表示需要连接的部位。两个被连接的图样，必须用相同的字母编号
指北针			一般出现在总平面图和平面图中，用以表示场地的方向或示意建筑物的朝向
风玫瑰		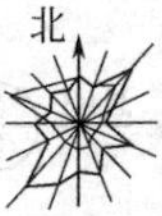	用来表示该地区每年风向频率。它是根据该地区多年平均统计的各方向刮风次数的百分值而绘制的折线图

(3) 内视符号

为表示室内立面在平面图上的位置，应在平面图上用内视符号注明视点位置、方向及立面编号（图 1-1）。符号中的圆圈应用细实线绘制，根据图面比例圆圈直径可选择 8～12mm。立面编号宜用拉丁字母或阿拉伯数字。内视符号如图 1-1 所示。

房间内内视符号的表示方法如图 1-2 所示。

图 1-1 内视符号

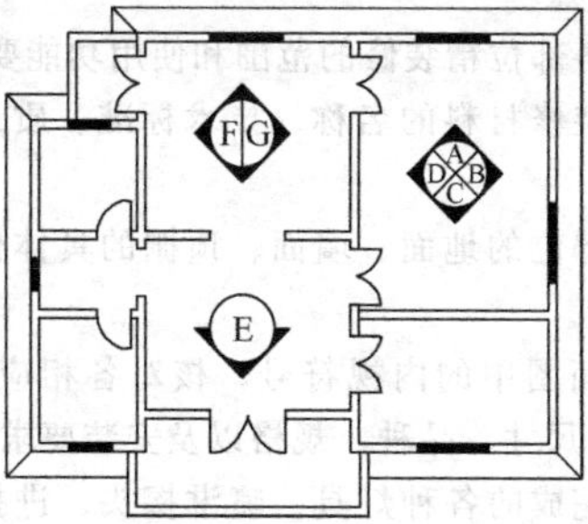

图 1-2 房间内内视符号的表示方法

1.1.2 看图要点

(1) 看平面图的要点

① 了解建筑物的平面形状及总的长、宽尺寸，以及房间的开间、进深尺寸，轴线的位置、编号。

② 内外墙的位置，走道、楼梯的布置及相互关系。

③ 墙的厚度，门窗洞口的位置、尺寸、编号，以及门窗开启方向。

④ 在门窗表中了解各种门窗的编号，高、宽尺寸，樘数。

⑤ 表明剖面图、详图和标准配件的位置及其编号。

⑥ 综合反映其他工种对土建的要求，如预留洞、预留槽、预埋件位置等。

⑦ 各房间、大厅、走道、卫生间等的地面、墙面、顶棚的做法明细表。

⑧ 了解卫生间、楼梯间的具体尺寸和布置。

⑨ 弄清屋面的排水方向、坡度，天沟、檐沟的位置、尺寸、坡度，以及水落口等局部节点大样。

(2) 看立面图的要点

① 了解建筑物各个朝向的外形及门窗、台阶、雨篷、阳台、水落管的位置。

② 掌握建筑物的总高度、各楼层高度、檐口高度、窗台高度、室外地面标高等。

③ 了解建筑物外墙做法，如饰面材料的种类，墙面分格、颜色、技术要求等。

④ 节点引用标准图的图名、页数、编号。

⑤ 查阅墙身剖面的位置、剖面部位的砖墙厚度，窗台、圈梁、楼地面、阳台、檐口等的标高。

(3) 看剖面图的要点

① 掌握建筑物内部各层的高度，如各层楼地面的标高、室内外地坪的标高、门窗及窗台高度，以及建筑物的总高度。

② 各层梁、柱、板的位置及高度，及其与墙身的关系。

（4）看精装修图要点

① 充分了解室内各部位精装修的范围和使用功能要求。

② 了解所用各种装修材料的名称、技术标准、质量要求、施工工艺及使用注意事项。

③ 明确精装修各部位的地面、墙面、顶棚的具体做法，以及饰面材料与原结构之间的连接构造。

④ 根据精装修平面图中的内视符号，核对各相应立面图中的具体做法；了解各种设施的位置、尺寸、品种、规格以及安装要求。

⑤ 核对顶棚中已完成的各种灯具、喷淋探头、进排风口的位置是否与设计相符。

⑥ 核实强电、弱电的插座、开关的位置是否与已完成的部位相符。

1.1.3 识图方法

（1）剖视图和断面图的识读

当物体内部构造和形体复杂时，为了能够清楚地反映其自身结构，往往采用绘制剖视图和断面图的方法来加以表达。

① 剖视图。假想用一个平面（没有厚薄）将要画的东西切开，拿掉挡住的部分，使原来看不到的部分露出来，然后用正投影方法画到图样上。这个方法就是剖视方法，画出的图形就称为剖视图。剖视图有全剖视图、半剖视图、局部剖视图、旋转剖视图和阶梯剖视图几种。下面介绍一下常见的全剖视图和半剖视图。

a. 全剖视图。用一个剖切面完全地剖开工业产品后所得的剖视图称为全剖图。剖切面一般以正面、水平面和侧平面表示。

b. 半剖视图。当产品或其零部件对称（或基本上对称）时，在垂直于对称平面的投影面上的投影，可以以对称中心线为分界线，一半画成剖视，另一半仍画视图。半剖视的标注方法同全剖视。剖切符号仍与全剖视一样横贯图形，以表示剖切面位置。

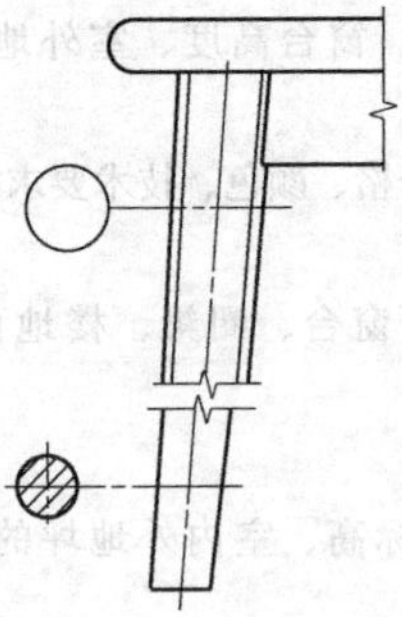

图 1-3　移出断面图

② 断面图。假想用剖切平面将家具的某部分切断，仅画出被剖切到的表面形状，称为断面图。断面图按其图形的位置分为移出断面图和重合断面图两种。移出断面图如图 1-3 所示。在某桌子腿的上部和下部都用一个垂直于轴线的剖切平面剖切桌腿，将断面旋转 90°，移到轮廓线外画出。

重合断面图如图 1-4 所示。这是一个拉手的两视图，中部与两边都画出了其剖面形状，图形经过旋转 90°后，画在轮廓线内部，要注意重合断面图的轮廓线是用细实线画出的。

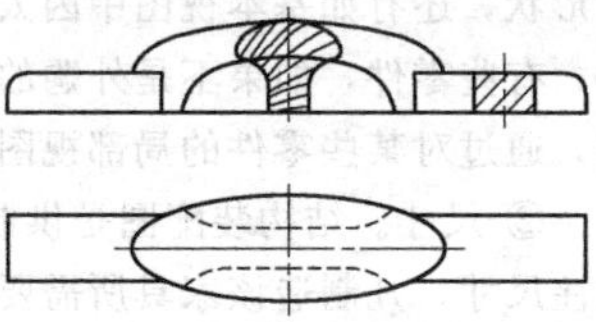

图 1-4　重合断面图

(2) 零件图和部件图的识读

如果对部件的尺寸、形状及其他质量提出合理的要求，由此就应该单独画出部件图、零件图，详细注明它们的技术要求。另外，结构装配图也常常不可能做到包罗万象，有些部件生产使用结构装配图就显得不合适，易于出错或达不到部件应有的要求，导致整个产品质量的降低。从生产发展的需要来看，除了生产数量较少的产品外，按零部件组织生产都必须画出零件图、部件图。零件图是为了加工零件用的，在设计上应满足产品对零件的要求，如形状、尺寸；在加工工艺上则应便于看图下料，进行各道工序的加工，因此视图的绘制同时要符合加工需要。

为了保证部件装配时的质量，一般部件上有关的配合尺寸都应有精度要求，如尺寸公差。这样在装配产品时可不经挑选、不经修正直接顺利装配，且能达到预定要求，这就是所谓的具有互换性。由于加工时的种种原因，零部件的尺寸不可能十分精确，应对尺寸提出合理要求，使误差控制在能满足质量要求的尺寸允许偏差范围内。

(3) 装配图的识读

在着手组织生产家具时，主要反映家具造型和功能的设计图必须反映出家具的内外详细结构，包括零部件的形状，它们之间的连接方法等，这种图样称为结构装配图。结构装配图应该具备生产该家具的各种技术要求。结构装配图是作为生产发展过程的一个阶段需要而出现的。随着生产方式的不同和规模批量的扩大，逐步要求组织部件直至零件的专业化生产，就需要与之配合的部件图和零件图，这样结构装配图的性质就将逐渐变化，图形可大为简化，数量也大幅度减少，成为单一功能的装配图。由于结构装配图的功能，要求作为生产全过程的依据，所以凡生产上需要的内容基本上都应具备。结构装配图内容主要有：视图、尺寸、零部件明细表、技术条件，如当它替代设计图时，还应画有透视图。

① 视图。结构装配图的视图部分是由一组基本视图、一定数量的局部详图，以及个别零件、部件的局部视图所组成的。基本视图一般都以剖视图的形式出现，特别是外形简单的家具或已经有设计图的家具。由于基本视图要求表达家具整体，在图样上需要按一定比例缩小后画出。也由于一件家具的几个基本视图应尽可能安排在一张图纸上，这样基本视图就不可能画得很大，局部结构相对来说就难以表达清楚，因此结构装配图几乎都要采用局部详图。局部详图的选用要点是详细表达主要结构，如零部件之间的结合方式，连接件以及榫结合的类别、形状以及它们的相对位置和大小，再如某些装饰性镶边线脚的断

面形状，还有如基本视图中因太小而画不清楚更无法标注尺寸的局部结构。此外，有些零件，如果不是外购的，又没有零件图，也要在结构装配图中表达清楚，通过对某些零件的局部视图等形式表达，部件也是如此。

② 尺寸。结构装配图是供制造家具用的，除了表示形状外，还要详尽地标注尺寸，凡制造该家具所需要的尺寸一般都应能在图上找到。标注尺寸包括以下几个方面。

a. 总体轮廓尺寸。家具的规格尺寸，是指总宽、长和高。如是柜子，则总体尺寸一般是指柜体本身的宽和长，以及顶板或面板离地高度，不包括局部因结构、装饰而凸出的尺寸。

b. 部件尺寸，如脚架、抽屉、门顶的尺寸。

c. 零件尺寸。方材首先注出其断面尺寸，较多采用简化注法，一次性注出较多；板材则一般要分开注出其宽和厚。

d. 零件、部件的定位尺寸，是指零件、部件相对位置的尺寸。

③ 零部件明细表。当工厂组织生产家具时，随着结构装配图等生产用图样的下达，同时应有一个包括所有零件、部件、附件、耗用的其他材料清单附上，这就是明细表。目前生产工厂大都有专用表格以供填写，明细表的格式和内容由各工厂根据生产实际需要而定，无统一标准。明细表常见内容有：零部件名称、数量、规格、尺寸，如用木材还须注明树种、材种、材积等，此外还有需用的附件、涂料、胶料等的规格、数量等。注意明细表中开列的零件、部件规格尺寸均是指净料尺寸，即零件加工完成的最后尺寸。

零部件明细表可以直接画在图中，特别是部件图中的零件明细表，不再单独列表。这时就需要对零部件进行编号，以方便在图上查找。编号用细实线引出线，末端指向所编零部件，用一个小黑点以示位置，编号应考虑几个原则：一是要按顺序排列整齐；二是尽可能使有关零部件集中编号，其中包括外购件另外编号，甚至直接写在图上。对于有零部件图的家具装配图来说，如板式家具明细表，如不太复杂可以直接画在标题栏上方，这时编号的零部件填写要从下向上写，这样可避免因遗漏而无法添加补齐。零部件的编号是为了从图中查找方便；此外，还应给予代号。代号的任务不仅以数字顺序表示不同零件、部件，更重要的是反映零部件的归属，便于分清，不致弄乱造成损失。在零部件种类较多或同时生产类似家具时，代号显得尤为重要。

④ 技术条件。技术条件是指达到设计要求的各项质量指标，其内容有的可以在图中标出，有的则只能用文字说明。例如对家具尺寸精度的要求，对家具形状精度的要求，表面粗糙度、表面涂饰质量等的要求，以及在加工时需要提出的某些特殊要求。在结构装配图或装配图中，技术条件也常作为验收标准的重要依据。

1.2　木工常用计算

1.2.1　坡度计算

坡度是直角三角形斜边的倾斜程度，即三角形的小边和大边的比值，如图1-5所示。

坡度的大小取决于大边和小边的差数，差数越大，坡度越小；差数越小，则坡度越大。用公式表示如下。

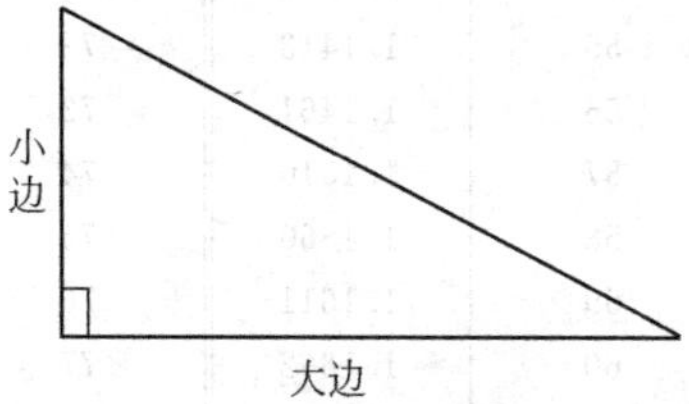

图1-5　坡度示意图

（1）已知大边、小边，求坡度

坡度＝小边/大边×100%

（2）已知大边、坡度，求小边

小边＝大边×坡度

（3）已知小边、坡度，求大边

大边＝小边/坡度

（4）已知大边、小边，求斜坡长度

① 先用小边和大边的关系求出坡度。

② 根据坡度查表1-11求得坡度系数。

表1-11　坡度系数

坡度/%	坡度系数	坡度/%	坡度系数	坡度/%	坡度系数
1	1.0001	18	1.0161	35	1.0595
2	1.0002	19	1.0178	36	1.0628
3	1.0004	20	1.0198	37	1.0662
4	1.0008	21	1.0218	38	1.0698
5	1.0012	22	1.0239	39	1.0733
6	1.0018	23	1.0261	40	1.0770
7	1.0024	24	1.0284	41	1.0808
8	1.0032	25	1.0308	42	1.0846
9	1.0040	26	1.0332	43	1.0885
10	1.0050	27	1.0358	44	1.0925
11	1.0060	28	1.0384	45	1.0966
12	1.0072	29	1.0412	46	1.1007
13	1.0084	30	1.0440	47	1.1049
14	1.0098	31	1.0469	48	1.1092
15	1.0112	32	1.0498	49	1.1136
16	1.0127	33	1.0530	50	1.1180
17	1.0143	34	1.0562	51	1.1225

续表

坡度/%	坡度系数	坡度/%	坡度系数	坡度/%	坡度系数
52	1.1271	69	1.2149	86	1.3189
53	1.1318	70	1.2207	87	1.3255
54	1.1365	71	1.2264	88	1.3321
55	1.1413	72	1.2322	89	1.3387
56	1.1461	73	1.2381	90	1.3454
57	1.1510	74	1.2440	91	1.3521
58	1.1560	75	1.2500	92	1.3588
59	1.1611	76	1.2660	93	1.3656
60	1.1662	77	1.2621	94	1.3724
61	1.1714	78	1.2682	95	1.3793
62	1.1766	79	1.2744	96	1.3862
63	1.1819	80	1.2806	97	1.3932
64	1.1873	81	1.2869	98	1.4001
65	1.1927	82	1.2932	99	1.4071
66	1.1982	83	1.2996	100	1.4142
67	1.2037	84	1.3060		
68	1.2093	85	1.3124		

1.2.2 长度计算

（1）已知两边长求第三边

直角三角形如图 1-6 所示。

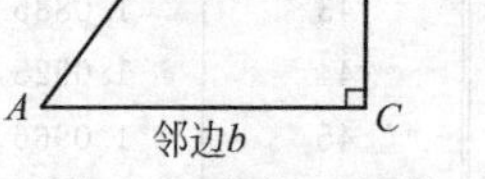

图 1-6 直角三角形

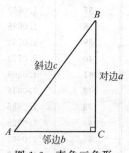

已知两边长求第三边，可按下列公式计算

求斜边：$c^2=a^2+b^2$

求对边：$a^2=c^2-b^2$

求邻边：$b^2=c^2-a^2$

求第三边也可以采用近似的计算方法，这种方法不用开方，非常简便。其计算式为

$$c\approx b+\frac{a^2}{2b}$$

$$b\approx c-\frac{a^2}{2c}$$

（2）求任意三角形边长

已知对应角及两邻边长，求第三边长（图 1-7）。

根据余弦定理

$$c^2=a^2+b^2-2ab\cos C$$

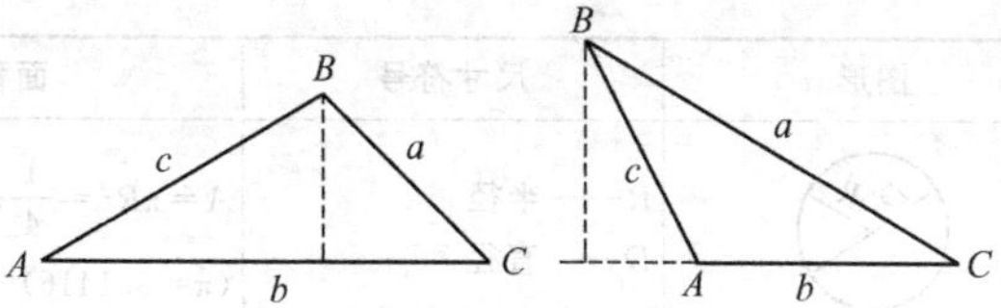

(a) (b)

图 1-7 任意三角形

$$b^2=c^2+a^2-2ac\cos B$$

$$a^2=b^2+c^2-2bc\cos A$$

角度 A、B、C 的函数可由三角函数表查出。

1.2.3 面积计算

平面图形面积计算方法见表 1-12。

表 1-12 平面图形面积计算方法

	图形	尺寸符号	面积 A
正方形	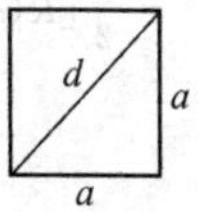	a——边长 d——对角线长	$A=a^2$ $a=\sqrt{A}-0.707d$ $d=1.414a=1.414\sqrt{A}$
长方形	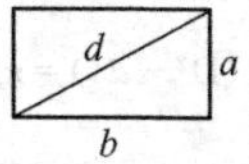	a——短边 b——长边 d——对角线	$A=ab$ $d=\sqrt{a^2+b^2}$
三角形	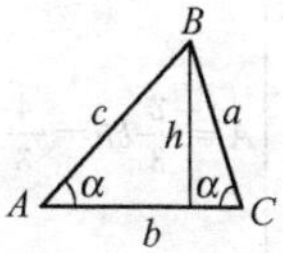	h——高 b——三角形底边	$A=\frac{bh}{2}$ $=\frac{1}{2}ab\sin\alpha$
平行四边形	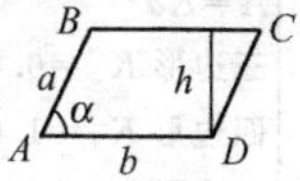	a、b——邻边 h——对边间的距离	$A=bh$ $=ab\sin\alpha$
梯形	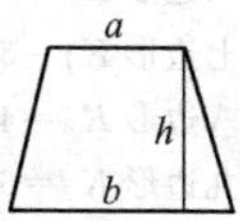	a——上底边 b——下底边 h——高	$A=\frac{a+b}{2}\cdot h$

续表

	图形	尺寸符号	面积 A
圆形		R——半径 D——直径	$A=\pi R^2=\frac{1}{4}\pi D^2$ ($\pi=3.1416$)
椭圆形	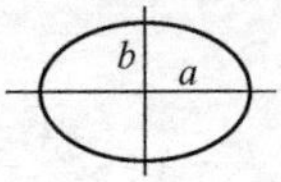	a、b——主轴	$A=\frac{\pi}{4}ab$
扇形	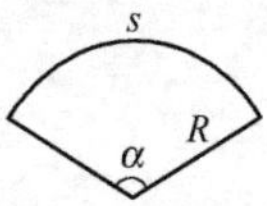	R——半径 s——弧长 α——弧 s 的对应中心角	$A=\frac{1}{2}Rs$ $=\frac{\alpha}{360}\pi R^2$
弓形	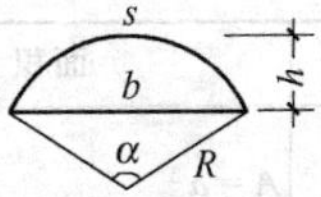	R——半径 h——高 s——弧长 b——弦长 α——中心角	$A=\frac{1}{2}R^2\left(\frac{\alpha\pi}{180}-\sin\alpha\right)$ $=\frac{1}{2}[R(s-b)+bh]$
圆环	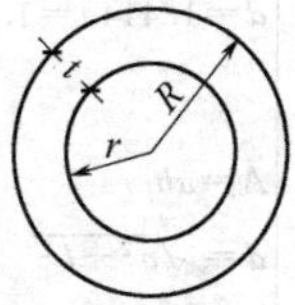	R——外半径 r——内半径 D——外直径 d——内直径 t——环宽 D_{pj}——平均直径	$A=\pi(R^2-r^2)=\frac{\pi}{4}(D^2-d^2)=\pi D_{pj}t$
抛物线	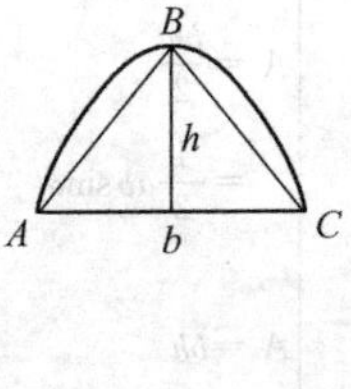	B——底边 h——高 S——△ABC 的面积	$A=\frac{2}{3}bh=\frac{4}{3}S$
等边多边形	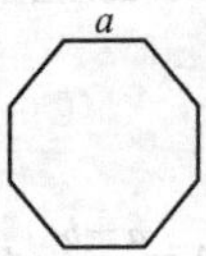	a——边长 K_i——系数 i 是指多边形的边数	$A=Ka^2$ 三边形 $K_3=0.433$ 四边形 $K_4=1.000$ 五边形 $K_5=1.720$ 六边形 $K_6=2.598$ 七边形 $K_7=3.634$ 八边形 $K_8=4.828$ 九边形 $K_9=6.182$ 十边形 $K_{10}=7.694$

1.2.4　体积计算

体积计算方法见表1-13。

表1-13　体积计算方法

	图形	尺寸符号	体积 V
立方体	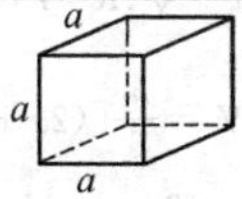	a——棱长	$V=a^3$
长方体（棱柱）	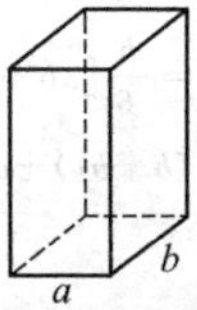	a、b、h——边长	$V=abh$
三棱柱	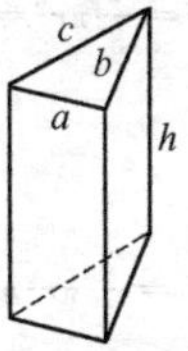	a、b、c——边长 h——高 A——底面积	$V=Ah$
棱锥	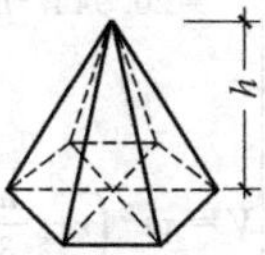	A——底面积 h——锥高	$V=\frac{1}{3}Ah$
棱台	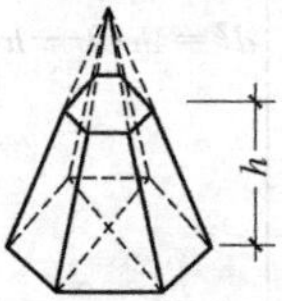	A_1、A_2——两平行底面的面积 h——两底面间的距离	$V=\frac{1}{3}h(A_1+A_2+\sqrt{A_1A_2})$
圆柱和空心圆柱	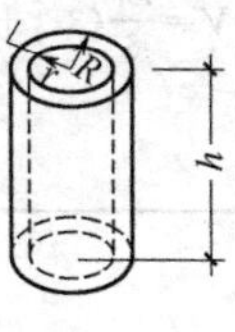	R——外半径 r——内半径 t——柱壁厚度 h——柱高 p——平均半径	圆柱：$V=\pi R^2h$ 空心圆柱： $V=\pi h(R^2-r^2)=2\pi Rpth$
直圆锥	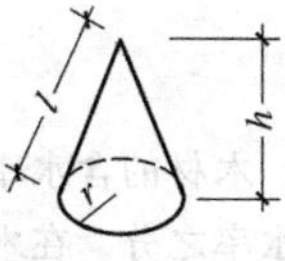	r——底面半径 h——高 l—母线长	$V=\frac{1}{3}\pi r^2h$ $l=\sqrt{r^2+h^2}$

续表

	图形	尺寸符号	体积V
圆台	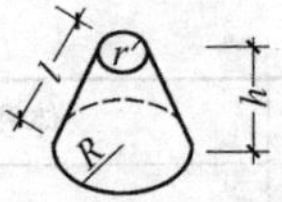	R、r——底面半径 h——高 l——母线长	$V=\frac{\pi h}{3}(R^2+r^2+Rr)$ $l=\sqrt{(R-r)^2+h^2}$
梯形体	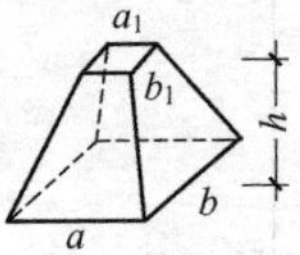	a、b——下底边长 a_1、b_1——上底边长 h——上、下底边距离（高）	$V=\frac{h}{6}[(2a+a_1)b+(2a_1+a)b_1]$ $V=\frac{h}{6}[ab+(a+a_1)\times(b+b_1)+a_1b_1]$
球	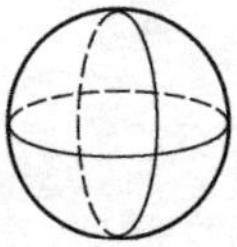	r——半径 d——直径	$V=\frac{4}{3}\pi r^2=\frac{\pi d^3}{6}=0.5236d^3$
球扇形（球楔）	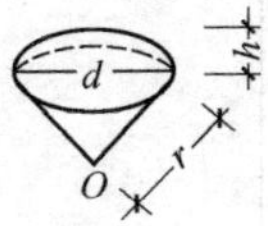	r——球半径 d——弓形底圆直径 h——弓形高	$V=\frac{2}{3}\pi r^2h$ $=20.944r^2h$
球缺	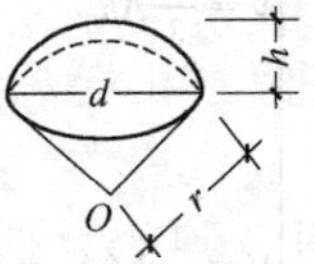	r——球缺半径 h——球缺的高 d——平切圆直径	$V=\pi h^2\left(r-\frac{h}{3}\right)$ $d^2=4h(2r-h)$
球带体	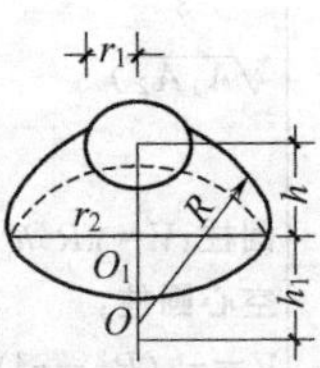	R——球半径 r_1、r_2——底面半径 h——腰高 h_1——球心 O 至带底圆心 O_1 的距离	$V=\frac{\pi h}{6}(3r_1^2+3r_2^2+h^2)$

1.3 木材的干燥、防腐和防虫

(1) 木材含水率

木材是一种天然多孔性物质，在孔内存有水分。木材的含水率是指木材单位体积内所含水分的多少，有绝对含水率和相对含水率之分。在木材加工生产和实际应用中，通常采用绝对含水率，简称含水率。含水率大幅度变化可以引起木材变形及制品开裂。当木材的含水率与周围的空气湿度达到相平衡状态时称为木材的平衡含水率，此时木材性质比较稳定。所以，木材使用前须干燥至使用环境常年平均平衡含水率。我国北方地区平衡含水率为8%～12%，长江流域为15%左右，南方地区更高些。新伐木材含水率常在35%以上，风干木材含水率为15%～25%，室内干燥的木材含水率常为8%～15%。

市场上供应的木材一般是成型板状材，在选择时第一要了解所选木材的干湿程度，干燥木材制作的成品不易变形，有条件的可用仪器测量木材的含水率。没有专门测量仪器时，可以用一些简单易行的方法检测木料的含水量。比如手掂法：轻轻掂量多块木料，含水量小的木料会比较轻，含水量大的木料就明显重一些。手摸法：将手掌平放在木料表面，感受它的潮湿程度；如果是加工好了的木线，则看其加工面有无毛刺，只有湿木材受风后才会起毛刺。敲钉法：用长钉轻轻敲入木料，干燥得好的木料很容易钉入，而湿度大的木料钉入就很困难。当木材含水率高于环境的平衡含水率时，木材会干燥收缩，反之会吸湿膨胀。木材发生干裂和变形的主要原因是含水率过高或过低。由于全国各城市所处地理位置不同，当地平衡含水率各不相同。所以在选购木材时，需选购含水率与当地平衡含水率相当的木材。一般来讲，木料的含水率在8%～12%为正常，在使用中不会出现开裂和翘起的现象。在室内及家具制作中，必须按照有关标准使用干燥木材。我国各地区木材平衡含水率差异较大，必须根据干燥锯材的含水率比当地木材平衡含水率低2%～3%（绝对值）的原则来选用木材。

① 我国各省（区）、直辖市木材平均含水率值见表1-14。

表1-14 我国各省（区）、直辖市木材平均含水率值

省、市名称	平均含水率/%			省市名称	平均含水率/%		
	最大	最小	平均		最大	最小	平均
黑龙江	14.9	12.5	13.6	山东	14.8	10.1	12.9
吉林	14.5	11.3	13.1	江苏	17.0	13.5	15.3
辽宁	14.5	10.1	12.2	安徽	16.5	13.3	14.9
新疆	13.0	7.5	10.0	浙江	17.0	14.4	16.0
青海	13.5	7.2	10.2	江西	17.0	14.2	15.6
甘肃	13.9	8.2	11.1	福建	17.4	13.7	15.7
宁夏	12.2	9.7	10.6	河南	15.2	11.3	13.2
陕西	15.9	10.6	12.8	湖北	16.8	12.9	15.0
内蒙古	14.7	7.7	11.1	湖南	17.0	15.0	16.0
山西	13.5	9.9	11.4	广东	17.8	14.6	15.9
河北	13.0	10.1	11.5	海南(海口)	19.8	16.0	17.6

续表

省、市名称	平均含水率/%			省市名称	平均含水率/%		
	最大	最小	平均		最大	最小	平均
广西	16.8	14.0	15.5	上海	17.3	13.6	15.6
四川	17.3	9.2	14.3	重庆	18.2	13.6	15.6
贵州	18.4	14.4	16.3	台湾(台北)	18.0	14.7	16.4
云南	18.3	9.4	14.3	香港	暂缺	暂缺	暂缺
西藏	13.4	8.6	10.6	澳门	暂缺	暂缺	暂缺
北京	11.4	10.8	11.1	全国			13.4
天津	13.0	12.1	12.6				

注：本表摘自 GB/T 6491—1999《锯材干燥质量》。

② 木材制作时的干缩量

各种木材制作时的干缩量见表 1-15。

表 1-15 各种木材制作时的干缩量 单位：mm

板方材厚度	干缩量	板方材厚度	干缩量
12～30	1	130～140	5
40～60	2	150～160	6
70～90	3	170～180	7
100～120	4	190～200	8

注：落叶松、木麻黄等树种的木材，应按表中规定加大干缩量 30%。

(2) 木材自然干燥法

① 木材自然干燥的堆积方法见表 1-16。

表 1-16 木材自然干燥的堆积方法

材种	堆积方法	堆积示意图	要求
原木	分层纵横交叉堆积法	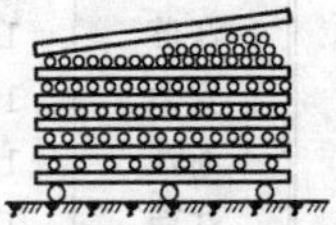	按树种、规格和干湿情况区别分类堆积。距地不小于 50cm，堆积高不超过 3m，也可用实堆法，定期翻堆
板、方材	分层纵横交叉堆积法	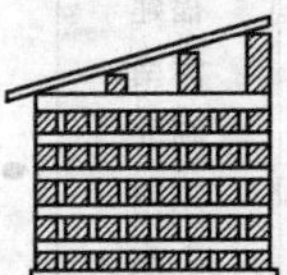	即将板、方材分层纵横交叉堆积，层与层间互成垂直，底层下设堆基，离地不小于 50cm。垛顶用板材铺盖，并伸出材堆边 75cm

续表

材种	堆积方法	堆积示意图	要求
小材料	垫条堆积法		各层板、方材堆积方向相同，中间加设垫条。垫条应厚度一致，上、下垫条间应成同一垂线
	架立堆积法	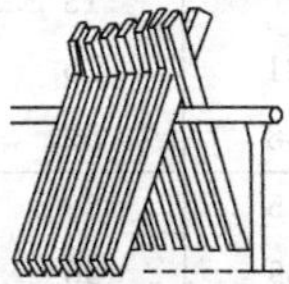	将木材立起、斜放，相互交叉、倚靠，间隔通空气。适于数量不多而又急需达到气干状态时使用
	井字堆积法	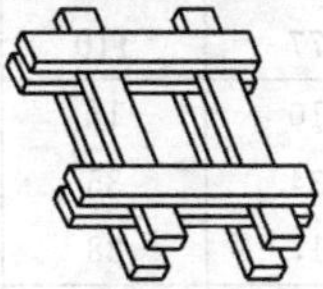	将木板垫起，每层放两块木板，在平面内上、下两层相互垂直堆积，成井字形
	三角形堆积法	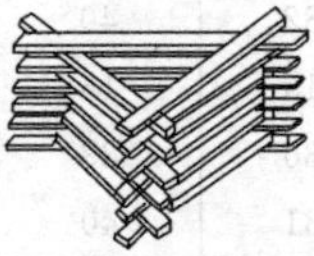	将木板按三角形状头尾相互搭接，压住
	交搭堆积法	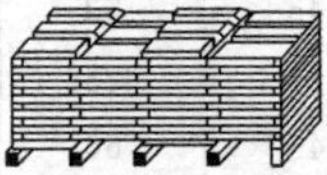	当木板较短时，可用交搭堆积法，将上、下两层相邻两块板端头搭在一起

② 木材自然干燥时间

木材自然干燥时间见表 1-17（含水率由 60%降低到 15%所需的时间）。

表 1-17 木材自然干燥时间 单位：d

树种	干燥季节	板厚 2～4cm			板厚 5～6cm		
		最长	最短	平均	最长	最短	平均
红松	晚冬～初春（3～4 月）	68	41	52	102	90	96
	初夏（6 月）	29	9	19	45	38	42
	初秋（8 月）	50	36	43	106	64	85
	晚秋～冬初（9～11 月）	86	22	54	176	168	172

续表

树种	干燥季节	板厚 2～4cm			板厚 5～6cm		
		最长	最短	平均	最长	最短	平均
落叶松	晚冬～初春	69	39	54	148	128	138
	初夏	63	37	50	60	43	52
	初秋	80	52	66	170	75	122
	晚秋～冬初	125	57	91	203	167	185
白松	初夏	17	9	13	103	30	67
	初秋	31	21	26	59	49	54
	晚冬～初春	69	48	59	192	84	138
水曲柳	初夏	62	15	39	121	111	116
	初秋	72	39	56	157	130	144
	晚秋～冬初	143	77	110	175	87	131
紫椴	初夏	13	10	12			
	初秋	35	34	35	81	74	78
	晚秋～冬初	32	17	28			
裂叶榆	晚冬～初春	48	32	40	110	96	103
	初夏	16	15	16	121	34	78
	初秋	36	30	33	105	83	94
	晚秋～冬初	48	31	40			
桦木	晚冬～初春	60	45	53	175	85	130
	初夏	25	20	23	155	65	110
	初秋	85	46	66	179	120	150
	晚秋～冬初	97	95	96	195	161	178
山杨	晚冬～初春	78	37	58	155	108	132
	初秋	43	36	40	196	189	193
	晚秋～冬初	45	30	38	174	111	143
核桃楸	晚冬～初春	67	36	52	110	90	100
	初夏	20	17	19	63	62	63
	初秋	49	40	45	120	109	115
	晚秋～冬初	73	30	52	163	110	137
色木	初夏	30	26	28	150	100	125
	初秋	65	49	57	229	227	228
	晚秋～冬初	59	57	58	170	130	150

注：本表系森林工业研究所在北京地区进行天然干燥的数据，在温度及湿度等气候条件类似的地区，可以参考使用。

(3) 木材人工干燥法

人工干燥法的种类见表 1-18。

表 1-18　人工干燥法

干燥方法	基本原理	适用范围	优缺点
蒸汽干燥法	利用蒸汽导入干燥室，喷蒸汽增加湿度及升温，另一部分蒸汽通过暖气排管提高和保持室温，使木材干燥	生产能力较大，且有锅炉装置的木材加工工厂，在我国使用广泛	① 设备较复杂 ② 易于调节窑温，干燥质量好 ③ 干燥时间短，安全可靠
烟熏干燥法	在地坑内均匀散布纯锯末，点燃锯末，使其均匀缓燃，不得有火焰急火，利用其热量，直接干燥木材	适用于一般条件差的木材加工厂或工地	① 设备简单，燃料来源方便，成本低 ② 干燥时间稍长，质量较差 ③ 管理要求严格，以免引起火灾
热风干燥法	用鼓风机将空气通过被烧热的管道吹进炉内，从炉底下部风道散发出来，经过木垛又从上部一吸风道回到鼓风机，往复循环，使木材干燥	适用于一般的木材加工企业	① 设备较简单，无需锅炉及管道等设备 ② 干燥时间较短，干燥质量好 ③ 建窑投资少
烟道加热干燥法	在干燥窑的地面、墙面上砌筑烟道，窑外生炉子，通过地面、墙面散发热量，使窑温升高，干燥木材	一般用于小型木材加工厂	① 设备简单，投资较少 ② 干燥成本较低 ③ 木材干燥不均匀，干燥周期长，质量不易控制
瓦斯干燥法	燃烧煤或木屑产生瓦斯直接通入烘干窑内干燥木材，木材在窑内按水平堆积法放置	生产能力较大的木材加工厂	① 设备简单，易于施行 ② 热量损失少，成本低 ③ 窑温易控制，干燥质量较好
红外线干燥法	利用可以放射红外线的辐射热源(反射镜灯泡、金属网、陶瓷板等)对木材进行热辐射，使木材吸收辐射热能，进行干燥	适用于干燥较薄的木材	① 设备简单，基准易调节 ② 干燥周期短，成本低 ③ 如用灯泡干燥时，耗电量大，加热欠均匀
水煮处理方法	将木材放在水槽中煮沸，然后取出置于干燥窑中干燥，从而加快干燥速度，减少干裂变形	适用于干燥少量和小件难以干燥的硬质阔叶材	① 设备复杂、成本高 ② 干燥质量好 ③ 可加快难以干燥的硬木干燥时间 ④ 只可在小范围内使用

续表

干燥方法	基本原理	适用范围	优缺点
过热蒸汽干燥法	用加热器在室内加热由木材中蒸发出来的蒸汽,使其过热,形成过热蒸汽,并利用其为干燥介质,过热度越大,热量越多,进行木材高热干燥	是一种比较先进的干燥方法,现已推广使用	① 干燥周期短 ② 热量和电力消耗较小 ③ 木材干燥比较均匀 ④ 建窑时耗用金属量较大
石蜡油干燥法	将木材置于盛石蜡油的槽内加热,直到木材纤维所获得的温度与槽内石蜡油的温度相同为止,当木材温度达到120～130℃时,木材中的水分析出,而使木材干燥	适用于大、中型木材加工厂	① 大大缩短了干燥时间,一般仅需3～8h ② 干燥质量好,且不产生裂缝 ③ 降低吸湿性,提高抗腐性 ④ 需耗用大量石蜡油
高频电流干燥法	以木材作为电解质,置于高频振荡电路的工作电容器中,在电容的两极板间加上交变电场,电场符号的频繁交变,引起木材分子的极化,分子摩擦产生热量,使木材内部加热,蒸发水分而干燥	适用于干燥大断面的短毛料、髓心方材,若用普通方法干燥必然产生缺陷时,则可用本法干燥	① 材料很快地热透 ② 易于控制内外层湿度梯度 ③ 干燥时间短 ④ 内应力和开裂危险小 ⑤ 耗电多,成本高
真空干燥法	将木材放在具有一定真空度的密闭干燥设备内,一面提高木材温度,一面降低干燥介质的压力,造成一定真空度,使木材内外压力差增大,加快水分移动和蒸发速度,加快干燥过程	在木材加工工业中应用尚不多	① 干燥效果较好 ② 干燥周期短 ③ 设备复杂,成本高
微波干燥法	以木材作为电解质,置于微波电场中,木材的分子在电场中排列方向急速变化,分子间摩擦发热,干燥木材	发展中的新技术,尚未大量推广使用	① 干燥速度快,干燥质量好 ② 成本高 ③ 耗电多,运转复杂

腐朽是指木材由于木腐菌的侵入，逐渐改变其颜色和结构，使细胞壁受到破坏，物理、力学性质随之改变，最后变得松软易碎，呈筛孔状或粉末状等形

态。虫害是指因各种昆虫危害造成的木材缺陷。最常见的害虫有小蠹虫、天牛、吉丁虫、象鼻虫、白蚁和树蜂等。

(1) 木材中常见的真菌和虫害

木材中常见的真菌有三种：霉菌、变色菌和腐朽菌。霉菌只寄生在木材表面，它对木材实质不起破坏作用，通过刨削可以除去。变色菌常见于边材中，它使木材变成青、蓝、红、绿、灰等颜色。变色菌以木材细胞腔内的淀粉、糖类为养料，不破坏细胞壁，对强度影响不大。腐朽菌能够分解细胞壁物质作为养料供给自身生长和繁殖，使木材腐朽破坏。

木材的虫害主要是某些种类的天牛、小蠹虫和白蚁造成的。除在树木生长过程和木材加工、贮运过程外，室内设施及家具在使用中也有可能产生虫害。害虫在木材中钻蛀各种孔道和虫眼，影响木材强度和美观，降低了使用价值，还为腐朽菌进入木材内部滋生创造了条件。在危害严重的情况下，木材布满虫眼并伴随严重腐朽，会使木材失去使用价值。

(2) 木材的防腐与防虫措施

木材的防腐与防虫通常采用两种形式。一种是改变木材的自身状态，使其不适应真菌寄生与繁殖，真菌的繁殖和生存必须同时具备适宜的温度、湿度、足够的氧气和养分。温度在25～30℃，含水率在纤维饱和点以上到50%，又有一定量的空气，最适宜真菌繁殖。当温度高于160℃或低于5℃时真菌不能生长。如含水率小于20%，把木材浸泡在水中及深埋在土中真菌都难以生存。另一种是采用有毒试剂处理，使木材不再成为真菌或蛀虫的养料，并将其毒死。

第一种形式主要是将木材进行干燥处理，使其含水率保持在20%以下；改善木材贮运和使用条件避免再次吸湿；对木制品表面涂刷涂料，防止水分进入。木材始终保持干燥状态就可以达到防腐的目的。

第二种形式是使用化学防腐、防虫药剂处理木材。处理方法主要有：表面刷涂法、表面喷涂法、浸渍法、冷热槽浸透法、压力渗透法等。其中，表面刷涂法和表面喷涂法适宜于现场施工。浸渍法、冷热槽浸透法和压力浸透法处理批量大，药剂透入深，适于成批重要木构件用料的处理。

此外，在木结构中的下列部位应采取防潮和通风措施，也可以达到防腐与防虫的目的。

① 在桁架和大梁的支座下应设置防潮层。

② 在木柱下应设置柱墩，严禁将木柱直接埋入土中。

③ 桁架、大梁的支座节点或其他承重木构件不得封闭在墙、保温层或通风不良的环境中。

④ 处于房屋隐蔽部分的木结构，应设通风孔洞。

⑤ 露天结构在构造上应避免任何部分有积水的可能，并应在构件之间留有空隙（连接部位除外）。

⑥ 当室内外温度差异很大时，房屋的围护结构（包括保温吊顶），应采取有效的保温和隔气措施。

1.4 画线作图基本知识

木工画线表示方法见表 1-19。

表 1-19 木工画线表示方法

名 称	符 号	说 明
中心线或计划线		细实线，要求直、细清晰
下料线		表示按此线下料
废弃线	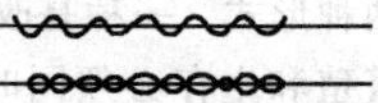	可选用其中的一种符号表示
截料取料线		以双线外股作为下锯线
开榫画线的副线	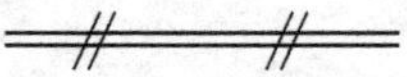	表示榫顶位置
开榫画线的正线		表示榫肩位置
通眼符号		表示打通眼
半眼符号		表示打半眼
正面符号		表示正面或看得见的外表面
榫头符号	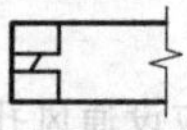	

1.4.1　直角画法

(1) 用方尺画直角

用方尺画直角如图 1-8 所示。

① 将方尺的一边靠紧基准线 AB。

② 在方尺的另一边画出垂直线 OC。

(2) 勾股弦定理画法

用勾股弦定理画直角，如图 1-9 所示。

① 用线绳按勾 3、股 4、弦 5 拉成三角形。

② $BC \perp AC$，$\angle ACB$ 为直角。

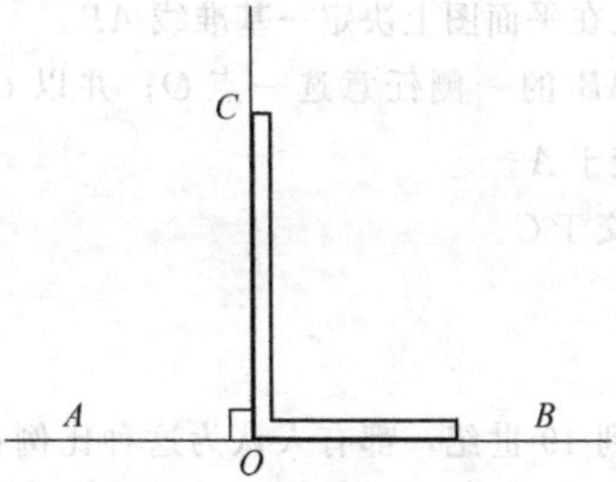

图 1-8　用方尺画直角

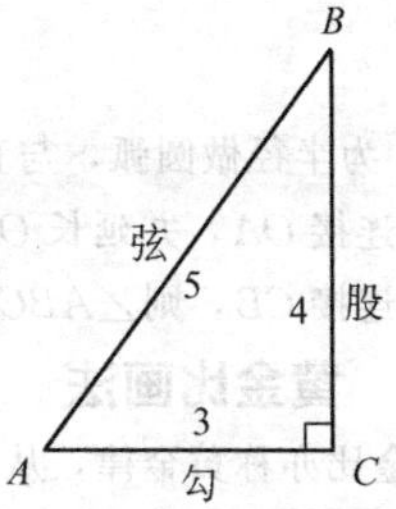

图 1-9　用勾股弦定理画直角

(3) 等腰三角形画直角

用等腰三角形画直角，如图 1-10 所示。

① 根据平面图决定基准线 AD 和基准点 D。

② 延长 AD，在延长线上截取 $DB=AD$。

③ 分别以 A、B 为圆心，以大于 AD 长的线段为半径做弧；两弧交于 C。

④ 连接 CD，则$\angle ADC$ 是直角。

(4) 特殊三角形画直角

特殊三角形画直角，如图 1-11 所示。

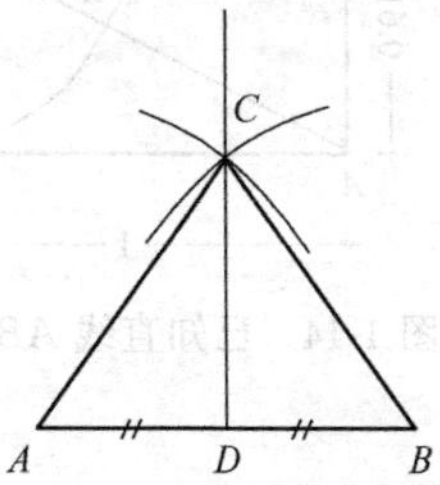

图 1-10　用等腰三角形画直角

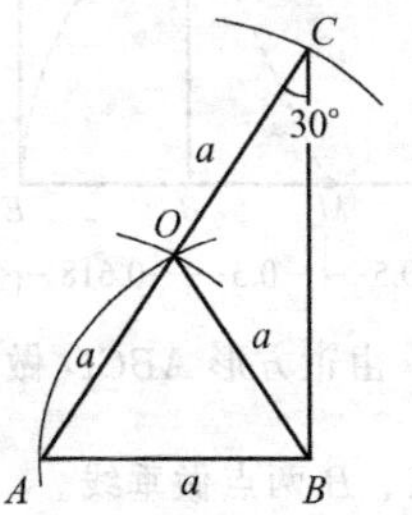

图 1-11　特殊三角形画直角

① 根据平面图决定基准线 AB 及基准点 B。

② 以 B 为圆心，任意长线段为半径做弧，与直线 AB 交于 A。

③ 以 A 为圆心，a 为半径做弧，与以 B 点为圆心，以 a 为半径所做的弧相交于 O；再以 A 为圆心，$2a$ 长为半径做弧。

④ 连接 OA 并延长，使与以 $2a$ 长为半径所做的弧相交于 C。

⑤ 连接 CB，则 $\angle ABC$ 是直角。

(5) 圆弧线画直角

用圆弧线画直角，如图 1-12 所示。

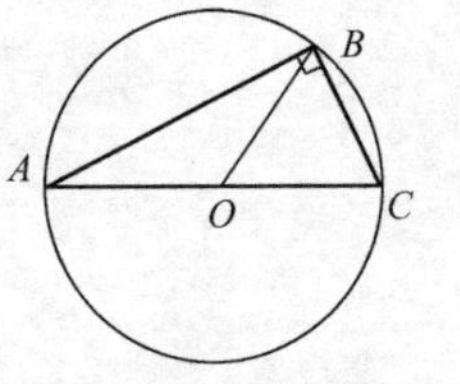

图 1-12 用圆弧线画直角

① 首先在平面图上决定一基准线 AB。

② 在 AB 的一侧任意选一点 O；并以 O 为圆心，OB 为半径做圆弧，与直线 AB 交于 A。

③ 连接 OA，并延长 OA 与圆弧交于 C。

④ 连接 CB，则 $\angle ABC$ 是直角。

1.4.2 黄金比画法

黄金比亦称黄金律，从古希腊直到 19 世纪，都有人认为这种比例在造型艺术中有美学价值，所以又叫黄金分割。如在工艺品设计、建筑造型、建筑小品的长和宽的设计中用这种比例，容易激发美感。

(1) 已知正方形 $ABCD$ 做黄金比（图 1-13）

① 以 AB 的中点 M 为圆心，MC 为半径做弧，交 AB 的延长线于 E。

② 过 E 做 BE 的垂线交 CD 的延长线于 F。

③ 矩形 $AEFD$ 即为黄金比。

(2) 已知直线 AB 做黄金比（图 1-14）

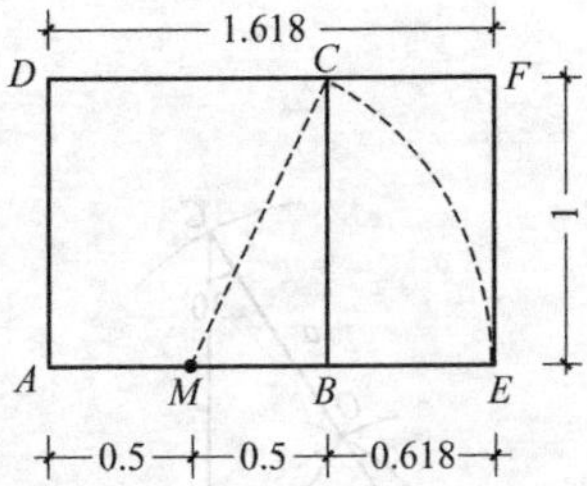

图 1-13 由正方形 $ABCD$ 做黄金比

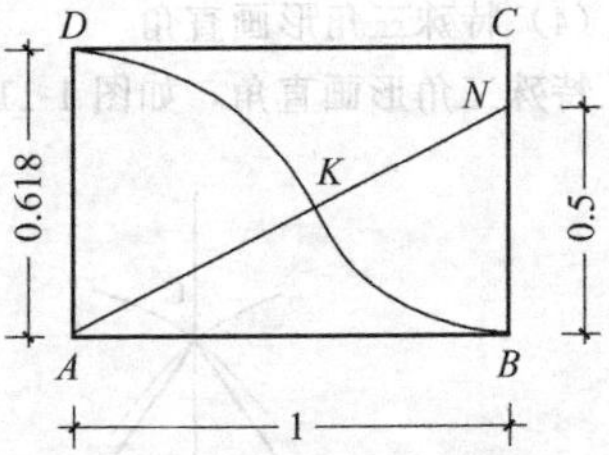

图 1-14 已知直线 AB 做黄金比

① 在 A、B 两点做垂线。

② 做 $NB=1/2AB$。

③ 连 NA，以 N 为圆心，NB 为半径做弧交 NA 于 K。

④ 以 A 为圆心，AK 为半径做弧交 A 点垂线于 D，连 DC 平行 AB，则 $ABCD$ 即为黄金比。

1.4.3　三等分圆周画法

(1) 二心分三法（图 1-15）

① 以 AB 为直径做圆。

② 以 B 点为圆心，BO 为半径画弧交圆周于 C、D 两点。

③ 则 A、C、D 三点把圆周分为三等分。

(2) 半径截分法（图 1-16）

① 以 O 为圆心，OA 为半径画圆。

② 以半径 OA 截分圆周为六等分。

③ 圆上 A、B、C 三点把圆分为三等分。

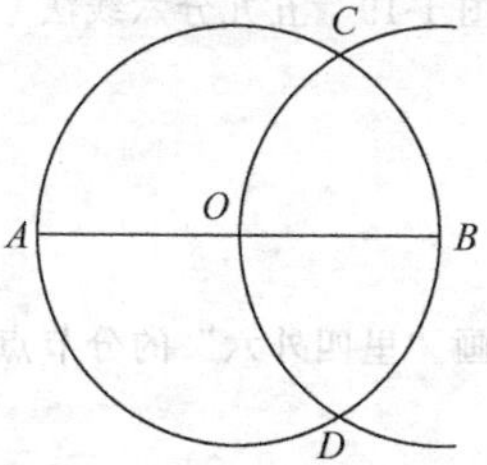

图 1-15　二心分三法

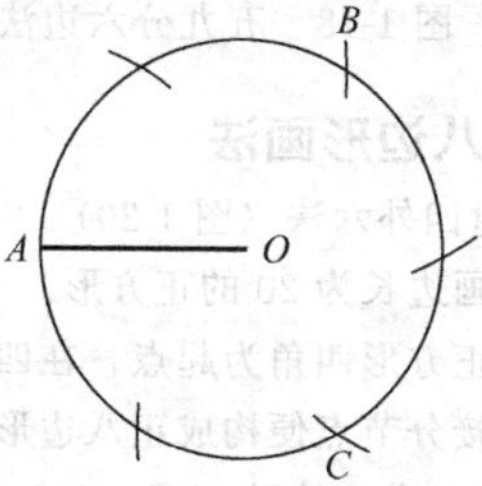

图 1-16　半径截分法

1.4.4　六角形画法

(1) 半径截分法（图 1-17）

① 以所需六边形的边长 a 为半径，以 O 为圆心画圆。

② 以圆的半径 OA 截分圆周为六等分。

③ 将等分点 A、B、C、D、E、F 用直线连接，即为所求的六角形。

(2) 五九分六边法

五九分六边法是一种近似画法，如图 1-18 所示。

① 画边长为 5 和 9 的长方形。

② 画长方形的对角线和边长为 9 的中心线。

③ 按所需正六角形的边长，以长方形的对角线与中心线的交叉点为起点，向各线量出长度，连接各点便成六角形。

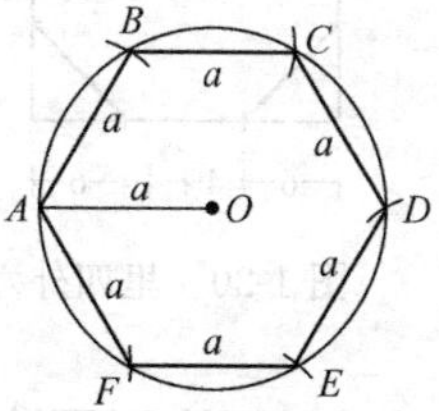

图 1-17　半径截分法

(3) 五九分六线法（图 1-19）

① 画长方形 $ABCD$，并使 $AB=9$，$BC=5$。

② 连接 AC、DB 交于 O 点。

③ 过 O 点画 AB、CD 的垂线，并取 $OE=OF=OA$。

④ 连接 AE、BE、CF、DF，则可得到一个正六角形。

注：本方案画图不用圆规，精度误差值为 3.16%；取 $BC=5.2$ 时，精度更高。

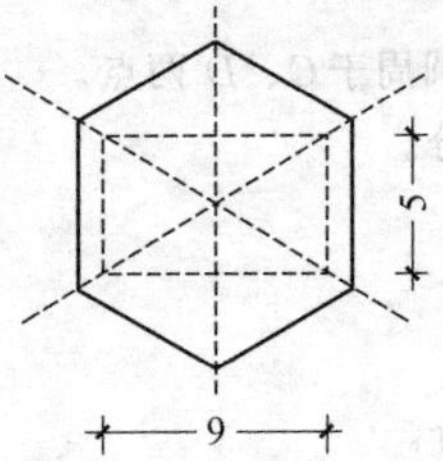

图 1-18　五九分六边法

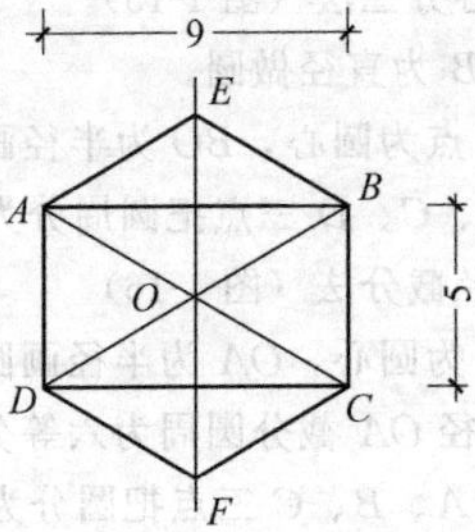

图 1-19　五九分六线法

1.4.5　八边形画法

(1) 里四外六法（图 1-20）

① 先画边长为 20 的正方形。

② 以正方形四角为起点，在四条边上画"里四外六"的分节点。

③ 连接分节点便构成正八边形。

(2) 二四分八边法（图 1-21）

① 用一方尺画一长方形，短边为 2，长边为 4。

② 用直尺、墨斗按如图 1-21(a) 所示画出八个角的方向线。

③ 按所需尺寸，在各直线上由中心量截，并点上节点。

④ 用直线连接各点，就是所求的正八边形图［1-21(b)］。

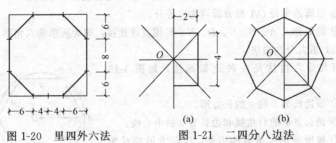

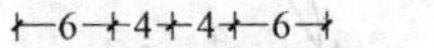

图 1-20　里四外六法

图 1-21　二四分八边法

1.4.6　五边形画法

(1) 外接圆画法（图 1-22 ）

① 画互相垂直的直线 AC、BD，相交于 O 点。

② 取 OB 的中点 P。

③ 画 PQ 等于 AP。

④ 以 A 为圆心，AQ 为半径画弧交圆于 E 点，连 AE，即五边形的一边。

⑤ 然后以 AQ 为半径，在圆周上顺序截取 F、G、H 各点。

⑥ 用直线连接各点，即为所求的正五边形。

(2)“九五顶五九，八五两边分”画法（图 1-23)

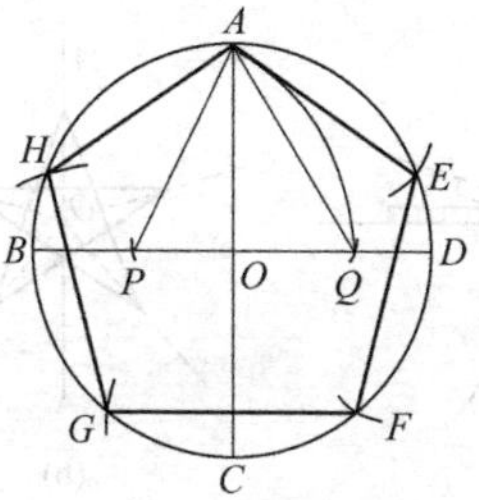

图 1-22 外接圆画法

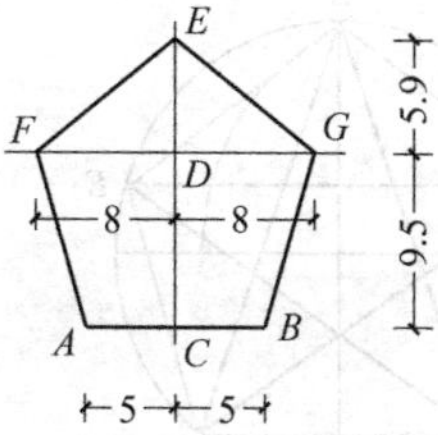

图 1-23 “九五顶五九，八五两边分”画法

① 在长为 10 的 AB 线段上画垂直平分线，垂点为 C。

② 以垂点 C 为起点，在垂直平分线上画 9.5 与 5.9 的线段，与垂直平分线相交于 D、E。

③ 通过 9.5 与 5.9 的分节点 D 画底边的平行线。

④ 以分节点 D 为起点，分别向两边取长为 8 的线段 FD、DG。

⑤ 连接 EG、GB、AF、FE 各点，即成正五边形。

1.4.7 五角星画法

(1) 用五边形画五角星（图 1-24)

① 先按“五边形画法”画出正五边形。

② 将五边形中 A、B、C、D、E 五个点分别与相对两点连成直线，即得所求的五星。

(2)“两倍尺宽点五花”法（图 1-25)

① 在适当的位置取一点作为五角星的中心，从中心向任意方向画一条直线 OA 作为五角星第一条方向线。

② 用木工铁方尺的外角对准中心点，一边与 OA 重合。

③ 在方尺另一边的内侧两倍尺身宽度 ($2b$) 的地方点一点 B，连接 OB 并延长，便是五角星的第二条方向线。

④ 方尺外角仍对准 O 点，一边与 OB 重合，再在另一边内侧 $2b$ 处点一点 C，连接 OC 即得第三条方向线。

⑤ 按上法再画出另外两条方向线。

⑥ 按所需要的尺寸在各方向线上从中心点 O 量截，点上点，再用直线连接各相对点，就是所求的五角星。

注：本法是近似画法，画时必须精确，以减小误差。本法的优点是画法方便，工具简单，只需用一把木工方尺就可画出五角星。

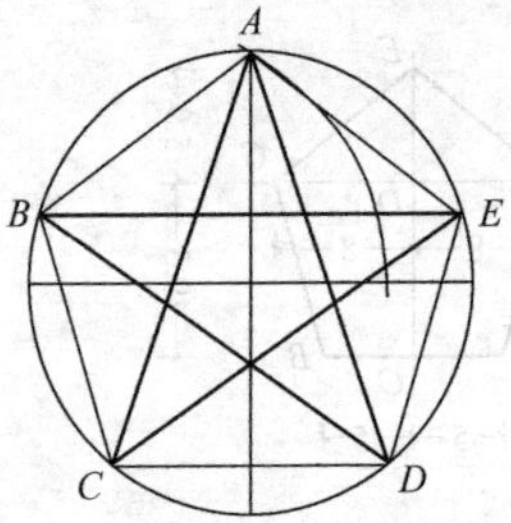

图 1-24　用五边形画五角星

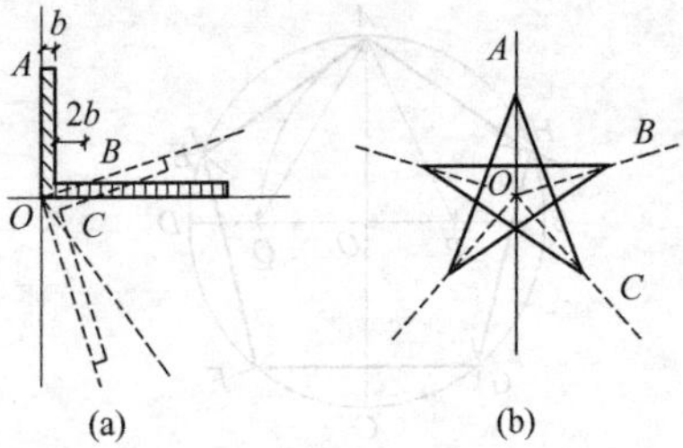

图 1-25“两倍尺宽点五花”法

1.4.8　正多边形画法

(1) 画已知边长为 AB 的正 n 边形（图 1-26）

① 延长 AB 至 D，使 $BD=AB$，并分 AD 为 n 等分（本例为 9 等分）。

② 以 A 及 D 为圆心，AD 为半径，画弧得交点 E，连接 E、7 两点并延长。

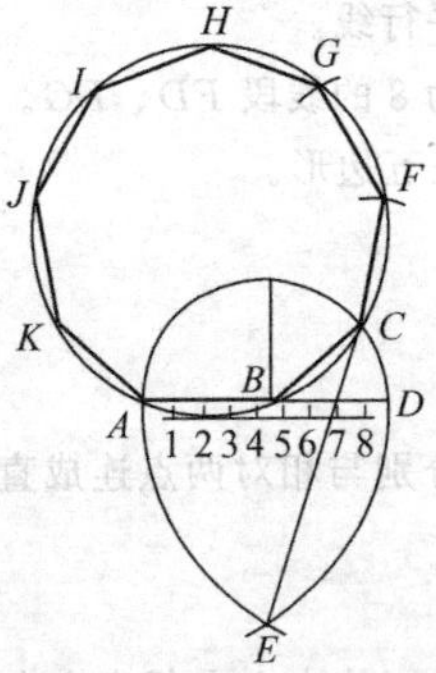

图 1-26　正多边形画法

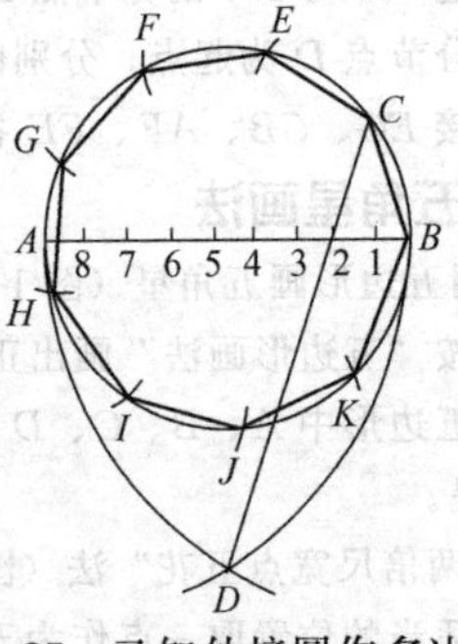

图 1-27　已知外接圆作多边形

③ 以 B 为圆心，BD 为半径画弧，与 $E7$ 的延长线交于 C 点。

④ 过 A、B 及 C 点的圆即为正 n 边形的外接圆。

⑤ 以 C 点为圆心，AB 长为半径画弧，交外接圆于 F；再以 F 为圆心，

AB 长为半径，画弧交外接圆于 G；按上述方法在外接圆上截得 H、I、J、K 各点，连接 BC、CF、FG、GH、HI、IJ、JK、KA 各点，即得所求的正 n 边形。

（2）已知外接圆作多边形（图 1-27）

① 分别以 A、B 为圆心，AB 为半径画弧，相交于 D。

② 分直径 AB 为 n 等分（n 边形分为 n 等分，本例为 9 等分）。

③ 1 连 D 及 2，交圆于 C，BC 即正 n 边形的一边长。

④ 以 BC 为半径，自 B 点起在圆周上顺序量截等弧，得到 C、F、G、H、I、J、K 各点，连接相邻各点，即为所求的正 n 边形。

1.4.9 画弧法

（1）垂直平分画弧法木工遇到门窗拱形时，可用方尺画弧，如图 1-28 所示。

① 画弦长 AB 的垂直平分线 CD，使 CD 等于拱高。

② 连接 BD，并画 BD 的垂直分线 EF，与 CB 交于 F 点。

③ 延长 EF 于 G，使 $EG=1/2EF$。

④ 用同样方法垂直平分 GB 和 GD，找出 H 点与 H' 点。

⑤ 连接 D、H'、G、H、B 各点的曲线就是所需圆的一半。

⑥ 用同法画出另一半，即得所需圆弧。

注：分的次数越多，曲线的精度越高。

（2）三心拱曲线画法

已知拱底宽 AB 及拱高 CD，如图 1-29 所示。

① 连 AD 及 BD。

② 以 C 为圆心，AC 为半径画弧交 CD 的延长线于 E。

③ 以 D 为圆心，DE 为半径画圆分别交 AD、BD 于 F 及 G。

④ 画 AF、BG 的中垂线，可得 O_1、O_2 及 O_3，以此点为圆心，以 O_1D、O_2A、O_3B 为半径画弧，通过 A、B、D 三点，即为所求的三心拱曲线。

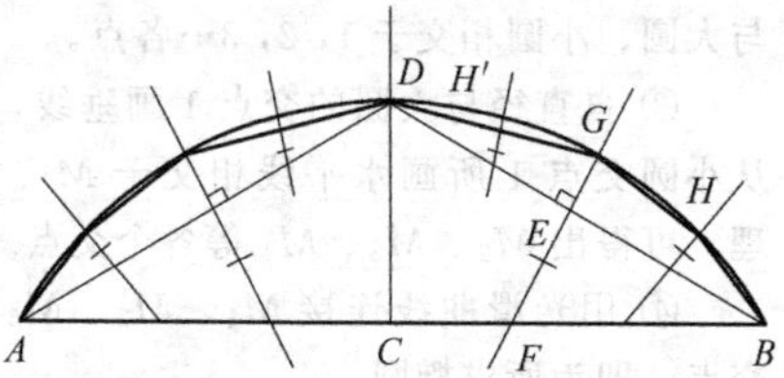

图 1-28 垂直平分画弧法

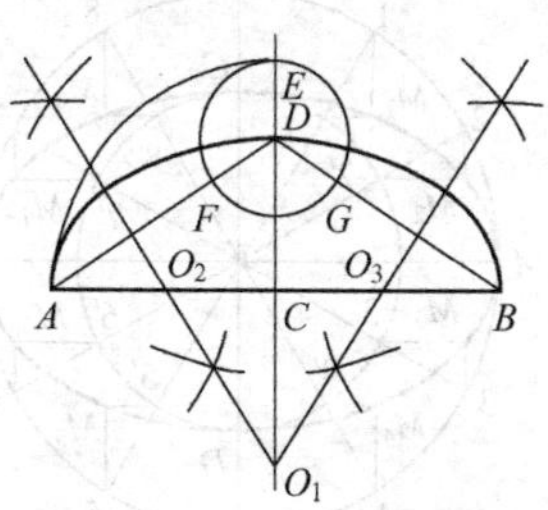

图 1-29 三心拱曲线画法

（3）四心拱曲线画法

已知拱底宽 AB 及拱高 CD，如图 1-30 所示。

① 以 C 为圆心，CB 为半径，画弧交 CD 的延长线于 C'。

② 以 AC 及 CB 的中点距离 EF 为一边，C' 为中点，画矩形 $EFGH$。

③ 以 E、F、G、H 为圆心，以 EB、FA、GD、HD 为半径画弧，即得所求的四心拱曲线。

（4）二心拱曲线画法

已知拱底宽 AB 及拱高 CD，如图 1-31 所示。

① 画 AD、BD 的中垂线，并交 AB 于 E、F 点。

② 以 E 及 F 为圆心，AE、BF 为半径画弧相交，即为所求的二心拱曲线。

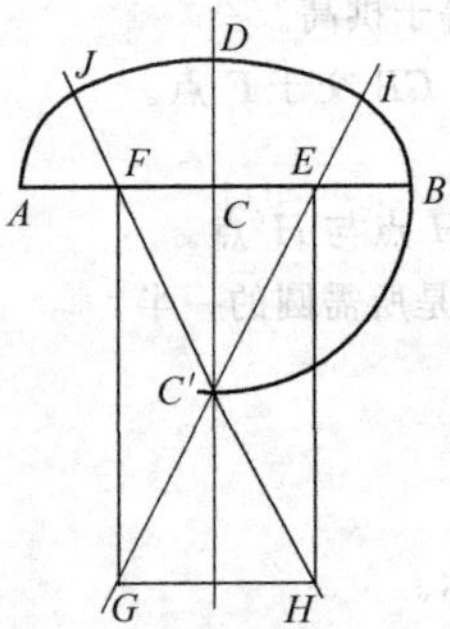

图 1-30 四心拱曲线画法

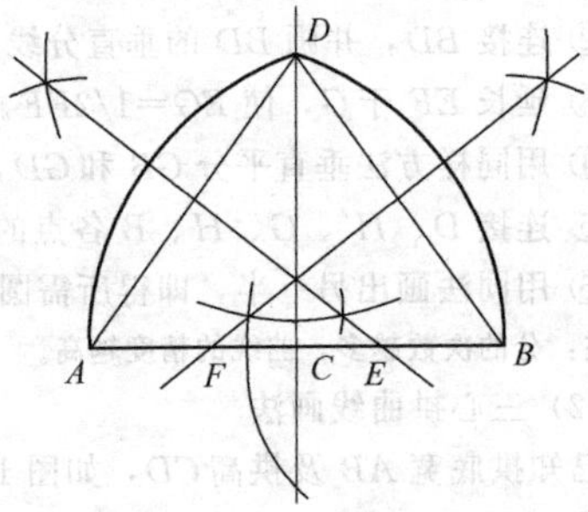

图 1-31 二心拱曲线画法

1.4.10 椭圆形画法

（1）同心圆画法

已知长、短轴 AB、CD，见图 1-32。

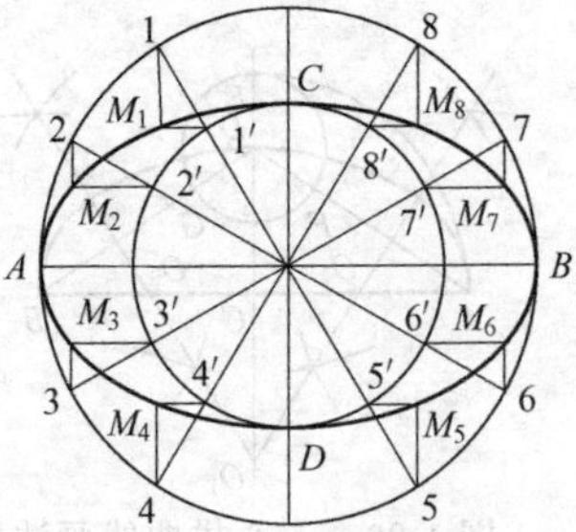

图 1-32 同心圆画法

① 以 AB、CD 为直径画同心圆。

② 在同心圆上画若干直径，这些直径与大圆、小圆相交于 1，2，3…各点。

③ 自直径与大圆的交点 1 画垂线，与从小圆交点 1 所画水平线相交于 M_1。同理，可得出 M_2、M_3、M_4 等各个交点。

④ 用光滑曲线连接 M_1、M_2、M_3 等交点，即为所求椭圆。

（2）四心四弧法（图 1-33）

先画一个十字线，竖短横长点四面；

斜上去差作中垂，四心四弧代椭圆。

① 先画一个相互垂直的十字线。

② 按长、短轴尺寸在十字线上点出 A、A_1 及 B、B_1。

③ 连 AB 长为 c，在 AB 上点出（$a-b$）的点 D，画中垂线，交 BB_1 于 O_1，交 AA_1 于 O_2。

④ 以 O_1 为圆心，O_1B 为大半径（R），画出大弧 S_1（虚线示）。

⑤ 以 B_1 为圆心，O_1B 为半径，画弧交短轴于 O_3 处。

⑥ 以 O_3 为圆心，R 为半径画出大弧 S_3（虚线）。

⑦ 以 O_2 为圆心，O_2A 为小半径（r）画出小弧 S_2，同前法在左侧画出 O_4 并画出小圆弧 S_4；即由 $O_1O_2O_3O_4$ 为圆心画四条弧，合成一个椭圆。

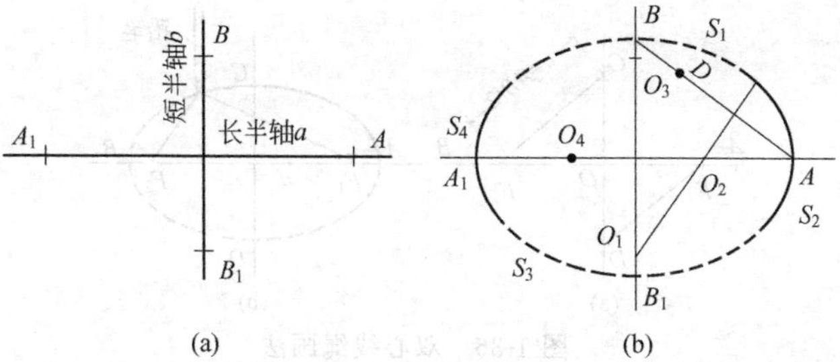

图 1-33 四心四弧法

（3）八心圆画法

已知短轴 A 及长轴 B，画法如图 1-34 所示。

① 在长轴上画对称的三等分，其各为 $(B-A)/2=C/2$，得 O_1 及 O_2。

② 以 $C/2$ 为边长，在短轴上画两相连的正方形，得 O_3、O_4、O_5 及 O_6。

③ 以 O_1O_3 为半径画弧交短轴的延长线于 O_7 及 O_8。

④ 以 $O_1 \sim O_8$ 为圆心画弧相连，即为所求的椭圆。

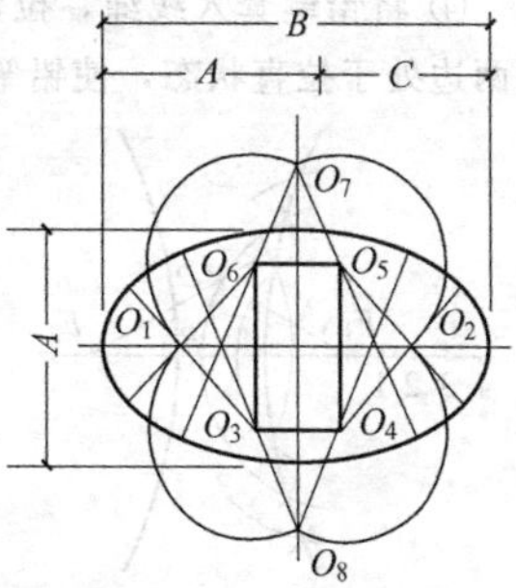

图 1-34 八心圆画法

（4）直尺、方尺画法

在直角坐标系中，设椭圆的长半轴 $a=OA$，短半轴 $b=OB$，画法如图 1-35 所示。

① 取木尺上的 $KM=OA$，$JM=OB$；则 $KJ=KM-JM$ 为一恒值。

② 令点 J 永远沿轴 x 做左右运动；点 K 永远沿 y 轴做上下移动。

③ 点 M 所经过的轨迹必为一椭圆。

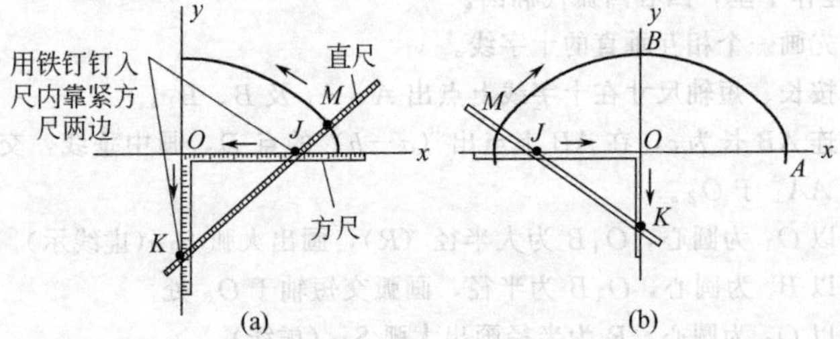

图 1-35　直尺、方尺画法

(5) 双心线绳画法（图 1-36）

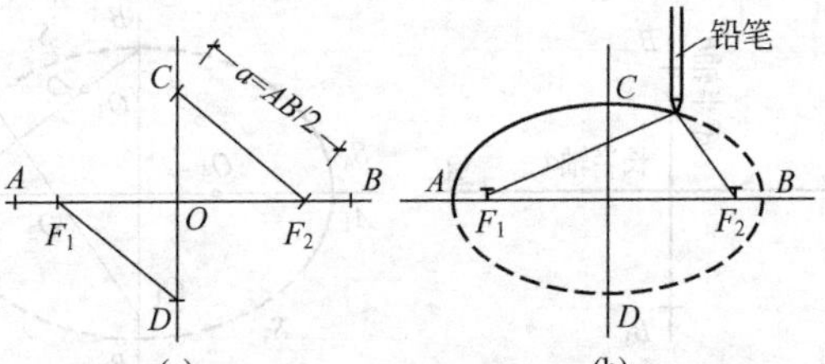

图 1-36　双心线绳画法

① 用墨线弹出已知长轴 AB，用方尺在 AB 的中点 O 画 AB 的垂线 CD 与 AB 相交。

② 以 D 或 C 为圆心，以 a（AB 的一半）为半径画弧与 AB 相交于 F_1、F_2。

③ 在 F_1、F_2 处各钉一个钉子，用一条长 AB（$2a$）的伸缩性线绳，将两端固定在钉子上。

④ 将铅笔套入线绳，拉紧，自 A 点（或 B 点）开始移动，并一直保持线绳两边处于拉直状态，使铅笔尖沿线滑动，经过 C（或 D）到达 B，即画成椭圆的一半，用同法画一半，即成所求椭圆。

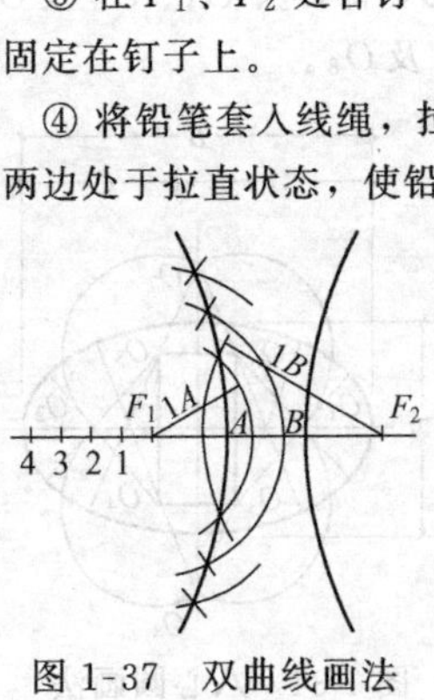

图 1-37　双曲线画法

1.4.11 双曲线画法

(1) 已知顶点 A、B 及焦点 F_1、F_2，画双曲线（图 1-37）

① 在 F_1、F_2 的延长线上任取 1、2、3 等点。

② 以 F_1、F_2 为圆心，$1A$ 及 $1B$ 为半径画弧，两弧相交得两交点。

③ 再以 $2A$ 及 $2B$，$3A$ 及 $3B$ 等为半径画弧，得若干交点，用光滑曲线连接所有交点，即为所求的双曲线中之一支曲线。

④ 同理，再求出另一支曲线，这两支曲线即为所求双曲线。

（2）两线拉双曲法（图 1-38）

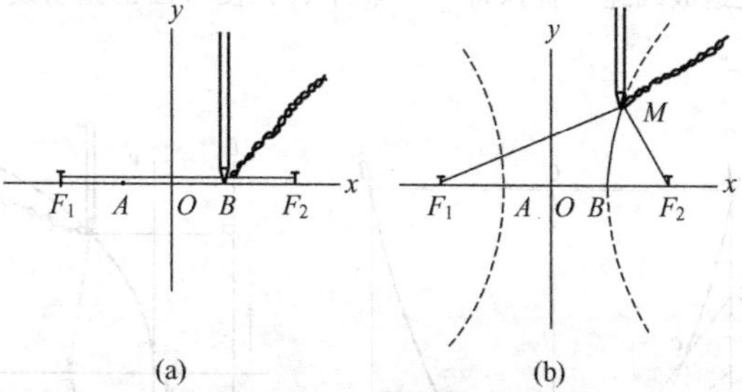

图 1-38 两线拉双曲法

① 用墨线弹出 Ox 轴线，点出已知顶点 A、B 及焦点 F_1、F_2 的位置在焦点上各钉一个钉子。

② 将两根线绳松松地搓合成一股，端头分开使一支长一支短。相差为 AB，长支固定在 F_1 钉子上，短支固定在 F_2 钉子上。

③ 将铅笔夹在两线交叉的 M 点间，拖拉撮合在一起的线绳往后逐渐展开，注意两绳始终保持同一松紧，一直画下去，便是双曲线的一支；然后将固定的两点 F_1、F_2 位置对调一下，重复上述方法，可画出另一支曲线。

1.4.12 抛物线画法

（1）连方等分法

已知抛物线宽 AB 及高 CD，见图 1-39。

① 画矩形 $EFBA$。

② 分 AE，ED 为相同的等分。

③ 连 D 与 AE 上的各等分点，并分别与过 $1'$、$2'$、$3'$，且平行于 AE 的直线相交，得 a、b、c 各点。

④ 用曲线连接 a、b、c 即得所求抛物线的半支；用同法可画出另外半支，即为所求的抛物线。

（2）线绳拉抛物线法（图 1-40）

① 用墨线弹出 x、y 轴，在 x 上点出已知顶点 A、焦点 F、准线 L 的位置，并在 F 上钉一钉子。

② 画准线：用方尺经过准线点画 x 轴的垂线 L，将 1 根光滑细铅丝拉紧，与准线重合，两端钉上钉子固定。

③ 将同样长的两支线绳松松撮成一股，一端固定在 F 点的钉子上；另一端用活套环套在准线铅丝上，使线绳能沿准线滑动。

④ 将铅笔夹在两线绳交叉处，从顶点开始往后拖，使撮合的线逐渐展开，在移动铅笔的同时，应将套在准线上的线头徐徐向 y 轴方向移动，并用方尺掌握方向，使这股线绳一直保持与 x 轴平行，便可画出抛物线的一支；用同法画出另一支。

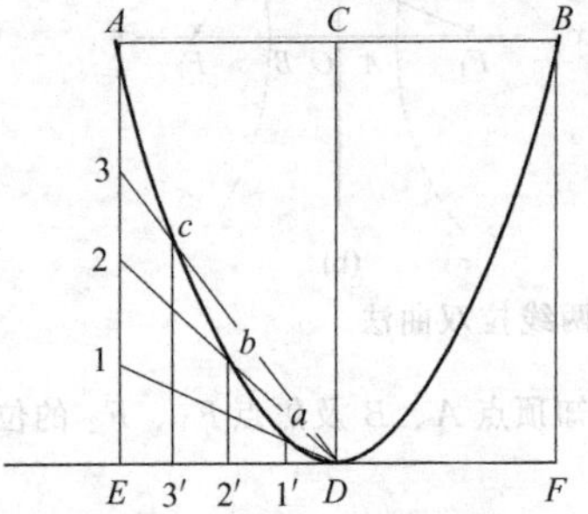

图 1-39 连方等分法

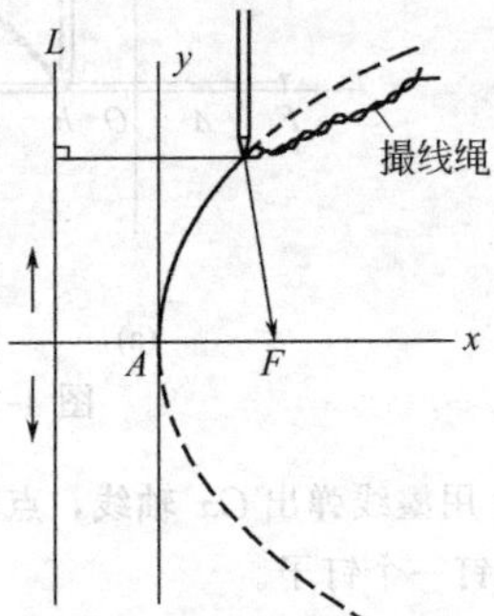

图 1-40 线绳拉抛物线法

1.5 抄平放线基本知识

1.5.1 水准仪的构造和操作

(1) 水准测量原理

在建筑工程施工中，要根据设计图纸中要求的室内标高（±0.000）测出相应的绝对标高，以及对建筑物的水平进行控制，并进行建筑物的沉降观测等，都需要用水准仪进行水准测量。已知地面 A 点的高程为 H_A，需要测 B 点的高程 H_B，就必须测出两点的高差 h_{AB}。在 AB 之间安置水准仪，AB 两点各竖一根水准尺，测量时利用水准仪上的一条水平视线，截得已知高程点 A 上所立水准尺的高度 a（称为后视读数）；又截得未知高程点 B 上所立水准尺的高度 b（称为前视读数），由图 1-41 可知，A、B 两点的高度差 h_{AB} 可由下式求得，即

$$h_{AB}=a-b$$

当 a 大于 b 时，高差 h_{AB} 为正，B 点高于 A 点，如图 1-41 所示。

当 a 小于 b 时，高差 h_{AB} 为负，B 点低于 A 点，如图 1-42 所示，则 B 点高程为

$$H_B=H_A+h_{AB}=H_A+(a-b)$$

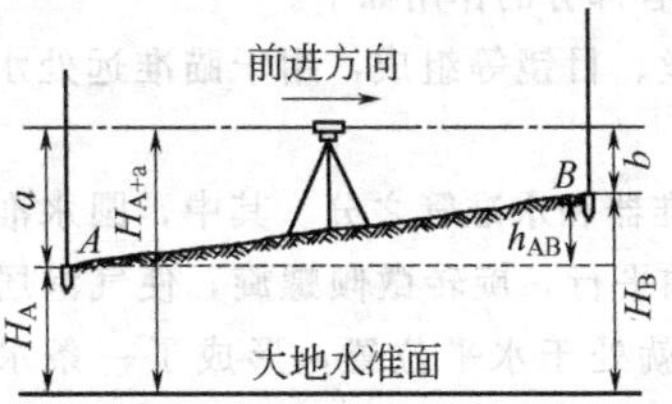

图 1-41 B 点高于 A 点

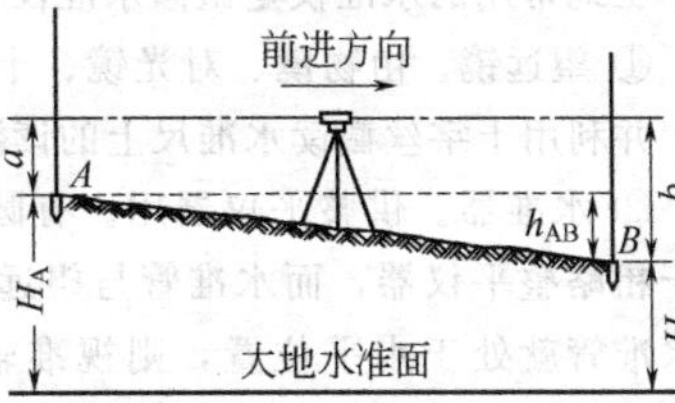

图 1-42 B 点低于 A 点

当 A、B 两点相距很远或高差较大时，往往安置一次仪器不能直接测出两点之间的高差，就需要连续地进行测量。在 A、B 两点之间安置若干次仪器，每一个仪器位置叫做一个测站，在每一个测站上进行水准测量，测出每一测站上的后视读数和前视读数，分别为 a_1、b_1，a_2、b_2，…，a_n、b_n，则 B 点的高程就可以从已知 A 点的高程，通过各中间立尺点 1，2，3，…，$n-1$ 逐点传递过来。即

$$H_1 = H_A + h_1 = H_A + a_1 - b_1$$
$$H_2 = H_1 + h_2 = H_1 + a_2 - b_2$$
$$H_3 = H_2 + h_3 = H_2 + a_3 - b_3$$
$$\cdots$$
$$H_B = H_{n-1} + h_n = H_{n-1} + a_n - b_n$$

将各式相加得

$$H_B = H_A + \sum a - \sum b$$

(2) 水准仪的构造

水准仪是能提供一条水平视线的精密光学仪器。水准仪由三脚架、基座、制动螺旋、微动螺旋、微倾螺旋、水准器和望远镜等部分组成，其构造如图 1-43和图 1-44 所示。

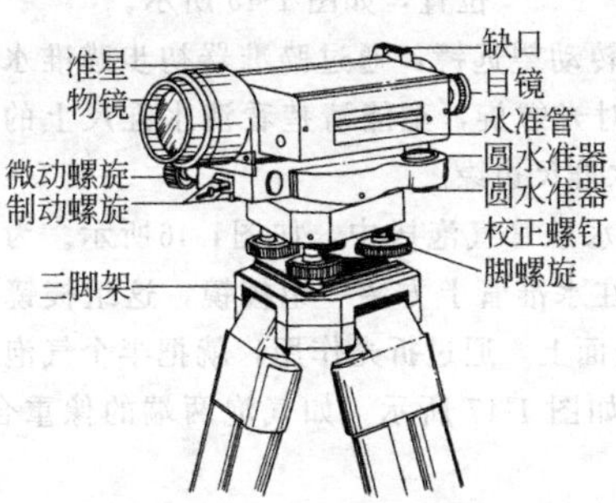

图 1-43 水准仪的构造（一）

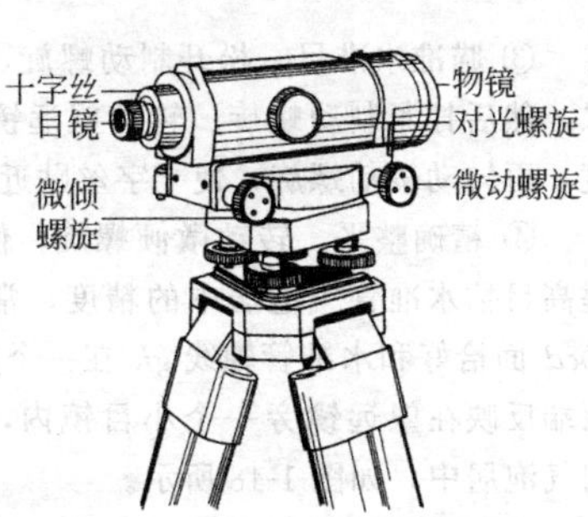

图 1-44 水准仪的构造（二）

工地常用的水准仪是微倾水准仪，其各部分的作用如下。

① 望远镜。由物镜、对光镜、十字丝、目镜等组成，用于瞄准远处水准尺，并利用十字丝截读水准尺上的读数。

② 水准器。供整平仪器用。有圆水准器和水准管之分。其中，圆水准器用于粗略整平仪器，而水准管与望远镜轴平行，旋转微倾螺旋，使气泡居中时水准管就处于水平位置，则视准轴也就处于水平位置，形成了一条水平视线。

③ 基座。用来支承仪器的上部，并通过中心螺旋将仪器与三脚架连接起来。支座上有三个脚螺旋，用来调整圆水准气泡居中，将仪器粗略整平。

④ 制动螺旋与微动螺旋。用以控制望远镜在水平方向的位置。瞄准目标后，拧紧制动螺旋，固定望远镜，再转动微动螺旋，使望远镜在水平方向做微小的转动，使十字丝能对准目标。

⑤ 三脚架。用来安置仪器，可伸缩支腿调节仪器高度。

(3) 水准仪的操作

水准仪操作的基本方法和步骤如下。

① 安置仪器。张开三脚架，使架头大致平整，高度与观测者身高相适应，把三脚架的脚尖踩入土中，使其稳固。将水准仪安放到架上，用中心螺旋将仪器牢固地连接在三脚架上。

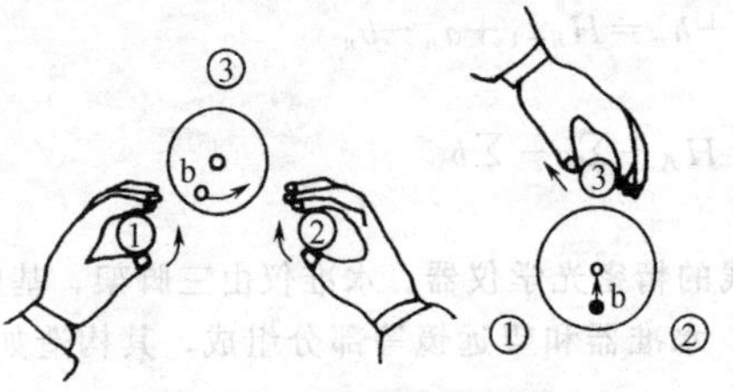

图 1-45 圆水准器调平

② 粗略整平。调整基座上的脚螺旋，使圆水准器上的气泡居中，将仪器粗略整平。整平时，先同时转动一对脚螺旋①、②使气泡 b 走到中间位置，再转动脚螺旋③，使气泡 b 走到居中位置，如图 1-45 所示。

③ 瞄准水准尺。松开制动螺旋，转动望远镜，通过瞄准器初步瞄准水准尺，然后拧紧制动螺旋。转动望远镜对光螺旋，至能清楚看清水准尺上的尺度，再转动微动螺旋，使十字丝贴近水准尺边缘。

④ 精确整平。转动微倾螺旋，使水准管气泡居中，如图1-46所示。为了提高目估水准管气泡居中的精度，常在水准管上方装一组棱镜，这组棱镜的 *abcd* 面恰好和水准管轴线 *gh* 在一个竖面上，通过折光作用，就把半个气泡的两端反映在望远镜旁一个小目镜内，如图 1-47 所示。如气泡两端的像重合，则气泡居中，如图 1-48 所示。

⑤ 读数。当气泡居中稳定后，迅速在水准尺上读十字丝所切之数，如图 1-49 所示。图中读数为 1.275，并记录。

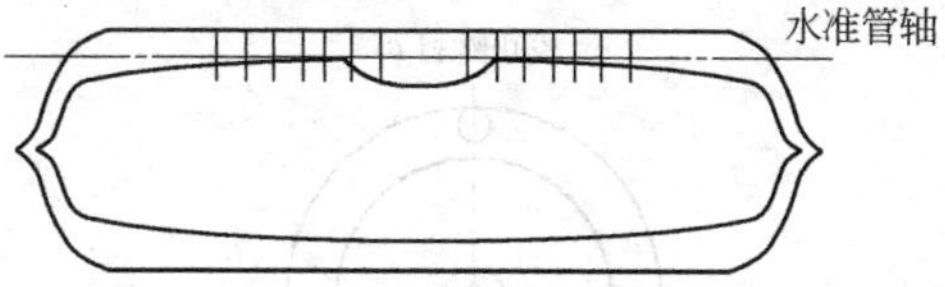

图 1-46　水准管

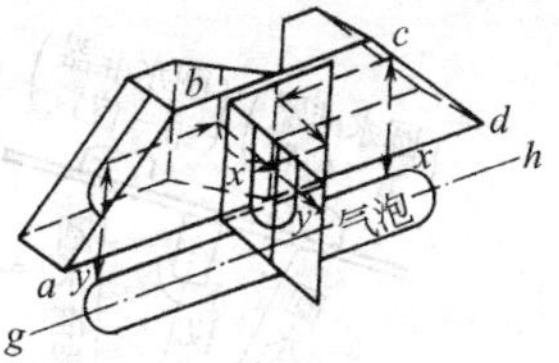

图 1-47　折光棱镜

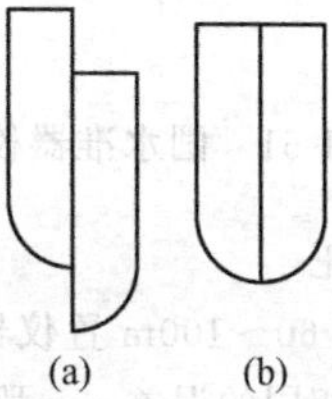

图 1-48　气泡

(a) 不居中；(b) 居中

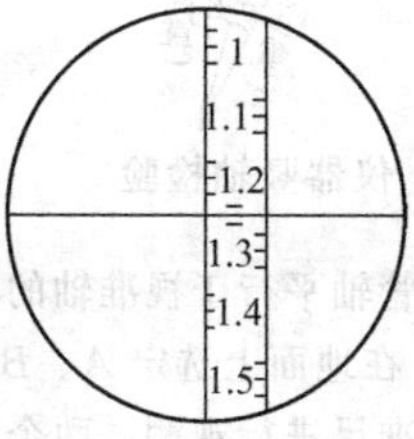

图 1-49　读数

1.5.2　水准仪的检验和校正

(1) 圆水准器轴平行于仪器竖轴的检验和校正

① 检验。调整脚螺旋，使圆水器的气泡居中，然后绕竖轴旋转 180°，气泡偏离中心位置，如图 1-50 所示，即圆水准器轴从第一位置变到第二位置。从图中可看出圆水准器轴从左偏仪器竖轴 α 角，变到右偏仪器竖轴 α 角，即改变了 2α 角。

② 校正。由检验可知，圆水准器轴只偏离仪器竖轴 α 角，而不是 2α 角，因而校正时只要使气泡向中心退回一半即可。在图 1-51 中，a、b、c 表示圆水准器的 3 个校正螺钉，校正时分两步进行：先用 a、b 两个校正螺钉中的 1 个，使气泡在平行于 ab 方向退回一半到 f，然后再用校正螺钉 c，使气泡在垂直于 ab 方向再退到 g，这时圆水准器就平行于仪器的竖轴了。再用脚螺旋使气泡居中，这时竖轴也就竖直了。圆水准仪的检验和校正往往要反复进行几次。

(2) 十字丝横丝垂直于仪器竖轴的检验和校正

① 检验。将横丝的一端对准远处一个明显标志，转动水平方向的微动螺旋，如果标志始终在轴线上移动，说明这一条件是满足的，否则就必须校正。

② 校正。松开十字丝环上相邻两个螺钉，转动十字丝环，直到满足为止，最后拧紧松开的螺钉。

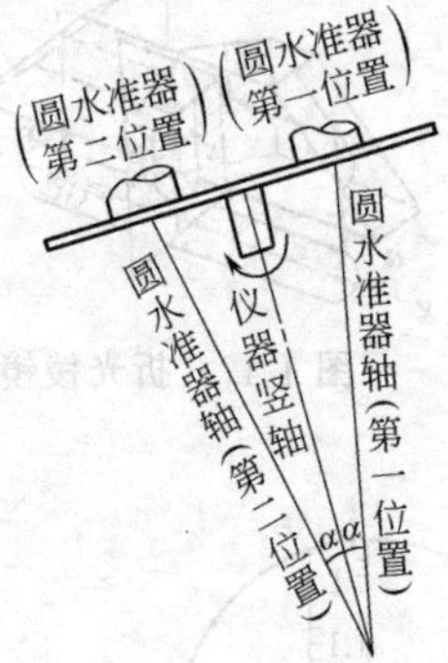

图 1-50　仪器竖轴检验

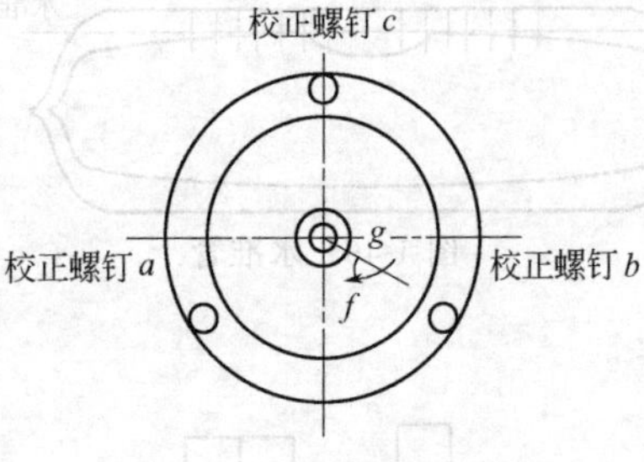

图 1-51　圆水准器校正

(3) 水准管轴平行于视准轴的检验和校正

① 检验。在地面上选定 A、B 两点相距 60～100m 置仪器于 A、B 中点，对两端所立水准尺进行观测，两个数都包含相同的误差 x，那么两个实际读数 $a+x$、$b+x$ 的数等于 $(a+x)-(b+x)=a-b$，等于准确的高差，如图1-52所示。然后把仪器搬到一端，使目镜靠近水准尺，后视 A 点从物镜一端向望远镜内看出后视读数 a_2，如图 1-53 所示。计算视线水平时应有的前视读数 $b_2=a_2-h$，如果实际前视读数 b'_2 与 b_2 相等，则这一条件满足要求，否则就要校正。

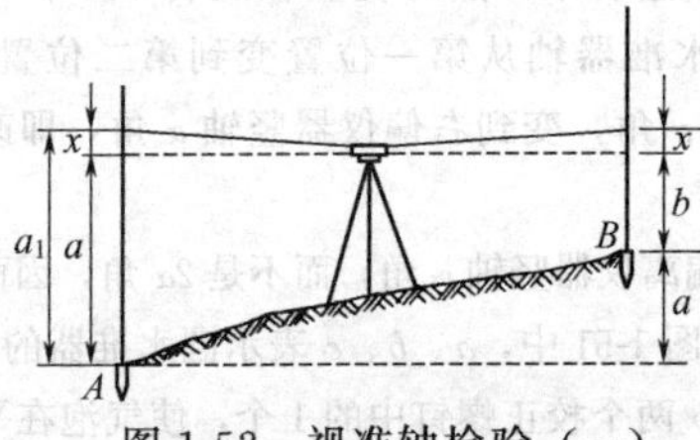

图 1-52　视准轴检验（一）

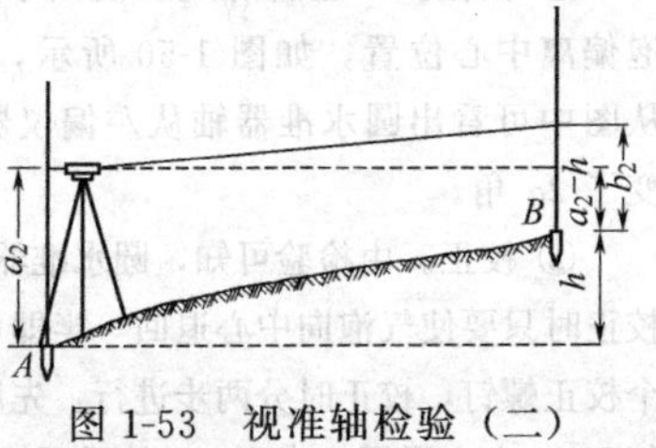

图 1-53　视准轴检验（二）

② 校正。转动微倾螺旋，使横丝对准 B 点上水准尺的正确读数，这时准轴已水平，但气泡偏离中心，拨动水准管校正螺钉使气泡居中。此项检验需反复进行，直到 B 点所测的差与仪器在 A、B 的中点所测正确高差在 3mm 以内为止。

(4) 校正注意事项

① 在校正前，必须充分了解各种校正装置的构造和作用，掌握正确的校正方法。

② 检验校正时，应选择适宜的工作场地，避免在有风、雨的天气和强烈日光下进行工作。

③ 选择适宜的校正工具。

④ 掌握正确的操作方法，校正时相应的螺钉应先松后紧，同时松紧的多少要一样，每次以旋动螺钉的1/4～1/3圈为宜。

⑤ 各项检验与校正，必须顺序进行，不能颠倒。

⑥ 水准仪是比较精密的光学仪器，密封性能好，一般均能保证仪器各轴线之间的垂直或平行关系，如经检验确有必要校正，则应十分谨慎地进行。

1.5.3 水准仪的使用与维护

(1) 水准仪使用注意事项

水准仪是一种精密的光学仪器，使用时必须注意以下几点。

① 领用水准仪时应首先检查仪器有无损坏；配件是否齐全、配套；物镜、目镜有否磨损，十字线是否清晰；各转动部位是否灵活等。

② 由箱中取出仪器时，应先松开各制动螺旋，用手拿住基座，轻轻将仪器取出。

③ 在安置三脚架时，应选择在视线能通视、无障碍物影响、行人车辆干扰少、能保证仪器安全的地方。

④ 仪器放到脚架上后，应立即旋紧连接螺旋，并经常检查其连接是否牢靠。

⑤ 仪器安置好后，测量人员不得离开，或另设专人保护，不让无关人员接近仪器。

⑥ 微倾螺旋要居中，不宜过高或过低，以便于水准管的调平。

⑦ 制动螺旋应松紧适度，不得过紧；微动螺旋宜保持在微动卡中间一段。

⑧ 转移测站连续工作时，应将制动螺旋微微拧紧，手持脚架于肋下，另一手紧握基座置仪器于胸前进行移站，切不可单手提携或肩扛。

⑨ 不得用手指、手帕等物擦拭物镜和目镜上的灰尘，观测结束后，应及时盖上物镜盖。

⑩ 仪器应避免日晒、雨淋，在烈日或雨雪天操作时应撑伞遮挡。

(2) 水准仪的维护

① 观测结束后，应先将各种螺旋退回正常位置，并用软毛刷扫除仪器表面上的灰尘，再按原位装入箱内，拧紧制动螺旋，关闭箱盖。

② 物镜、目镜上有灰尘时，应用专用的软毛刷轻轻掸去。

③ 如观测中遇降雨，应及时将仪器上的雨水用软布擦拭干净后方可入箱关盖。

④ 仪器应放置于干燥、通风、温度稳定的室内，切忌靠近火炉或暖气片。

⑤ 长途搬运仪器时，仪器要安放在妥当的位置或随身携带，严防受碰撞、受振动或受潮。

⑥ 每隔 1～2 年由专门人员定期对仪器进行全面的清洗和检修，或送维修部门进行清洗和检修。

1.5.4 基础工程抄平放线

(1) 基槽挖土

① 基槽位置的控制。钉设完龙门板和控制桩，并校核无误后，即可根据设计图纸中的基础宽度尺寸，以及根据土质情况决定的放坡尺寸，由龙门板上的轴线钉向两侧各量相应的尺寸，并做上标记，按标记拉通白线，按白线的位置撒白灰，挖土时即可按此灰线进行开挖。

② 基槽深度的控制。根据设计图纸要求的基础深度行土方开挖，当开挖接近基底设计标高还有 300～400mm 时，应及时用水准仪抄平，并沿槽壁上钉上水平木桩，作为控制基槽开挖深度的依据。水平桩宜设置在基槽转角处及中间 3～5mm 的槽壁上。

③ 水平桩一般可根据施工现场已测设的龙门板上±0.000 标高，用水准仪下翻一定高度钉设。

④ 可沿水平桩的上表面拉上白线绳，用钢尺依线往下测量，进行槽底清理和基础垫层施工。

(2) 垫层施工

① 轴线投测。在龙门板上的轴线钉处系上小线绳，然后将线坠上的线绳靠在纵横轴线的交叉点上，并往下垂到槽底，根据需要垂设若干点，并作出标志，即可将轴线投射基槽底部，并以此定出垫层的边线。若为大型基坑或建筑物要求精度较高时，则可用经纬仪投点。

② 标高控制。可用基槽土方开挖时的槽壁水平木桩控制垫层标高。如垫层需要支模施工时，也可直接在模板上弹出标高控制线。

(3) 基础施工

① 轴线投测。垫层施工完成后，先将龙门板或控制桩上轴线的位置投测到垫层表面，并按此轴线弹出基础边线和墙身中线，作为砌筑基础的依据。

② 标高控制。当为砖石基础时，可设置皮数杆进行标高控制；当为混凝土基础时，可在模板上用弹线控制。

③ 基础皮数杆设置。当为砖石基础时，可设皮数杆以控制标高。设皮数杆前应先在欲立皮数杆处钉木桩，用水准仪在木桩侧面抄出一条高于垫层 10cm 左右的水平线，然后将皮数杆按水平线相应的位置钉在木桩上以此作为

基础施工的标高。

1.5.5 墙体工程抄平放线

（1）轴线投测

基础工程完工后，应对龙门板或控制桩进行校核复验。无误后，利用龙门板或控制桩将轴线投测到基础的侧面，并标注出轴线编号，如图 1-54 所示。

两层楼层以上的墙体轴线，可用悬挂线坠法将其逐层向上投测。也可将经纬仪架设在建筑物轴线方向的延长线上，用十字丝的中点瞄准墙基轴线标志，以正、倒镜取中的方法，将轴线引测到所需的楼层上面，依此法定出楼层各纵横轴线的两端点，即为楼层平面放线的依据。放线的同时还应按设计图纸弹出门、窗洞口及墙身宽度、墙垛等量线。

（2）标高控制与传递

一般砖混结构建筑物的标高，可用皮数杆来传递与控制。如为外脚手架，皮数杆应立在墙的里侧；如为里脚手架，皮数杆应立在墙的外侧。高的传递和控制还可利用钢直尺直接丈量。此法可由下一层楼梯间的＋0.50 标高线，向上量取一段等于该层标高的距离，并做好标志，然后用水准仪根据此标志测设出上一层的＋0.50 标高线，并用墨线弹出，作为楼层地面施工及室内装修与其他工序施工掌握的标高依据。

（3）皮数杆的设置

在墙体砌筑施工中，墙身上各部位的标高，通常是使用皮数杆来传递和控制的。皮数杆是依据墙身剖面图，在杆上标出每皮砖和砖缝厚度，并注明墙体上的窗台、门窗洞口过梁、雨篷、圈梁、楼板等构件的高度位置，以便在墙体施中准确控制各部位构件的准确高度，如图 1-55 所示。

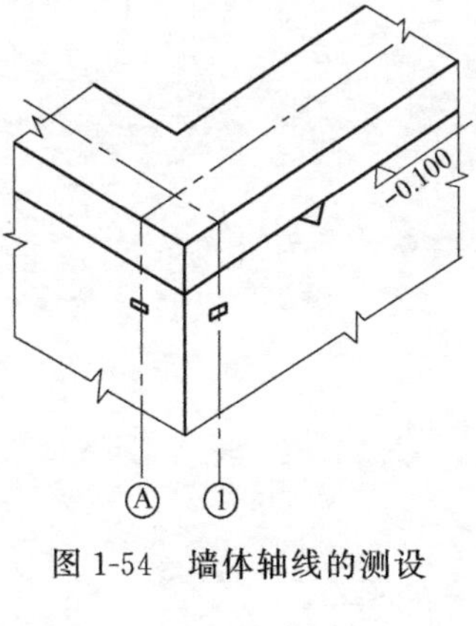

图 1-54 墙体轴线的测设

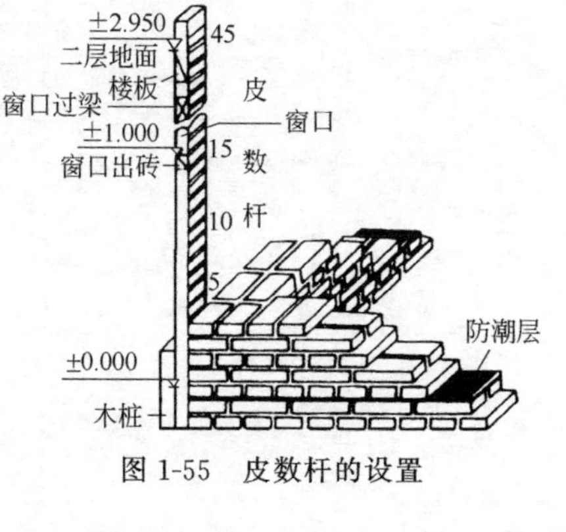

图 1-55 皮数杆的设置

皮数杆一般设在建筑物的转角和隔墙处，并在墙身中部每隔 10～15m 设置 1 根。立皮数杆时，应先在地面上钉一木桩，用水准仪测出±0.000 标高位置，并画一横线作为标志，然后将皮数杆上的±0.000 与木桩上的±0.000 对齐，用钉钉牢，用水准仪进行复核，再用线坠校正皮数杆的垂直度，无误后即可作为墙体施工过程中标高控制的依据。

第2章 木工常用材料

2.1 常用树种

我国木材资源十分丰富，在植物界属于种子植物类，其种类约8000种，其中可作木材使用的约1000种。树木从培育到成熟利用一般需10～50年的时间。木材材质轻、强度高，有较佳的弹性和韧性、耐冲击性和振动性能，易于加工和表面涂饰，对电、热和声音有高度的绝缘性。特别是木材美丽的自然纹理、柔和温暖的视觉和触觉是其他材料无法替代的。从树叶的外观形态上，可将木材分为针叶材（软木）和阔叶材（硬木）两类。

2.1.1 针叶类树种

针叶材树叶细长如针，大都呈针状或鳞片状，不具管孔或导管，多为常绿树，树干通直高大，易取大材。针叶树材质均匀，纹理平顺，木质软而易于加工，所以又称为软木材。木材密度和胀缩变形较小，耐腐蚀性较强，价格一般较低。针叶树木材是主要的建筑及装饰用材，常作为建筑工程中承重构件和门窗等用材。广泛用于各种吊顶、隔墙龙骨、搁栅材料、承重构件、室内界面装修和家具等。常用的树种介绍如下。

（1）红松

又名东北松、海松、果松，盛产于我国东北长白山、小兴安岭一带。边材黄褐或黄白，芯材红褐，年轮明显均匀，纹理直，结构中等，硬度软至甚软。其特点是干燥加工性能良好，风吹日晒不易开裂变形，松脂多，耐腐朽，可用作木门窗、屋架等，是建筑工程中应用最多的树种。

（2）白松

又名臭松、臭冷杉、辽东冷杉，产于我国东北、河北、山西。边材淡黄带白，芯材也是淡黄带白，边材与芯材的区别不明显，年轮明显，结构粗，纹理直，硬度软。其特点是强度低，富弹性，易加工但不易刨光，易开裂变形，不耐腐。在建筑工程中可用于门窗框、屋架、搁栅、檩条、支撑、脚手板等。

(3) 樟子松

又名蒙古赤松、海拉尔松，产于我国黑龙江、大兴安岭、内蒙古等地。边材黄或白，芯材浅黄褐，年轮明显，材质结构中等，纹理直，硬度软。其特点是干燥性能尚好，耐久性强，易加工，但不耐磨损。可用作门窗、屋架、檩条、模型板等。

(4) 陆均松

又名泪杉，产于我国长江以南各省。边材浅黄褐，芯材浅红褐，材质结构中等，硬度软，纹理直。其特点是干燥性能好，韧性强，易加工，较耐久。多用于制作木屋架、檩条、搁栅、椽条、屋面板等。

(5) 马尾松

又名本松、山松、宁国松，产于我国山东、长江流域以南各省。边材浅黄褐，芯材深黄褐微红，边材与芯材区别略明显，年轮极明显，材质结构中至粗，纹理斜或直、不匀，硬度中等。其特点是多松脂，干燥时有翘裂倾向，不耐腐，易受白蚁危害。可用作小屋架、模型板、屋面板等。

(6) 杉木

又叫沙木、沙树，盛产于我国长江以南各省。边材浅黄褐，芯材浅红褐至暗红褐，年轮极明显、均匀，材质结构中等，纹理直，硬度软。其特点是干燥性能好，韧性强，易加工，较耐久。在建筑工程中常用作门窗、屋架、地板、搁栅、檩条等，应用十分广泛。

(7) 四川红杉

产于我国四川、陕西一带。边材黄褐，芯材红或鲜红褐，年轮明显，材质结构中等，纹理直，硬度软。其特点是易干燥，易加工，较耐久。可用作檩条、椽条、模型板等。

(8) 水杉

产于我国四川、湖北，现已推广到全国21个省市。边材黄白或浅黄褐，芯材红或红带紫，年轮明显，材质结构粗，纹理直而不均，硬度软。其特点是易干燥、易加工、不耐腐。一般可用作门窗、屋架、檩条、屋面板、模型板等。

2.1.2 阔叶类树种

阔叶材树叶宽大呈片状，具有导管，大都为落叶树，树干通直部分一般较短，大部分树种的木材密度大，材质较硬，较难加工，所以又称为硬木材。阔叶树木材干缩湿胀较大，容易翘曲变形、开裂，建筑上常用作尺寸较小的构件。有些树种具有美丽的纹理，适用于室内界面装修、地板、制作家具及胶合板等。常用的树种介绍如下。

(1) 水曲柳

产于我国东北长白山，树皮灰白色微黄，内皮淡黄色，干后呈浅驼色。边材呈黄白色，结构中等，材质光滑，芯材褐色略黄，年轮明显、花纹美丽。其特点是富弹性、韧性、耐磨、耐湿，但干燥困难，易翘裂。在建筑工程中常用作胶合板及室内装修、高级门窗等。

(2) 柞木

又名蒙古栎、橡木，产于我国东北各省。外皮黑褐色，内皮淡褐色，边材淡黄白带褐，芯材褐至暗褐，年轮明显，结构中等，纹理直或斜，硬度甚硬。其特点是干燥困难，易开裂、翘曲，耐水，耐腐性强，耐磨损，加工困难。可用作木地板、家具、高级门窗。

(3) 白皮榆

又名春榆、山榆、东北榆，产于我国东北、河北、山东、江苏、浙江等省。边材黄褐，芯材暗红褐，年轮明显，结构粗，纹理直，花纹美丽，硬度中等。其特点是加工性好，刨削面光泽，但干燥时易开裂、翘曲。多用作木地板、室内木装修、高级门窗、家具、胶合板等。

(4) 紫椴

又名籽椴、椴木，产于我国东北及沿海一带。边材与芯材区别不明显，均为黄白略带淡褐，年轮略明显，材质结构细，纹理直，硬度软。其特点是加工性能好，有光泽，时有翘曲，不易开裂，但不耐腐。常用于制作胶合板、普通木门窗、模型板等。

(5) 核桃楸

又名胡桃楸、楸木，产于我国东北、河北、河南等地。树皮暗灰褐色，边材较窄，灰白色带褐，芯材浅灰褐色稍带紫，年轮明显，结构中等，硬度中等，花纹美丽。其特点是富弹性，干燥不易开裂、翘曲、变形，耐腐，加工性能好。在建筑工程中多用作木地板、木装修、高级门窗、家具等。

(6) 桦木

又名白桦、香桦，产于我国东北、华北等地。边材与芯材区别不明显，均为黄白微红，年轮略明显，材质结构中等，纹理直或斜，硬度硬。其特点是力学强度高，富弹性，干燥过程中易开裂翘曲，加工性能好，但不耐腐。可用作胶合板、室内木装修、支撑、地板等。

(7) 色木

又名槭树、枫树，产于我国东北、华北、安徽。边材与芯材区别不明显，均带淡红的黄褐色，年轮略明显，材质结构细，纹理直，花纹美丽，硬度硬。其特点是力学强度高，弹性大，干燥慢，常开裂，但耐磨性好。可用作地板、胶合板及室内木装修。

(8) 黄菠萝

又名黄柏、黄柏栗，产于我国东北。边材淡黄，芯材灰褐微红，年轮明显，材质结构中等，花纹美丽，硬度中等。力学强度中等，富有韧性，加工性能好，干燥不易变形，耐腐。多用于高级木装修、高级木门窗、家具、地板、胶合板等。

(9) 楠木

又名雅楠、桢楠、小叶楠，产于我国湖北、湖南、云南、四川、贵州等地。边材和芯材区别不明显，均为黄褐略带浅绿，年轮略明显，材质结构细，纹理倾斜交错，硬度中等。其特点是易加工，切削面光滑。干燥时有翘曲现象，耐久性强。可用作家具、室内木装修、高级门窗等。

(10) 柚木

产于我国广东、台湾、云南等地。边材淡褐，芯材黄褐或全褐，年轮明显，材质结构中等，纹理直或斜，硬度甚硬。特点是耐磨损，耐久性强，干燥收缩小，不易变形。是制作家具、高级木装修、木质地板的理想材料。

2.1.3 木材的构造

木材是原木的主要部分，原木是从树木中的立体部分也就是树干取材而来。树干是由树皮、木质部和髓心三部分组成的，占树木体积的50%～90%。肉眼或放大镜下所能见到木材构造的特征，称为宏观构造或粗视构造。它包括生长轮或年轮、早材和晚材、边材和芯材、树脂道、管孔、轴向薄壁组织、木射线等。

(1) 芯材、边材

木质部就是常说的木材，靠近髓心的木质部颜色较深，水分较少，称为芯材；靠近树皮的木质部颜色较浅，水分较多，称为边材。通常芯材的利用价值较边材要大一些。髓心质量差，易腐朽。有些木材芯材与边材颜色不一，中心部分较深，如柞木、水曲柳、落叶松、紫杉、柏木等，也称显芯材；有些木材芯材与边材颜色差别不大，如椴木、白桦、云杉、冷杉等，也称隐芯材。

(2) 生长轮

每个生长周期所形成的木材，围绕着髓心构成的同心圆，称为年轮或生长轮。同一年轮内，春季生长的木质颜色较浅，称为春材或早材；夏季或秋季生长的颜色较深，称为夏材或晚材。年轮越密，木材的强度越高。由髓心向外的射线称为髓线，它与周围的连接差，木材干燥时易沿此开裂。

温带和寒带树木的生长期，一年仅有一度，形成层向内只生长一层，故也称为年轮，但在热带，一年间的气候变化很小，树木生长四季几无间断，一年之间可能形成几个生长轮，它们与雨季和旱季相符合。年轮在各个不同切面上呈现不同的形状。在横切面上多数树种的年轮为同心圆状，有少数树种的年轮呈不规则的浪状，如苦槠、千金榆等。有些树种的年轮，多数偏心，似蚌壳的环纹，在径切面上为显明的条状，在弦切面上为抛物线或呈“V”字形花纹，是产生木材纹理的主要原因之一，如图 2-1 所示。

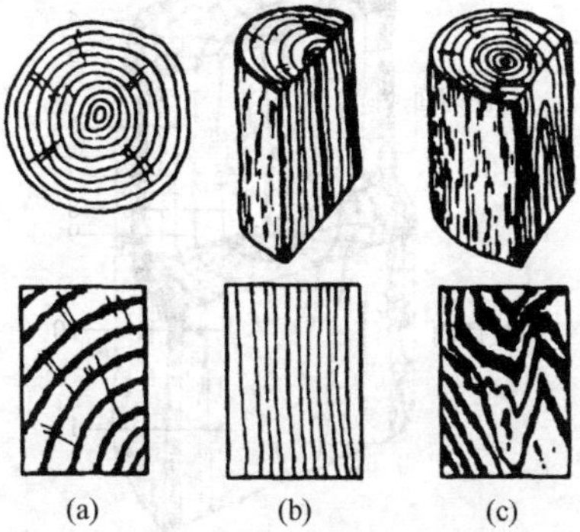

图 2-1 年轮在三个切面上不同形状

(a) 横切面；(b) 径切面；(c) 弦切面

(3) 管孔

导管是绝大多数阔叶树材所具有的输导组织，在横切面上导管呈孔穴状，称为管孔。在纵切面上呈细沟状，称为导管线，所以具有导管的阔叶树材称为有孔材。由于针叶树材不具有导管，在横切面上用肉眼看不出有管孔存在，所以针叶材又称为无孔材。管孔的有无是区别阔叶树材和针叶树材的重要依据。管孔的分布、组合、排列等对阔叶材的识别很重要。根据管孔在横切面上的排列情况，阔叶树种可以分为三大类，即环孔材、散孔材及半环孔材（半散孔材）。春材中有粗大导管，沿年轮呈环状排列的称为环孔材；春材、夏材中管孔大小无显著差异，均匀或比较均匀分布的称为散孔材。

(4) 木射线

在木材横切面上，凭肉眼或借助放大镜可以看到一条条自髓心向树皮方向呈辐射状，略带光泽的断续线条，这种线条称为木射线。在木材的利用上，它是构成木材美丽花纹的因素之一，因此具有宽木射线的树种是制造家具的好材料。

(5) 木材的三切面

木材的切削形式有横切、径切和弦切三种。各种切削形式会得到不同的木板纹理。由于树木生长不均匀（例如早、晚材的管胞都不一样），致使各种树种的木材构造极其多样性，而且物理、力学性质也各异。要全面地了解木材构造，必须在三个切面上从不同的角度进行观察，符合下边定义要求的木材三个切面（图 2-2）可充分反映出木材的结构特征。

① 横切面。横切面是与树干长轴或木纹相垂直的切面，亦称端面或横截面。在这个切面上，可以见到木材的生长轮、芯材和边材、早材和晚材、木射线、薄壁组织、管孔（或管胞）、胞间道等。

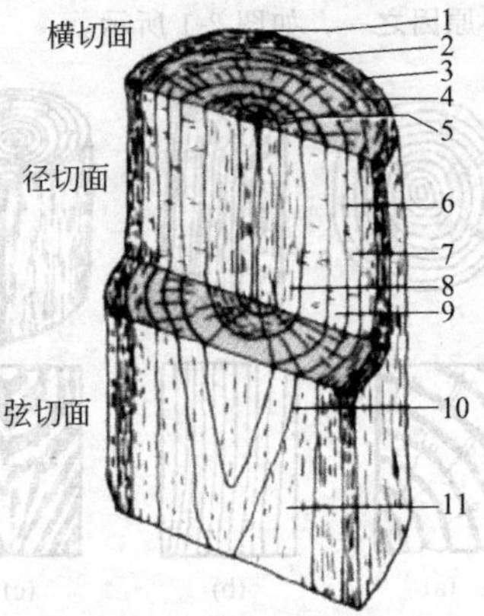

图 2-2 木材构造剖面图

1—外树皮；2—内树皮；3—形成层；4—次生木质部；5—木射线；6,10—年轮；7,11—木射线；8—芯材；9—边材

② 径切面。径切面是顺着树干长轴方向，通过髓心与木射线平行或与生长轮相垂直的纵切面。在这个切面上可以看到相互平行的生长轮或生长轮线、边材和芯材的颜色、导管或管胞线沿纹理方向的排列、木射线等。生长轮或年轮在这个切面上呈互相平行的带状。

③ 弦切面。弦切面是顺着树干长轴方向，不通过髓心而与木射线垂直或与生长轮相平行的纵切面，这个切面上的生长轮或年轮成“V”字形。弦切面和径切面同为纵切面，但它们相互垂直。在弦切面上生长轮呈抛物线状，可以测量木射线的高度和宽度。板材径、弦切面的确定是在板材端头作一条板厚度的中心线，再作年轮的切线，两直线的夹角大于 60°，便为径切板；夹角小于 30°则为弦切板。

2.1.4 常用树种的识别

针叶树材的纤维结构较简单而规则，它由管胞、髓线和树脂道组成。阔叶树材的纤维结构较为复杂，主要由导管、木纤维及髓线组成。阔叶树材的髓线发达，粗大而明显。导管和髓线是鉴别针叶树和阔叶树的主要标志。年轮与髓线赋予木材优良的装饰性。常用针叶树材和阔叶树环孔材的宏观构造特征见表 2-1 和表 2-2。

表 2-1 常用针叶树材的宏观构造特征

树种	树脂道	芯材、边材区分	材色		年轮界限	早、晚材过渡情况	纹理	结构	重量及硬度	气味	备注
			芯材	边材							
银杏	无	略明显	褐黄色	淡黄褐色	略明显	渐变	直	细	轻、软		
杉木	无	明显	淡褐色	淡黄白色	明显	渐变	直	中	轻、软	杉木味	
柳杉	无	明显	淡红微褐色	黄白色	明显	渐变	直	中	轻、软		
柏木	无	明显	橘黄色	黄白色	明显	渐变	直或斜	细	重、硬	芳香味	
冷杉	有	不明显	黄白色	黄白微红色	明显	急变	直	中	轻、软		无光泽
云杉	有	不明显	黄白微红色	宽，黄白色	明显	急变	直	中	轻、软		具有明亮光泽树脂道小而少
马尾松	有	略明显	窄，黄褐色	窄，黄白色	明显	急变	直	粗	较轻、软	松脂味	树脂道多而大
红松	有	明显	宽，黄褐色	淡黄褐白色	明显	渐变	直	中	轻、软	松脂味	树脂道多而大
樟子松	有	略明显	淡红黄褐色	窄，黄白	明显	急变	直	中	轻、软	松脂味	树脂道多而大，具有明亮光泽
落叶松	有	甚明显	宽，红褐色	微褐色	甚明显	急变	直或斜	粗	重、硬	松脂味	树脂道小而少

表 2-2 常用阔叶树环孔材的宏观构造特征

树种	芯材、边材区分	材色		年轮特征	管孔大小		纹理	结构	重量及硬度	备注
		芯材	边材		早材	晚材				
麻栎	显芯材	红褐色	淡黄褐色	波浪形	中	小	直	粗	重、硬	髓心呈芒星形
柞木		暗褐色微黄	黄白色带褐	波浪形	大	小	直斜	粗	重、硬	
板栗		甚宽、栗褐色	窄、灰褐色	波浪形	中	小	直	粗	重、硬	
樟木		红褐色	窄、浅黄褐色	较均匀	大	小	直	粗	中	髓心大，常呈空洞
香椿		宽，红褐色	淡红色	不均匀	大	小	直	粗	中	髓心大
柚木		黄褐色	窄、淡褐色	均匀	中	甚小	直	中	中	髓心灰白光，近似方形
黄连木		黄褐色带灰	宽、淡黄灰色不均匀	不均匀	中	小	直斜	中	重硬	
桑木		宽、橘黄褐色	黄白色均匀	不均匀	中	甚小	直	中	重硬	有光泽
水曲柳		灰褐色	窄、灰白色	均匀	中	小	直	中	中	
榆木		黄褐色	窄、淡黄色	不均匀	中	小	直	中	中	
榔榆		甚宽、淡红色	淡黄褐色	不均匀	中	甚小	直	较细	重硬	
臭椿		淡黄褐色	黄白色	宽大	中	小	直	粗	中	髓心大、灰白色
苦槠		宽、淡红褐色	灰白带黄色	宽大	中	甚小	直	中	中	髓心大而柔软
泡桐	隐芯材	淡灰褐色		特宽	中	小	直	粗	轻、软	髓心特别大，易中空

2.1.5 木材等级以及材质标准

1. 针叶树锯切用原木

针叶树锯切用原木的技术要求和材质指标如下。

(1) 技术要求

① 检尺长。2～8m，按0.2m进级，长级公差：+6cm、-2cm。

② 检尺径。东北、内蒙古、新疆产区自18cm以上，其他产区自14cm以上，按2cm进级。

(2) 材质指标

针叶树普通锯材各等级材质缺陷允许限度见表2-3。

表2-3 针叶树普通锯材各等级材质缺陷允许限度

缺陷名称	检量与计算方法	允许限度			
		特等锯材	一等	普通锯材二等	三等
活节及死节	最大尺寸不得超过材宽的	15%	25%	40%	不限
	任意材长1m范围内个数不超过	4	6	10	
腐朽	面积不得超过所在材面面积的	不许有	2%	10%	30%
裂纹夹皮	长度不得超过材长的	5%	10%	30%	不限
虫眼	任意材长1m范围内的个数不得超过	1	4	15	不限
钝棱	最严重缺角尺寸不得超过材宽的	5%	20%	40%	60%
弯曲	横弯最大拱高不得超过水平长的	0.3%	0.5%	2%	3%
	顺弯最大拱高不得超过水平长的	1%	2%	3%	不限
斜纹	斜纹倾斜程度不得超过	5%	10%	20%	不限

2. 阔叶树锯切用原木

阔叶树锯切用原木的技术要求和材质指标如下。

(1) 技术要求

① 检尺长。2～6m，按0.2m进级，长级公差：允许+6cm、-2cm。

② 检尺径。东北、内蒙古、新疆产区自18cm以上，其他产区自14cm以上，按2cm进级。

(2) 材质指标

阔叶树普通锯材各等级材质缺陷允许限度见表2-4。

表 2-4 阔叶树普通锯材各等级材质缺陷允许限度

缺陷名称	检量与计算方法	允许限度			
		特等锯材	普通锯材		
			一等	二等	三等
活节及死节	最大尺寸不得超过材宽的	15%	25%	40%	不限
	任意材长 1m 范围内个数不得超过	3	5	6	
腐朽	面积不得超过所在材面面积的	不许有	5%	10%	30%
裂纹夹皮	长度不得超过材长的	10%	15%	40%	不限
虫眼	任意材长 1m 范围内的个数不得超过	1	2	8	不限
钝棱	最严重缺角尺寸不得超过材宽的	10%	20%	40%	60%
弯曲	横弯最大拱高不得超过水平长的	0.5%	1%	2%	4%
	顺弯最大拱高不得超过水平长的	1%	2%	3%	不限
斜纹	斜纹倾斜程度不得超过	5%	10%	20%	不限

2.2 常用实木半成品

为了提高木材利用率和制品质量，经常把木材制成实木半成品供货，使用这些半成品成本低、质量好。根据加工形式的不同，实木半成品主要分为：指接材、集成材、薄木和单板、木装饰线条等。

2.2.1 指接材

指接材是采用指榫胶合接长的非承重板方材，如图 2-3 所示。连接工艺是采用端部相结合的加工方法，即将加工成相同齿距和断面的指形榫涂胶后相结合。

指接材具有许多优点，主要是可以充分利用制材及加工中产生的大量短料制造长料，还可以采用截断再接工艺去掉木材缺陷，实现劣材优用，成本合适。通过修整端部，侧边刨平，加工成高等级的最终产品，如家具、桌面，甚至是层积梁和工字梁这样的结构材产品。常用于门窗、家具和楼梯扶手、镜框料、墙裙压条、挂镜线、踢脚线等。

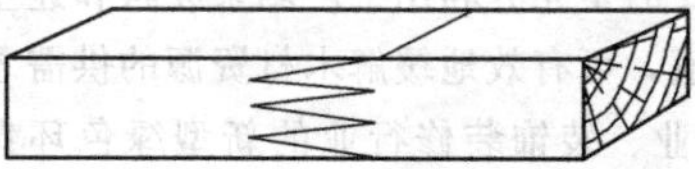

(a) 三角形指接材

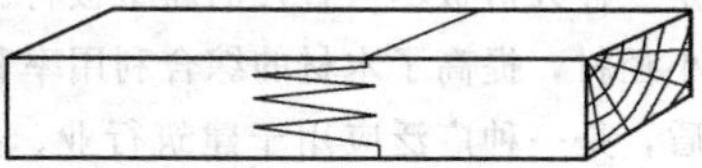

(b) 三角形加平口指接材

(c) 指接材成品

图 2-3 指接材

2.2.2 集成材

集成材即胶合木，主要是以小径材和木材的切削余料为生产原料，经过板方料制备，干燥，剔除木材缺陷，指接，胶接，后期处理等一系列工序而制成的具有一定宽度、厚度、长度的板材，如图 2-4 所示。

图 2-4 集成材

由于集成材剔除了木材缺陷，但并未改变木材本身的结构和特性，因此仍然是一种天然木材，它不仅具有天然木材的质感，而且外表美观，材质均匀，还克服了天然木材易翘曲、变形、开裂的缺陷，其物理性质也优于天然木材，是一种人造板不可替代的新型板材。更重要的是充分利用工厂剩余废料和速生小径材，提高了木材的综合利用率和附加值，可有效地缓解木材资源的供需矛盾，是一种广泛应用于建筑行业、家具行业、装饰装修行业的新型绿色环保用材。

2.2.3 薄木和单板

(1) 薄木

薄木，俗称木皮，由木材制成的厚度小于1mm的薄型装饰板材，如图2-5所示。由具有美丽颜色和花纹的珍贵木材制成的装饰用薄木片，已广泛用于室内及家具，如图2-6所示。因在胶合板工业中将旋切出来的薄木片称为单板，后开发的各种厚度、各种结构和其他加工方法制出的类似产品也沿用了这一名称。

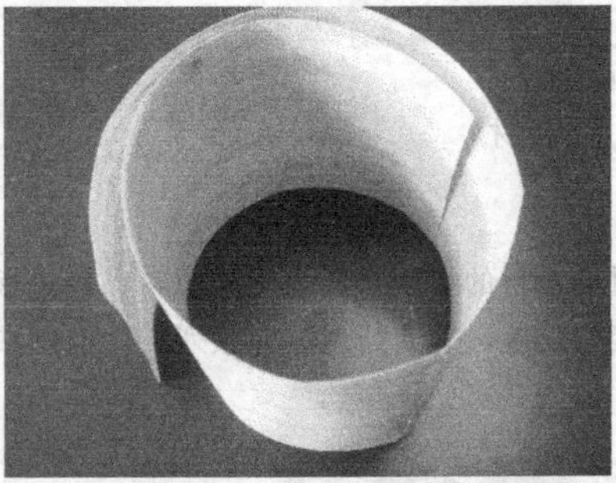

图 2-5 薄木

图 2-6 家具板材熨贴薄木

薄木及其贴面装饰业起步于20世纪50年代，经过半个世纪的发展，已具备了相当的规模。特别是近二十年来，随着我国家具制造业及装饰装修行业的跳跃式增长，其发展更是突飞猛进。近年来，我国家具制造业及装饰装修业大量使用薄木贴面工艺生产。

薄木按厚度分类：厚度大于0.25mm称为薄木；反之为微薄木。按制造方法可分为刨切薄木、旋切薄木、锯切薄木、半圆旋切薄木。通常情况用刨切方法制作较多。按形态分类，可分为天然薄木、染色薄木、组合薄木（科技木皮）、拼接薄木、成卷薄木（无纺布薄木）。按来源分类，有国产薄木和进口薄木。通常，加工天然薄木采用刨切的方法。其工序流程如下：原木→截断→剖方→软化（汽蒸或水煮）→刨切→烘干（或不烘干）→剪切→检验包装→入库。

(2) 单板

单板是由木材制成的厚度大于1mm的薄型装饰板材，我国制造单板的主要树种有：水曲柳、椴木、樟木、桦木、苦梓、绿楠、酸枣、红椿、山龙眼、水青冈、黄连木、山槐、榆木、楸木、柞木、鱼鳞松、楦木、黄菠萝、橡木、椎木、核桃木、泡桐、槭木、荷木、陆均松、红松、云杉、福建柏、花梨木、拟赤杨、楠木等。进口树种有柚木、花梨木、桃花心木、红木等。

各种单板受加工机床规格和木材径级、材长的限制，各种装饰单板规格尺寸见表 2-5。

表 2-5　各种装饰单板的规格尺寸

单板名称	厚度/mm		最大长度/mm	最大宽度
	最小	最大		
锯制单板	1	10	6000	视原木直径而定
刨切单板	1	5	5500	视木方宽度而定
旋切单板	1	6	4000、8000 或成卷供应	视机床宽度而定

2.2.4　木装饰线条

木线多为质硬、纹理细腻、材质较好的实木加工而成，既可以现场加工原木板条，也可以在工厂根据设计预先加工好。木线在装修中起到固定、连接、保护、装饰作用。它主要用于以下几个方面：墙面上不同层次的交接处；墙面上不同材料的对接处；墙裙压边（腰线等）；各种饰面、门、窗及家具表面及转角的收边线（木线比较硬，做收口可以防止磕碰以保持结构的完整）和造型线；墙面踢脚线；顶棚与墙面及柱面的交接处；顶棚平面的造型线等。

木线能使装饰部位富有层次感、立体感。现在常用的木线从款式上分为阴角线、阳角线、罗马线等，造型多样；从外形上除有常见的平线外，还有半圆线（常叫馒头线）、1/2 或 1/4 圆线、弧形线等；从尺度上分有宽木线和窄木线；从材质上分有杂木、椴木、楸木、榉木、铁木、柚木、花梨木、泡桐木、水曲柳木、樟木线等；从功能上分有压边线、柱角线、墙腰线、天花角线、上楣线、封边线和镜框线等；从工艺上分有素面（平直）木线和花面木线；还可按照客户设计出的造型做成各种各样的花线。

在实际应用时，木线一般与饰面板选用同色材质，有时由于设计的特殊要求，可以选用同质不同色或完全不同的材质，以增加对比的装饰效果。深色木线具有古典风格，如柚木、花梨木等；浅色木线具有现代风格，如白枫等。木线形要根据需要，合理利用。线形该平直时就无需花饰，该统一时就无需过多变化。该是古典华丽风格的造型则要根据做法大胆使用装饰线。木线条的使用降低了现场劳动强度，提高了功效和工程质量。在外表面喷涂多彩涂料或包高级聚乙烯印花压花装饰膜的木线条、木墙板也逐渐被推广使用。

2.3 常用人造板材

木材加工会产生将近一半的边角废料和刨花、锯屑。为了提高木材利用率、缓解木材供需矛盾，利用各种木材下脚料制作的人造板被大规模生产。人造板是室内装饰中使用量较大的装饰材料，有些是作为基础材料，有些是作为饰面材料，并经涂饰完成最后效果。也有一些材料表层在工厂阶段已处理完成，施工时一般直接安装即可。人造板材既能保持天然木材的许多优点，又能克服木材的一些缺陷。如木质复合板材比一般木材的幅面大，变形小，表面平整光洁，易于加工，而且物理机械性能较好，因此在现代的家居装饰及家具工业中得到了广泛的应用，如图 2-7 所示。

2.3.1 胶合板

胶合板是将原木蒸煮软化，沿年轮切成大张薄片，经过干燥、整理、涂胶、组坯（木材纹理纵横交错）、热压、锯边而成的人造板材，如图 2-8 所示。为了克服木材的各向异性，保证胶合板不发生翘曲，胶合板的层数为 3～11 的奇数层，并使相邻层单板的纤维方向互相垂直胶合而成。近年来，胶合板行业开发了芯板加厚、表板减薄工艺和优质树种面层、劣质树种芯层的产品。胶合板常用树种有：椴木、桦木、水曲柳、杨木、柳桉、拟赤杨、荷木、枫香、槭木、榆木、泡桐、阿必东、黄菠萝、柞木、核桃楸、马尾松、云南松、落叶松、云杉等。

图 2-7 各类板材样本

图 2-8 胶合板

(1) 胶合板的性质

① 对称性。由于木材具有各向异性的特点，为了消除木材这一缺点，胶合板的对称中心板面向两侧的单板，无论树种、厚度、纤维方向、层数、制造

方法和含水率等应该相互对应，避免胶合板产生应力和变形。

② 奇数层。胶合板中单板层数为奇数。因此，其对称中心平面恰好在中心层单板面上。

③ 纹理交错。胶合板相邻层单板的纤维方向互相垂直或成某一角度。这样，就使胶合板纵横强度趋于一致。变木材的各向异性为胶合板的各向同性，使用强度获得提高。

④ 含水率。由于部分胶黏剂透入单板内，含水率和吸湿性都低于木材。

(2) 胶合板分类

胶合板的分类如表 2-6 所示。

表 2-6　胶合板的分类

分类	名称	特征
按板的结构分	胶合板	相邻层木纹方向相互垂直胶合而成的板材
	夹芯胶合板	具有板芯的胶合板，如细木工板、蜂窝板等
	复合胶合板	板芯(或某些层)由除实体木材或单板之外的材料组成，板芯的两侧通常至少应有两层木纹互为垂直排列的单板
按胶黏性能分	室外用胶合板	耐气候胶合板，具有耐久、耐煮沸或蒸汽处理性能，能在室外使用，即是Ⅰ类胶合板
	室内用胶合板	不具有长期经受水浸或过高湿度的胶黏性能的胶合板 Ⅱ类胶合板：耐水胶合板可在冷水中浸渍，或经受短时间热水浸渍，但不耐煮沸 Ⅲ类胶合板：耐潮胶合板，能耐短期冷水浸渍，适于室内使用 Ⅳ类胶合板：不耐潮胶合板，在室内常态下使用，具有一定的胶合强度
按表面加工分	砂光胶合板	板面经砂光机砂光的胶合板
	刮光胶合板	板面经刮光机刮光的胶合板
	贴面胶合板	表面覆贴装饰单板、木纹纸、浸渍纸、塑料、树脂胶膜或金属薄片材料的胶合板
按处理情况分	未处理过的胶合板	制造过程中或制造后未用化学药品处理的胶合板
	处理过的胶合板	制造后用化学药品处理过的胶合板，用以改变材料的物理特性，如防腐胶合板、阻燃胶合板、树脂处理等
按形状分	平面胶合板	在压模中加压成型的平面状胶合板
	成型胶合板	在压模中加压成型的非平面状胶合板
按用途分	普通胶合板	适于广泛用途的胶合板
	特种胶合板	能满足专门用途的胶合板，如装饰胶合板、浮雕胶合板、直接印刷胶合板等

（3）普通胶合板

普通胶合板是指板的厚度为2.7mm、3mm、3.5mm、4mm、5mm、5.5mm、6mm（自6mm起，按1mm递增）的胶合板，单板的层数应为奇数，主要有3层、5层、7层、9层、11层、13层，分别称为三合板、五合板，依次类推，11层以上的板材称为多层板。主要树种为椴、桦、杨、松、楸、水曲柳及进口原木。

普通胶合板分为Ⅰ类、Ⅱ类、Ⅲ类、Ⅳ类。按材质不同，分为阔叶树材胶合板、针叶树材胶合板。厚度小于等于4mm为薄胶合板。3mm、3.5mm、4mm厚的胶合板为常用规格。普通胶合板的外观质量应满足（GB/T 9846.5—2004）《胶合板　普通胶合板检验规则》的规定。各等级的面板均需砂（刮）光。胶合板的常用规格为1220mm×2440mm，见表2-7。

表2-7　胶合板规格、面积和厚度

种类	规格/mm	面积/m^2	厚度/mm
水曲柳、柚木板、椴木板、桦木板、柞木板、核桃楸木板、杨木板、松木板	915×915	0.837	2.5、2.7、3、3.5、4、5、6、7、9、11、12、15
	915×1220	1.116	
	915×1830	1.675	
	915×2135	1.953	
	1220×1830	2.233	
	1220×2135	2.605	
	1220×2440	2.977	
	1525×2440	3.271	

普通胶合板主要用作各类家具、门窗套、踢脚板、窗帘盒、隔断造型、地板等基材或面材，其表面可用薄木片、防火板、PVC贴面板、浸渍纸、无机涂料等贴面涂饰。胶合板是室内装饰中用途广泛、用量最大的材料。既可以作为其他饰面的基材，又可以直接用于装饰表面，获得天然木材的装饰效果。胶合板具有单块面积大、轻薄、可弯曲、胀缩小的特点。板面美观、强度高。可用来作为顶棚面、墙面、墙裙面、造型面。亦可用来作为家具的旁板、门板、背板、底板、顶板，以及用厚夹板制作板式家具。木胶合夹板面上可涂装各种类型的漆面，可粘贴各种墙纸墙布，可粘贴各种塑料装饰板，可进行涂料的喷涂处理。

（4）装饰胶合板

装饰胶合板是指两张面层单板或其中一张为装饰单板的胶合板。装饰胶合板的种类很多，目前主要使用的是装饰单板贴面胶合板和不饱和聚酯树脂装饰胶合板。

① 装饰单板贴面胶合板。装饰单板贴面胶合板是室内装修最常使用的材料之一。常见的饰面板分为天然木质单板饰面板和人造薄木饰面板。天然木质单板是用珍贵的天然木材，经刨切或旋切加工方法制成的单板薄木（刨制微薄木厚度0.15～0.25mm），所以比胶合板具有更好的装饰性能。该产品天然质朴、自然而高贵，可以营造出与人有最佳亲和力和高雅的居室环境。人造薄木是使用价格比较低廉的原木旋切制成单板，经一定工艺胶压制成木方，再经刨切制成具有优美花纹的装饰薄木。

微薄木贴面板具有花纹美丽，真实感和立体感强，幅面大，稳定性好，表面平整、光滑并且有自然美的特点。微薄木贴面板主要用于高级室内装饰、墙裙、高级家具的饰面、车船的内部装修以及电视机壳、乐器等的制作。另外，高级装饰中常应用各种树瘤树根材薄木贴面胶合板，有白杨树瘤板、花梨树瘤板、花樟树瘤板、树根板、栓木树瘤板、枫木树瘤板等。薄木贴面胶合板幅面规格为1220mm×2440mm，目前市售的多系薄木贴面胶合板，厚度为3～4mm。通常天然木质单板饰面板所贴饰面单板往往是花纹好、身价高的树种，比如柏木、橡木、花梨木、水曲柳等。装饰单板贴面胶合板按装饰面不同可分为单面装饰单板贴面胶合板和双面装饰单板贴面胶合板。

② 不饱和聚酯树脂装饰胶合板。不饱和聚酯树脂装饰胶合板（俗称保丽板）是以Ⅱ类胶合板为基材，覆贴一层装饰纸，再在纸面涂饰不饱和聚酯树脂经加压固化而成。不饱和聚酯树脂装饰胶合板的幅面尺寸与普通胶合板相同，不饱和聚酯树脂装饰胶合板按面板外观质量不同分为一和二两个等级。不饱和聚酯树脂装饰胶合板板面光亮、耐热、耐磨、耐擦洗、色泽稳定性好、耐污染性高、耐水性较高。

不饱和聚酯树脂装饰胶合板由于其表面的装饰纸可以是单色的，也可以印有各种花纹或图案，因此该种板材可以具有各种色彩、花纹或图案。不饱和聚酯树脂装饰胶合板板面平整，装饰层黏结牢固，平整光滑，装饰效果更佳。广泛用于室内墙面、墙裙等装饰以及隔断、家具等。

③ 浮雕胶合板。浮雕胶合板是在胶合板表面上压印花色图案而得，立体感强、花色多样，具有良好的装饰性，适合宾馆、商店、别墅、住宅等墙面、墙裙等的装饰。

④ 直接印刷胶合板。直接印刷胶合板是在胶合板的表面上直接印刷各种仿真木纹或其他花纹而得。常用的花色有仿木纹、仿花岗岩、素色、图案和花色等。直接印刷胶合板具有花纹美观、仿真性好、色泽鲜艳、层次协调，并具一定的耐水、耐磨等性能，且价格较低，主要适用于厢体、顶棚等。

(5) 科技木胶合板

科技木是以普通木材（速生材）为原料，利用仿生学原理，通过对普通木材、速生材进行各种改性物化处理生产的一种性能更加优越的全木质的新型装饰材料。科技木可仿珍贵树种的纹理，并保留了木材隔热、绝缘、调湿、调温的自然属性，如图 2-9 所示。与天然材相比，几乎不弯曲、不开裂、不扭曲。其密度可人为控制，产品稳定性能良好，在加工过程中，它不存在天然木材加工时的浪费和价值损失，可把木材综合利用率提高到 85%以上。科技木是天然木材的“升级版”，广泛用于家具、装饰、地板、贴面板、门窗、体育用材、木艺雕刻、工艺品等领域。其中销量最大的产品是作为装饰用材的科技木装饰单板，以其无可阻挡的魅力受到越来越多的家具、装饰、音箱、门窗等领域生产商的青睐，这些厂家已将科技木装饰单板作为其主要原料，替代天然木材。同时，色彩艳丽的科技木在木线、工艺品和特色木鞋、体育用品生产等领域也得到了很好的应用，如图 2-10 所示。

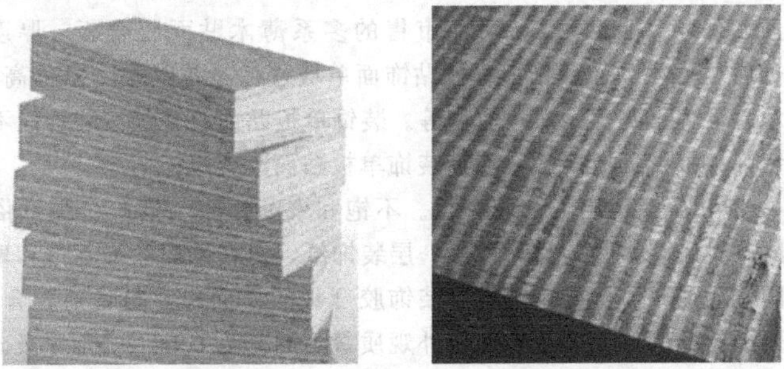

图 2-9 科技木

(6) 竹胶合板

竹子是我国大量生长的植物纤维原料，竹材纤维板、刨花板与木质人造板相似。竹材胶合板是我国林产科学家的创新产品，竹胶合板有以下两种形式。

① 竹编胶合板。竹编胶合板是将竹子劈成薄篾，编成竹席，经干燥、涂胶、组坯、热压胶合而成的人造板材。竹编胶合板具有优异的力学性能，静曲强度为 50～90MPa，可用于各种高负荷、高耐磨的场合，如地板、水泥模板等。竹编胶合板的产品厚度为 2～24mm。

图 2-10 柚木科技木胶合板

② 竹材胶合板。竹材胶合板是将毛竹去掉竹青和竹簧后，剖分成 2～3 块，经高温及水煮软化处理，展开平

直。展开竹片刨削成一定厚度，干燥定型后涂胶，组坯、高温热压制成的竹质人造板。它具有强度高、刚性好、易加工等特点，是一种良好的工程结构材料。产品密度≥0.9g/cm³，厚度为2～15mm。

2.3.2 纤维板

根据纤维板的抗弯强度不同，把它分为硬质纤维板（体积密度>800kg/m³）、软质纤维板（<500kg/m³）和中密度纤维板（500～800kg/m³）三种。按表面不同，分为一面光板和两面光板。按原料不同，分为木材纤维板和非木材纤维板。木材纤维板由木材废料加工制成纤维板。非木材纤维板由竹材、草本植物加工制成纤维板。按制造方法不同，分为干法纤维板和湿法纤维板。干法纤维板是以空气作为纤维运输和成型介质制造的纤维板，这种纤维板两面光滑。湿法纤维板是以水作为纤维运输和成型介质所制造纤维板。这种纤维板一面光滑，一面有网痕。室内装潢与家具生产中应用的纤维板主要是中、高密度纤维板和硬质纤维板。软质纤维板主要是用于顶棚或墙面的吸声保温材料。如图2-11所示。

图 2-11　纤维板

（1）中密度纤维板

中密度纤维板，是以植物纤维为主要原料，经加热蒸煮、机械研磨成纤维浆料，再使植物纤维重新交织，热压成型、干燥等工序，与合成树脂或其他合适的胶黏剂相结合加工而成的一种人造板。这种板是在热压状态下，通过胶黏剂来提高整体纤维板间的黏结效果，最终通过压缩，大大增加了板的压缩密度。另外，在板加工制作时还可通过添加其他材料，以提高板的某种特性。如加贴木皮或直接涂装后的产品。中密度纤维板表面平整光滑，组织结构均匀，密度适中，强度高，隔热、吸声，机械加工和耐水性能良好。木材加工剩余物、枝丫材、灌木枝条、芦苇、棉秆、蔗渣等都可以制造纤维板。

（2）装饰纤维板

① 浮雕装饰板。浮雕装饰板常见有波浪板和硬木纤维装饰板，是以进口中纤板经计算机雕刻表面并采用喷涂、烤漆工艺精工制造而成的，表面为浮雕立体图案，有各种板材仿真效果。浮雕装饰板广泛应用于各种家居装饰、装修工程之中的墙面装饰。因其特殊、规则、重复、色彩多样的表面肌理，成为室内表面装饰的新型产品。其最大特点是表面具有浮雕式的花纹、图案，具有立体感，避免了使用传统木材时，需要花费大量人工进行手工雕刻，从而节省了大量的人力、物力，降低了工程造价，满足了室内装修中需要浮雕的部位。特

点是健康环保，不含任何胶黏剂，无甲醛等有害物挥发，是纯无机材料制成的。防火阻燃，800℃高温环境下不燃烧，可自身变成粉末。不怕潮湿、不怕水、不变形。具有木材一样的优点，可锯可钉，高强度、高韧性，易施工，附着力强，粘、钉均可。适用于各种装饰需要，比如造型、背景墙、墙艺、橱柜等。图 2-12 所示为波浪装饰板墙面装饰。

图 2-12 波浪装饰板墙面装饰

② 硬木纤维装饰板。硬木纤维装饰板（俗称澳松板）原产于澳大利亚，是一种高精度的木质板，具有很好的均衡结构。属于密度板的范畴，是大芯板、欧松板的替代升级产品，特性是更加环保。澳松板的上乘质量来自于特有的原料木材——辐射松（也称为澳洲松木），辐射松具有纤维柔细、色泽浅白的特点，是举世公认的生产密度板的最佳树种。澳松板具有极佳的同质结构和独特的强度及稳定性，可以与天然木材相比。其光滑的表面使抛光变得更加简单和经济，易于生产高质亮丽的产品。澳松薄板可以弯曲成曲线状，而且具有很高的内部结合强度，握钉力强，使板子易于胶黏、定钉、螺钉和固定。澳松板在制造过程中使用环保型蜡与树脂，所以能够保证每一张板材都符合并低于 E_1 级标准的甲醛释放量。澳松板是替代传统木工板与多层板的最佳材料。规格为 2440×1220×2.5（3）/4.5（5）/9/12/15/18（单位：mm）。缺点是不容易吃普通钉，欧松板和澳松板都有这个问题，主要是由于国外木器加工大多用螺钉而不用大钉，这是为了便于拆卸，拆卸后不会损坏板材，再利用价值高，建议多使用螺钉的方式安装。

澳松板一般被广泛用于装饰、家具、建筑、包装等行业，其硬度大，适合做衣柜、书柜，不会变形（甚至地板），承重好，防火、防潮性能优于传统大芯板，材料非常环保。澳松板由于稳定性好，近年应用较广泛，用作透明涂饰或不透明漆均可，不透明色漆仅需原子灰补好钉眼，就可直接喷漆，不需用腻子。厚度为3 mm澳松板用量较广泛，代替三夹板直接用于门、门套、窗套等贴面；5mm用作夹板门，不易变形；9mm、12mm用作门套、门挡和踢脚线；15mm、18mm可代替细木工板（大芯板）直接用作门套、窗套；板材还可雕刻、镂洗造型，也可直接用作衣柜门，且不易变形。如图2-13所示。

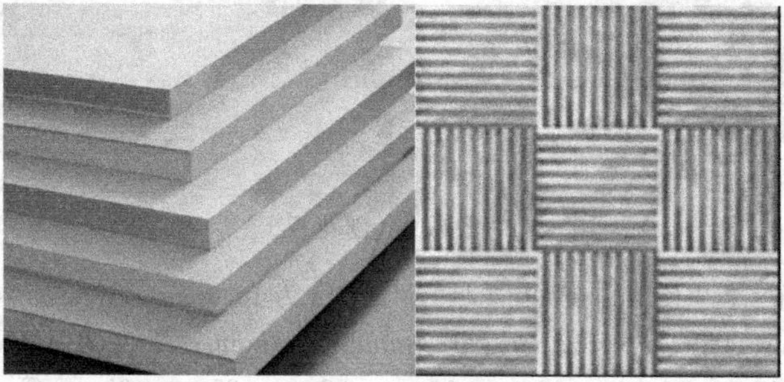

图2-13　澳松板

2.3.3　刨花板

刨花板，也称碎料板，是利用木材加工中的废料、小径木、采伐剩余物或其他植物秸秆等为原料，经过机械加工成一定规格形状的刨花与碎木屑，通过干燥、施加一定数量的胶黏剂和添加剂（防水剂、防火剂等），经机械或气流铺装成板坯，最后在一定温度和压力下压制成人造板。刨花板的种类见表2-8。

表2-8　刨花板的种类

分类方法	种　类
根据用途分类	A类刨花板：家具及室内装饰等一般用途刨花板 B类刨花板：非结构建筑用刨花板
根据原料分类	木材刨花板、甘蔗渣刨花板、亚麻屑刨花板、楠杆刨花板、沙柳刨花板、葵花秆刨花板
根据板结构分类	单层结构刨花板、三层结构刨花板、渐变结构刨花板、定向刨花板、华夫刨花板、模压刨花板
根据制造方法分类	平压刨花板、挤压刨花板、模压刨花板
根据表面状态分类	未砂光刨花板、砂光刨花板、饰面刨花板

刨花板结构比较均匀，加工性能好，可以根据需要加工成大幅面的板材，是制作不同规格、样式家具的优秀原材料。制成的刨花板不需要再次干燥，可以直接使用，吸声和隔声性能也很好。但它也有其固有的缺点，因为边缘粗

糙，容易吸湿，所以用刨花板制作的家具封边工艺就显得特别重要。如图 2-14 所示。

图 2-14 刨花板

装饰工程中使用的 A 类刨花板的幅面尺寸为 1830mm×915mm、2000mm×1000mm、2440mm×1220mm、1220mm×1220mm；厚度为 4mm、8mm、10mm、12mm、14mm、16mm、19mm、22mm、25mm、30mm 等。A 类刨花板按外观质量和物理机械性能等分为优等品、一等品、二等品。刨花板具有质轻、幅面大、板面硬、耐磨、耐久、良好的隔热保温、隔声、吸声性能，强度均衡，加工方便，表面可进行多种贴面和涂饰工艺等优点。但其缺点是握钉力较差，属于中低档次装饰材料，除用作家具基材和天棚装饰及隔断外，还可作为建筑、车辆和船舶的装修、室内吸声和保温隔热材料。

(1) 普通刨花板

普通刨花板是利用施加胶料和辅料或未施加胶料和辅料的木材制成的刨花材料压制成的板材。刨花板按不同的制造方法、容重、结构、表面装饰情况和胶种等进行分类。容重是刨花板的重量和其体积之比，按容重分类有高、中和低三类。高容重（高密度）刨花板，容重在 $0.8 \sim 1.2g/cm^3$ 之间；中容重（中密度）刨花板，容重在 $0.4 \sim 0.8g/cm^3$ 之间；低容重（低密度）刨花板，容重在 $0.25 \sim 0.4g/cm^3$ 之间。一般容重低的刨花板强度低，绝缘性能好，生产成本也低，容重高的刨花板强度大，绝缘性能差，生产成本高。目前，中容重的刨花板应用普遍，发展较快。

(2) 空芯刨花板

空芯刨花板是采用挤压法生产，在板的长度方向有圆形孔道的一种刨花板，与普通刨花板厚度相同时，其质量不到普通刨花板的一半，产品不易变形，表面平整挺括，尺寸稳定性好，圆孔结构具有隔声、保温性能，节能，抗冲击，阻燃，环保等特点，是制作平板门芯板、家具台面板底板及办公场所隔断的理想材料，具有广泛的发展与应用前景。空心刨花板一般用作门芯和隔断材料使用，我国门业市场主要为 33mm 的门芯专用空心刨花板。如图 2-15 所示。

挤压空芯刨花板的密度为 0.35～0.55g/cm³，而平压刨花板约为 0.75g/cm³，因此，用挤压空芯刨花板制造门芯板可以大大减轻门板的质量，且最大可减轻 60%；挤压空芯刨花板保温隔热、隔声性能良好，40mm 厚的空芯板相当于 300mm 厚砖墙的保温效果，隔声高达 28dB；其抗压性能好，在受到 2MPa 压力时，不会产生变形；由于挤压刨花板制造工艺的特殊性，其产品在厚度方向的吸水膨胀率很小，几乎可以和木材的径向形变相媲美。挤压空芯刨花板的密度远低于平压刨花板，制造相同体积的板材，空芯刨花板所用的原料要远少于普通刨花板；如果采用脲醛树脂为胶黏剂来制造刨花板，制造出合格平压刨花板的施胶量为 10%～12%，而空芯刨花板的施胶量只要 4%～8%。可见，在原材料方面，空芯刨花板也可大大降低板材的制造成本。

(3) 定向刨花板

定向刨花板是用施加胶黏剂和添加剂的扁平长刨花经过定向铺装后热压而成的一种多层结构板材，简称 OSB 板（俗称欧松板），是一种新型刨花板，如图 2-16 所示。刨花铺装成型时，将拌胶刨花板按其纤维方向纵行排列，从而压制成的刨花板。这种刨花板的形状要求长宽比较大，而厚度比普通刨花板的刨花略厚。定向铺装的方法有机械定向和静电定向。前者适用于大刨花定向铺

图 2-15 空芯刨花板

图 2-16 欧松板

装，后者适用于细小刨花定向铺装。定向刨花板表面覆以锯末、碎屑等细料，芯部充以定向刨花的结构板材。该板为五层结构：上、下两表层细料，中间两层纵向定向刨花，芯层横向定向刨花。板坯可在连续式多头成型机上一次铺装。可作板式家具的承载构件（侧主板、搁板等）。由于定向刨花板在某一方向具有较高强度的特点，可以按照胶合板的构成原理，使定向的表层刨花与定向的芯层刨花互相垂直交错，形成三至五层结构定向刨花板。其性能与胶合板相似，常代替胶合板作结构材使用。这是一种新型结构板，在充分利用小径

材、速生材，提高木材利用率等方面，有其广阔的使用前景。近年来开发的定向刨花板是将刨花定向铺装胶合热压而成的新型刨花板，它的强度很高，可以作为结构性材料使用。

这种层叠交错的排列方式使板材具有天然木材的各种优点，而又消除了天然木材的各向异性及横向强度低、易裂的缺点。定向结构刨花板具有较高的尺寸稳定性和强度，特别是纵向抗弯强度比横向抗弯强度大得多，使其具有超强的加工性、抗冲击力以及卓越的防潮性和极强的握钉能力，易于进行表面装饰等优点。另外，表面光洁，易加工，规格多，所以可广泛应用于建筑等行业。

定向刨花板根据使用条件可分为四种类型，见表 2-9。

表 2-9 定向刨花板分类

类型	使用条件
OSB/1	一般用途板材和装修材料，适用于室内干燥状态条件下
OSB/2	承载板材，适用于室内干燥状态条件下
OSB/3	承载板材，适用于潮湿状态条件下
OSB/4	承载板材，适用于潮湿状态条件下

2.3.4 细木工板

(1) 定义

细木工板，是用许多木条按一定方向排列拼合成芯层、与上下两面的双单板层（上、下各两层）胶合而成的夹芯板。细木工板的芯层木条可以利用家具厂的边角余料做原料，经锯、刨、胶拼（或不用胶拼），再在木条上、下两面各胶合两层旋切单板。这两层单板也应按照相邻两层材料间木材纹理垂直的原则排布，也可以在最外边用刨切单板进行拼花装饰，制成装饰细木工板。如图 2-17 所示。

细木工板结合了胶合板与实木板的优点，具有较大的硬度和强度，可耐热胀冷缩，板面平整，易于加工。按结构不同可分为：芯板条不黏胶的细木工板和芯板条黏胶的细木工板。细木工板包括实芯细木工板和空芯细木工板。细木

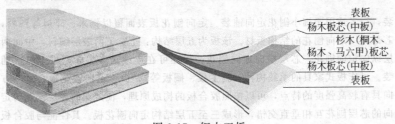

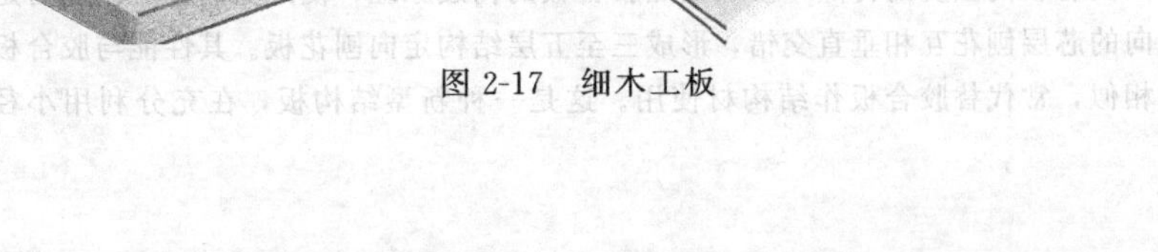

图 2-17 细木工板

工板按照芯层木条排列的疏密可分为实芯和空芯两种。实芯细木工板芯层木条密集排列，木条侧面是否胶合对产品强度并没有影响。中间木板是由优质天然的木板方经热处理（即烘干室烘干）以后，加工成一定规格的木条，由拼板机拼接而成。拼接后的木板两面各覆盖两层优质单板，再经冷、热压机胶压后制成。它一般制成标准尺寸的大幅面板材，根据需要裁开使用。适用于家具、车辆、船舶和建筑物内装修等。空芯板是用较厚的轻质材料，如松木、蜂窝纸等做芯板，两面各贴一张胶合板制成，适用于预制装配式房屋。芯层木条间均匀留有一定间隙，它的容重更轻、材料更省。但它只能用做定型规格产品，并且必须加外边框。细木工板的厚度为16～25mm，产品含水率为10%±3%。细木工板的两面胶黏单板的总厚度不得小于3mm。细木工板芯层木条的厚度与两面单板的总厚度之比应为4∶1。各类细木工板的边角缺损，在公称幅面以内的宽度不得超过5mm，长度不得大于20mm。芯层板条的木材以针叶树材和软阔叶树材为主，不宜将软硬树种木材混合使用，否则易造成板面凹凸不平，甚至脱胶开裂。细木工板按面板的材质和加工工艺质量分为一、二、三共三个等级。

(2) 分类

① 按板芯结构不同，分为实芯细木工板和空芯细木工板。

② 按板芯拼接状况不同，分为板芯胶拼细木工板和板芯不胶拼细木工板。

③ 按胶接性能不同，分为室外用细木工板和室内用细木工板。

④ 按表面加工状况不同，分为单面砂光细木工板和双面砂光细木工板。

⑤ 按层数不同，分为三层细木工板和五层细木工板。

⑥ 按用途不同，可分为普通细木工板和建筑用细木工板。

(3) 细木工板的应用

细木工板具有质坚，表面平整、光滑，不易翘曲变形，尺寸稳定，吸声绝热等特点，具有较高的木材利用率。具有较小的容积重与较低廉的价格，加工简单，成本低等优点。可以配用木材专用五金配件，通过胶黏剂、铁钉、射钉等进行组装，作为其他贴面板材或涂装的基材或造型，广泛用于家具、车厢、船舶、室内装饰等方面，近年来还用于地板的毛地板铺设。如图2-18所示。

(4) 细木工板的选购

细木工板表面应平整、光滑；无变形、空鼓；四边衬木外观紧密、无空隙、材质密实（也应注意有些产品表里不一）；板材锯开后衬木依然紧密、无空隙。细木工板常用规格有：1220mm×2440mm，厚度为12mm、18mm（常用）、22mm、25mm。细木工板按环保指数不同，分为E_1级板与E_2级板。用于室内装修应用E_1级板，市场价格约为100元以上。E_2级板用于其他室外装修等。

图 2-18 细木工板用于柜体制作

2.3.5 蜂窝板

蜂窝纸是根据自然界蜂巢结构原理制作的，它是把瓦楞原纸用胶粘结方法连接成无数个空芯立体正六边形，形成一个整体的受力件——纸芯，并在其两面黏合面纸而成的一种新型夹层结构的环保节能材料。蜂窝板是用 100～200g 包装纸胶合成六角形蜂房状纸芯，然后用定型规格的木框把纸芯嵌入，再在表面覆以 2～3 层涂胶单板，组合热压制成的空芯结构人造板材（属于空芯细木工板）。这种人造板材容重很轻（一般为 0.10～0.15g/cm^3）、物理性能良好，不变形、耐冲击，适宜做门板、搁板、隔断等。它只能做成指定规格的板材。不能裁开使用。类似结构的板材还有各种填充材料的空芯包镶板材，如葵花杆、胶合板条、纤维板条、厚纸板条填充包镶板材等。如图 2-19 所示。

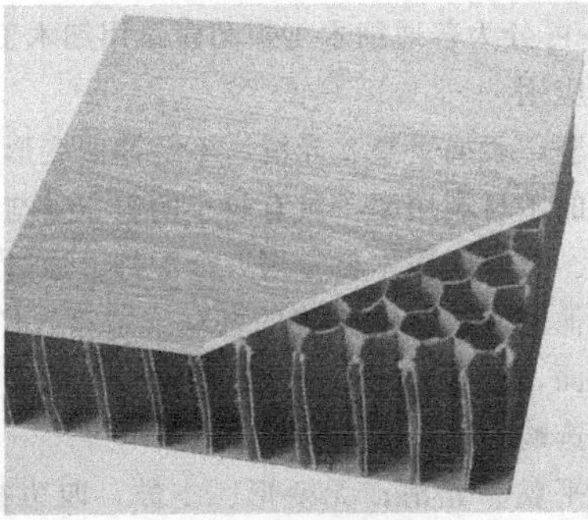

图 2-19 蜂窝板

2.3.6 装饰人造板

表面经过装饰的人造板材克服了部分缺陷，提高了使用价值；改善了人造板的表面特性，使其耐磨、耐热、耐水、耐候、耐污染、耐火等性能大大提高；提高了板材强度和刚度、尺寸更加稳定。常见装饰人造板的品种有以下几种。

（1）不饱和聚酯树脂装饰人造板

不饱和聚酯树脂装饰人造板是以胶合板、纤维板、刨花板及其他人造板为基材，贴一层印刷装饰纸，再在表面涂饰不饱和聚酯树脂固化而成的产品。其中以胶合板为基材的称作保丽板，在室内及家具制作中用于墙裙板、吊顶板和家具包厢板。印刷装饰纸人造板是一种用印刷有木纹或图案的装饰纸贴在基板上，然后用树脂涂饰或用透明塑料薄膜再贴面制成的人造板材。印刷装饰纸人造板具有装饰性好，色泽鲜艳，层次丰富，生产简单，使用方便，可进行锯、钻加工，耐污性和耐水性较好，但其耐磨性及光泽度较低。印刷装饰纸人造板可用压条及胶黏剂等进行固定。板材安装后可无需涂装涂料就直接使用，也称免漆板。在存放搬运过程中应避免板材与硬物碰撞，以防损伤板面。其规格与所用基板（如胶合板、硬质纤维板或刨花板等）相同。印刷装饰纸人造板可用来制造家具及墙面装饰。如图 2-20 和图 2-21 所示。

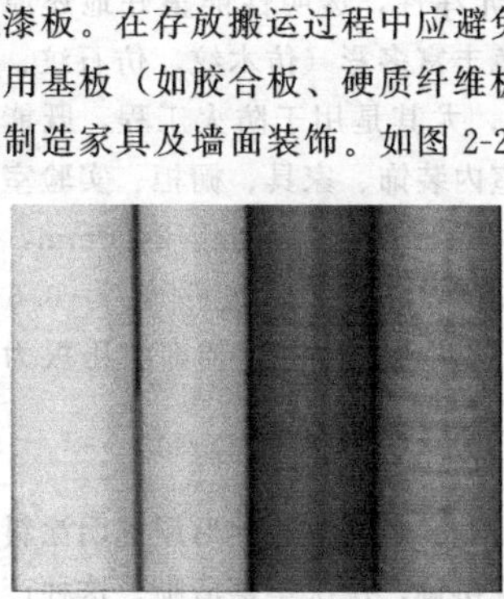

图 2-20　印刷装饰纸

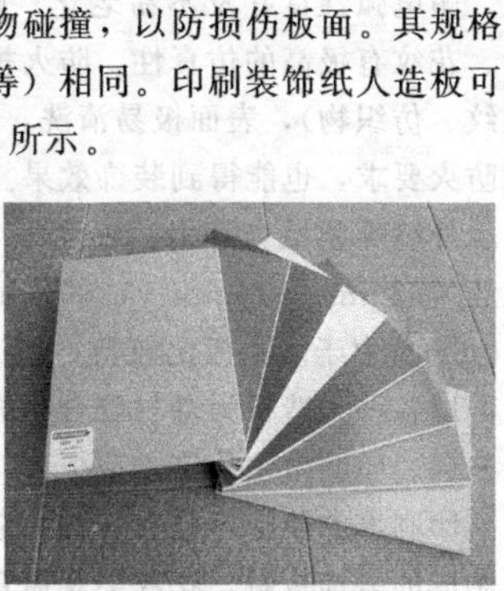

图 2-21　印刷装饰纸人造板

（2）浸渍胶膜纸饰面装饰人造板

浸渍胶膜纸饰面人造板是将印有图案或花纹的装饰纸浸渍氨基树脂，贴于各种人造板表面热压而成的装饰材料。这种板材的表面美观大方、耐水性好、耐烫、耐污染，有一定耐磨性。可用于室内墙面、吊顶和家具制作，尤其适合于厨房装修和公用家具。

（3）三聚氰胺塑料覆面装饰板

三聚氰胺塑料覆面装饰板（俗称防火板）是表面装饰用耐火建材。防火板面层为三聚氰胺甲醛树脂浸渍过的印有各种色彩、图案或纹理的纸，里面各层都是酚醛树脂浸渍过的牛皮纸，经干燥后叠合在一起，在热压机中通过高温高压制成。如图 2-22 所示。

三聚氰胺树脂热固成型后表面硬度高、耐磨、耐高温、耐撞击，表面毛孔细小不易被污染，耐溶剂性、耐水性、耐药品性、耐焰性等机械强度，绝缘

图 2-22 防火板样本

性、耐电弧性良好及不易老化。防火板表面光泽性，透明性能很好地还原色彩、花纹有极高的仿真性。防火板图案、花色丰富多彩（仿木纹、仿石纹、仿皮纹、仿织物），表面极易清洗，较木纹耐久，尤其是用于防火工程，既能达到防火要求，也能得到装饰效果。广泛用于室内装饰、家具、橱柜、实验室台面、外墙等领域。规格：长度为 2438mm、3048mm、3658mm、2400mm，板宽为 762mm、914mm、1200mm、1219mm、1524mm。厚度一般为 0.6～2.0mm。由于防火板比较薄，施工应用时一般以热固性树脂装饰层压板为面层，以各种人造板为基材胶合制成的复合装饰板材。

（4）印刷木纹装饰人造板

印刷木纹装饰板是在各种人造板上直接印刷套色花纹，然后用透明涂料覆盖制成的装饰板材。花纹美观逼真，色泽鲜艳协调，层次丰富清晰。这种产品的表面情况随所用涂料的品种而定。印刷木纹装饰板表面耐水、耐磨、耐冲击、耐化学腐蚀、耐湿度变化、附着力强，用于墙裙、木门、家具和车船内装饰等。如图 2-23 所示。

（5）热塑性塑料薄膜覆面装饰人造板

热塑性塑料薄膜覆面装饰人造板是用各种热塑性塑料装饰薄膜粘贴到人造板上制成的表面装饰人造板。最常见的塑料薄膜为聚氯乙烯印花压花膜和电化铝聚酯复合膜。这种产品强度高、耐老化、表面平整光滑、不开裂、不变形、易清洗。但硬度较低、易划伤，一般用于室内及家具的立面，尽量不做台面使用。

（6）镁铝覆面装饰人造板

镁铝覆面装饰板是以厚包装纸为底面纸，优质硬质纤维板为基材，着色铝合金箔为装饰面层；先将上述三层材料粘贴在一起，涂饰硝基清漆然后机械刻划得到的装饰人造板材。镁铝覆面装饰板表面具有着色铝合金箔的各种性能，

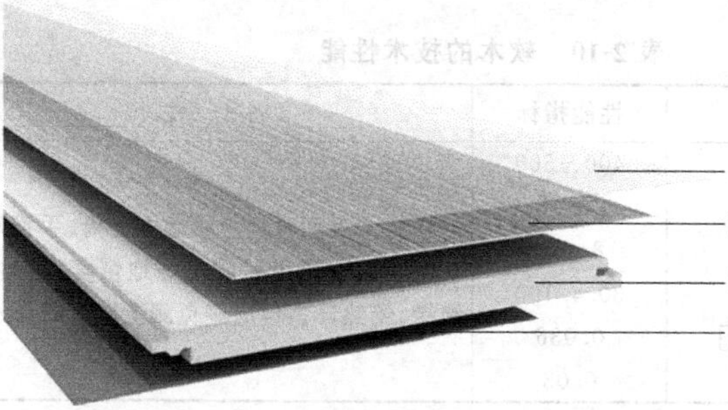

图 2-23　印刷装饰纸仿真木纹应用于强化复合地板

如板面美观大方，抗耐性好。经过机械刻划使产品表面有特殊的立槽。用于室内装饰时挺拔流畅，也可用于家具表面边围条。镁铝覆板的沟距分为窄沟距、中沟距、宽沟距三种，沟距基本尺寸为 13mm、21mm、33mm。

2.3.7 其他常见复合板材

(1) 软木板

软木，它在树木学上称为栓皮，在生物学上称为木栓。栓皮是以栓皮栎树种的树皮为原料加工而得的，除少量皮孔组织外，30～50mm 厚的树皮全部由木栓细胞构成。栓皮栎树种是一种原产于地中海的珍贵树木，是世界上现存最古老的树种之一，现在世界上的软木资源主要集中在地中海沿岸，特别是葡萄牙，被称为软木王国，占有全世界 30%的橡树资源，50%的原料产出量，90%的软木产品的生产。我国的栓皮树种主要是栓皮栎和黄菠萝。栓皮栎是一种特殊的树种，树皮的外皮特别发达，如果定期采拨它的树皮，它不但不死，还可以长出新的树皮，质地轻软、富有弹性，厚的首道皮可达 6cm，一般为 2～3cm。其木质具有独特的蜂窝式环链结构，使其具有不同于其他木质板材的良好弹性，中间密封空气的体积占细胞体积的 70%。它的主要特性是热导率小、弹性好，吸声、不变形、不吸水，在一定压力下可长期保持回弹性能，摩擦性好，吸声性强，耐老化，广泛应用在室内装饰领域，成为一种新型的装饰材料。软木可用于制造软木地板、软木墙面等。其装饰面的图案十分丰富，可进行拼花处理。

软木在化学组成、细胞结构、生物作用和理化特性方面完全不同于木材，也不同于一般的树皮。栓皮生长缓慢，细胞个体略小，表观密度较大，特别是首次采剥的初生皮表面沟壑，丝毫没有木材的感觉，通过现代科技，用它来制造高级软木。软木材料经过表面高效透明、无毒、防火和耐磨处理可生产地面和墙面装饰材料，既有原木天然肌理效果，又富有弹性和柔韧性。表 2-10 所示为软木的技术性能。

表 2-10 软木的技术性能

项目	性能指标	备　注
表观密度/(kg/m^3)	400～500	在软木表面可轻易移动办公椅、手推车。长期或短期受压后能很好地恢复，是自然绝缘、绝热体。但应避免溅上硫酸或氨水
抗拉强度/MPa	＞0.8	
减声/dB	8～12	
耐磨损性/(g/r)	30.4/100	
传热系数/[W/(m^2·K)]	0.036	
回复性/mm	0.03	

软木制品是将软木颗粒经一定工艺压制而成的软木片，在欧美等国家作为装饰已有很久。广泛适用于家具局部装饰、室内装饰中的墙、地面等。它具有吸声、防潮、耐磨、防火、隔热、防腐等诸多优良性能。软木产品可制作成软木墙、地板。软木其表面的特殊质感、天然纹理、不同的自然图案，温暖柔和、富有弹性，具有其他材料不可替代的特殊美感。软木产品施工简便，应用时用胶粘合于底板、墙或地面即可。软木地板由高透明树脂、装饰软木层、胶合软木、PVC 防潮底层复合而成。市场上常见软木墙板，一般规格为 600mm×300mm×3mm、910mm×610mm×3mm 或宽 480mm、长 8000～10000mm 的卷材等，软木墙板由于工艺复合方式比软木地板简单，不适用于地面铺设。此外，还有软木天花板，具有较好的吸声性。如图 2-24 所示。

图 2-24　木板墙

(2) 木质吸声板（图 2-25）

木质吸声板是根据声学原理精致加工而成的，由饰面、芯材和吸声薄毡组成。硬质纤维装饰吸声板芯材为 15mm 或 18mm 厚的中密度纤维板。饰面为三聚氰胺涂饰层或真木皮饰面。吸声薄毡颜色为黑色，粘贴在吸声板背面，具有防火吸声性能。多种材质根据声学原理，在共振频率上，由于薄板剧烈振动而大量吸收声能，合理配合，具有出色的降噪吸声性能，对中、高频吸声效果尤佳。既有天然木质纹理，古朴自然；亦有体现现代节奏的明快亮丽的风格，产品的装饰性极佳，可根据需要饰以天然木纹、图案等多种装饰效果，提供良好的视觉享受，符合国家环保标准，甲醛含量极低。产品还具有天然木质的芳香，具有木质最高的防火等级 B1。采用插槽、龙骨结构，安装简便、快捷。改变传统建筑材料粗放型生产，用全自动计算机控制设备，大规模标准化生产，既可提高生产能力，也能保证产品质量。适用于地铁、影剧院、电台、电视台、纺织厂和噪声超标准的厂房以及体育馆等大型公共建筑的吸声墙板、天花吊顶板。

图 2-25 木质吸声板

图 2-26 展示槽板

(3) 展示槽板（图 2-26 和图 2-27）

展示槽板是在中密度纤维板或其他板材表面开槽，形成装饰条纹或固定挂件。常见槽板条纹之间距离是相等的，它是由专业机器加工而成的，类似于冲孔板。常见规格为 2440mm×1220mm，厚度为 18mm。

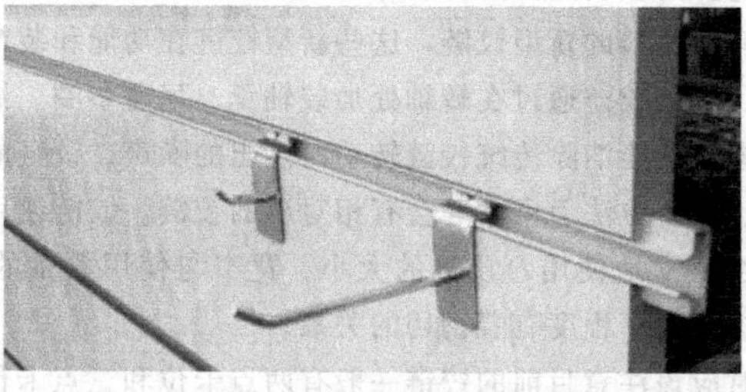

图 2-27 展示槽板工程实例

2.4 常用金属配件

金属配件是现代室内装饰装修中不可缺少的一部分，是室内空间的亮点，同样也起着画龙点睛的作用。金属配件的种类繁多，使用范围也非常广泛。合理的搭配，会更加突出装饰效果。随着装饰材料及装饰设备品种的不断更新换代，与之相配套的装饰金属配件的品种与功能也在不断地提高和完善。装饰金属配件已进入一个既追求功能完善，又要考虑美观舒适的新阶段。目前我国装饰金属配件的质量、功能、配套性及装饰性与改革开放前相比有了很大的提高。装饰金属配件的种类较多，按其使用对象不同，分为门窗金属配件、卫生洁具金属配件、家具金属配件、灯具金属配件及固定用金属配件等。按其使用功能不同，分成紧固件、活动件、定位件和拉手等。

2.4.1 连接活动配件

连接活动金属配件是指把各个部分连接在一起的配件，包括各种铰链和各种拆装活动连接件、折叠结构连接件和插接结构连接件。活动件需要完成扭转、拆卸、滑插等动作，还要承担所连接部件的重量。其材料除要求一定的机械强度外，还要求有耐磨性，一般采用金属材料和工程塑料制造。活动件用于部件配合时，加工精度直接影响到部件的配合精度；活动件有时暴露在制品表面，对装饰性能也有较高要求。五金连接活动件的类型主要包括铰链（合页）类、插销类、闭门器类、门碰及吸门器等。

（1）铰链

铰链又称合页，它是门扇或窗扇关闭和开启的转动枢纽，铰链一面固定在框上，一面固定在门窗扇上，使门、窗及柜门等能够以铰链为轴自由地开启和关闭，是重要的五金件。在平时橱柜门频繁地开关过程中，铰链不但要将柜体和门板准确地衔接起来，还要承受门板的重量，而且橱柜门的开关次数多达数万次，还必须保持门排列的一致性不变。

传统的铰链多为铁制品，随着装饰材料的不断发展，现今又出现了以不锈钢、钢材、塑料为材料的新型铰链，这些新型铰链在功能和装饰效果上都优于传统的铁铰链。新型铰链通过在转轴处加装轴承、尼龙垫圈、油压装置等，可降低铰链的磨损，并能消除传统铰链转动时发出的噪声。铰链的种类很多，针对于门的材质、开启方法、尺寸等会有相对应的铰链。铰链使用的正确与否决定了这扇门能否正常地使用，铰链的大小、宽窄与使用数量的多少同门的重量、材质、门板的宽窄程度有着密切的关系。

选择铰链时应该注意目前的铰链一般有两点卡位和三点卡位，基本能够满足使用，三点卡位的铰链更好一些。目前市场上见到的铰链大都是可拆卸的，分为基座和卡扣两个部分。在挑选橱柜时，可以要求销售人员将门连同铰链卡扣一起卸下，查看一下卡扣内部。而制作铰链的钢材才是最重要的，如选不好，一段时间之后，门板就可能前仰后合，溜肩掉角。大品牌的橱柜五金件几乎都使用冷轧钢，其厚度和韧度都很完美。另外，应尽量选择多点定位的铰链。所谓多点定位，就是指门板在开启的时候可以停留在任何一个角度，打开不会费力，也不会猛然关闭，从而保证了使用的安全，这一点对于上掀式的吊柜门尤为重要。定位的好坏与五金件所使用簧片的韧性有关，簧片的好坏还决定了门板的开启角度，品质好的簧片可以使开启角度超过 90°。目前，德国生产的五金件是世界公认的顶级产品，其中以海福乐（HAFELE）、海蒂诗

(HETTICH)、格拉斯（GRASS)、百隆（BLUM）为佳。

(2) 轨道

轨道是使用优质铝合金或不锈钢等材料制作而成的。按功能不同，轨道一般分为抽屉滑轮、拉篮、吊轨、玻璃滑轮、推拉门轨道、窗帘轨道、闭门器、门制等。

① 抽屉滑轨。整个抽屉在设计中，最重要的配件是滑轨，抽屉滑轨由动轨和定轨组成，分别安装于抽斗与柜体内侧两处。目前市场上既有钢珠滑轨，也有硅轮滑轨。前者通过钢珠的滚动，自动排除滑轨上的灰尘和脏物，从而保证滑轨的清洁，不会因脏物进入内部而影响其滑动功能。同时钢珠可以使作用力向四周扩散，确保了抽屉水平和垂直方向的稳定性。硅轮滑轨在长期使用、摩擦过程中产生的碎屑呈雪片状，并且通过滚动还可以将其带起来，同样不会影响抽屉的滑动性。

抽屉导轨分小路轨、三节轨、钢抽、隐藏式抽屉、成型抽等，高档的抽屉导轨系统使橱柜空间尽量利用，并能照顾到每件东西，抽屉内的多元化分隔组件设计使橱柜存放的东西能够整齐、方便及有秩序地排放，选择全拉伸轨道使柜内储物一目了然。正品导轨表面层静电喷涂，光泽均匀；选用的材质厚，承受力强；轮子用尼龙材料制造，坚固、耐用，噪声小；导轨运行无需添加任何润滑剂都顺滑无比；安装简易、快捷；使用10万次不变形。伪劣导轨表面处理粗糙，色差明显，光洁度差；用材偷工减料，轨道壁薄，承载力差；轮子材质差，容易破碎，转动不稳，噪声大；使用寿命短。进口产品负载力高、滑动流畅并有自闭甚至缓冲功能。由于厨房的特殊环境，低质滑轨即使短期内感觉良好，时间稍长就会发现推拉困难的现象。选择时，可把抽屉完全抽出来，从底部可以清楚地看到它的结构及其与滑轨相接触部分的具体构造，同时也可以观察到抽屉侧板的厚度。如图2-28所示。

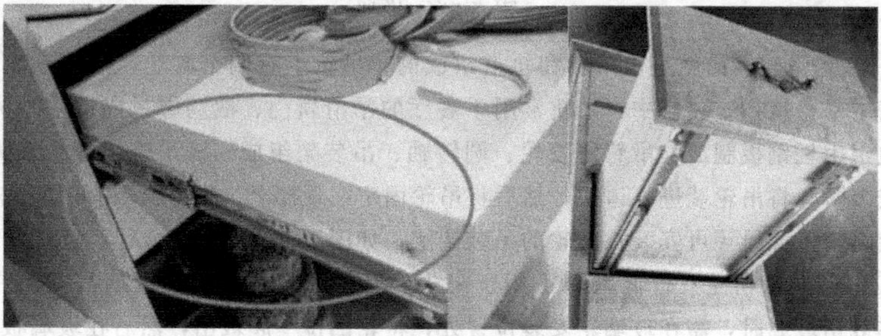

图2-28　抽屉滑轨

② 拉篮。拉篮具有较大的储物空间，而且可以合理地切分空间，使各种

物品和用具各得其所。在这方面，德国拉篮的表现更为杰出，它们不仅能最大限度地使用内置空间，还能将拐角处的废弃空间充分利用，实现使用价值的最大化。根据不同的用途，拉篮可分为炉台拉篮、三面拉篮、抽屉拉篮、超窄拉篮、高深拉篮、转角拉篮等。拉篮一般有不锈钢、镀铬及烤漆等材质。拉篮能提供较大的储物空间，而且可以用隔篮合理地切分空间，使各种物品和用具各得其所。在橱柜内加装网篮和网架是扩大橱柜使用效率的好方法。主人可以根据自己的习惯，将厨具及餐具分放在网架中，既卫生，又一目了然。旋转式网架使每一空间都得到良好的利用。不用伸长胳膊，只需轻轻一转，即使最里面的物品也能立即呈现在主人面前。可在旋转网架上摆放水果和蔬菜等。如图2-29所示。选择拉篮主要注意以下几点。

a. 拉篮一般是按橱柜尺寸量身定做的，所以提供的橱柜尺寸一定要准确。

b. 拉篮的焊点要饱满，无虚焊。

c. 拉篮表面要光滑，手感舒适，无毛刺。

d. 选择拉篮最重要的一点就是别把镀铬的当成不锈钢的。

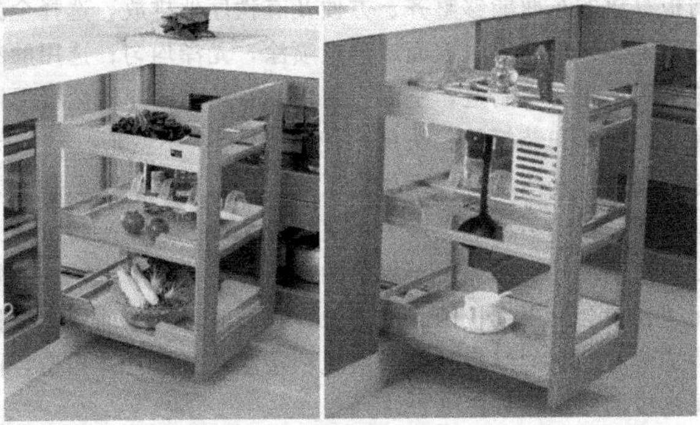

图 2-29 拉篮

③ 吊轨。吊轨是由吊轮和轨道组成的。吊轮上有四个胶轮，使门在轨道槽中平稳运行。装修中，吊轨常用于餐厅的吊滑轨门、活动屏风隔墙等地方。轨道由轻钢板制成，吊轮由胶轮、圆转轴、吊装架组成。该吊轨承载力较大，安装时，将吊轮装进轨道中，然后将吊轮固定在顶棚上。轨道安装有明装或暗装之分。屏风等可安装在吊轮的吊装架上。如图 2-30 所示。

④ 玻璃滑轮。玻璃滑轮适用于书柜、碗柜和各类橱柜的玻璃滑门使用。在裁切玻璃时，需在玻璃轮安装位置处，将轮凹位一起裁出，然后在玻璃板上的安装位置上粘贴胶布，填实轮子与玻璃的隙缝，使轮子不能松脱。一般玻璃柜门滑轮分大、中、小号（90mm、75mm、60mm），可根据玻璃门的大小来

图 2-30 吊轨

图 2-31 玻璃滑轮

选择。如图 2-31 所示。

⑤ 推拉门轨道。推拉门轨道又叫梭门吊轮滑轨，是由滑轨道和滑轮组安装于推拉门上方的。常用于板式滑门（推拉门）的启闭和抽屉的开闭，可用塑料或金属制成。常见的滑道有普通槽型摩擦滑道、滚轮槽型滑道和餐桌滑道等，也是重要的五金件。如图 2-32 所示。

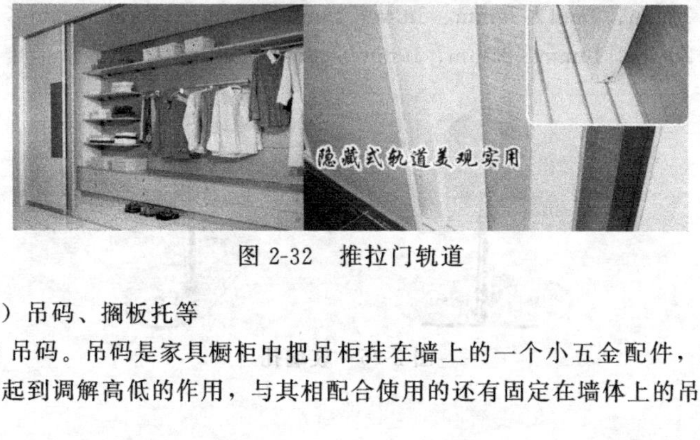

图 2-32 推拉门轨道

（3）吊码、搁板托等

① 吊码。吊码是家具橱柜中把吊柜挂在墙上的一个小五金配件，安装在吊柜中起到调解高低的作用，与其相配合使用的还有固定在墙体上的吊片，以

实现吊柜和墙体的连接。其款式有隐藏式和悬挂式。目前市场上主要有明装PVC吊码和钢制隐形吊码，后者承重能力更强，老化周期更长。如图2-33所示。

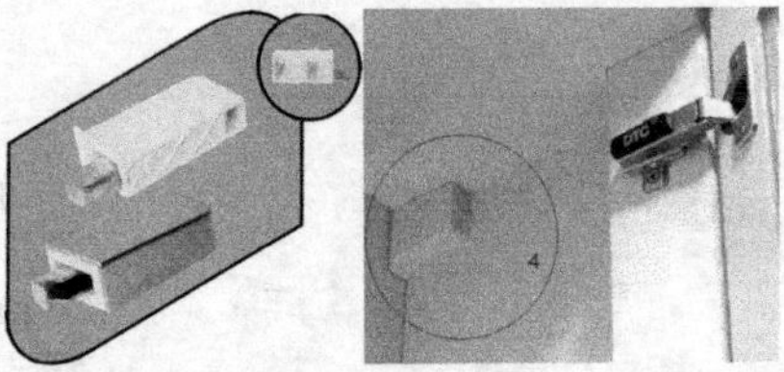

图2-33 吊码

② 搁板托。搁板托是在家具旁板上使用的小五金配件，用来承托水平放置活动搁板，常用于衣柜隔板、多功能柜、商业展示柜等，搁板托也有塑料型。其品种有倒刺搁板托、螺纹搁板托、直角式搁板托。倒刺搁板托在尾部有倒刺的圆柱形搁板托，可以嵌入板壁倒刺涂胶固定。螺纹搁板托在尾部制有螺纹的圆柱形搁板托，可与旁板中的螺母固定，能反复拆卸。直角式搁板托是金属制成的直角形五金件，它可与金属旁板上的矩形孔或圆形孔配合固定，常用于图书馆金属书架。如图2-34所示。

图2-34 搁板托

③ 玻璃托、玻璃夹。玻璃托一般为不锈钢材料压制而成，适用于各种柜子玻璃隔层的固定，具有安装方便的特点。一般适用于6～8mm厚的玻璃，规格有半圆夹、圆柱夹、棱形夹、花形夹、方形夹、T形夹、十字夹等。规格：8mm×18mm、8mm×25mm、8mm×28mm、9mm×18mm、9mm×25mm、9mm×28mm、10mm×25mm、10mm×28mm。如图2-35所示。

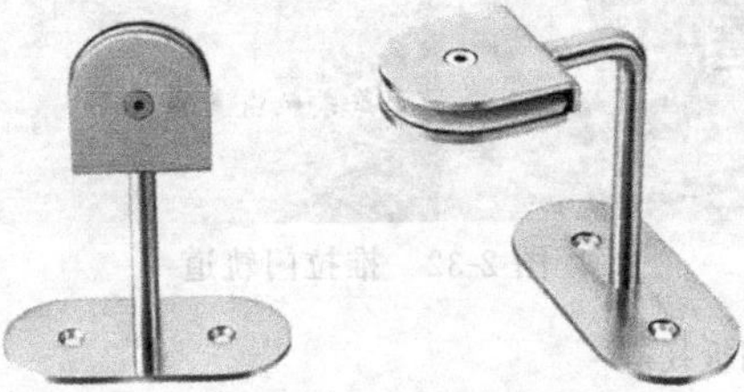

图2-35 玻璃托

④ 压力装置。橱柜五金配件中，除了滑轨、与之密切相关的抽屉、铰链之外，还有许多气压及液压装置类的五金件，例如拉杆，也叫牵筋或吊撑，用于翻板门扇和窗扇的敞开位置固定。常见的拉杆形式有滑块式、折叠片、链子式和弯杆式等。这些配件是适应不断发展变化的橱柜设计方式而产生的，主要用于翻板式上开门和垂直升降门。有的装置有三点，甚至更多点的制动位置，也称为“随意停”。弹性较强的气压装置使柜子的面板和柜体保持了一定的距离，并且为面板提供了强有力的支撑。三角形的固定底座，使支架更具有稳定性。顺畅自如的支架使门板可以平行垂直上升，并且拉动时使人感觉十分轻巧，仿佛没有阻力一样。带有这种装置的橱柜十分适合老人使用。如图 2-36 所示。

图 2-36　橱柜拉杆应用实例

(4) 闭门器

闭门器在早期用于楼道中防火门上，是一个类似弹簧的液压器。当门开启后能通过压缩后释放，将门自动关上，近年来才被应用到室内的房门上。常用的闭门器分为两种：一为有定位作用的，也就是门开到一定角度时会固定住，小于此角度时门会自动闭合；二为没有定位作用的，无论开到什么位置，门总会自动关闭。闭门器的主要作用是使门扇在开启后自动关闭。如图 2-37 所示。

图 2-37　闭门器

(5) 门制

门制是指能够将门扇固定在开启后某一位置处的五金配件，它能防止门扇被风或其他物体移动而关上。定门器的种类较多，常见的有普通定门器、橡皮门碰头、门轧头和脚踏门制。普通定门器是利用磁力作用来达到定门的目的的。在普通定门器的底座和杆端分别设有铁块和磁块，安装时分别将底座和球形杆端固定在门扇和墙面（或地面上）。当门扇开启时，铁块和磁铁互相接触吸引，从而将门扇固定。普通定门器有立式和横式之分。立式是与地面垂直安装的，横式则与门扇后面的墙面垂直安装。图 2-38 所示是普通定门器的形式。定门器安装示意图如图 2-39 所示。

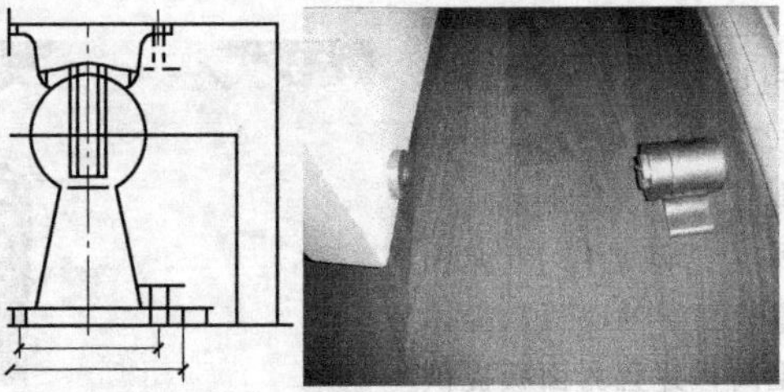

图 2-38 普通定门器

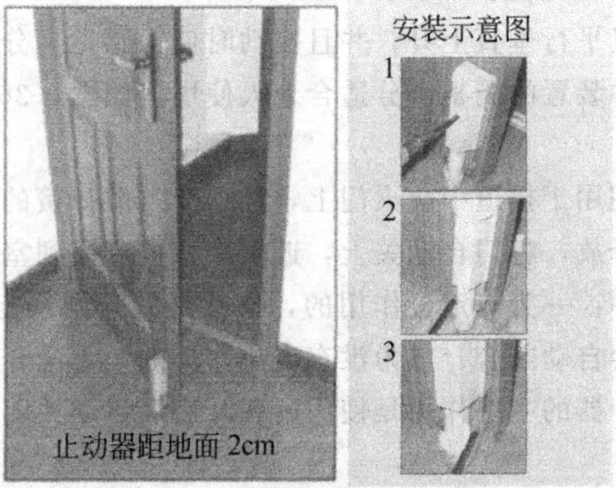

图 2-39 定门器安装示意图

2.4.2 紧固类配件

紧固类金属配件是指将两个以上零件或部件紧密连接在一起，使之不产生相对运动，并保持一定连接强度的五金配件。它包括各种直钉、螺钉、铆钉等。紧固件还经常与其他五金配件配套使用。紧固件要求有一定的强度和刚度，与基材连接方便，紧固有效持久，能反复受外力作用而不松开或脱落等。紧固件一般采用钢材制成，由于消耗量大，绝大多数紧固件已形成标准系列批量生产。其表面按装饰要求可以采用磷化、电镀等多种表面处理方法。在需要特殊装饰效果和特殊要求的场合（如防锈、防磁等），也采用铜、铝及其合金和塑料来制造紧固件。

(1) 螺栓

① 螺栓和螺柱。螺栓是一种圆柱形的一端带有螺栓和螺母的固定件，它的品种有膨胀螺栓、六角头螺栓、方头螺栓、沉头螺栓、半圆头螺栓、T形槽用螺栓、

地脚螺栓、活节螺栓。螺栓与螺母配合使用是常见的紧固件，垫圈是它们的配套零件。螺栓的螺纹可分为标准180型（粗牙）和细牙两种。标准型螺纹的紧固力强，使用方便；细牙螺纹微调性好，多用于调节螺栓。螺母一般为六角形，分为标准型和薄型两种。其中，标准型螺母较厚，紧固力强，用于需承受较大负荷的场合；薄形螺母紧固力弱，但占据空间较小。螺柱的两端都带有螺纹，而螺栓则是一端有螺纹。螺柱一般用于被连接件较厚，不便使用螺栓连接之处，或因拆卸频繁而不宜使用螺钉连接的地方，或使用在结构要求比较紧凑的地方。它有双头螺柱和等长双头螺柱两类。一般双头螺柱用于一端需拧入螺孔固定死的地方；等长双头螺柱的两端都配有螺母来连接零件。螺栓如图2-40所示。

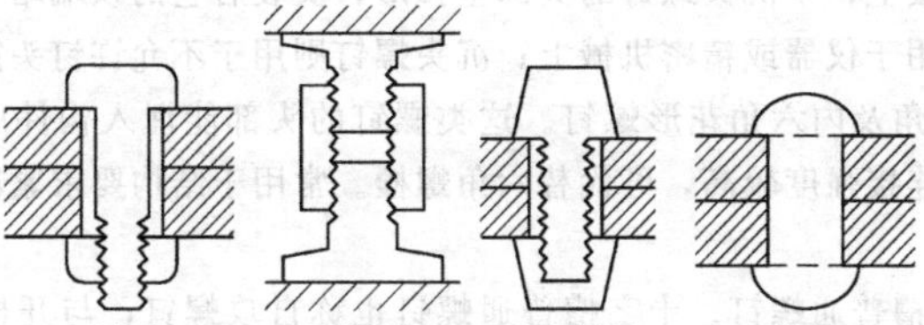

图 2-40 螺栓

② 膨胀螺栓。膨胀螺栓，又称拉爆螺栓。由底部成锥形的螺杆、膨胀套管、平垫圈、弹簧垫圈和螺母等部件组成。膨胀螺栓是用在地板、天花或墙体等坚硬基层上固定各种较重构件的紧固件。膨胀螺栓按材质不同，分为塑料膨胀螺栓和金属膨胀螺栓两种，它可部分取代预埋螺栓。使用时，将螺栓和套管塞入打好的孔内，然后从侧面敲击套筒，使其顶端略微分开膨胀，旋紧螺母将带锥形的螺杆外拉，螺杆在外移的同时能使套管膨胀，从而压紧孔壁达到锚固的作用。在墙孔外露的螺栓带螺纹部分可连接固定其他设备。金属膨胀螺栓能够承载较重负荷，适合于锚固各种管道支架、机床设备、电气柜、座椅和吊柜等。现在吊顶吊筋多用带膨胀螺栓的金属螺纹吊杆与棚面连接。如图2-41所示。

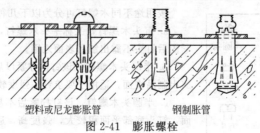

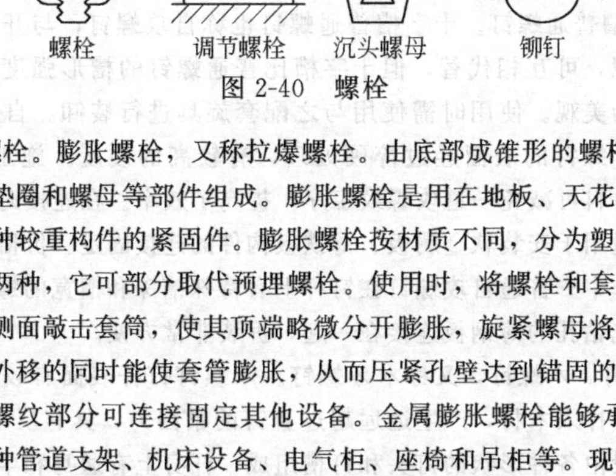

图 2-41 膨胀螺栓

(2) 螺钉

螺钉的头部一般由各种形状的钉头和钉槽组成，杆身上有通身和半身螺纹。螺钉一般不与螺母配合，而是在被紧固体上制有螺纹孔，用螺钉使两者紧密配合起来。各种自攻螺钉是钉身具有与基材（如薄钢板和石膏墙板等）相适应的较宽螺纹，使用时专用螺纹使基材形成螺纹孔。普通螺钉的钉头有圆柱头、盘头、沉头、半沉头等，槽型有开槽、十字槽两种，使用时需用螺丝刀拧动。螺钉的使用范围十分广泛，它使用方便灵活，适用于受荷载作用不太大的场所。它的品种及适用范围如下。

① 开槽普通螺钉。多用于较小零件的连接。它有盘头螺钉、圆柱头螺钉、半沉头螺钉和沉头螺钉几种。盘头螺钉和圆柱头螺钉的钉头强度较高，用在普通的部件连接上；半沉头螺钉的头部呈弧形，安装后它的顶端略外露，且美观光滑，一般用于仪器或精密机械上；沉头螺钉则用于不允许钉头露出的地方。

② 内六角及内六角花形螺钉。这类螺钉的头部能埋入构件中，可施加较大的扭矩，连接强度较高，可代替六角螺栓。常用于结构要求紧凑、外观平滑的连接处。

③ 十字槽普通螺钉。十字槽普通螺钉也称自攻螺钉，与开槽普通螺钉的使用功能相似，可互相代替，但十字槽比普通螺钉的槽形强度较高，不宜拧秃，外形较为美观。使用时需使用与之配套旋具进行装卸。自攻螺钉螺牙齿深，螺距宽，螺钉的表面经过淬硬处理，有较高的硬度。施工中对铝合金、铜、塑料等材料可减免一道攻螺纹工序，提高了效率。在连接时利用螺钉直接攻出螺纹。适用于安装软金属板、薄铁板构件的连接固定。价格便宜，常用于铝门窗的制作中。普通自攻螺钉在钉杆上有特殊槽深和槽宽的螺纹，它可以把两张已经预先钻孔的薄钢板连接在一起，拆装非常方便。

④ 木螺钉。木螺钉，又称木牙螺钉。木螺钉钉杆表面有较宽和较深的螺纹，可以直接拧入木材，产生远远超过直钉的紧固力，具有反复拆卸的性能。螺钉头部一般由各种形状的钉头和钉槽组成，杆身上有通身和半身螺纹，可用以将各种材料的制品固定在木质制品之上。如图 2-42 所示。

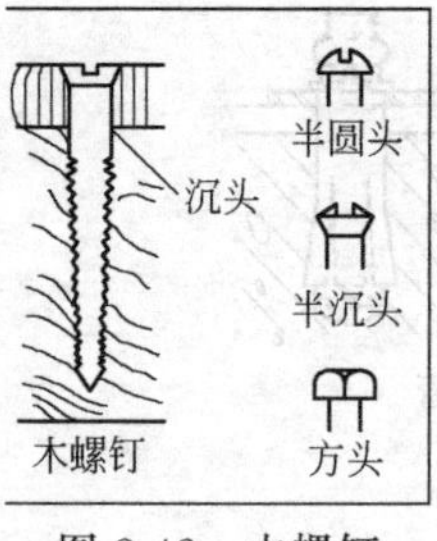

图 2-42 木螺钉

按用途不同木螺钉可分为以下几种。

a. 沉头木螺钉，又称平头木螺钉，适用于要求紧固后钉头不露出制品表面之用。

b. 半沉头木螺钉，该钉被拧紧以后，钉头略微露出制品表面，适用于要求钉头强度较高的地方。

c. 半圆头木螺钉，该钉拧紧后不易陷入制品里面，钉头底部平面积较大，强度高，适用于要求钉头强度高的地方。

木螺钉的头部有槽（一字槽和十字槽两种），

十字槽木螺钉适合机械拆卸安装、而且比一字槽木螺钉能承受更多次拆装，钉头不易损坏。

⑤ 铆钉。铆钉是利用外力使钉体变形，将材料连接固定在一起的不可拆卸的紧固件。用于受严重冲击或振动载荷的金属结构，不易焊接的金属（如铝合金等）的连接，以及难以用其他连接方法紧固的场合。铆钉主要用于受动荷载作用的结构、不同金属间的连接以及焊接性能差的金属连接中。铆钉结合具有施工方便、噪声小、效率高等特点。铝合金工程的连接中以异形铆钉用得较多。它的品种有：开口型抽芯铆钉、封闭型铆钉、双鼓型抽芯铆钉、沟槽型抽芯铆钉、环槽铆钉和击芯铆钉等。铆钉要使用拉铆枪工具。普通铆钉的钉体分为空心、半空心和实心三种。实心铆钉可以承受较大剪切力，铆接时需较大外力；空心铆钉则用于受剪力较小处，如塑料、皮革、木材、帆布等；半空心铆钉多用于金属薄板与其他非金属材料的连接处，能够承受一定的剪力作用，同时铆接方便；半圆头铆钉应用最为普遍，一般用于强固接缝和强密接缝处；沉头铆钉用于表面光滑的构件连接；平沉头铆钉用于表面光滑且受荷不大的构件连接；半头铆钉用于薄构件的强固接缝连接；扁圆头半空心铆钉及扁平头铆钉用于金属薄板或皮革、帆布、木料、塑料等材料的连接。

2.4.3 拉手及定位类配件

(1) 拉手

门锁拉手及执手是指与建筑门锁相配套使用的用以关闭或开启门扇的一类五金配件，与锁具连成一个整体的五金配件，它有门锁拉手及门扇拉手之分。另外，还有家具柜门拉手、抽屉上的拉手和玻璃门拉手。拉手的材料有锌合金、铜、铝、不锈钢、塑胶、原木、陶瓷等，颜色、形状各式各样。目前以直线形的简约风格、粗犷的欧洲风格的铝材拉手比较畅销，长度为35～420mm，甚至更长。有的拉手还做成卡通动物模样，近年来，又新推出了水晶拉手、铸铜拉金拉手、镶钻镶石拉手等。目前市场上拉手的进口品牌主要来自德国、意大利。按照结构形式分为普通门拉手、底板拉手等。常见的拉手款式主要有普通式、封闭式、管式、条式、球式、单头式、双头式、仿古式、镂空式等多种。家具拉手，主要分外露式及封闭式两种。外露式安装方便简单，封闭式安装时需按拉手底面大小在柜门或抽屉板上挖凹坑，用万能胶粘牢即可。

安装螺钉需由板上打洞，从反面穿过来固定，正面看不见螺钉。经过电镀和静电喷漆的拉手，具有耐磨和防腐蚀作用。所有不锈钢拉手的表面可做镜光、砂光、半砂光、钛金的高品质处理。铝材表面可做黑、香槟色、香槟银及其他颜色的紧密氧化处理。选购时主要是看外观是否有缺陷、电镀光泽如何、手感是否光滑等；要根据自己喜欢的颜色和款式，配合家具的样式和颜色，选

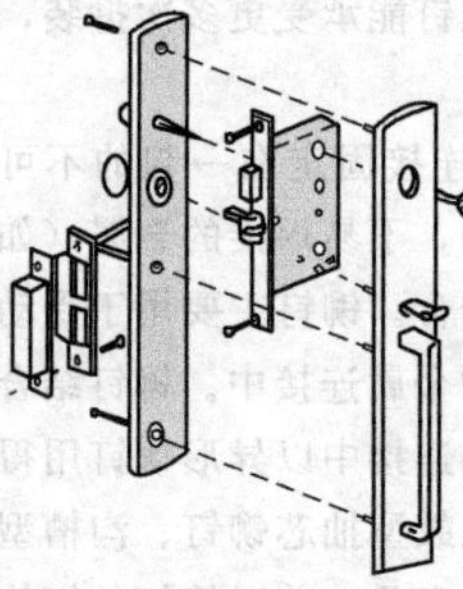

图 2-43　拉手

择一些款式新颖、颜色搭配流行的拉手。此外，拉手还应能承受较大的拉力，一般拉手应能承受6kg以上的拉力。如图2-43所示。

(2) 锁具

锁具是常用的五金配件，是各种锁的总称。门锁主要用于将房间或家具、橱柜门扇等关闭后的锁紧和固定，对于门窗的防盗起着重要作用。门锁一般由锁头、锁芯、弹子（或叶片等）、弹簧、锁舌、锁壳、锁扣盒、保险钮（片、柱）及钥匙（或电子卡片）等零件组成。它的质量指标项目一般有：保密度、牢固度、灵活度、耐用度、互开率及闭合力等。它能起到定位、安全、美观三方面的作用。按门锁的结构形式不同，可分为外装门锁、插芯门锁、球形门锁。市场上所销售的锁类品种繁多，其颜色、材质各有不同。常用种类有外装锁、执手锁、抽屉锁、球形锁、玻璃橱窗锁、电子锁、防盗锁、浴室锁、指纹门锁等。除了上述门锁外，在实际应用中还有一些专用门锁，如防盗锁、移门锁、防火门锁、碰珠防风门锁、电子卡片门锁、电子报警门锁、玻璃橱窗锁、铝合金门锁等。实际上，现在很多门把手是集把手与锁为一体的。

① 外装门锁。外装门锁是指锁体安装在门梃表面上。外装门锁有外装单舌门锁、外装双舌门锁、双爪垂直插入式门锁、外装多舌门锁等。外装单舌门锁又有单舌单保险、单舌双保险和单舌三保险之分；外装双舌门锁有双舌三保险和双舌双头三保险两种。外装门锁多用于住宅进户门等。如图2-44所示。

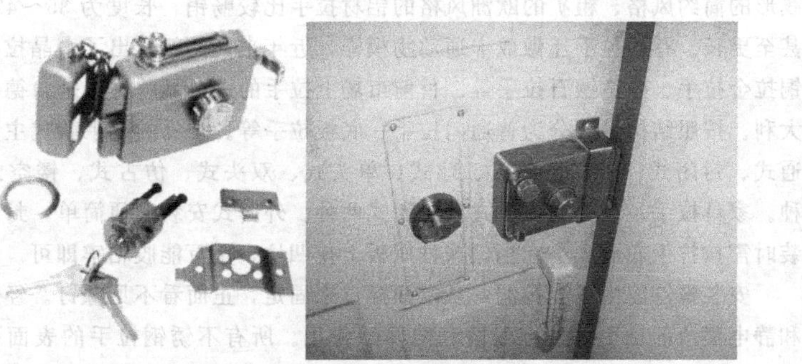

图 2-44　外装门锁

② 球形门锁。锁体插嵌安装在门梃中，附件组装在球形执手内。球形门

锁的内芯是弹子式或叶片式的，其外形是各种金属板冲压而成的球形执手，一般为银白、金黄、古铜等几种金属电镀饰面，造型美观、用料考究，适用于较高级的住宅和办公室。球形门锁按使用场所不同，有房间门、壁橱门、防风门用球形门锁等。房间用球形门锁平时在室内外执手即可进行开启，此时起防风作用。如需锁闭时，在室内将旋钮揿进，在室外要开启门锁时，必须用钥匙打开。如将旋钮揿进后再旋转70°～90°，对室外则永远起保险锁闭的作用。通道防风门锁在门扇的两面均可用执手进行自由开启，无锁闭结构。如图 2-45 所示。

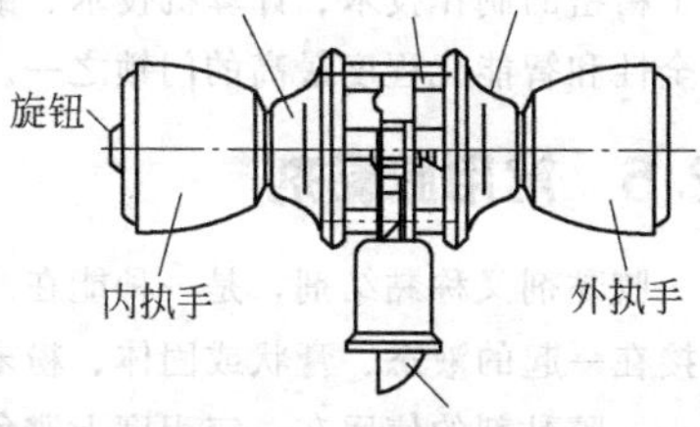

图 2-45 球形门锁

③ 弹子门锁。普通弹子门锁是最常用的门锁具。门上锁后，在室内可以用附在锁上的执手开启，从室外必须用钥匙才能开启。室内保险钮可以使室外用钥匙也不能打开，也可以将锁舌固定在锁体内使门可以自由推开。室外保险机构可以使门上锁后锁舌不能自由伸缩，阻止室外用异物拨动锁舌开锁。具有防御功能的锁使锁具不能从门外面拆卸下来。双舌弹子门锁除了有一个可以自动撞击关闭的斜舌外，还有一个只有用钥匙锁门时才伸出来的方舌，这个方舌防止了用薄型异物拨开门锁，还具有防锯功能，防盗性能优于普通弹子门锁。弹子插锁在室外可用钥匙开启，室内可用旋钮、执手、拉手或拉环开启。有平口锁、企口锁、圆口锁之分，分别用于平口门、企口门和圆口门（或弹簧门）。其中，拉手插锁适用于较长的门，拉环插锁适用于带纱窗的钢门。

④ 插芯门锁。插芯门锁是指锁体插嵌安装在门梃中，附件组装在门上。插芯门锁分为弹子插芯门锁和叶片插芯门锁两类。弹子插芯门锁的结构为弹子

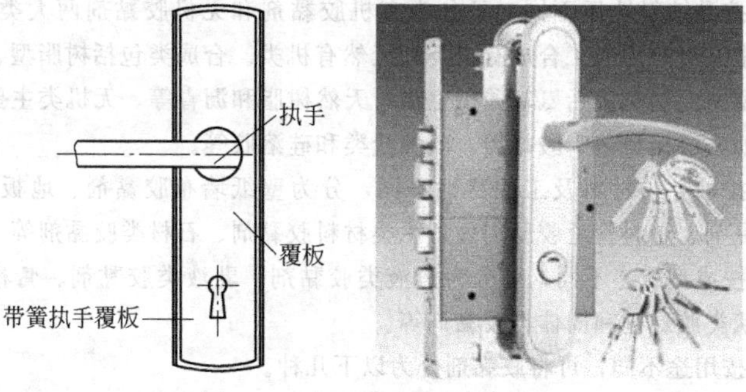

图 2-46 插芯门锁（叶片式）

结构（锁住或释放锁芯的零件形状为圆柱形）；叶片插芯门锁的结构为叶片结构（锁住或释放锁芯的零件形状为片状）。弹子插芯门锁有单舌、双舌、双舌揿压插芯门锁和移门插芯门锁等。如图 2-46 所示。

⑤ 智能门锁。智能门锁分为磁卡型、IC 卡型、IB 卡型，感应卡型，它包含了精密的制作技术、计算机技术、微型计算机技术和现代信息技术，是目前安全性和智能化程度最高的门锁之一。

2.5 常用胶黏剂

胶黏剂又称黏结剂，是一种能在两种被结合物体表面形成介质薄膜，使之粘接在一起的液态、膏状或固体、粉末状材料，是建筑装饰中不可缺少的材料之一，胶黏剂的使用在一定程度上避免了钉子、螺钉等连接材料产生的表面孔洞等现象。胶黏剂不但广泛应用于建筑施工及建筑室内外装修，如墙面铺贴壁纸和铺贴墙布、地面地板、吊顶工程、装饰板粘接、镶嵌玻璃等的装修材料粘接，还常用于防水、管道工程密封胶及构件修补等，可用于生产各种人造复合板，如细木工板、纤维板、铝塑板等复合板材，以及新型建筑材料。不同的胶黏剂，其性能也不同。室内装饰装修时用的胶黏剂种类较多：一类是溶剂型（以溶剂为介质）胶黏剂，主要品种是氯丁橡胶型胶黏剂（简称氯丁胶）；另一类是水基型（以水溶剂为介质）胶黏剂，主要品种有聚乙烯醇缩甲醛（俗称 107 胶、801 胶）、聚乙酸乙烯酯乳液（俗称白乳胶）。

2.5.1 胶黏剂分类

胶黏剂在装修中的应用极为广泛，装饰装修胶黏剂的种类繁多，一般可按以下几个方面进行分类。

① 按固化条件分类，可将胶黏剂分为室温固化胶黏剂、低温固化胶黏剂、高温固化胶黏剂、光敏固化胶黏剂、电子束固化胶黏剂等。

② 按黏结料性质不同，可分为有机胶黏剂和无机胶黏剂两大类。其中，有机类中又可分为人工合成有机类和天然有机类。合成类包括树脂型、橡胶型和混合型。天然类包括氨基酸衍生物、天然树脂和沥青等。无机类主要是各种盐类，如硅酸盐类、磷酸盐类、硫酸盐类和硅溶胶等。

③ 按被黏结材料及工程特性不同，分为壁纸墙布胶黏剂、地板胶黏剂、玻璃胶黏剂、塑料管道胶黏剂、竹木类材料胶黏剂、石材类胶黏剂等。

④ 按成型状态不同，可分为溶液类胶黏剂、乳液类胶黏剂、膏糊类胶黏剂、膜状类胶黏剂和固体类胶黏剂等。

⑤ 按用途不同，可将胶黏剂分为以下几种。

a. 结构型胶黏剂：其胶接强度高，至少与被粘物体本身的材料强度相当，同时对耐油、耐热和耐水性等都有较高的要求。如环氧树脂胶黏剂（万能胶）。

b. 非结构型胶黏剂：有一定的粘接强度，但不能承受较大的力。如聚乙酸乙烯酯（乳白胶）等。

c. 特种胶黏剂：能满足某些特种性能和要求，如可具有导电、导磁、绝缘、导热、耐腐蚀、耐高温、耐超低温、厌氧、光敏等性能。

2.5.2 装饰装修常用胶黏剂

木工装饰装修常用的胶黏剂有氯丁橡胶胶黏剂、白乳胶、聚乙烯醇缩甲醛、丁苯橡胶胶黏剂等。

(1) 氯丁橡胶胶黏剂

氯丁橡胶胶黏剂是一种溶剂型胶黏剂，常用于室内的木器、木工、地毯与地面、塑料与木质材料等的粘接。它具有粘接力强、应用范围广、干燥速度快、制造简易、使用方便等特点。图 2-47 所示为常用的两种不同品牌的氯丁橡胶胶黏剂。该胶黏剂的主要有害物质是溶剂中的苯和甲苯。氯丁橡胶胶黏剂使用的溶剂有两类：一类是无毒性或毒性较低的溶剂，如乙酸乙酯、120 号汽油、丙酮、正己烷、环己烷等；另一类是有毒或毒性较大的溶剂，如苯（毒性很大）、甲苯（有一定毒性）、二甲苯等。选购时，国家强制性标准 GB 18583—2001《室内装饰装修用材料胶黏剂中有害物质限量》对这类胶黏剂中苯、甲苯、二甲苯和总挥发性有机物含量的上限做出了规定。

美邦斯 快而佳

图 2-47 氯丁橡胶胶黏剂

(2) 乙酸乙烯酯乳液（俗称白乳胶）

乳白胶是由乙酸与乙烯合成乙酸乙烯，再经乳液聚合而成，具有常温固化、配制使用方便、固化较快、粘接强度较高，粘接层具有较好的韧性和耐久性，不易老化。乳白胶主要用于内墙涂刷、塑料地板、地毯与地面的粘接、木器与木工、人造板、瓦楞纸及纸箱的粘接等许多行业，用途十分广泛，它是目前市场上用量最大的水性聚合物。市售白乳胶的主要有害物质也是游离甲醛。选购时，必须符合国家强制性标准 GB 18583—2001《室内装饰装修用材料胶黏剂中有害物质限量》对胶中的游离甲醛含量的限制。

(3) 聚乙烯醇缩甲醛（俗称 107 胶、801 胶）

聚乙烯醇缩甲醛胶黏剂，这种胶黏剂是由聚乙烯醇和甲醛为主要原料，加入少量盐酸、氢氧化钠和水，在一定条件下缩聚而成的。107胶在我国建筑工程中应用较早也十分广泛，可以与水泥等物质复合，粘接各种建筑装饰材料。水溶性聚乙烯醇缩甲醛的耐热性好，胶接强度高，施工方便，抗老化性好。可用作胶粘塑料壁纸、贴墙布、瓷砖等装饰材料。107胶也用于墙、棚涂饰的打底基础材料。但在室内应用时要注意其甲醛释放所产生的污染，从环保角度出发，107胶是未经深加工的初级产品，且残留甲醛，国家已限制使用107胶，但很多条件下，又找不到较好的替代品。游离甲醛具有强烈的刺激性气味，对人体的呼吸道和中枢神经有刺激和麻醉作用，毒性较大，容易造成对人身的伤害和对环境的污染。

(4) 环氧树脂类胶黏剂

环氧树脂类胶黏剂（俗称“万能胶”），是以二酚基丙烷和环氧氯丙烷缩聚而成，再加入适量固化剂，在一定条件下，固化成网状结构的固化物，并将两种被黏物体牢牢黏结为一体。这类胶黏剂具有黏结强度高，收缩率小，耐腐蚀，电绝缘性好，而且耐水、耐油等特点。环氧树脂类胶黏剂对于木材、铁制品、塑料、玻璃、皮革、陶瓷、水泥制品、纤维材料等都具有良好的黏结能力。是名副其实的万能胶，其产量和品种都居合成胶之首。但对聚乙烯、硅树脂、硅橡胶等少数几种塑料胶接性能较差。

(5) 聚乙酸乙烯酯类胶黏剂

聚乙酸乙烯酯类胶黏剂是由乙酸乙烯单体经聚合反应而得到的一种热塑性胶。该胶可分为溶液型和乳液型两种。其中聚乙酸乙烯乳液（又称乳白胶），是一种白色黏稠液体，含固量一般为50%，pH值4～6，呈酸性，是水溶性、黏结亲水性的材料，湿润能力较强。白乳胶属于通用型胶黏剂，主要用于承受力不太大的胶接，如纸张、木材、纤维等材料黏结。耐水性较差，不能用于过湿的环境中。也可加入到建筑涂料或水泥中使用。

(6) 橡胶类胶黏剂

橡胶类胶黏剂是以合成橡胶为黏结物质，加入有机稀释剂、补强剂、偶联剂和软化剂等辅助材料制成。橡胶类胶黏剂一般具有良好的黏结性能、耐水性和耐化学介质性。常见品种有氯丁橡胶胶黏剂，简称氯丁胶，是以氯丁胶为主，另加入氯化锌、氧化镁和填料澄净混炼后溶于溶剂而制成，具有弹性高、柔性好、耐水、耐燃、耐候、耐油、耐溶剂和耐药性等特点，但耐寒性较差，贮存稳定性欠佳，一般使用温度在12℃以上。适用于地毯、纤维制品和部分塑料的黏结。还有一种常用橡胶类胶黏剂是801强力胶，它是以酚醛改性氯丁橡胶为黏结物质的单组分胶。该胶室温下可固化，使用方便，黏结力强，适用于塑料、木材、纸张、皮革及橡胶等材料的黏结。801强力胶含有机溶剂，是易燃品，应隔离火源放置在阴凉处。

(7) 聚氨酯泡沫填缝剂（又称发泡胶）

聚氨酯泡沫填缝剂是装饰工程中的常用填缝胶料，产品具有较高的膨胀性和黏结性、低吸水性、良好的保温、隔声和高绝缘性等特点。胶料压出后，迅速固化，能在各种结构部位对不同的材料进行填充和黏结，如对门窗口筒子板与墙侧面进行填充和黏结等。

2.5.3　胶黏剂的选用

① 尽量到具有一定规模的建材超市去选购胶黏剂，一般大型建材超市有严格的进货制度，产品质量有保障。

② 选择胶黏剂产品时应特别注意产品名称、规格型号，万能胶产品首选氯丁橡胶类胶黏剂，白乳胶产品要首选聚乙酸乙烯酯乳液木材胶黏剂，不要被诸如“优质”、“高固含”、“高黏”等字眼所迷惑。

③ 应选用知名企业的名牌产品。这些企业有良好的质量管理系统，质量有保证。

④ 看胶黏剂外包装是否标明符合 GB 18583—2001《室内装饰装修用材料胶黏剂有害物质限量》标准规定的字样。

⑤ 不宜选用外包装粗糙、容器外形歪斜，使用说明等文字印刷模糊的商品。

⑥ 查看胶黏剂外包装上注明的生产日期，过了贮存期的胶黏剂质量可能有所下降。

⑦ 如果开桶查看，胶黏剂的胶体应均匀、无分层、无沉淀，开启容器时无冲鼻刺激性气味。

⑧ 注意产品用途说明与选用要求是否相符。

2.5.4　胶黏剂的性质

胶黏剂的技术性质主要取决于其性能和配方，不同类型的胶黏剂，其胶合效果不同，使用范围也不一样。但它们都必须具有以下几个基本要求。

① 室温下或加热、加溶剂、加水后容易产生流动，使黏结操作容易进行。

② 具有良好的浸润（湿润）性，能够很好地浸润被粘材料的表面。

③ 在一定的压力、温度、时间条件下，可通过物理化学作用而固化，从而将被黏结材料粘在一起。

④ 具有足够的黏结强度及强度保持率，这是胶黏剂的主要性能指标。

⑤ 较好的其他物理性能，如耐温性、耐久性、耐水性、耐化学性、耐候性等。还有要毒性小，刺激性气味小，贮存方便、稳定等要求。

在工程中影响胶黏剂胶接强度的因素主要有胶黏剂的性质、胶黏剂对被粘接物体表面的湿润性、被粘接物体表面状况、黏结工艺、环境因素等。为了提高胶黏剂在工程中的胶接强度，达到工程要求，在黏结时要注意以下几点。

① 要将黏结面清洗干净，除去被黏结物表面的水分、油污、锈蚀及漆皮等杂物。

② 胶层要薄涂、涂匀。很多胶黏剂会随着胶层的增厚而降低胶接强度。胶层薄，胶面上的胶接力起主要作用，而胶接力往往要大于内敛力，同时胶层产生裂纹和缺陷的概率就会变小，胶的强度自然提高。但胶层不能过饱，否则就会产生缺胶的现象，也不利于胶接。

③ 晾置时间要充足。对含有稀释剂的胶黏剂，胶接前一定要放置，使稀释剂充分挥发，否则会在胶层内产生气泡或疏松现象，会大大影响胶接强度。

④ 固化要完全。胶黏剂的固化一般要有一定的压力、温度和时间。加一定的压力有助于胶液的流动和湿润，保证胶层的均匀和致密，使气泡从胶层中挤出。温度是胶层固化的主要条件。适当提高温度有助于胶层内分子间的渗透和扩散，有助于气泡的溢出和增加胶液的流动性。一般来讲，温度越高，胶层固化越快，但也不宜过高，那样会使胶黏剂发生分解，影响胶接强度。对于不同品种的被粘材料，其可供选择不同胶黏剂，如表 2-11 所示。

表 2-11　部分胶黏剂选用参考

被粘物	泡沫塑料	织物皮革	木材纸张	玻璃陶瓷	橡胶制品	热塑性塑料	热固性塑料	金属材料
金属材料	7、9	2、5、7、8、9、13	1、5、7、13	1、2、3、8	9、10、8、7	2、3、7、8、12	1、2、3、5、7、8	1、2、3、4、5、6、7、8、13、14
热固性塑料	2、3、7	2、3、7、9	1、2、9	1、2、3、	2、7、8、9	8、2、7	2、3、5、8	
热塑性塑料	7、9、2	2、3、7、9、13	2、7、9	2、8、7	9、7、10、8	2、7、8、12、13		
橡胶制品	9、10、7	9、7、2、10	9、10、2	2、8、9	9、10、7、8			
玻璃、陶瓷	2、7、9	2、3、7	1、2、3	2、3、7、8、12				
木材、纸张	1、5、2、9、11	2、7、9、11、13	1、2、9、13					

续表

被粘物	泡沫塑料	织物皮革	木材纸张	玻璃陶瓷	橡胶制品	热塑性塑料	热固性塑料	金属材料
织物、皮革	5、7、9	9、10、13、7						
泡沫塑料	7、9、11、2							

注：1—环氧-脂肪胺胶；2—环氧-聚酰胺胶；3—环氧-聚硫胶；4—环氧-丁腈胶；5—酚醛-缩醛胶；6—酚醛-丁腈胶；7—聚氨酯胶；8—丙烯酸酯类胶；9—氯丁橡胶胶；10—丁腈橡胶胶；11—乳白胶；12—溶液胶；13—热熔胶；14—无机胶。

第3章 木工常用手工工具

木工操作时主要依靠工具，因此工具越精良，操作越方便，不但可以提高生产效率，而且还可以保证制品的高质量。木工首先应熟悉常用工具的名称、用途、规格、性能和操作方法，以便能够正确使用，充分发挥工具的作用。本章主要介绍手工工具：锯、刨、斧、凿、锉、钻、锤以及画线工具及其使用方法。通过本章的学习可以掌握使用一般木工常用手工工具的方法及要领。

3.1 手工量具工具

3.1.1 量尺

木工手工用量尺主要有直尺、折尺和钢卷尺等几种。

(1) 直尺

直尺是测量和画直线用的尺子，刻度单位为 m、cm、mm。直尺材料有木制、塑料制和有机玻璃制等几种，如图 3-1 所示。

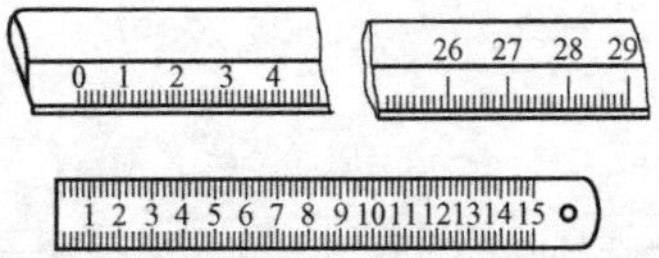

图 3-1 直尺

(2) 折尺

折尺是一种能折叠的尺子，刻度和金属直尺相同，携带和使用很方便，是手工木工常用的工具，如图 3-2 所示。使用木折尺时，应该注意拉直，与物体表面贴平后开始丈量。一般分为四折、六折或八折木尺。

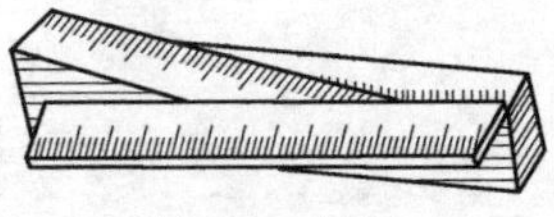

图 3-2 折尺

(3) 钢卷尺

钢卷尺是用薄钢片制造而成的，刻度清

晰、标准，使用、携带方便，常用的长度有 1m、2m、3m、10m 等多种。10m 以上的钢卷尺为大钢卷尺，规格有 10m、15 m、30m 和 50m。

(4) 比例尺

比例尺是直接用来放大或缩小图形用的绘图工具。目前常用的比例尺有两种：外形呈三棱柱体，上有 6 种不同比例的三棱比例尺，如图 3-3(a) 所示；有机玻璃材料，上有 3 种不同比例的比例直尺，如图 3-3(b) 所示。

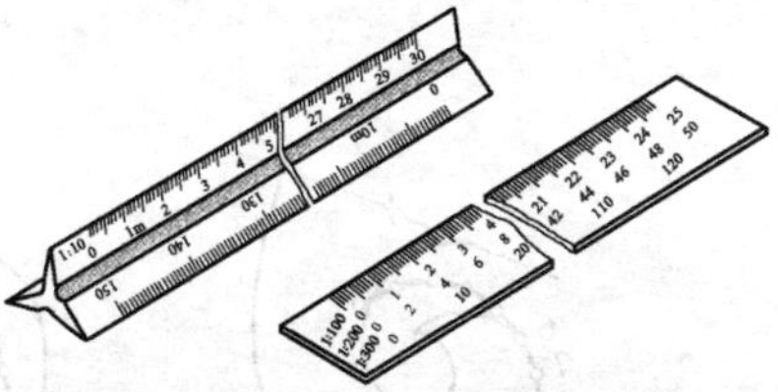

(a) 三棱比例尺　(b) 比例直尺

图 3-3　比例尺

(5) 圆规和分规

① 圆规。圆规是画圆及圆弧的主要工具，常用的是三用圆规。

② 分规。分规的形状与圆规相似，只是两腿均装有尖锥形钢针，既可用它量取线段的长度，也可用它等分直线段或圆弧，如图 3-4 所示。

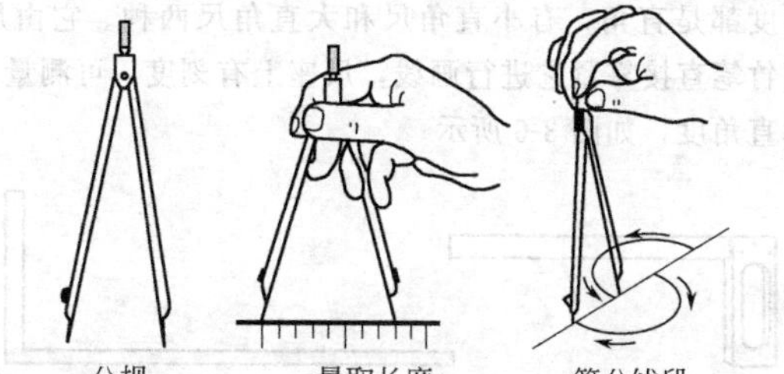

分规　量取长度　等分线段

图 3-4　分规的使用

(6) 曲线板

曲线板是绘制非圆曲线的工具之一。单式曲线板一套共 12 块，每块都由许多不同曲率的曲线组成。复式曲线板如图 3-5(a) 所示。曲线板的使用如图 3-5(b) 所示。

3.1.2　角尺

角尺又称为方尺。它分为直角尺、三角尺和活尺三种。

(1) 直角尺

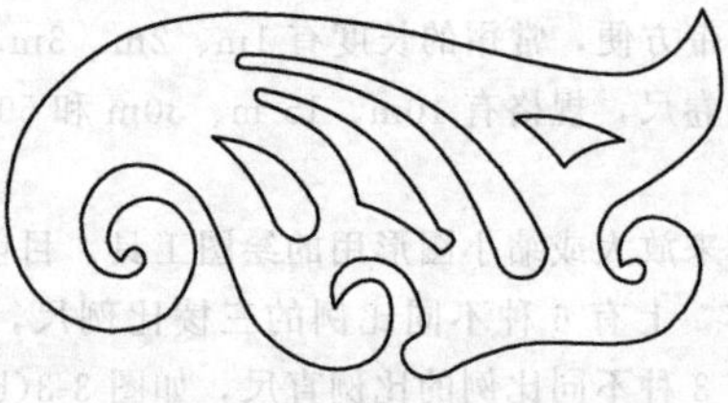

(a) 复式曲线板

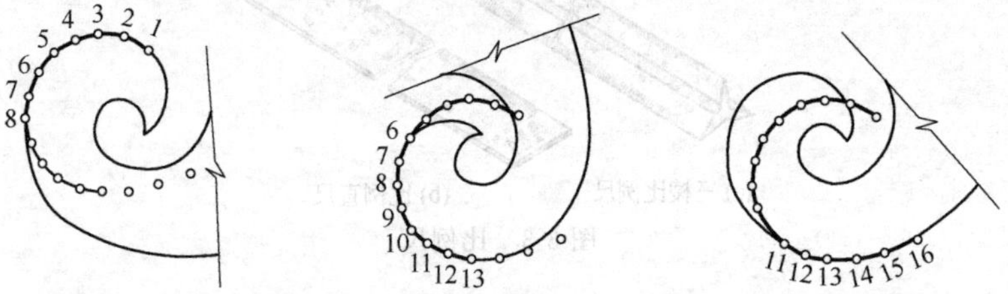

①连 1～8 点　②连 6～13 点　③连 11～16 点

(b) 用曲线板连线

图 3-5　曲线板

直角尺是木工用来画线以及检查工件和物体是否符合标准的重要工具，直角尺的内外角度都是直角，有小直角尺和大直角尺两种。它由尺梢和尺座构成。尺梢需用竹笔直接靠紧它进行画线，尺座上有刻度，可测量工件长度。尺梢与尺座成垂直角度，如图 3-6 所示。

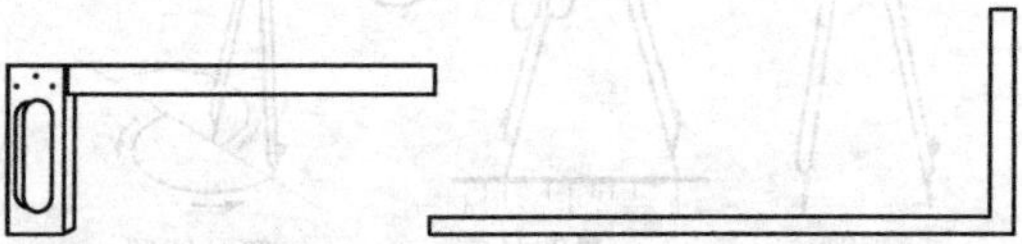

(a) 小直角尺　(b) 大直角尺

图 3-6　直角尺

直角尺的用途有以下几个方面。

① 用于在木料上画垂直线或平行线。

② 用于检查工件或制品表面是否平整。

③ 用于检查或校验木料相邻两面是否垂直，是否成直角。

④ 用于校验画线时的直角线是否垂直。

⑤ 用于校验半成品或成品拼装后的方正情况。

(2) 三角尺

三角尺也称为斜尺，是不易变形的木料或金属片制成的，由两条直角边和一条45°斜边组成的等腰三角形尺，是画45°斜角结合线不可缺少的工具。使用时，将尺座靠于木料边缘，沿尺翼斜边可画45°斜角线，也可沿其直角边画横线，如图3-7(a)所示。

(3) 活尺

活尺也称为活络尺，用于测量构件相邻两面的角度或画角度线。斜面检查时，先松动螺帽，在量角器上调整好所需的角度后，拧紧螺母，即可将活络角尺移到构件上画线或测量校验斜面是否符合要求。画斜向于板边平行线时，可调整活络三角尺使其符合所要求角度后再进行画线，如图3-7(b)所示。

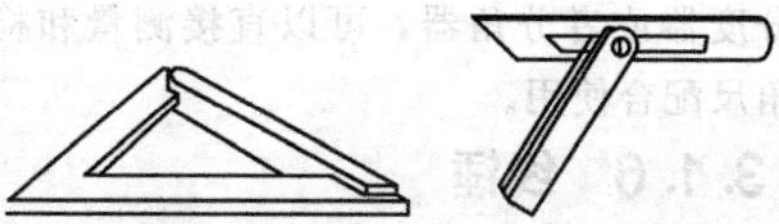

(a) 三角尺 (b) 活络尺

图3-7 三角尺和活络尺

3.1.3 丁字尺

丁字尺用于画水平线，如图3-8(a)所示。

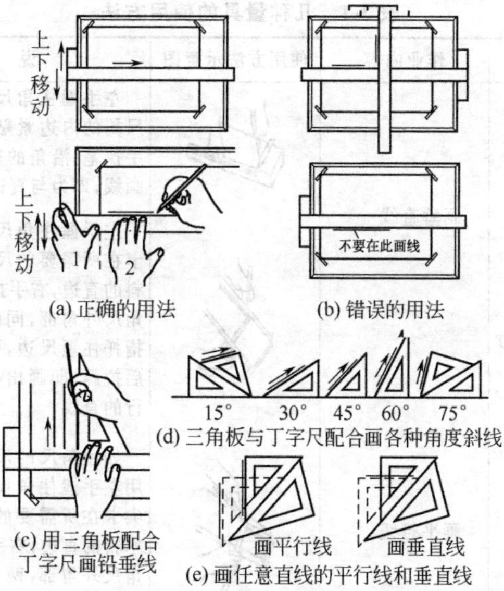

(a) 正确的用法 (b) 错误的用法

(c) 用三角板配合丁字尺画铅垂线 (d) 三角板与丁字尺配合画各种角度斜线 (e) 画任意直线的平行线和垂直线

图3-8 丁字尺

丁字尺与三角板的使用方法：用丁字尺配合三角板画铅垂线，如图 3-8(c) 所示。三角板与丁字尺画各种斜线，如图 3-8(d) 所示。两个三角板配合画任意直线的平行线或垂直线，如图 3-8(e) 所示。

3.1.4 水平尺

水平尺有木制和钢制两种。尺的中部及端部各装有水准管，水平尺可以用来校验物面的水平或垂直。使用时为防止误差，可在平面上将水平尺旋转 180°，复核气泡是否居中。如气泡居中，表示水平尺是好的；否则水平尺是坏的，不能使用。

3.1.5 量角器

量角器又称为分度器或者分角器，可以直接测量和检验部件上的各种角度，也可与活络三角尺配合使用。

3.1.6 线锤

图 3-9 线锤

线锤是一个钢制的正圆锥体，上端中央有一带孔螺栓盖，可压进一条线绳备用，如图 3-9 所示。使用时，手持线锤的上端，让锥体自由下垂。视线顺着线锤的垂直线观察，可以测定和校正竖立的物体是否垂直于水平面。

几种量具的使用方法见表 3-1。

表 3-1 几种量具的使用方法

项目	作业内容	使用方法示意图	说明
角尺的使用方法	画垂直线		左手握住角尺的尺翼中部，使尺翼的内边紧贴木料的直边，右手执笔，沿角的边线(尺柄外边)画线，即为与直边相垂直的线
			左手握住角尺的尺翼，使中指卡在所需要的尺寸上，并抵住木料的直边，右手执笔，使笔尖紧贴角尺外角部，同时用无名指和小指托住短尺边，两手同时用力向后拉画，即画出与木料直边相平行的直线
	画平行线		如用角尺的尺度画平行线，可用左手握住角尺的尺翼，使拇指尖卡在所需要的尺寸上，并抓住木料的直边，右手执笔，笔尖紧贴角尺外角部，两手同时用力向后拉画即成

续表

项　　目	作业内容	使用方法示意图	说　　明
	卡方(检查垂直面)	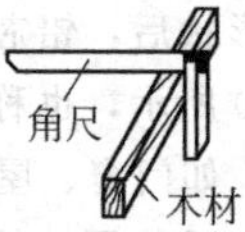	在刨削过程中,检查相邻面是否直角时,可用角尺内角卡在木料角上来回移动进行检验,如角尺内边均与木料两面紧贴,即表示相邻面构成直角
	检查表面平直		可用手捏住角尺的尺翼,将角尺立置于木料面上所要检查的部位,如尺边与木料表面紧贴,并无凹凸缝隙,即知表面已平直
角尺本身正确性校验	垂线重叠法校验	 (a)  (b)	角尺的尺翼与尺柄应成直角。为检验角尺本身的正确性,可进行垂线重叠法检查,检查时将尺柄紧贴在一块平直的板边,沿尺身在板上画一垂直线,再将尺柄翻身,调换相对方向,仍在同一点画线,两垂线重叠,表示准确,如图(a)所示;否则,如图(b)所示,不符合标准
	斜面检验		使用时先将螺栓松动,调整到所需角度,拧紧螺栓,用于校验斜面是否符合要求,图示为六角形体检查方法示例
活动三角尺的使用方法	画斜向于板边平行线		当画斜向于板边平行线,或截成斜向板端具有一定角度的斜度,可调整活络三角尺符合所要求角度进行画线
圆规放样的使用方法(几何作图法)	垂直二等分 *AB* 线段	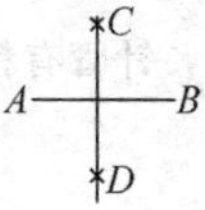	分别以 *A* 及 *B* 为圆心,以大于 1/2*AB* 长为半径,画圆弧得交点 *C* 及 *D*;连接 *C* 和 *D*,则 *CD* 线即为 *AB* 线的垂直二等分线

3.2　手工画线工具

3.2.1　画线工具的种类

木工要把木材制成一定形状、尺寸、比例的构件或制品，第一道工序就是画线。木工的画线工具种类很多，下面介绍主要的几种。

(1) 画线笔

画线笔有木工铅笔和竹笔两种。木工铅笔的笔杆呈椭圆形，笔芯有黑、红、蓝等几种颜色，笔芯呈扁形，将铅芯削成扁平形状后，铅芯紧靠在尺沿上顺画。竹笔，如图3-10所示，也称墨衬，在建筑施工时，制作木构件，如门窗、屋架等方面和民用木工制作家具方面广泛使用。竹笔的制作材料是有韧性的，笔端宽15～18mm，笔杆越来越窄，以手握合适为宜；长200mm左右。笔端削扁并成约40°的斜面，纵向切许多细口，以便吸墨。笔端扁刃越薄，画线越细，切口越深，吸墨越多；使用时将笔蘸墨即可画线。

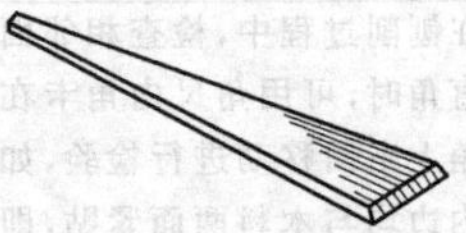

图 3-10 竹笔

(2) 墨线笔

墨线笔用来描图或者在图纸上画墨线的仪器，也称直线笔或鸭嘴笔，如图3-11所示。拿墨线笔的姿势：笔杆向右略偏20°左右，笔杆在画线时走出的平面应垂直于纸面，画线速度要均匀。使用不当会使线条出现如图3-11(d)～(g)所示的弊病。

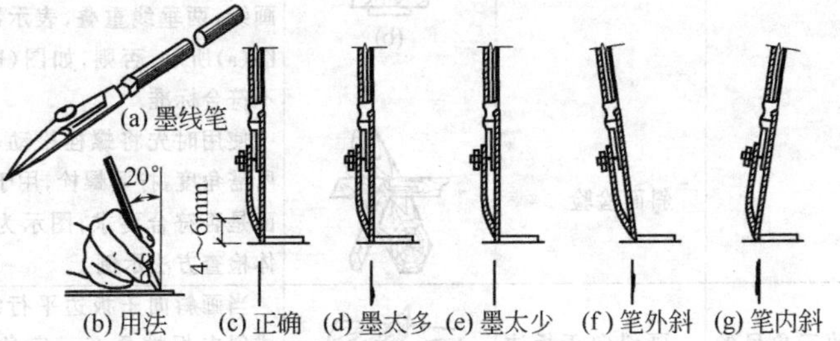

图 3-11 墨线笔

(3) 绘图墨水笔

绘图墨水笔的笔头为一针管，针管有粗细不同的规格，可画出宽窄不同的墨线，如图3-12所示。

图 3-12 绘图墨水笔

(4) 墨斗

墨斗是弹线的专用工具，长距离的画线就要借助于墨斗弹线。墨斗是用硬质木料凿削而成，前部有斗槽，后部有线轮和摇把。斗槽内装有吸满墨汁的棉花或其他吸墨材料，线绳通过斗槽，一端绕在线轮上；另一端与定针相连。使用时，定钩挂在木料前端，线绳拖到木料的后端，用左手拉紧压住，右手把线绳垂直提起，放手回弹，即在木料上绷出墨线，如图3-13所示。

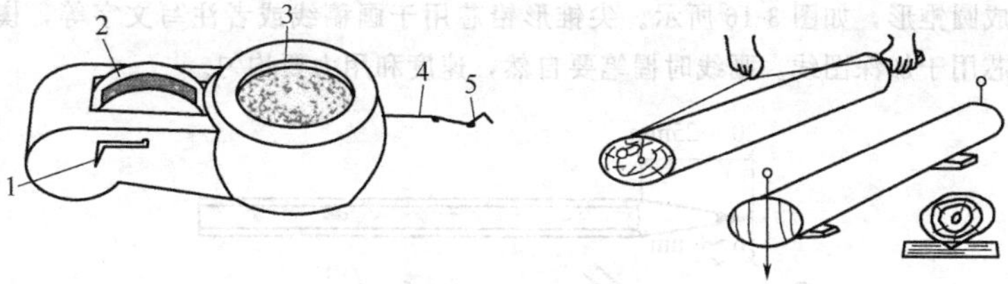

图 3-13 墨斗画线

1—摇把；2—线轮；3—斗槽；4—线绳；5—定钩

(5) 墨株

在校齐整的木料上需画大批纵向直线时，也可用固定墨株画线，具体画法如图 3-14 所示。

(6) 勒子

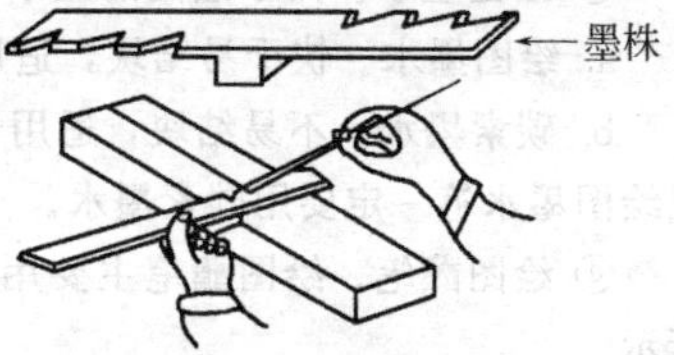

图 3-14 用墨株画线

勒子由勒子杆、勒子挡和蝴蝶螺母组成。它有线勒子和榫勒子两种。两种勒子使用方法相同，使用时，按需要尺寸调整好导杆及刀刃，把蝴蝶母拧紧，翻挡靠紧木料侧面，由前向后勒线。如果刨削木料，可用线蔓子画出木料的大小基准线。榫勒子一次可画出两条平行线，在画榫头和榫眼的竖线时才使用，如图 3-15 所示。

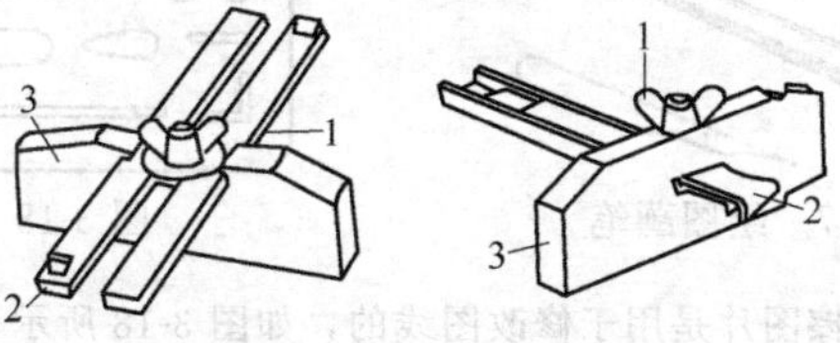

图 3-15 用勒子画线

1—蝴蝶螺母；2—勒子杆；3—勒子挡

(7) 制图用品

① 图纸。图纸有绘图纸和描图纸两种。

绘图纸用于画铅笔图或墨线图，要求纸面洁白、质地坚实，并以橡皮擦拭不起毛、画墨线不洇为好。描图纸（也称硫酸纸）专门用于墨线笔或绘图笔等描绘作图，并以此复制蓝图，要求其透明度好，表面平整、挺括。

② 绘图铅笔。H 表示硬芯铅笔，用于画底稿；B 表示软芯铅笔，用于加深图线的色泽；HB 表示中等软硬铅笔，用于注写文字及加深图线等。铅笔要

削成圆锥形，如图 3-16 所示。尖锥形铅芯用于画稿线或者注写文字等，楔形铅芯用于加深图线。画线时握笔要自然，速度和用力要均匀。

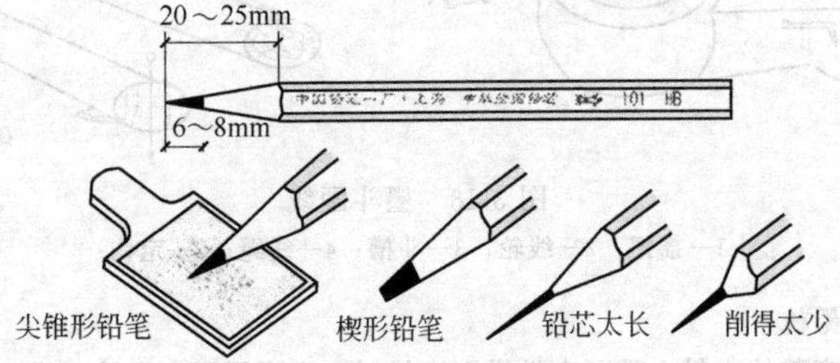

图 3-16 绘图铅笔

③ 绘图墨水。用于绘图的墨水一般有两种：普通绘图墨水和碳素墨水。

a. 绘图墨水。快干易结块，适用于传统的墨线笔（直线笔）。

b. 碳素墨水。不易结块，适用于绘图墨水笔。直线笔也可以用碳素墨水，但绘图墨水笔一定要用碳素墨水。

④ 绘图蘸笔。绘图蘸笔主要用于写字，它由笔尖和笔杆组成，如图 3-17 所示。

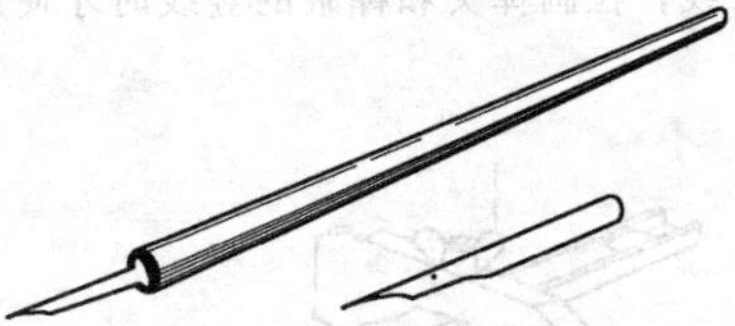

图 3-17 绘图蘸笔

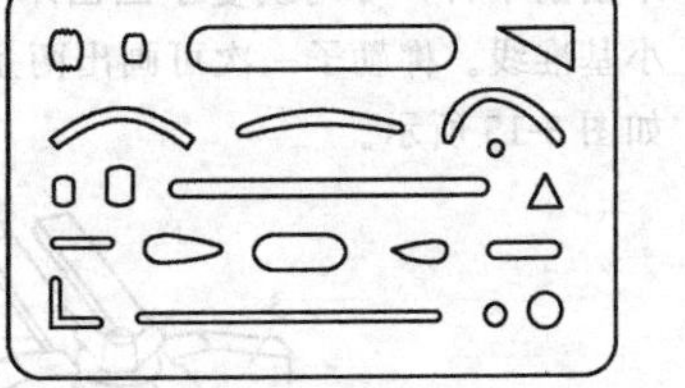

图 3-18 擦图片

⑤ 擦图片。擦图片是用于修改图线的，如图 3-18 所示，其材质多为不锈钢片。

⑥ 橡皮。橡皮有软硬之分，修整铅笔线多用软质的，修整墨线则多用硬质的，如图 3-19 所示。

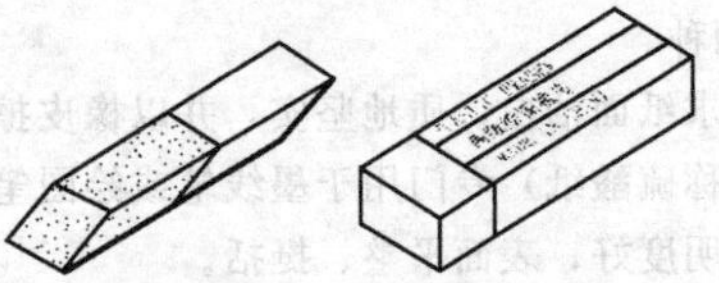

(a) 硬橡皮　(b) 塑料软橡皮

图 3-19 橡皮

⑦ 砂纸。砂纸可固定在一块薄木板或硬纸板上，做成如图 3-20 所示的形状。

⑧ 排笔。用橡皮擦拭图纸，会产生很多的橡皮屑，要用排笔及时地清除干净，如图 3-21 所示。

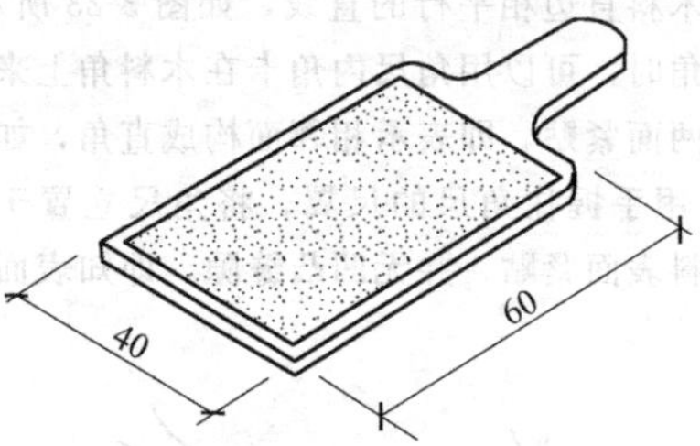

图 3-20 砂纸板

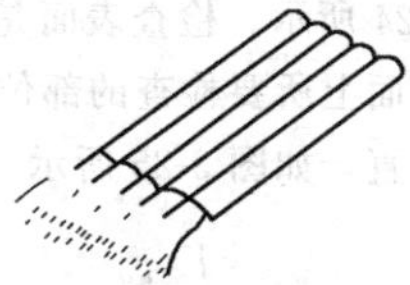

图 3-21 排笔

3.2.2 画线方法

(1) 画线的技术要求

① 下料画线时，必须留出加工余量和干缩量。锯口消耗量：大锯和龙锯大约 4mm，中锯 2～3mm。细锯 1.5～2mm。刨光消耗量：单面刨光 1～1.5mm，双面刨光 2～3mm，料长 2m 以上应加大 1mm。

② 对木材含水率的要求。用于建筑制品的含水率不大于 15%，用于家具加工的木料含水率不大于 12%。否则，应先经干燥处理后使用，如果先下料后才干燥处理，则毛料尺寸应增加 4%的干缩量。

③ 画对向料的线时，必须把料合起来，相对地画线（即画对称线）。

④ 制品的结合处必须避开节子和裂纹，并把允许存在的缺陷放在隐蔽处或不易看到的地方。

⑤ 弹线时，遇到圆木弯曲、拱凸、歪斜，应事先尽可能画正顶面，避免滑线。也可以根据圆木歪斜拱面的倾向，将提起的线绳稍偏放落，可以弹正墨线。如弹线时，遇到刮风，提起线绳时，要偏于顶风方向放落，可避免因风吹而出现墨线不正的现象；如果圆木弯拱起伏较大，弹出的墨线不显时，应予以补弹，补弹时要按照断线端头，左手食指压紧线绳，右手提起线反复弹一两次，直至清楚为止。弹完线后，要查看所弹的墨线是否顺直。

(2) 加工时画线工具使用方法

① 卷尺的使用方法。特别是尺的 0 点（起点）确定，如大钢卷尺，0 点在 100～200mm 以后，用红色字标记。小钢卷尺的尺端是钩形，如果内边缘为 0 点（起点）是钩住被量物体，如果外边缘为 0 点则是顶住被量物体。

② 角尺的使用方法。当画垂直线时，左手握住角尺的尺翼中部，使尺翼的内边紧贴木料的直边，右手执笔，沿角尺边（尺柄外边）画线，即为与直边相垂直的线，如图 3-22 所示。

当画平行线时，左手握住角尺的尺翼，使中指卡在所需要的尺寸，并抵住木料的直边，右手执笔使笔尖紧贴角尺外角部，同时用无名指和小指托住短尺边，两手同时用力向后拉画即画出与木料直边相平行的直线，如图 3-23 所示。在刨削过程中，检查相邻面是否成直角时，可以用角尺内角卡在木料角上来回移动进行检查，如角尺内边均与木料两面紧贴，即表示相邻面构成直角，如图 3-24 所示。检查表面是否平直时，可用手握住角尺的尺翼，将角尺立置于木料面上所要检查的部位，如尺边与木料表面紧贴，并无凹凸缝隙，即知表面已平直，如图 3-25 所示。

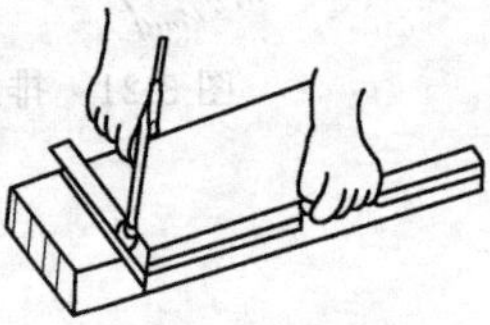

图 3-22　画垂直线

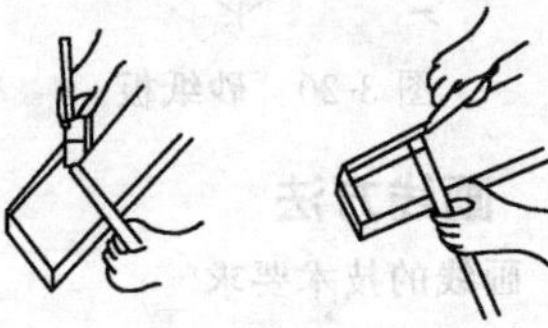

图 3-23　画平行线

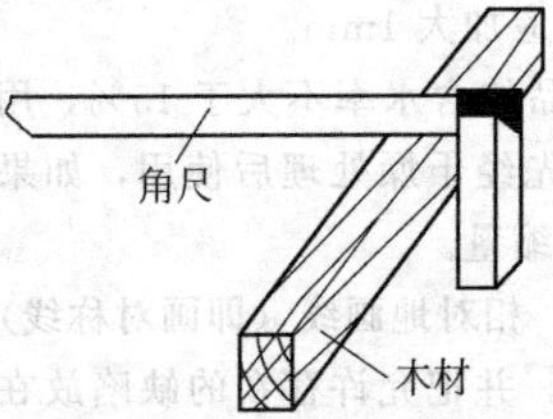

图 3-24　检查垂直角

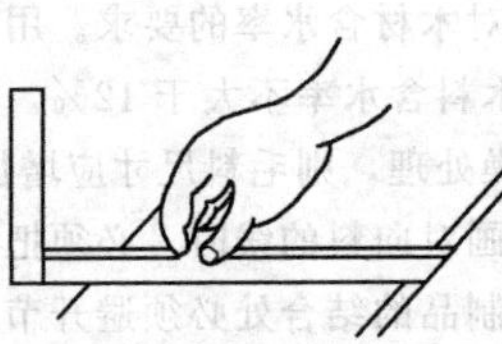

图 3-25　检查表面垂直

③ 活络三角尺的使用方法。当斜面检查时，先将螺栓松动，调整到所需要角度，拧紧螺栓，用于校验斜面是否符合要求。如图 3-26 所示为六角形体检查方法。当画斜向于板边平行线或截成斜向板端具有一定角度的斜度，可调整活络三角尺到符合所要求的角度再进行画线，如图 3-27 所示。

图 3-26　六角形体检查方法

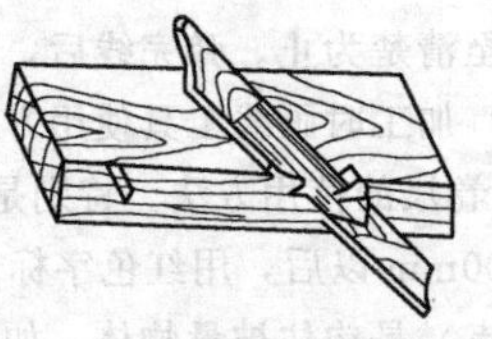

图 3-27　画斜向于板边平行线

④ 线勒子的使用方法。使用时，先将小刀片与勒子档的距离按需要尺寸调整好，右手拿住线勒子，使勒子档贴紧木料侧面，轻轻移动，就可在木料上刻画出线印来，如图 3-28 所示。

(3) 画线操作要点

木工画线操作的要点一般有以下几个。

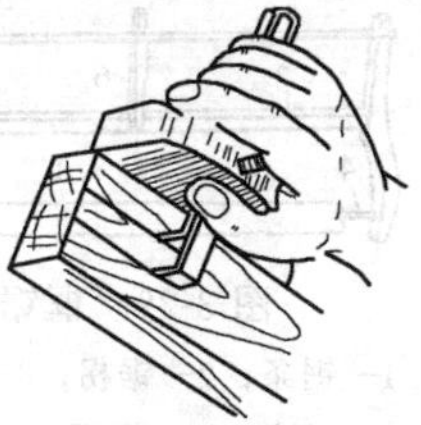

图 3-28 用线勒子画线

①“长木匠、短铁匠”。所谓“长木匠”，就是指木工在画线时，要留一定的加工余量，一般的加工余量是：单面刨光，厚度增加 3mm；双面刨光，厚度增加 5mm；门、窗框上、下槛，先立口的每端增加 115mm，后塞口的每端增加 25mm；门、窗框中槛、窗梃，要比实际长度增加 5～10mm；门框，一般要比实际长度增加 50mm；门、窗扇的边梃，要比实际长度净高增加 40mm；门、窗扇的上、下冒头及棂子，要比实际长度增加 5～10mm。

②“画墨线，选好面，方正无疵是看面”。就是画线时要先将木料挑选一下，将没有疵病的用于正面（或者叫“看面”），把有缺陷的部分放到背面或看不见的地方。

③“线绳要绷紧，墨汁吃均匀，两指垂直提，墨线显又直”。这就是说在弹墨线时，线一定要绷紧，线上的墨汁要蘸得均匀。关键是用手指提线时，一定要与弹线的木材面垂直，否则弹出的墨线就会有弧度。

④“铅笔要削尖，尺寸要掐准”。画线工具宜细不宜粗，这样精度较高。线的宽度一般不超过 0.3mm，并且要均匀、清晰。所有尺寸一定要量准确，这样拼装后才能符合设计图纸的要求。

⑤ 榫头和榫眼的纵向线，要用线勒子紧靠正面画线。

⑥ 画线时，必须注意尺寸的精确度，一般画线后要经过校核后才能进行加工。

3.3 手工锯类工具

3.3.1 手工锯的种类和用途

木工锯有框锯、刀锯、大板锯、钢丝锯等多种，较常用的有框锯和刀锯两种。

(1) 框锯

框锯按其用途不同，又分为纵向锯（顺锯）、横向锯（截锯）、曲线锯（穴锯）。

① 框锯的组成。框锯也称拐锯，它是由锯拐（工字形木架）、锯梁和锯条等组成的，如图 3-29 所示。锯拐端装锯条，另一端装麻绳用锯标绞紧，或装钢串杆，用蝴蝶螺母旋紧。

② 框锯的分类。

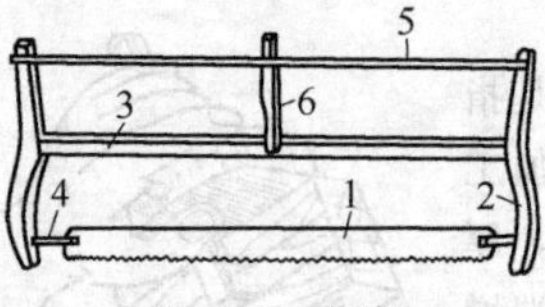

图 3-29 框锯

1—锯条；2—锯拐；3—锯梁；4—锯扭；5—锯绳；6—锯标

a. 顺锯。顺锯也称纵向锯，是沿着木材纹理平行方向剖切使用的，一般用于将木料剖成小方或薄板。锯条较宽，便于直线导向，锯路不易跑弯。锯齿前刃角度较大，拨齿为左、中、右、中。

b. 曲线锯。曲线锯，俗称穴锯，如图3-30所示。锯条较窄较厚，适用于锯割内外曲线或弧线工件，锯条长度为600mm左右。锯条较窄，约为10mm。锯齿前刃角度介于截锯和顺锯之间，拔齿为左、右、右。

c. 横向锯。横向锯也称截锯，是沿着木材纹理垂直方向横截的工具，一般用于切断板子或木方。锯条尺寸略短，锯齿较密。锯齿齿刃为刀刃形。前刃角度较小，锯齿应拨齿为一左一右。

(2) 刀锯

刀锯有双刃刀锯、夹背刀锯、鱼头刀锯等。它们均由锯片和锯把两部分组成，如图 3-31 所示。刀锯携带方便，适用于框锯不便使用的地方。

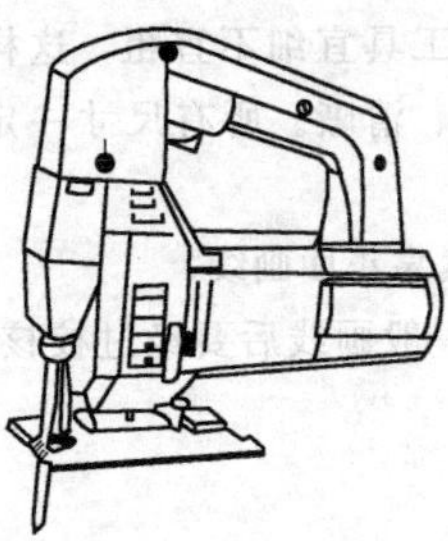

图 3-30 曲线锯

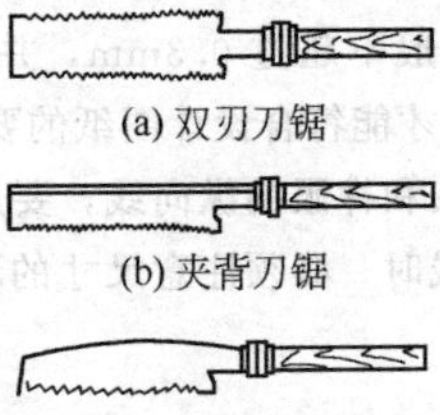

(a) 双刃刀锯

(b) 夹背刀锯

(c) 鱼头刀锯

图 3-31 刀锯

① 双刃刀锯。双刃刀锯锯片两侧均有锯齿，一边为截锯锯齿；另一边为顺锯锯齿，可以纵向锯削和横向锯削两用。不受材面宽度限制，适合锯割薄木材或胶合板等又长、又宽的材料，使用极为方便。

② 夹背刀锯。夹背刀锯锯片较薄，其钢夹背可加强锯片背部强度，用以保持锯片的平直。由于锯齿较细、较密，锯割的木材表面光洁，夹背刀锯多用于细木工程使用。

③ 鱼头刀锯。鱼头刀锯也称大头锯，其一侧有锯齿，锯齿比较粗，齿形为刀刃形，拨齿为人字形锯路，一般用于横截木料，它是建筑木工支模板最常用的工具之一。它左、右两侧的斜齿起开路作用，中间直立齿为定心齿，可使

锯条稳定，保证锯缝顺直。

(3) 大板锯

大板锯又称龙锯。这种锯的锯齿及锯条特别大，齿的两侧角度相同，供两人上、下或横向拉、推操作。多用于采伐树木或锯割很大的原木，现在大都仅在农村使用。

(4) 钢丝锯

图 3-32　钢丝锯的操作方法

钢丝锯使用方法与刀锯基本相似。钢丝锯是锯削比较精密的圆弧和曲线形工件时使用的工具。钢丝锯在锯削中，要左脚踏稳平放在工作凳上的工件，先用钢锯齿按照画好的线斜向锯一个锯口，然后将钢丝锯条全部导入锯口，待锯条全部没入锯口后，再双手握住钢丝锯上部把手，逐渐增强锯削力量，并逐渐使钢丝锯条齿与工件表面垂直进行锯削，操作方法如 3-32 所示。

(5) 侧锯

侧锯又称为研缝锯。在刨削较宽的槽和榫肩研缝时使用，如图 3-33 所示。

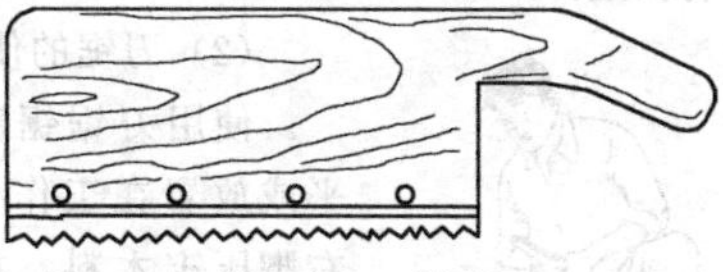

图 3-33　侧锯

3.3.2 锯的选择

在选择锯时，一般应做到“音要清、钢要硬、背要薄、面要平”，具体介绍如下。

(1) 声音清脆

一只手持锯，用另一只手的大拇指甲掐住锯条的一角弹击。声音尖细清脆、余音悠长的是佳品；声音低哑重浊、余音短促的是劣品。

(2) 钢材硬度

把锯条崴成弧形，并迅速放开，钢硬的弹性大，恢复速度快；钢软的恢复速度慢。对拐子锯条还可以同时取 4～5 根，一头放在桌上用手压住，其他部分悬空，挠度小者钢最硬。

(3) 锯面厚度

锯面上薄下厚的锯条使用起来不容易夹锯。

(4) 锯面平整

用手指放在锯片上轻轻抚摸，凭手指的感觉检查锯片表面凹凸不平的程度。也可把锯片靠近窗棂，使窗棂的阴影投射到锯片上，如果影线很直，则表明锯片很平；如果影线不直，则表明锯片不平。

3.3.3 锯的使用方法

(1) 框锯操作方法

使用框锯时，首先把锯条方向调整好，使整个锯条调整到一个平面上，然后检查张紧绳是否绷紧，锯条是否平直。如果张紧绳过松，锯剖时锯条弯曲，容易跑锯，锯剖的方向不准确。如果张紧绳过紧，往往出现锯架变形，锯拐折断等现象。为了减轻框锯的张紧负荷，用完后应放松张紧绳。锯割前，把木料放在工作台上用脚踏牢。下锯时，右手紧握锯拐，锯齿向下，为防止锯条跳动，左手大拇指靠住墨线的端头处。把锯齿挨住左手大拇指甲，轻轻推拉几下(预防跳锯伤手)；当木料棱角处出现锯口后，左手离开，逐渐加快转为正常速度。可两手握锯，也可右手握锯、左手扶料进行锯割。锯割时推锯用力要重，提锯回拉时用力要轻，锯路沿墨线走，不要跑偏；锯割速度要均匀，有节奏；尽量加大推拉距离，锯的上部向后倾斜，使锯条与料面的夹角成70°左右，当锯到料的末端时，要放慢锯速，并用左手拿住要锯掉的部分，防止构件自重下折或沿木纹劈裂，影响质量。如图3-34所示。

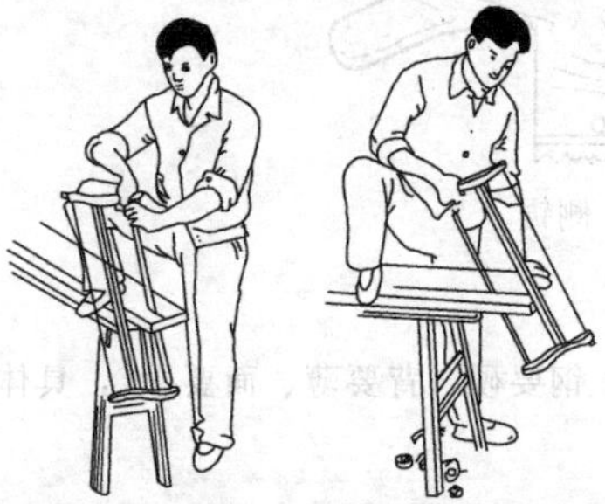

(a) 双手纵式锯割　(b) 单手纵式锯割

图 3-34　锯割方法

(2) 刀锯的使用方法

使用刀锯锯割前，首先将木料垫平或放置在工作台面上，用左手配合右脚压牢木料，右手握住锯把，轻轻引锯。若双手锯割，则左手在前，右手在后，双手紧握锯把，使锯身与木料面成约30°的夹角，然后适当加上两手的压力，上、下推拉锯把进行锯割。锯剖木料是木工基本操作技术。例如，长料截短、短料开板开榫、锯肩等，均需使用锯来完成。由于锯的种类不同，使用方法也不同，现仅就木工流传的口诀及经验整理如下。

①“齿要尖，料要匀，使用不费力”。用手指向上轻摸齿尖，如感觉“挂”手，则齿尖较锋利，反之则较迟钝。也可把锯翻过来观察齿尖，如齿尖上有金属发亮的白点，定是钝锯；反之则为锋利锯。料要匀，是指锯齿拨料的大小要均匀一致。如果拨料不匀，使用时容易跑锯。

②“轻提条，重杀锯，锯锯不跑空”。用拐子锯锯木材时，提锯使用力要轻，并使齿尖稍稍离开锯割面；送锯时要重，手、腕、肘、肩同时用力，送锯

要到头，不要只送半锯。每次送锯都要“吃”着料，不跑空锯。

③“不别锯，不扭条，吃着墨线往下杀”。送锯时要顺劲，锯条与水平面的角度一般为60°～70°，一点一点把墨线吃掉。如果发现跑线，不要硬别硬扭锯条，可以稍减小锯身与水平面的角度，缓慢进行纠正。

④“若要不跑锯，两线并一线”。即在送锯时要用眼睛盯住锯条与墨线，使锯条投影线与墨线重合，顺墨线锯割下料。

⑤“想要锯好材料，掌握两个垂直最重要”。即保持锯条的侧面与木材的表面必须垂直；保持整个锯条的纵长方向与下锯时木料的断面垂直，即避免跑锯或别锯，如图3-35所示。

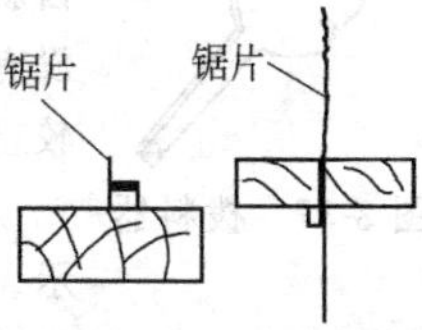

图3-35　锯片垂直

⑥“轻推重拉使刀锯，推拉抬压施巧技”。使用刀锯锯割木材时推锯要轻，锯柄宜稍稍抬起，使齿尖离开锯割面；抽锯时锯柄稍稍压下，使全部齿尖着料，然后用力拉回，如图3-36所示。

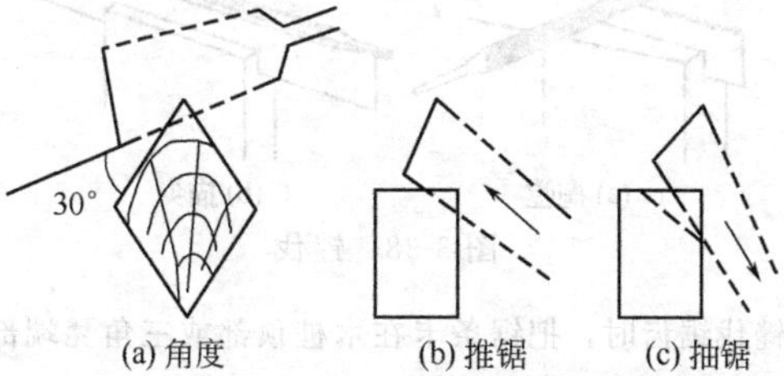

图3-36　刀锯推拉

⑦“曲线锯、垂直锯，锯出曲线圆又齐”。使用钢丝锯锯削曲线时，锯身应垂直前进，才能保证锯出的曲面整齐，弧度一致。

⑧“锯半线，凿半线，合在一起整一线”。锯榫头时，锯去墨线宽度的一半，凿眼时也凿去墨线宽度的一半，榫、眼合在一起正好是原来一线的位置，保证了拼合的整齐性。

⑨“榫不留线眼留线，装在一起合一线”。开榫时把全部的墨线锯掉，凿眼时留出全部的墨线，榫、眼拼装在一起，接缝处仍然一线宽的位置，以保证拼装的平齐。

3.3.4　锯的修理

（1）锯的整修工具

木工锯在锯削过程中，如若感到进锯慢而费力，则表明锯齿不锋利，需要锉锯齿；感到夹锯，则表明锯的料度受摩擦而减少；总是向一侧偏弯，表明料度不均，应进行拨料修理。修理锯齿时，应先进行拨料，然后再锉锯齿，方法有以下三种形式：两开一停式（左右中）、两开式（一左一右）、一开一停式（左中右中）。其中两开式锯解表面较光滑，因为实际锯解时，锯路左壁只能由右拨料的锯齿切削出来，两开式隔一齿就有一齿向左，所以形成锯解表面的齿沟较密，但因为没有不拨料的中齿作基准，拨料容易偏歪，锯解时导向性较差，容易跑锯。

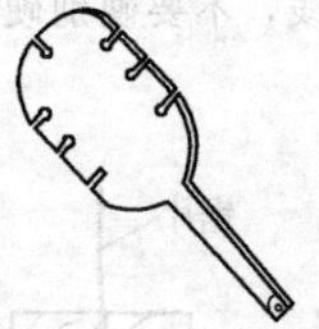

图 3-37　拨料器

① 拨料。料路是用拨料器进行调整的，如图 3-37 所示。拨料时左右锯料要一致，不一致的锯条会跑偏；上下锯料要均匀，锯条两端可比中部略小些，这样可便于下锯。拨料器小口宽度不宜过大，一般以能卡住锯片为度。拨料后顺锯条方向检查一下，目测左右两路齿尖是否在一个平面上。拨料时，将拨料器的槽口卡住锯齿，用力向左或向右拨开，拨开程度要符合料度的要求。

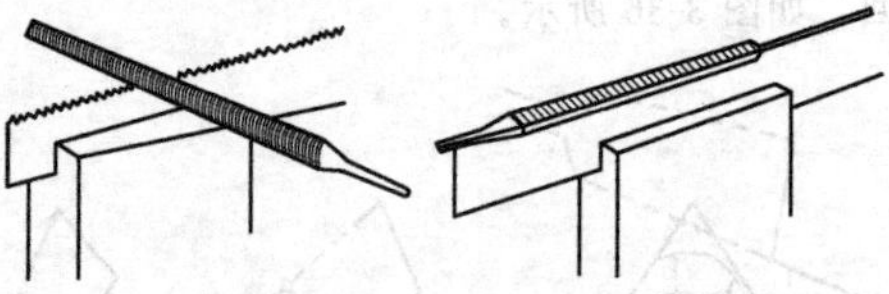

(a) 掏膛　　(b) 描尖

图 3-38　锉伐

② 锉伐。锉伐锯齿时，把锯条卡在木桩顶部或三角凳端部预先锯好的锯缝内，使锯齿露出。根据锯齿的大小，用 100～200mm 长的三角钢锉或刀锉，从右向左逐齿锉伐。锉伐时，两手用力要均匀，锉的一面要垂直地紧贴邻齿的后面。向前推时要使锉用力磨齿，要锉出钢屑，回拉时只要轻轻拖过，轻抬锉面。如图 3-38 所示。

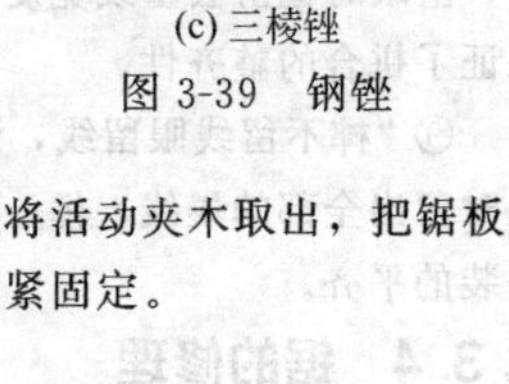

(a) 平锉

(b) 刀锉

(c) 三棱锉

图 3-39　钢锉

常用的钢锉有三种：平锉、刀锉和三棱锉，如图 3-39 所示。锉伐刀锯时，要先钉一个锯夹。锯夹是由固定夹木和活动夹木组成的。使用时，先将活动夹木取出，把锯板潜入锯夹内，露出锯齿，再用活动夹木在锯夹下端楔紧固定。

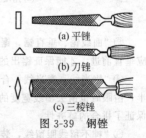

（2）锯身整修

锯身缺陷及修理方法见表 3-2。

3.3.5　锯的安全操作

① 工件先画墨线，入锯时用左手的食指或拇指瞄准刻墨线的外缘作为锯

表 3-2 锯身缺陷及修理方法

锯身缺陷	原因分析	修理方法
锯身弯曲（刀锯）	使用不合理的拉法，使锯身遭到激烈挫折	将锯身垫在平砧上，用小锤敲打弯曲部分的凸面，使其恢复原状
一侧锯齿弯曲	锯齿受到过度摩擦发热后，被外力拉长所致	把锯身贴在平砧上，用锤在接近锯齿部分的锯身上，从纵长方向两面敲打，使锯身中部钢质舒展与锯齿部分相等，以恢复平直
锯身扭曲（双面刀锯）	两面锯齿部分受外力被拉长，与中央部分的力量不平衡	在砧子上敲打锯身两面中央部分，使锯身钢质向纵长方向伸长，当其与两侧长度相等时，锯身即恢复正常

条的靠山，引导锯条锯入木材，以免锯条跳动锯坏工件。

② 右手要紧握锯柄，不要随意移动，以免磨伤手指。

③ 脚要将工件踩稳，以防止工件扭动损伤锯条；当锯条距离脚 5mm 左右时，应停锯移动工件，以防锯条伤到脚部。

④ 两人配合锯木料时，推锯者要配合拉锯者，随拉锯者把稳锯身，不要用力推送，以免走锯损坏工件。

⑤ 锯木前要绷紧锯绳，以防锯条摆动走线。锯不用时，要放松锯绳，避免锯条长期处于紧绷状态。

⑥ 如锯长期不用，应将锯条两面涂上润滑油，防止生锈。

3.4 手工刨类工具

3.4.1 手工刨的种类和用途

刨是木工作业中的重要工具，它可以把木料刨削成光滑的平面、圆面，以及凸形、凹形等各种形状的面。所以，熟悉各种刨子的构造，掌握其使用方法，是木工的重要基本功。刨类工具的种类很多，按其用途不同可以分为平刨、槽刨、线刨、边刨和铁刨等。

(1) 手工平刨

手工平刨是木工使用最多的一种刨，主要作用是将木料刨削到平、直、光滑的程度。按用途不同，平刨可分为荒刨、长刨、大平刨、净刨。它们构造相同，差异主要在长度上。平刨主要由刨床、刨刃、刨楔、盖铁和刨把组成，如图 3-40 所示。刨床用耐磨的硬木制成，宽度比刨刃约宽 16mm，厚度一般为 40～45mm。为防止刨床翘曲变形，要选择纹理通直、经过干燥处理的木料制作。刨床上面开有刨刃槽，槽内横装一根横梁；也可将刨刃槽前部开成燕尾形，将刨刃等卡在刨口。刨床底面有刨口，刨刃嵌入后，刃口与刨口的空隙要

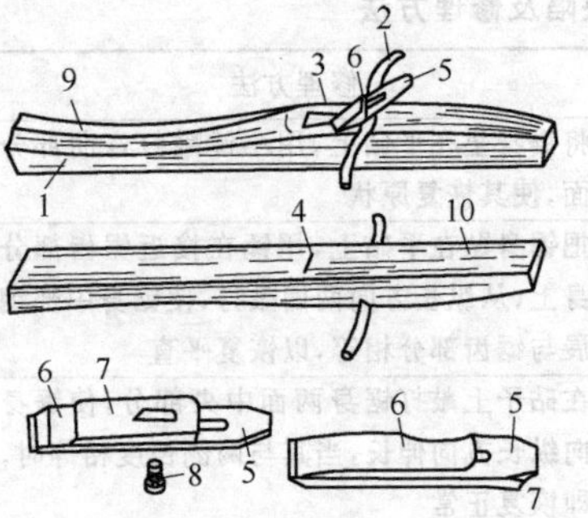

图 3-40 手工平刨

1—刨床；2—刨把；3—刨羽；4—刨口；5—刨刃；6—盖铁；7—刨楔；8—螺钉；9—刨背；10—刨腹

适当，一般长刨和净刨间隙不大于 1mm，荒刨不小于 1mm。刨刀宽度为 25～64mm，最常用的是 44mm 和 51mm 两种。刨刃装入刨床内与刨腹的夹角依用途而定，长刨约 45°，荒刨约 42°，净刨约 51°。刨把用硬木制成，可做成椭圆断面形状。刨把整个形状可做成燕翅形，其安装方式有三种：用螺钉固定；或卡入刨刃后面的槽内；或将刨把穿入刨床上。

(2) 手工槽刨

手工槽刨是专供刨削凹槽用的，有固定槽刨和万能槽刨两种（见图 3-41）。常用槽刨的规格为 3～15mm，使用时应根据需要选用适当的规格。万能槽刨由两块 4mm 厚的铁板将两侧刨床用螺栓结合在一起，在两侧铁板上锉有斜刃槽和槽刨刃槽。使用时，将斜刃插入燕尾形刃槽内固定；槽刨刃装入刨床槽内，利用两只螺栓拧紧两侧刨床，将刨刃夹紧固定。万能槽刨可以有不同宽度的刨刃，根据刨削槽的宽度，可更换适当规格的刨刃使用。万能槽刨的刨床有用几块硬木制作的。

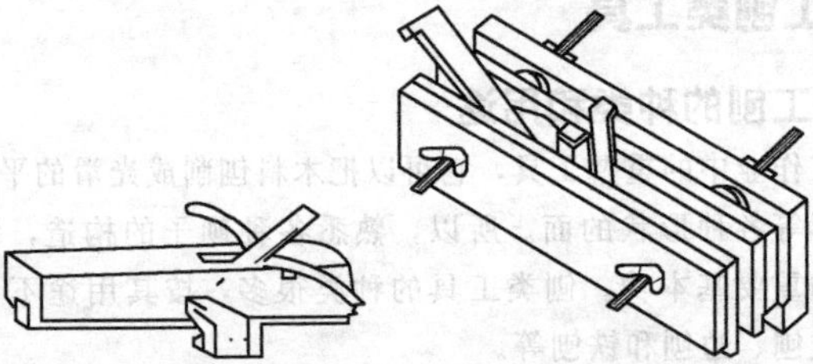

(a) 固定槽刨　　(b) 万能槽刨

图 3-41 手工槽刨

(3) 手工线刨

手工线刨可以将木料刨成各种需要的线型。刨床长度约 200mm，高度约 50mm，宽度按需而定，一般在 20～40mm 之间，刨刃与刨床的刨腹夹角一般为 51°左右。线刨的种类很多，有单线刨和杂线刨。单线刨能加宽槽的侧面和底面，能清除槽的线脚，也可单独打槽、裁口和起线。单线刨构造简单，如图 3-42所示。刨床扁窄，刃口比刨腹宽 2mm，刨屑从侧面翻出。刨刃的宽度不宜超过 20mm。杂线刨主要用在装饰方面，如门窗、家具和其他木制品的装饰线。也可刨制各种木线。

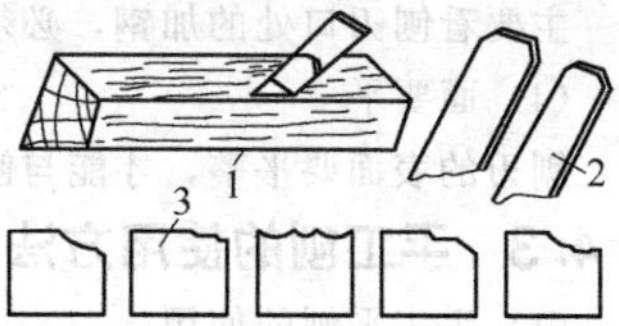

图 3-42 手工线刨

1—刨床；2—刨刃；3—线模

(4) 手工边刨

手工边刨又名裁口刨，只用于木料边缘裁口，如图 3-43 所示。

(5) 手工铁刨

手工铁刨又称轴刨、蝙蝠刨。铁刨刨身短小，刨刃可用螺栓固定在刨床上，适合于刨削小木料的弯曲部分。刨削时用身体抵住木料后进行刨削。铁刨有平底、圆底和双弧圆等几种。平底刨用以刨削外圆满弧；圆底刨用来刨削内圆弧；双弧圆底刨用以刨削双弧面的木料，如图 3-44 所示。

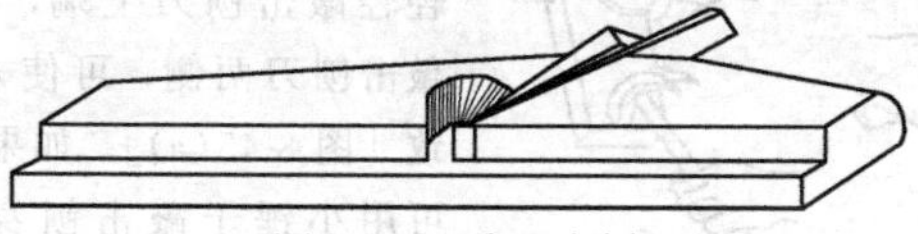

图 3-43 手工边刨

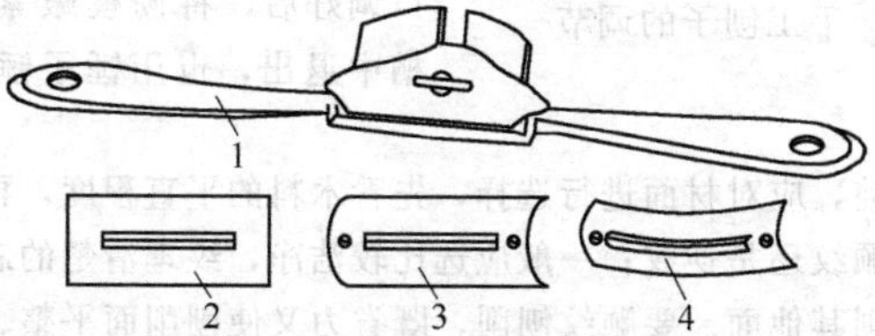

图 3-44 手工铁刨

1—铁柄刨；2—平底刨；3—圆底刨；4—双弧圆底刨

3.4.2 手工刨刃的选择

挑选理想的刨刃一般要做到"钢要硬，片要厚，加钢匀，面要平"，具体介绍如下。

(1) 钢要硬

可用加钢部分（即刨刃前端）轻轻切削铁器，凡是不费劲、切得多的，就证明钢比较硬。

(2) 片要厚

刃片厚实，可避免因刨刃薄，推刨时刨刃易跳动而造成的戗槎，这样的刨刃就容易将木材表面刨平。选择时可同时拿几块刃片进行比较，选用较厚者。

(3) 加钢匀

主要看刨刃口处的加钢，必须厚薄均匀，一般加钢应该越厚越好。

(4) 面要平

刨刃的表面要平整，才能与刨盖贴合紧密，既压得紧，又容易出刨花。

3.4.3 手工刨的使用方法

(1) 手工平刨的使用

手工平刨在使用之前，要调整刨刃。将刨刃打出刨床底面，刃口露出的多少要依据刨削量而定，一般为0.1～0.5mm，最多不超过1mm，粗刨大一些，细刨小一些，一般用单眼检查刃口露出量的大小。将盖铁扣到刨刀之上，调好两刃之间的距离，拧紧固定螺钉，放入刀槽中，并用刨楔楔紧。调刀时，左手握住刨子，底面朝上，前端朝面部，目测刀刃露出情况。右手握小锤子，轻轻敲击刨刀上端，刃口就会露出；敲击刨刀两侧，可使入口左右高低一致［图3-45(a)］。如果刀刃露出太多，可用小锤子敲击刨身后端（或后上部），刨刃就会退出［图3-45(b)］。刃口调好后，将刨楔敲紧。要将刨刀从槽中退出，也用锤子锤击刨子后身的方法。

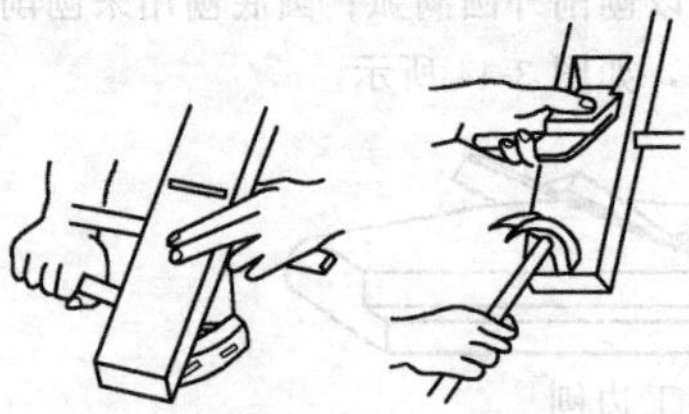

(a) 加大吃刀量　　(b) 退刀

图3-45　手工刨子的调节

在开刨之前，应对材面进行选择，先看木料的平直程度，再识别其是芯材还是边材，是顺纹还是逆纹；一般应选比较洁净，纹理清楚的芯材作正面，先刨芯材面，再刨其他面。要顺纹刨削，既省力又使刨削面平整、光滑。第一个面刨好后，用眼检查材面是否平直，认为无误后，再刨相邻的侧面。此面刨好后，应用线勒子画出所需刨材面的宽度和厚度线，依线再刨其他面，并检查其刨好后的平直和垂直程度。刨削时应注意：不准逆纹戗茬刨削；刨底应始终紧贴材面；开刨防止翘头刨；刨到末端时防止低头刨。刨削时，刨底应始终紧贴木料面：开始时不要将刨头翘起来，刨到前端时，不要使刨头低下，否则刨出来的木料表面，中间部分会凸起，即“端平刨子，走直路子”，如图3-46所示。推刨时要腿、腰、手并用，刨子的刨削操作如图3-47所示。

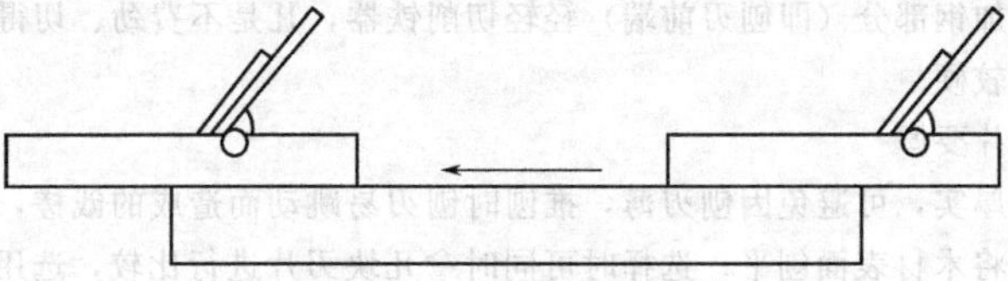

图3-46　正确的刨削方法

(2) 手工线刨、边刨的使用

在使用前，首先要调整好刨刃的露出量。这两种刨的操作方法基本相似，用右手拿刨，左手扶料，都是向前推送，刨削时不要一开始就从后端刨到前端。刨削时应先从离木料前端约 200mm 处向前刨削，然后再后退一定距离向前刨。依此方法，人向后退、刨向前推，一直刨到后端。最后再从后端一直刨到前端，使线条深浅一致。

图 3-47　刨削操作方法

(3) 手工槽刨的使用

使用时，将斜刃插入燕尾形刃槽内固定，槽刨刃装入刨床刃槽内，利用两只螺栓拧紧两侧刨床，将刨刃夹固，如图 3-48 所示。使用前先调整刨刃的露出量及挡板与刨刃的位置，先从木料的后半部分向后端刨削，然后再逐渐从前半部分开始刨削。开始时要轻刨，待刨出凹槽后可适当增加力量，直到最后从前端到后端刨出深浅一致的凹槽为止。

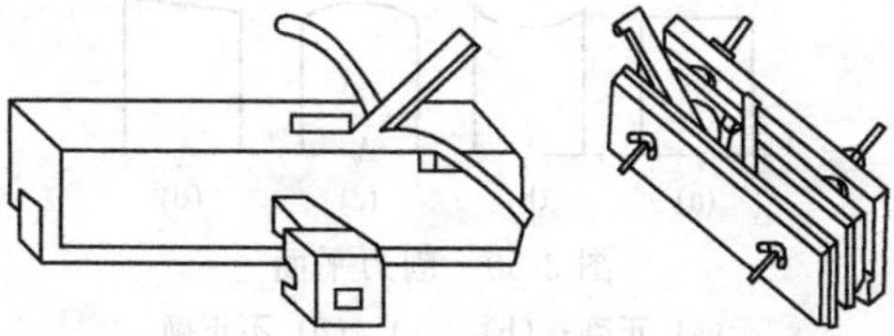
(a) 固定槽刨　(b) 万能槽刨

图 3-48　手工槽刨

(4) 手工铁刨的使用

先将木料稳固住，调整好刨刃，两手握刨把，刨底紧贴材面，均匀用力向前推刨。铁刨一般是刨削曲线部分。在刨削中，常遇戗茬，为使刨削面光滑，可调节刨头后两手向后拉刨。

3.4.4 手工刨的修理

刨刃经过长时间使用，必须加以研磨才能恢复锋利。如果刨刃研磨方法不当，就不会锋利，也不能长期使用。修磨刨刃的方法有以下几个。

①“粗磨口，细磨刃，背上几下是快刃”。即磨刨刃时先用粗磨石磨出口，用手指轻轻横刮感到发涩时，再改用细磨石磨刃，磨到极其锋利的程度，然后将刨刃翻过来，正面平贴在磨石面上横磨几下，即可继续使用。

②“磨刨刃，定角度，来回研磨走直路”。刨刃锋利和迟钝，以及磨后使用是否长久，与刃锋角度 α 的大小有关。

一般刨刃：$\alpha=25°$

刨削硬木的刨刃：$\alpha=35°$

粗刨刨刃：$\alpha=30°$

细刨刨刃：$\alpha=20°$

研磨刨刃时，刃口的坡面要紧贴磨石，来回推磨。要保持角度不变，切忌两手忽高忽低，以致把刨刃斜坡磨成圆棱。如图 3-49 所示。

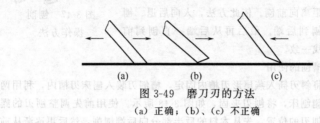

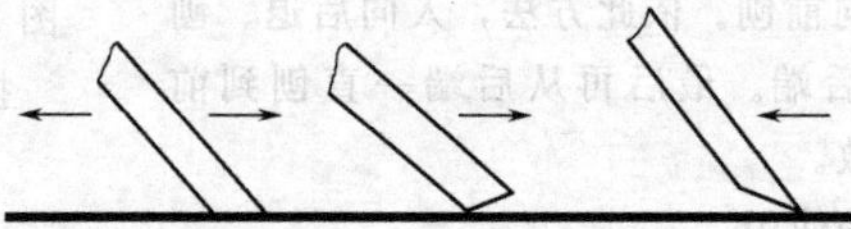

图 3-49 磨刀刃的方法

（a）正确；（b）、（c）不正确

③ 刨刃口平面不能磨成凸凹弧线或斜线，必须磨成直线，并宜稍稍把两角尖磨去，如图 3-50 所示。

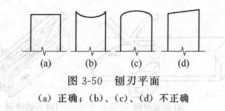

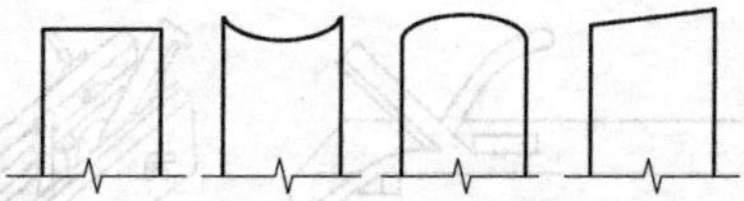

图 3-50 刨刃平面

（a）正确；（b）、（c）、（d）不正确

④ 磨刨盖。当采用铁刨盖时，刨盖也必须修磨，使刨盖的刃端与刨刃完全贴合，不得有缝隙，否则在操作中易被刨花堵塞。

⑤ 刨床底修理。刨床经过长时间使用，刨床底面会因磨损而产生不平，或因气候影响而产生变形，必须加以修理。一般常见的问题有纵向弯曲、横向不平、刨底翘曲、刨底磨损等。修理刨床底时，可用经过校正的平尺，纵向放在刨床底面上，检查刨底纵向是否有弯曲；然后将平尺横放在刨底面上，检查有无缝隙；还要斜放在刨底对角线上，检查扭弯程度。根据检查出来的问题，用另一把刨底平整的细刨，对需要修理的刨床底面进行刨削，要边刨削、边检查，直至符合使用要求为止。

3.4.5 手工刨的安全操作

① 刨刃要经常以正确的方法修磨，以保持刃口的锋利。

② 刨料前，要观察木材的纹理。

③ 推刨时，双手要紧握刨柄，两胳膊必须伸直，两肩、臀部同时用力向前平推，一推到底，中途不要缓劲、停顿，出料头时刨不要低头，以免将工件

末端啃伤。

④ 刨用完后要将楔木放松，刨身和刨刃涂擦润滑油，防止生锈和吸潮。

⑤ 刨不用时，要将刃口朝上放置，以免刨刃触地损伤。

⑥ 刨长时间使用后，要对刨床底面进行修理，防止底部磨损不平、潮湿变形等。

3.5 手工制孔类工具

3.5.1 制孔工具的种类

制孔工具主要分为凿、钻、锤。

(1) 凿的种类和用途

在木工构件制作中，凿眼、开榫是使部件连接成一个坚固整体的主要工序，这也是衡量木工技术是否熟练的重要标准。凿的种类和用途见表 3-3。

表 3-3 凿的种类和用途

类别	简图	名称	规格/mm		特征	用途
			l	b		
平凿	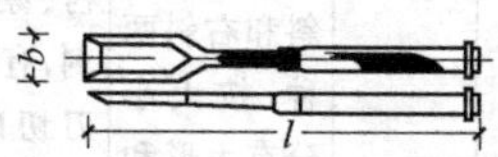	宽刃凿	250～280	19 以上	是一种最坚硬的凿子，凿头又宽又厚，刃的角度为 30°	适合凿宽眼及深槽
	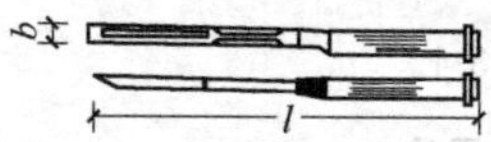	窄刃凿	280～300	3～16	凿宽一般在 16mm 以下，颈厚，刃锋角度为 30°～40°	适合凿较深的眼及槽
	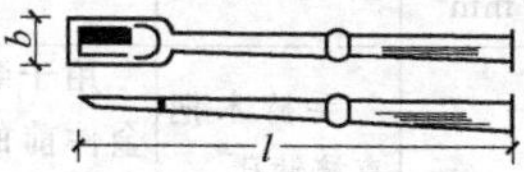	轻便凿	280～300	12～25	形似宽刃凿，但较其短、小、细、薄	适合凿浅眼、浅槽及安装修补门窗，使用方便灵活
	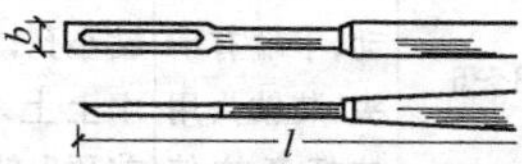	扁凿（扁铲）	300～350	12～30	刃薄，颈细、把长、无箍，铲刃角度 20°～25°	适合切削榫眼的糙面，修理肩、角、线等工作，不可用锤击铲把

续表

类别	简　图	名称	规格/mm		特征	用途
			l	b		
平凿	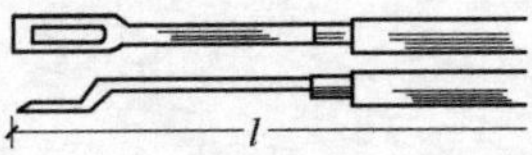	曲颈凿	280～300		刃头部分弯下	适于切削沟槽内的平面
圆凿	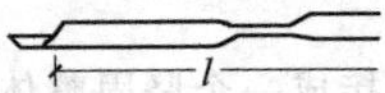	内圆凿	300～330		刃头呈弧形	适于切削圆槽
	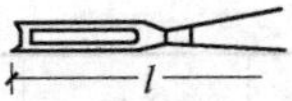	外圆凿	300～330		刃部呈弧形	用于凿圆孔及雕刻
斜刃凿		斜刃凿	250		刃呈斜形，且分左斜和右斜两种，按大小分有大形和中形	可用于倒楞、剔槽、雕刻，有时当车刀切削圆形木件

(2) 钻的种类和用途

钻是用来钻孔的工具，其种类和用途见表3-4。

表3-4　钻的种类和用途

名　称	简　图	钻孔直径/mm	特征	用途
手钻	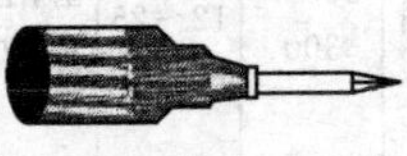		手持木把直接钻孔	用于装钉五金件前的钻孔定位
牵钻	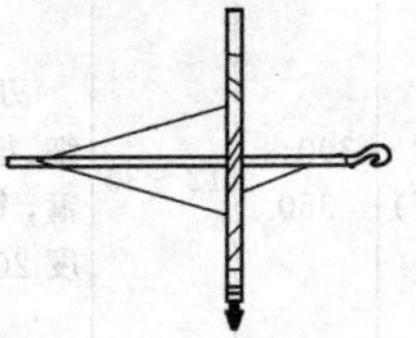	3～6	上节为握把，可自由转动，下端有卡头，装钻头用拉杆牵拉使钻头旋转	一般家具上钻小孔，或在硬木上上木螺钉前预先钻孔

续表

名　称	简　　图	钻孔直径/mm	特征	用途
陀螺钻	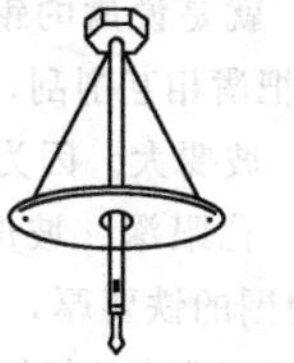	3～8	利用钻陀的惯性作用，使用较为方便	一般家具上钻小孔，或在硬木上上木螺钉前预先钻孔
螺纹钻	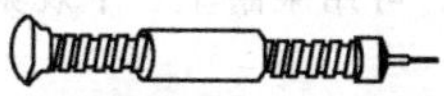	3～6	上下移动钻套，使钻身沿螺纹方向转动	适用于钻小孔，携带方便
弓摇钻（弓形钻）	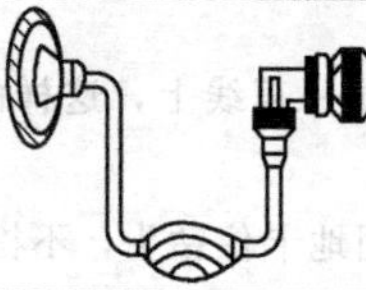	6～20	摇动手把即可钻眼，钻头拆卸方便	适用于钻木料上的孔眼
麻花钻（螺旋钻）	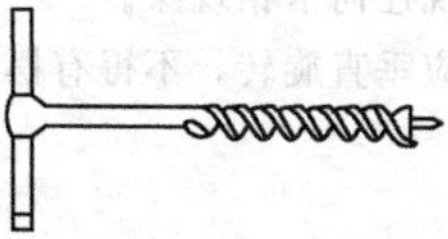	8～50	全长 500～600mm，钻的上部有横柄	木件上钻圆孔，如钻木屋架、悬臂檩条安装螺栓孔
手摇钻	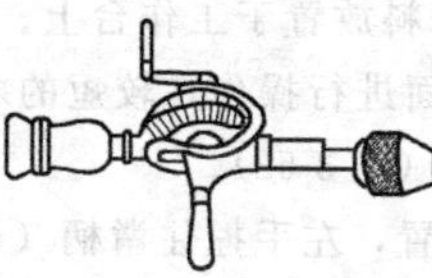	6～20	用手或肩胛按住上端，摇动手柄钻眼	适用于钻木料上的孔眼，使用方便省力

（3）锤的种类

锤也称榔头，木工操作中常采用羊角锤、平头锤、扁头小锤和钉冲子，如图 3-51 所示。

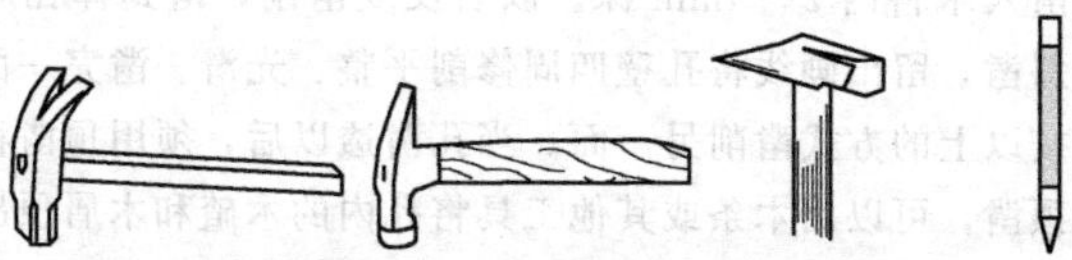

(a) 羊角锤　(b) 平头锤　(c) 扁头小锤　(d) 钉冲子

图 3-51　羊角锤、平头锤、扁头小锤和钉冲子

3.5.2 手工制孔工具选择

(1) 凿的选择

在选择凿时，应掌握以下几点。

① 钢宜软。通常说硬刨子、软凿子，就是说凿的钢宜软，同时要有韧性，这样使用起来不易崩刃。选择时，可用几把凿相互削刮，挑选钢硬度低的使用。

② 装木把的孔眼要正面深、铁要厚、坡要大。因为孔眼正才能安直木把，使凿刃和木把的轴线重合，不产生偏心；孔眼深、坡度大，不但便于安装木把，而且结实，不易脱落和松动；孔眼周围的铁要厚，才不容易变形和损坏。

③ 凿要刃大身小。即凿刃口宽度必须大于凿身的任何部分，以免使用时夹凿。

④ 凿身要周正、平直。挑选凿时，可用眼睛上、下观察，凿身周正平直者受力均匀，方便使用。

(2) 钻的选择

选择钻类工具时应注意以下几点。

① 用肉眼检查，钻尖和钻身必须在同一直线上，这样的钻不仅钻出的孔直，而且用起来轻快。

② 钻的卡头要松紧灵活，而且能牢固地卡住钻头，不松脱。

③ 转动部分要灵活自如，不得出现任何卡钻现象。

④ 装上钻头后做转动检查，钻头应垂直旋转，不得有摆动现象。

3.5.3 制孔工具的使用方法

(1) 凿的操作

凿眼前，先将已画好榫眼墨线的木料放置于工作台上。木料工件长度在400mm以上的，左臀部可坐在它的上面进行操作，较短的木料，将其垫平，用木板压上坐牢，或扎牢后，才可操作（图3-52）。

凿眼时，把木料凿孔的一面向上放置，左手捏住凿柄（刃口向内），在靠近孔侧内离画线约2mm处，将凿的斜口一面朝外并垂直拿稳，从榫孔的近端逐渐向远端凿削，先从榫孔后部下凿，右手将斧背用力敲击凿的柄端（图3-53），待凿子切入木料内2～5mm时，拔起凿子，向前逐步移动，继续敲凿，把直纤维凿断，然后将木屑挑出。凿到近孔对面平行线内2mm处，将凿斜面朝里，再垂直凿入木料内2～5mm深。以后反复凿削，凿到榫孔后，再换用锋利的凿子或斜凿，留出画线将孔壁四周修削平整、光滑。凿完一面之后，将木料翻过来，按以上的方式凿削另一面。当孔凿透以后，须用顶凿将木碴顶出来。如果没有顶凿，可以用木条或其他工具将孔内的木碴和木屑顶出来。

(2) 钻的使用

① 木工钻。钻头对准孔的中心，用力压拧；当钻到孔深的一半时，从反

图 3-52　凿的操作

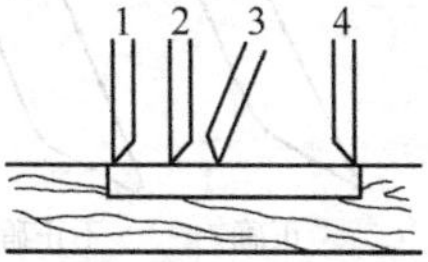

图 3-53　凿眼操作

面钻通。钻杆与木料面垂直，压拧方向为顺时针。

② 弓摇钻。左手握住顶木，右手将钻头对准孔中心，然后左手用力压顶木，右手摇动摇把，按顺时针方向旋转，钻头即钻入木料内。钻孔时，要使钻头与木料面垂直，不要左右摆，防止折断钻头。钻透后将倒顺器反向拧紧，摇把按逆时针方向旋转，钻头即退出。

③ 牵钻。左手握握把，钻头对准孔中心，右手水平推拉拉杆，使钻杆旋转，钻头即钻入木料内。钻孔时，要保持钻杆与木料面垂直，不得倾斜。

④ 螺旋钻。先在木料正面画出孔的中心，然后将钻头对准孔中心，两手紧握把手稍加压力向前扭拧；当钻到孔的一半时，再从反面钻通。钻孔时，要使钻杆与木料面垂直。斜向钻孔要把握钻杆的角度。

（3）锤的使用方法

①“要想钉不弯，锤顶不偏斜”。要将钉子顺直地钉入木材内，操作时锤顶应与钉子的轴线方向垂直，不要偏斜，否则易将钉子打弯。

②“用锤使巧劲，先轻后用劲”。为了使钉子顺利钉入木材中，开头几锤应轻敲，使钉子保持顺直进入木材内一定深度，后面几锤可稍用劲，将钉子顺利钉入木材内，这样可避免钉身弯曲。

③“钉硬木，先钻穴，钉子不弯木不裂”。在硬杂木上钉钉子时，应先按钉子规格在木材上钻一个小孔，将钉子由孔内打入，可防止将钉子打弯或将钉子、木材钉劈裂。

（4）凿的修理

凿长时间使用，刃口就会变钝，严重时会出现缺口或断裂。用钝以及未开刃口的凿，须先在砂轮机或油石上粗磨，然后在细磨石上磨锐。其研磨方法与刨刃的研磨大致相同。由于凿窄，不可在磨石中间研磨，以防磨石中间出现凹沟现象。新凿在使用前要必须注意以下几点。

① 磨凿刃时，来回的角度要一致，使凿刃斜面平整，不得磨成圆弧形，如图 3-54(a) 所示。

② 凿刃的正面，应将刃口磨成直线，这样不仅晃凿方便，而且操作时不

易跑线，切忌磨成凸形，如图 3-54(b) 所示。

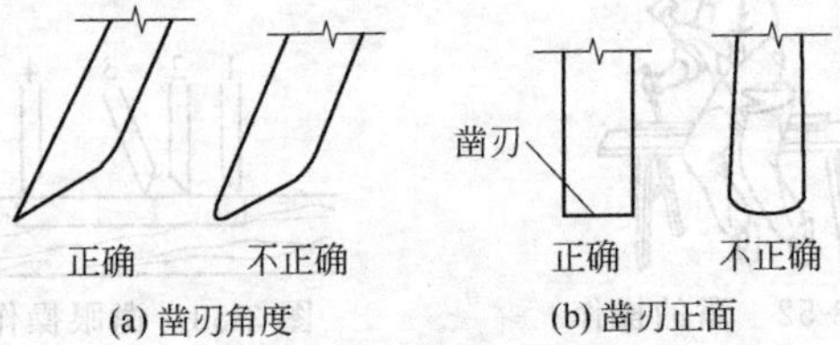

图 3-54 凿刃的修理

3.5.4 制孔工具的安全操作

（1）钻的安全操作

① 钻眼，应先将钻尖插入工件预钻孔位置进行定位，再开动钻头钻进，这样可以防止钻头跳动打错眼位。

② 钻大孔，先按照钻眼的方法钻一小孔，以小孔作为定位孔扩钻大孔，这样同样可以防止钻头跳动产生孔位偏离。

③ 钻透孔，工件下先垫一木块，防止钻头触地，或钻上其他工件，然后按照钻眼的方法钻透孔。

④ 操作时，右手握住钻的手柄，左手握紧工件（小工件），手应离预钻孔位置有一定间距，防止钻头伤手。

⑤ 钻孔完成后，关闭钻的电源，放置在安全位置。

（2）凿的安全操作

①“锤要打准、打平，凿要扶直、扶正”。所谓打准，就是要打正，将锤的中心打在凿把的中心点上，否则易把手打伤；所谓打平，就是锤头与凿把的接触面要平，不能歪斜，才能受力均匀，也不会把凿把打坏。所谓扶直，就是扶凿时凿身与凿眼面基本垂直；所谓扶正，就是将凿刃对准凿眼，不要错位，防止误伤脚部。

② 凿眼时，凿柄不能左右晃动，以免挤伤凿眼。

③ 右手每击一到两锤，左手要将凿柄前后摇晃，所谓“一楔晃三晃”，如果只打不晃，越打越深，凿就会夹在眼中，不易拔出，同时易挤伤榫眼。

④ 凿用完后，不能随地乱放，以免损伤凿刃或扎伤脚。

（3）锤的安全操作

① 使用前，要检查锤是否松动。一般锤头和锤把处容易松动。松动的锤头，钉钉子时容易将钉钉弯，而且锤头容易脱落伤人。可以在锤孔眼的木把中打入铁楔或钉子紧靠。

② 使用过程中，要注意防止锤把断裂：如果发生，要及时更换锤把。

3.6 手工砍削类工具

3.6.1 砍削工具的种类和使用方法

(1) 斧

斧是用来劈削木材和锤击物体的主要工具，木工常用斧刃部将多余的木料砍掉，它比锯和刨要快而且省力，但劈削面比较粗糙。用其顶部可敲击凿子或进行木制品的组装。斧子由斧头和锛把组成，用柞木、檀木等硬木作斧把，斧把的中心线应偏向斧顶一边。如图 3-55 所示。

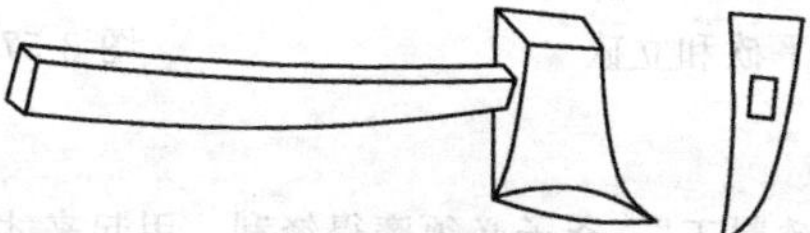

(a) 单刃斧

(b) 双刃斧

图 3-55　斧子

① 斧的操作方法。用斧砍削木料是效率较高的粗加工方法。砍的姿势有两种：一种是平砍（横砍）；另一种是立砍（竖砍）。

a. 平砍。适用于砍削较长的木料。砍削时，把木料平放在操作台上卡住，双手握住斧把，右手在前，左手在后，斧刃斜面向下，双手靠拢，从右向左顺着木纹砍削，以墨线为界，不要过线，也不要过多留线，如图 3-56(a) 所示。

留出刨削余量，如不需要刨光的木料，要在离开墨线 1～2mm 处落斧，从右向左顺着木纹方向砍削，如遇到逆纹或节疤时，可将木料调头，从另一端砍削，或将斧刃翻转向上，从左向右砍削，否则逆纹砍削将会出现木纹劈裂或将木节崩掉。

b. 立砍。适用于砍削较小、较短的木料。砍削时左手握木料左上部，将木料顺着木纤维方向直立在地面或工作台上，右手握斧把，以墨线为准，斧刃斜面向外，留出刨削余量，斜刀面向外，挥动小臂顺木纹由上向下砍削，直到合乎要求为止，如图 3-56(b) 所示。

c. 砍削。如果砍削木料较厚、较长，一下子砍削有困难时，可在木料边棱上每隔 100mm 左右的地方斜砍若干小缺口后，再顺纹进行砍削。这样，当斧刀口落在切口处，切口处木纤维就会形成木片自然落下。如果砍削过程中遇到逆纹或木节，应将木料调过头来，从另一端进行砍削；如若遇到坚硬较大的节子时，可用锯将节子锯掉，如图 3-57 所示。

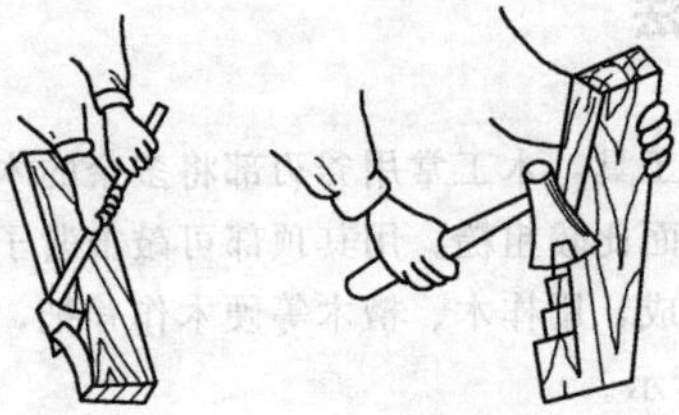

(a) 平砍　(b) 立砍

图 3-56　平砍和立砍

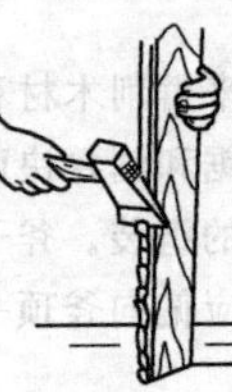

图 3-57　砍削方法

② 操作要点。

a. “磨斧不误砍料工”。斧子必须磨得锋利，用起来才得心应手，轻快准确，砍料速度快，省劲、省工。用钝的斧子，不仅操作费力，而且容易发生安全事故。

b. “辨木纹，砍顺槎”。砍料时一定要注意木材的纹理，从顺槎的方向下斧。

c. “一段一斧口，沿着墨线走”。如果木料砍去的部分较厚、较长，应沿墨线方向每隔 100～150mm 砍一斜口。下斧时斧刃不得砍着墨线。然后沿着墨线外侧砍劈，砍到缺口处，木屑就会自然脱落。如果在地面或案子上砍劈木料时，下面要加垫木板，以免砍伤斧子或木案。

③ 注意事项。

a. 落斧要准确，必须注视落斧的位置，手要把握落斧方向和用力的大小，应顺茬砍削。要求斧刃锋利，否则效率会降低。

b. 以墨线为准，留出刨光余量，不得砍到墨线以内。

c. 若被砍削的部分较厚，则必须隔 10cm 左右斜砍一斧，以便砍到切口时木片容易脱落掉。

d. 砍料遇到节子，若为短料应调头再砍；若为长料应从双面砍，若节子在板材中心时，应从节子中心向两边砍削。节子较大时，可将节子砍碎再左右砍削；如果节子坚硬，应锯掉而不宜硬砍。

e. 砍削软木不要用力过猛，要轻砍细削，以免将木料顺纹撕裂。

f. 在地面砍削时，木料底部应垫木块，以防砍在地面上损坏斧刃，砍圆木料时，应将木料稳固在木马架或枕槽上。

g. 斧把安装要牢固。砍削开始时用力要轻、稳，逐渐加力，方向和位置把握要准确。

(2) 锛

锛是用来砍削较大木料平面的工具，如图 3-58 所示。由锻铁锛头、硬木锛展、铁箍、硬木把和木楔组成。锛刃用锻钢制成，前刃平齐，木把用硬木做成，一般用于砍削较大木料的平面。

① 使用方法。用锛砍削时应将木料两端垫起，平放，固定在垫木上。左手在前，右手在后，握住锛把上半部，看清木料的顺茬后，站在木料的左侧，由木料的后端开始，等距离地断削，断到木料前端，然后左脚在前，右脚在后，在地面上站稳，踏在木料上，脚尖向右前，脚的内前侧脚掌略翘起，由木料的前端开始按已画好的线顺茬后锛削，如图 3-59 所示。锛是一种难以操作的工具，使用不当易于伤人，操作时应注意安全。

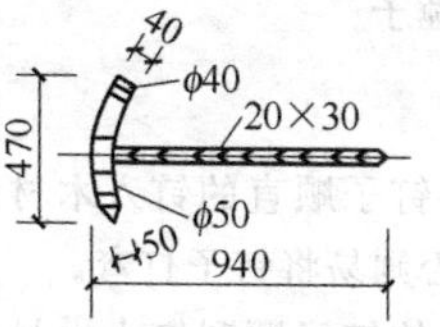

图 3-58　锛

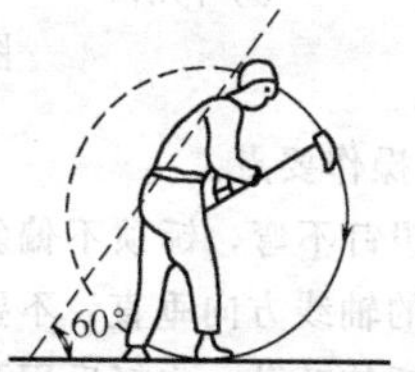

图 3-59　锛的使用方法

② 操作要点。

a. “左手不离怀，右手只管抬”。使用锛子时左手握住锛把尾端，曲肘靠近怀部，用力不能太猛，而用寸劲掌握准头，控制方向；右手把锛把 1/3 处(由尾端算起)，将锛提到一定高度用力压下。

b. “右脚在前左在后，两腿靠拢丁字步，往后退步左先走，右腿跟上倒牵牛”。即两腿靠拢，两脚掌成丁字形，两脚不要离开。

c. 下锛时，锛刃离脚越近越保险，离脚越远越危险：一般锛刃的位置最远不超过前脚 300mm。

d. “锛子上下砍，腰身不动弹”。不论举锛或下锛，身子不要随着锛子的上、下而摆动。正确的姿势是身子微微前俯，与地面成 60°～70°角，才能保证锛位准确，锛砍有力。当然，在锛大节子时，要稍微直腰，并将两手甩开，这时应特别注意安全。同时，应随时注意防止锛头被木屑碎片垫起而致砍伤脚背。

③ 注意事项。

a. 被砍削木料必须放置稳固。

b. 锛头的刃口必须锋利。

c. 锛刃砍进木料后，要将锛把稍加摇晃再另起锛。

d. 为防止木碴、木片垫着刃口而发生滑移伤脚，必须及时清除砍削面上的木碴、木片。

e. 操作有一定的危险性，要经训练熟练后方可使用。

(3) 锤

① 锤的分类。锤也称榔头，木工常用的有羊角锤和平头锤，如图 3-60 所示。羊角锤可敲击，又可拔钉。锤头重 0.25～0.75kg，柄长 300mm 左右，硬质木料锤把。钉钉子时以锤头平击钉帽，使钉子垂直钉入木料内，否则易把钉打弯。拔钉时，以羊角卡住钉帽向上撬，把钉拔起。

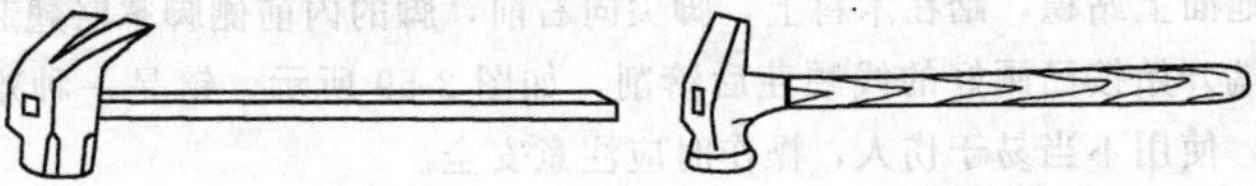

(a) 羊角锤　　(b) 平头锤

图 3-60　锤子

② 锤的操作要点。

a. “要想钉不弯，锤顶不偏斜”。要将钉子顺直的钉入木材内，操作时锤顶应与钉子的轴线方向垂直，不要偏斜，否则易将钉子打弯。

b. “用锤使巧劲，先轻后用劲”。为了使钉子顺利钉入木材中，开头几锤应轻敲，使钉子保持顺直进入木材内一定深度，后面几锤可稍用劲，将钉子顺利钉入木材内，这样可避免钉身弯曲。

c. “钉硬木，先钻穴，钉子不弯木不裂”。在硬杂木上钉钉子时，应先按钉子规格在木材上钻一小孔，将钉子由孔内打入，可防止将钉子打弯或将木材钉劈裂。

3.6.2 砍削工具的选择

在选择锤、斧、锛时应注意以下几点。

(1) 硬斧子，软凿子，不软不硬是锛子

就是说斧子的钢要硬，锛子的钢要软硬适度。钢硬的斧子不容易用钝，且砍料利索，吃料深。而锛子的钢太硬时，反而容易崩刃，故要求软硬适中。在挑选斧、锛时，可用刃口试削铁器，根据刮削时的难易程度来确定钢的软硬。

(2) 眼要正

不论是锤子还是斧、锛，安装把的孔眼必须周正，孔眼中的孔壁要平直，不凸不凹，孔眼两面、两端大小要一致，位置要适中，这样才能使把安得周正，结实牢靠。

(3) 斧面要平

斧面平整不仅便于研磨锋利，而且在使用时可避免夹斧。

(4) 外形光滑周正，斧锛刃口齐直

即外形光滑、精巧、匀称；锋刃加钢要匀，刃口要直。

3.6.3 砍削工具的修理

(1) 斧的修理

① 双面斧要磨两面，单面斧只磨有斜度的一面。研磨时，斧刃面必须磨平、磨直，不得有鼓肚。一般斧刃角度为 30°左右，并注意必须把中间的夹钢磨出来。

② 斧子磨好后，试砍木材，砍面光滑者证明斧子钢好，并已磨锋利；砍面有毛刺者，斧刃不够锋利。

③ 磨完后，砍劈木材，以不夹斧为合格。磨斧时要磨去斧刃两尖，以防伤人。

(2) 锛的修理

锛子修理时应注意以下几点。

① 磨锛刃。先将锛刃卸下，再进行研磨。因为锛刃是夹钢的，刃口上面磨一分，下面磨半分即可。

② 定弧度。自锛顶向锛把量 540mm 左右得到一点，再以此点为圆心，以 540mm 长的线绳画弧，即得锛头口弧度。最后再按锛刃眼的大小，刻出适合锛头的榫口，如图 3-61 所示。

③ 设“咽喉”。安装锛把时，一定要在孔眼中做一个暗榫，称为“咽喉”。孔眼应比锛把宽 12mm，暗榫设在孔眼内前边，高、宽各为 10mm，在锛把前凿与暗榫同等大小的孔眼，安装上锛把，并用木楔楔入加固。如图 3-62 所示。

④ 分长短。锛头的前部分一般比后部分短，前锛头离锛把的距离不宜大于 60mm。

(3) 锤的修理

① 锤头松动。一般多在锤头与锤把连接处松动。松动的锤头，钉钉子时容易将钉打弯，而且锤头易脱落而伤人。此时，可在锤孔眼的木把中打入铁楔或钉子背紧。

② 锤把断裂。先用冲子将断在锤头孔眼中的断锤把打出，然后按孔眼大小重新安装锤把。对锤把打入锤头孔眼中的部分，刨削时应上端略小，下端略大，以便能顺利打入孔眼中，并安装牢固。

3.6.4 砍削工具的安全操作

① 用斧前，应检查斧柄是否安装牢固，以免斧头飞脱伤及他人或操作者。

② 砍削时，工件下面要垫一木块，防止砍到地面，损伤斧刃，产生斧刃崩裂或卷刃。

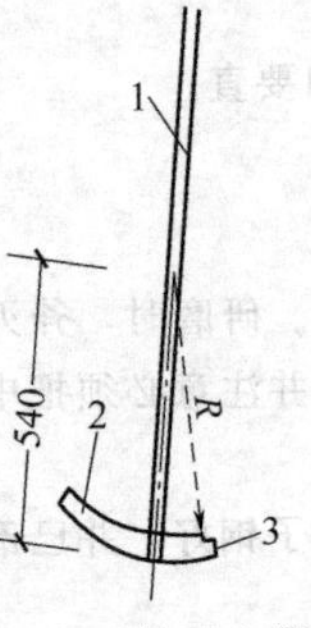

图 3-61 锛子大样
1—锛把；2—锛头；
3—锛刃

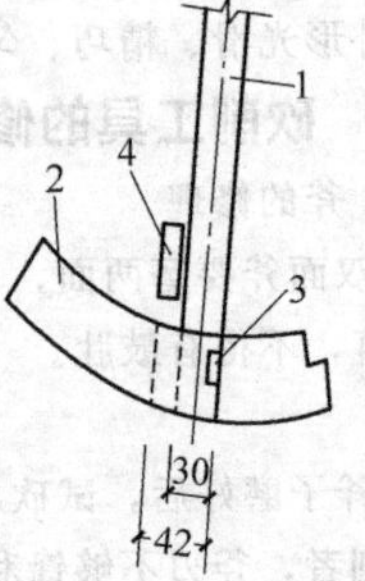

图 3-62 锛头做法
1—锛把；2—锛头；3—“咽喉”
10mm×10mm；4—木楔

③“一段一斧口，沿着墨线走”。砍削前应在工件上画线，左手扶稳工件，右手紧握斧柄，看准下斧路线，沉着冷静削砍。削砍时注意不要过线，以免工件报废。

④ 削砍时，不要让斧柄在手中随意滑动，以免手掌磨出血泡。

⑤ 工件较窄时，为防止斧刀伤及手指，可用木棍将工件扶稳砍削。

⑥“磨斧不误砍料工”。斧刃必须磨得锋利，用起来得心应手，轻快准确，砍削速度快，省劲、省力。用钝的斧子，不仅操作费力，而且容易发生安全事故。

3.7 手提电锯

手提电锯又称电力手锯，锯切操作方式有横断、纵开、斜角锯切、斜面锯切及口袋锯切等，其中以横断及纵开锯最常用。适用于锯切大面积的板材；最大的优点是能在已组装的工件上锯切。锯的规格以锯片的直径（200～333mm）表示，锯盘与圆锯及悬臂锯所用的锯盘相同；锯片旋转方向为由下而上，故工件之锯切应将正面朝下，因锯割处上面材料较易撕裂。适用于锯切工件面积大，不方便置于工作台锯切的材料。最大优点在于可对已组装的工件，进行锯切。锯切时，因锯片由下而上旋转，故工作物正面应朝下放置，上面锯切较易撕裂。浅切时，因材料与锯片接触面积大，阻力大，所需的推力亦较大，锯切速度较慢；反之深切时（穿透材料），阻力小，锯切速度快，木材应固定牢固，宜少用。

3.7.1 手提电锯的使用方法

（1）横断锯

① 在工作面以铅笔上画记切割线。

② 调整锯片高度，使高于工件约 3mm。

③ 将锯片对准切割线的外侧，气动开关后，双手握锯，紧抵工作物面并对准切割线进行锯切。

④ 正式锯切时，应放慢速度，若阻力大锯片转速减慢，应稍向后退，待全速转动时，再前进锯切。

(2) 纵开锯

操作方法步骤如横断锯，但长距离纵开时，如欲准确锯割，可在木材边缘加装纵割导板，若无导板，可在木材上夹一木条导引。

3.7.2 手提电锯的安全操作

① 检查锯片的角度及高度是否正确，调整螺钉是否旋紧。

② 锯切大工件时，应确实加强工作台的坚固。

③ 应待锯片全速转动后，轻轻截入工件，施力不能过大。

④ 纵开长料，若板的切开部有紧靠的情况影响锯切时，可打入楔木推开。

⑤ 锯割到最后快切断时，应注意掉落的工件或应固定避免掉落而造成伤害。

3.8 手提式电刨

电刨是由单相串励电动机经传动带驱动刨刀进行刨削作业的手持式电动工具，具有生产效率高，刨削表面平整、光滑等特点。广泛用于房屋建筑、住房装潢、木工车间、野外木工作业及车辆、船舶、桥梁施工等场合，进行各种木材的平面刨削、倒棱和裁口等作业。

3.8.1 分类

电刨有直接传动式和间接传动式两种结构。直接传动式是刨刀直接装在电动机输出轴上，间接传动式是电动机的输出轴通过尼龙带动驱动刀轴。电刨由电动机、刀腔结构、刨削深度调节机构、手柄、开关和不可重接插头等组成。电刨采用双重绝缘结构。电刨外壳、手柄用塑料注塑成一体，塑料外壳作为定子铁心的附加绝缘和转子铁心对地的附加绝缘构成双重绝缘。刀腔结构有上、下两层。其中，上层为排屑室，由电动机风扇的冷却风进行排屑。刨削深度调节机构由调节手柄、防松弹簧、前底板等组成，拧动调节手柄，使前底板上、下移动从而调节刨削深度。电动机输出轴带动尼龙传动带驱动刀轴上的刨刀进行刨削作业。电源线采用双心护套软电缆，与双柱橡胶插头形成一个整体构成不可重接插头。

3.8.2 电刨的使用方法

① 使用前应先检查电源电压是否符合铭牌上额定电压。

② 久置不用的电刨，使用前应先测量绕组与机壳之间的绝缘电阻，不得小于 7MΩ，否则应进行干燥处理。

③ 不能拉着电缆线拖动电刨，同时要防止电缆线擦破、割破和辗轧现象，避免造成人身和设备事故。

④ 刨削时应检查木材表面应无铁钉，以防刀片爆裂弹出伤人。

⑤ 垂直刨削时应戴好防护眼镜，防止木屑飞出损伤眼睛。

⑥ 必须定期检查电源插头、开关、碳刷、换向器；当碳刷磨损到一定程度时，须及时更换，否则会使电刷与换向器接触不良，引起环火损坏换向器，严重时会烧坏电枢。

⑦ 调换胶带、刀片等零件时，必须拔出电源插头。

⑧ 电刨使用后，应存放在干燥、清洁和没有腐蚀性气体的环境中。

第4章 木工常用机械设备

4.1 锯机

锯机是用来纵向或者横向锯割原木或者方材的加工机械。其种类很多，性能也有所不同，这里主要介绍带锯机、圆锯机和截锯机三种。

4.1.1 带锯机

以环状无端的带锯条为锯具，绕在两个锯轮上作单向连续的直线运动来锯切木材的锯机。带锯机是主要是用来对木材进行直线纵向锯剖的设备，它是一种可以把原木、板或者方材锯剖为成材的木工机械，如图 4-1 所示。

图 4-1 带锯机

(1) 带锯机的分类

带锯机按用途不同，可分为原木带锯机、再削带锯机和细木带锯机三种。按其组成不同，又可分为台式带锯机、跑车带锯机和细木带锯机。由于锯剖木材的大小和用途不同，所以带锯机还有大、中、小之分。细木带锯机主要用于锯割板、方材的直线、曲线以及30°～40°的斜面。广泛用于家具及木模等工艺加工。这类机床结构简单，大部分采用手工进料。在大批量生产条件下，可采用自动进料器或改装机械进料。

(2) 带锯机的构造

台式带锯机基本构造如图4-2所示，主要由锯身、锯轮、压轮、锯卡、刹车、锯台和导板等组成。

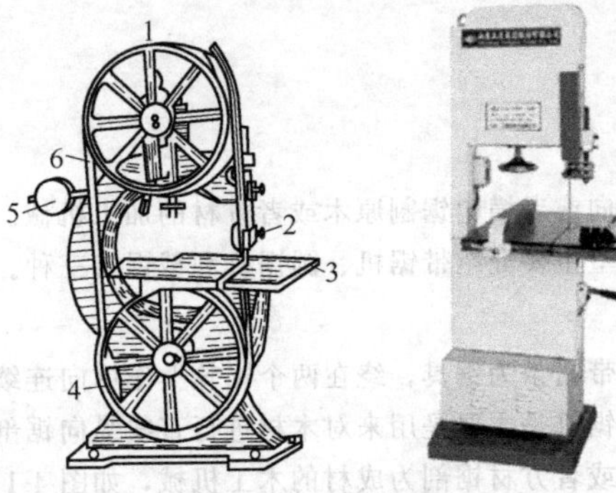

图4-2 台式带锯机

1—上锯轮；2—锯卡；3—锯台；4—下锯轮；5—压轮；6—锯条

(3) 带锯机的操作

① 套挂锯条时，首先转动手轮，使上锯轮下降，锯条挂的位置要一致。然后操纵升降系统，使锯条张紧力适当。张紧力大，运转平稳，锯材质量好，但锯条容易断裂；张紧力小，运转中容易左右摆动，影响锯材质量。看锯条张紧力是否适宜，一般是用手按一下平衡锤看其弹跳是否灵活、适度。

② 调整锯卡，以保证锯条正常运转。锯卡过紧，摩擦力大，锯条会发热膨胀，使张度减弱。锯卡过松，锯条会失去控制。以转动锯条能从锯卡中顺利通过而不左右晃动为宜。

③ 最后对活动导板或固定导板进行调整，每换一次锯条或修锉锯齿后，就需调对一次导板。导板的调对方法是将其靠近锯条或标准木方，以指针标尺与标准木方相等为准。

(4) 带锯机的使用

① 带锯机是高速运转锯割木材的机械，操作人员必须熟悉其机械性能和操作工艺，操作时要思想集中，有条不紊地进行作业。

② 操作前要检查机械各部件及安全装置是否良好，锯条有无伤痕、裂口

等现象，并同时注意检查木料上有无铁钉等硬杂物。

③ 随时观察锯机在运转中的锯条动向。如锯条突然发生前后窜动，发出破碎声，或有碰打刮刀的感觉时，应立即停车检查。

④ 操作过程应随时观察木料的缺陷。倒车或回料时不使木料撞碰锯条，并及时清除轮面和锯条上的锯末、树脂和锯座上的碎渣等，严防锯机在运转操作中掉条。

⑤ 操作时上手和下手行动要一致，紧密配合，将木料紧靠导板，根据构件规格种类、节疤程度等掌握送料速度，不要猛推硬拉。

⑥ 推拉木料时，手离锯条的距离不得少于50cm，更不能把手伸过锯条，以免锯条伤手。锯机在运转过程中，刮锯条及轮面上的锯末、树脂时，动作要准，刮刀不要碰着锯齿。换条时手要拿稳，防止锯条弹跳锯刃伤人。

⑦ 锯条一般不准退回，必须退回时，应先把导板拿走，再慢慢退回，以免刮掉锯条。

(5) 带锯机常见故障及排除方法

带锯机常见故障及排除方法见表4-1。

(6) 几种典型工件的锯割方法

① 曲线锯割法。锯条越窄，锯割的曲线半径越小。根据经验：12mm宽的锯条，可以锯割曲率半径约为70mm的曲线；25mm宽的锯条，可以锯割曲率半径约为250mm的曲线；35mm宽的锯条，可以锯割曲率半径约为450mm的曲线；50mm宽的锯条，可以锯割曲率半径约为800mm的曲线。用宽锯条锯割曲率半径小的曲线时，可先锯开几条放射状的锯口，然后按曲线锯割。

② 直内角锯割法。锯割直角形的转角时，可先在转角处钻一圆孔，然后按图的箭头方向进行锯割。转角余地大时可直接锯割。

③ 弯料锯割法。锯割弯料一般都采取画线锯割的方法。也可利用曲线靠模锯割，即将曲线模板上到锯比上，将被加工件靠着曲线模板送过去，就可锯出相应的曲线。材料的弯度大小与锯条的宽窄应配合适当。

④ 斜面锯割法。锯割斜面时，可将机床工作台面倾斜到所需的角度，也可不调整机床的台面，做一块有相应斜度的楔形木板固定到台面上，当工件沿着这块楔形木板送过去时，就锯出了所需要的斜面。

⑤ 锥形锯割法。锯割一头大一头小的工件时，常常采用靠模板的方法，就是将一块比被加工件稍长的木板先锯割成所要求的斜度，四面刨光，作为模板。模板不能太厚，小头保持在10mm左右，然后将模板的大头钉一木块作为挡头，锯割时将被加工件顶靠在模板上，面模板则贴紧在锯比上。模板应做两块，前后调换使用，以提高工作效率。

表 4-1 带锯机常见故障及排除方法

故障	可能产生的原因	排除方法
锯条经常折断	1. 锯轮外轮缘磨损不匀 2. 导引装置夹板磨损过大 3. 锯条厚度不匀 4. 锯条拉得太紧 5. 锯条过分挤压 6. 锯条焊接的宽度和厚度不匀	1. 检查磨损程度,磨平轮缘 2. 检查调整夹板,减小磨损 3. 将锯条焊接处调直 4. 将锯条放松,使其行程均匀 5. 张紧锯条,调整靠盘,消除对锯条的挤压力 6. 检查焊缝处,仔细修理平整
机体振动	1. 机座与基础结合,下支承架与机座结合等螺栓有松动现象 2. 锯轮静平衡达不到要求 3. 各部件结合面不严密 4. 轴承精度超差或经长期使用磨损 5. 上、下锯轮径向跳动,超过标准精度	1. 检查各处螺栓,并紧固 2. 将上、下锯轮进行静平衡试验,消除不平衡 3. 检查机身和机座结合面,下轮支承架与机座结合面接触是否良好 4. 检查轴承精度,更换合格轴承 5. 接触面涂色检查,并修整
锯条窜动	1. 锯轮外径圆锥度超过允许范围 2. 上轮和下轮安装精度达不到要求 3. 锯条整修不良	1. 精车或磨锯轮 2. 重新校正安装位置 3. 重新修整

4.1.2 圆锯机

(1) 圆锯机的分类

1777 年，荷兰人发明了圆锯机，以圆盘锯片方式锯割木材，圆锯机已有 200 多年的历史了。今天圆锯机已被广泛应用于原木、板材、方材的纵剖、横截、裁边、开槽等锯割加工工序。圆锯机结构比较简单，效率高，类型多，应用广，是木材机械加工最基本的设备之一。圆锯机主要用于纵向及横向锯剖木材，也可以配合带锯机锯割板、方材，是木工行业必不可少的设备之一。按照加工特征不同，圆锯机可分为纵剖圆锯机、横截圆锯机和万能圆锯机。按工艺用途不同，可分为锯解原木、再剖板材、裁边、截头等形式。而按照安装锯片数量不同，可分为单锯片、双锯片和多锯片圆锯机。

(2) 圆锯机的构造

MJ109型手动进料圆锯机，如图4-3所示，它由机架台面、锯片、锯比（也称导板）、电动机和防护罩等组成。

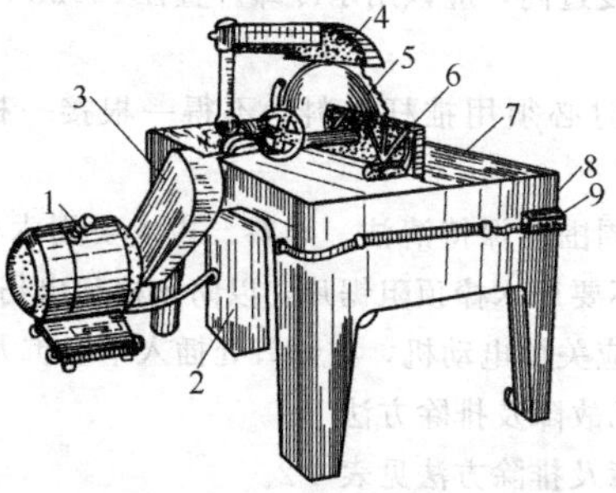

图4-3 MJ109型手动进料圆锯机

1—电动机；2—开关盒；3—带罩；4—防护罩；5—锯片；6—锯比；7—台面；8—机架；9—双联按钮

圆锯机所用圆锯片有普通平面圆锯片和刨锯片两种。普通平面圆锯片的两面是平直的，锯齿经过拨料，用来作纵向锯削和横向截断板方材及圆木，是广泛采用的一种锯片。刨锯片是从锯齿中心部位逐渐变薄，不用拨料，锯条表面有凸棱，对锯削面兼有刨光作用。圆锯片齿形与被锯木材的软硬、进料速度等有很大关系，应根据使用要求选用。一般圆锯片齿形分纵割齿和横割齿两种。

(3) 圆锯机使用注意事项

① 圆锯机在高速运转中，轴承和锯轴容易破损，必须经常检查和润滑。正常生产中每三周加黄油一次，换油时注意清除轴承箱内的杂质，以减少轴承的磨损。操作前应进行检查，锯片不得有裂口，锯片的安装应该保持和轴同心，螺钉应上紧。

② 锯片上方必须安装保险挡板和滴水装置，在锯片后方，离齿10～15mm处，必须安装弧形楔刀。

③ 操作时要戴防护眼镜，站在锯片一侧，禁止与锯片站在同一直线上，手臂不得跨越锯片。

④ 启动后，待运转正常方可进料，进料必须紧贴靠山，不得将木料左右摇摆或者抬高，不得用力过猛，遇硬节要慢推，待料出锯片15cm后才能接料，不得用手硬拉。

⑤ 锯料长度应不小于500mm，短窄料应用推棍，接料时使用刨钩，短于锯片半径的木料，禁止上锯。

⑥ 被锯木料厚度，以锯片能露出木料10～20mm为限，夹持锯片的法兰

盘直径应为锯片直径的1/4。

⑦ 如果锯片走偏，应该逐渐纠正，不得猛扳，以免损坏锯片。

⑧ 如果锯片温度过高，应该用水冷却。直径600mm以上的锯片，在操作过程中应喷水冷却。

⑨ 锯剖短木料时必须用推杆送料，不得一根接一根地送料，以防锯齿伤手。

⑩ 锯台、锯片周围要保持清洁，碎料、边皮要用木棒及时清理。停机后让锯片自行停止，不要用木棒顶阻锯片，以防木棒弹出伤人。

⑪ 木料夹锯时应关掉电动机，在锯口处插入木楔扩大锯路再锯。

(4) 圆锯机常见故障及排除方法

圆锯机常见故障及排除方法见表4-2。

表4-2 圆锯机常见故障及排除方法

故障现象	可能产生的原因	排除方法
锯截时锯缝太宽	锯片端面有摇摆	必须磨锯片端面并用千分表检验
工作时锯片发热	锯齿已钝或锯片体的预应力不均	前者刃磨锯齿,后者另作预应力处理
锯末堵塞了锯齿	齿槽有锐角	消除齿槽内的锐角
锯齿易钝,齿尖易崩裂	齿顶尖不在同一圆周上	刃磨齿形
锯盘上靠近齿槽有裂缝	齿槽不够大	为防止裂缝继续蔓延,在裂缝末钻1.5~2mm孔

4.1.3 截锯机

(1) 截锯机的分类

横截圆锯机对毛料进行横向截断。截断圆木、板方材、边材等可用吊截锯机。小规格木料的截料可用自制的手推截锯。横截圆锯机有单锯片和多锯片，手动进给和机动进给，工件进给和刀架进给，刀架作圆弧或作直线进给等多种类型。其结构在很大程度上取决于工件的尺寸和对机床生产率、自动化程度等方面的要求。加工批量小、工件尺寸小而轻的毛料，可采用手动进给；加工批量大时则应考虑采用机械进给；而对批量不大的笨重毛料，可采用工件固定，由刀架实现进给运动；但如批量很大则应考虑采用具有专门输送带进给的多锯片截断锯等。

(2) 截锯机的构造

常用吊截锯机有M1256型，主要由机座、机架、锯片、电动机、防护罩、平衡锤和手把等组成，如图4-4所示。

(3) 截锯机的操作方法

① 操作前应先检查设备，校正锯片，使其保持垂直，拧紧螺母，固定好防护罩。

② 操作时将木料放在锯台上，紧靠导板，对好长度，用左手按住木料，右手拉动手把，待锯片运转正常时即可截断木料；锯毕放手，使锯片靠平衡锤的作用恢复原位。

③ 操作时要注意人站在锯片的侧面，按料时手必须离锯片 30cm 以上，进料要慢、要稳。遇到卡锯时应立即停锯退出锯片，然后再缓慢地进行锯截。短于 30cm 的木料不得用截锯机来截断。

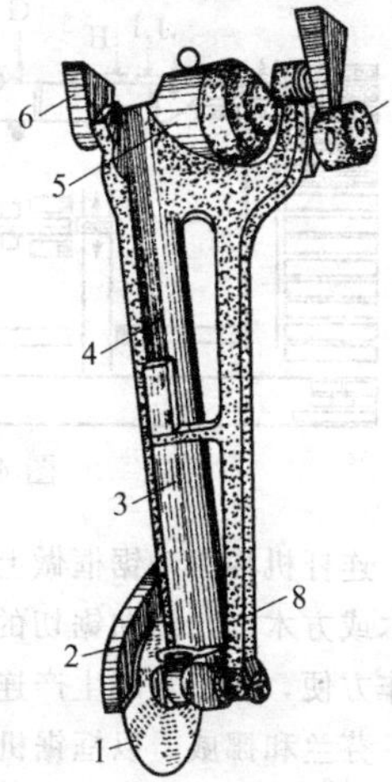

图 4-4 M1256 型吊截锯机
1—锯片；2,3—防护罩；4—机架；5—电动机；6—机座；7—平衡锤；8—手把

4.1.4 锯板机

随着加工工艺技术的进步，人造板作为加工基材大量应用，尤其是板式家具生产技术的迅速发展，传统的通用型圆锯机无论是加工精度、结构形式以及生产效率等都已不能满足生产的要求。因此，各式专门用于板材下料的圆锯机、锯板机获得了迅速的发展。从生产率较低的手工进给或机械进给的中小型锯板机，到生产率和自动化程度均很高的、带有数字程序控制器或由微机优化，并配以自动装卸料机构的各种大型纵横锯板系统，机床品种、规格繁多，设计、制造在不断进步。但不论是哪种形式的锯板机，其主要用途都是将大幅面的板材（基材）锯切成符合一定尺寸规格及精度要求的各种板件。这些大幅面的基材表面可以未经装饰，也可经过装饰。通常要求经锯板机锯切后，获得的规格板件要尺寸准确，锯切表面平整、光洁，不需要进一步的精加工就可进入后续工序（如封边、钻孔等）。图 4-5 所示为典型板件生产线工艺布置图。其生产能力和自动化程度均较高，图中 A、B 两部分即构成了一个完整的自动纵横锯板系统，从自动装料、进给、纵横锯切直至自动堆垛送出，都可以自动完成。我国国家标准 GB/T 12448—2010《木工机床型号编制方法》中在锯机类中专设一组作为锯板机，其中按结构特点不同其分为带移动工作台的锯板机（MJ61）、锯片往复运动的锯板机（MJ62）和立式锯板机（MJ63）。这几个系列的锯板机也是目前家具生产工艺中最常用的形式。此外，还有多锯片纵横锯板机。

4.1.5 排（框）锯机

框锯机又称排锯机、闯锯机，是将多根锯条张紧在锯框上，由曲柄（或曲

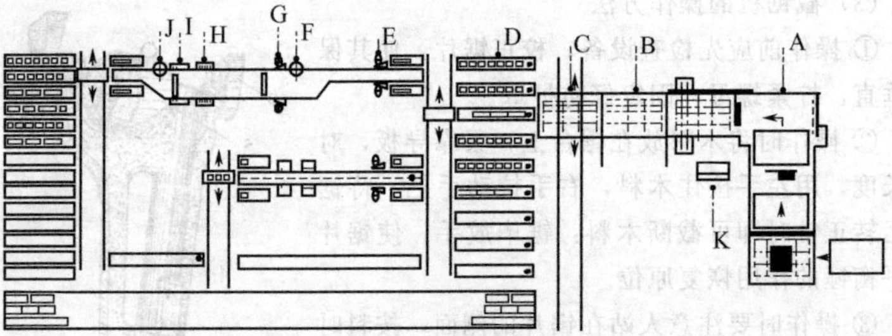

图 4-5 板件生产线工艺布置图

轴）连杆机构驱动锯框做上下或左右的往复运动，使装在锯框上的多根锯条对原木或方木进行纵向锯切的机械。框锯最早出现在欧洲，由于生产工艺简单、操作方便，便于实现生产连续化、自动化，而被广泛地应用，特别在北欧的瑞典、芬兰和挪威，以框锯机为主锯机的制材占有相当大的比例，在前苏联及东欧的波兰和捷克等国家也一直是以框锯机为制材工业的主力设备。20 世纪 70 年代以后，瑞典、芬兰等国家对传统框锯机进行了一系列的技术改造，如提高主轴转速，增大进给速度，增加锯框的行程，采用液压锯条张紧和无级变速，提高框锯及其辅助作业的自动化程度等，使框锯机的加工精度、生产效率和成材出材率都有了很大的提高。

(1) 特点

与带锯和圆锯相比，框锯有以下几方面优点。

① 在锯切的范围内，可按加工板厚度要求安装多根锯条，一次可以锯剖多块不同厚度的板材。

② 锯条张紧状态好，锯材精度高，表面质量好。

③ 因为避免了多次定位、夹紧、侧向进给等操作程序，缩短了辅助时间，无空行程，故生产效率高。

④ 框锯机制材劳动强度低、安全性能好，对操作人员的技术水平要求不高。

⑤ 生产工艺简单、占地面积小，节省投资费用。

框锯机的缺点是不能根据木材缺陷情况合理下锯，成品板材出材率低于同等条件下带锯机的出材率，对原木的质量要求高，锯割前要对被加工材进行分级和质量分选。锯框的往复运动产生巨大的惯性和振动，增大了磨损，限制了切削速度的提高，因此生产效率也受到一定的限制。

(2) 分类

按锯框的运动方向不同，可分为立式和卧式两类。锯框成垂直方向运动的称为立式框锯机，水平方向运动的称为卧式框锯机。立式框锯机按结构形式不同，又可分为双层和单层两种。按进给方式不同，分为连续进给和间歇进给两种。按加工工艺不同，分为通用和专用两种。薄锯条小型框锯机就是一种锯割薄板的专用框锯机。

4.2 刨床

在木材加工工艺中，木工刨床用于将毛料加工成具有精确尺寸和截面形状的工件，并保证工件表面具有一定的粗糙度。这类机床绝大部分是采用纵端向铣削方式进行加工，只有少数采用刨削方式进行加工。前者也可称为纵向铣床。根据不同的工艺用途，刨床可分为：平刨床、压刨床、四面刨床和精光刨床等。平刨床又分为手工进给平刨床和机械进给平刨床。手工进给平刨床只加工工件的一个表面，这类机床可以附加自动进料和边刨刀轴。机械进给（滚筒进给或履带进给）的平刨床可以是单轴的，也可以是双轴的。后者一般采用直角布局。在双轴刨床上同时刨切工件相邻的两个表面，并保证其夹角精度（通常是直角）。下面就其中几种主要形式作以简要介绍。

4.2.1 平刨床

（1）用途和加工特点

平刨床是将毛料的被加工表面加工成平面，使被加工表面成为后续工序所要求的加工和测量基准面。也可以加工与基准面相邻的一个表面，使其与基准面成一定的角度，加工时相邻表面可以作为辅助基准面。所以平刨床的加工特点是被加工平面与加工基准面重合。

（2）平刨床的分类

平刨床的主参数是最大加工宽度，即工作台的宽度尺寸。目前使用的平刨床中，手工进给的平刨床占绝大多数。按平刨床工作台宽度尺寸可以将其分为以下几种类型。

轻型，工作台宽度在200～400mm之间。

中型，工作台宽度在500～700mm之间。

重型，工作台宽度在800～1000mm之间。

（3）平刨床的结构组成

平刨机的型号很多，但结构原理基本相同，图4-6所示为平刨的示意图，它由机身、台面（工作台）、刀轴、刨刀、导板和电动机等组成。

（4）平刨的操作

① 操作前，先要进行工作台的调整。平刨有前、后两个台面，刨削时后台面的高度应与刀旋转的高度一致。

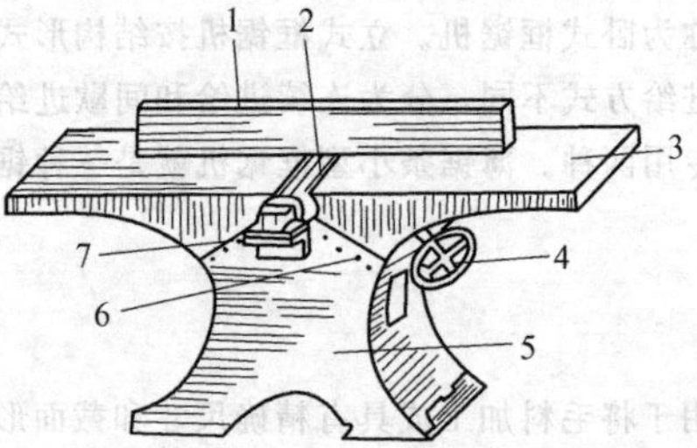

图 4-6 平刨

1—导板；2—刀轴；3—台面；4—手轮；5—机身；6—轨道；7—轴承座

② 操作前，应全面检查机械各部件及安全装置是否有松动或失灵现象，如发现问题，应修理后使用。

③ 检查刨刃锋利程度，刨刀要锋利，钝的刨刀不但刨削效率不高，而且刨到节子或戗槎处木料常被拨退跳动，手指容易被刨伤。调整刨刃吃刀深度，吃刀深度一般调整为 1～2mm，经试车 1～3min，检查机械各部分运转正常后，才能正式操作。

④ 对所刨木料应仔细维护。清除料面上砂灰和钉子，对有严重缺陷的木料应挑出。刨刀安装要用螺栓拧紧固定。

⑤ 操作时，人要站在工作台的左侧中间，左脚在前，右脚在后，左手压住木料，右手均匀推进，不可猛力推拉，切勿用手指按木料侧面以防刨伤手指。当右于离刨口 150mm 时即应脱离料面，靠左手用推棒推送。

⑥ 刨削时，要先刨大面，作为基准面，然后再刨小面。刨小面时，左手既要推压木料，又要使大面紧靠导板，右手在后稳妥推送。当木料快刨完时，要使木料平稳地推刨过去；木料退回时，不要使木料碰到刨刃。

⑦ 木质比较坚硬或木节、戗槎、纹理不顺，在刨削中木料容易跳动，手指容易滑向刨刃，推送速度要放慢，思想要集中。

⑧ 刨较短、较薄的木料时，应用推板推压木料；长度不足 400mm 或薄且窄的小料，不得上手压刨。

⑨ 两人同时操作时，要互相配合，送料要稳准，下手台后接料要慢拉，木料过刨刃 300mm 后，下手方可接托。料进出要始终紧靠导板，不要偏斜。

⑩ 操作人员衣袖要扎紧，不得戴手套。

4.2.2 单面压刨床

（1）用途与分类

单面压刨床用于将方材和板材刨切为一定的厚度，其外形如图 4-7 所示。压刨床的加工特点是被加工平面

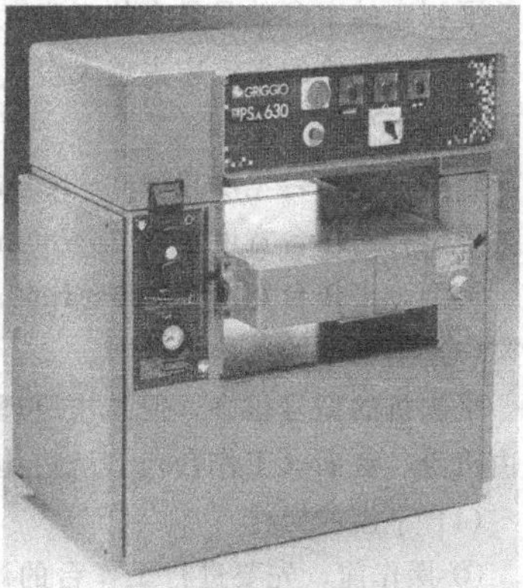

图 4-7 单面压刨床外形图

是加工基准面的相对面。按照加工宽度不同可以将压刨床分为：窄型压刨，其加工宽度为250～350mm，主要用于小规格的木制品零件的加工；中型压刨，其加工宽度为400～700mm，常用于各种木制品生产工艺；宽型压刨，其加工宽度在800～1200mm之间，主要用于加工板材或框形零件。特宽型压刨的加工宽度可达1800mm，主要用于大规格板件的表面平整加工。窄型单面压刨床结构简单，价格便宜，生产率较低，因此只适应于小型企业、小批量加工中使用；中型压刨床用于加工各种中等宽度的工件，适用于中小批量的加工；宽型和特宽型专用压刨床适用于专门化的大批量生产。

(2) 结构组成和工作原理

单面压刨床由切削机构、工作台和工作台升降机构、压紧装置、进给机构、传动机构、床身和操纵机构等组成。

① 切削机构　刀轴的长度和机床工作台宽度相适应，一般为300～1800mm。工作台宽度在600mm以下时，刀轴直径为80～130mm；工作台宽度在1200mm时，刀轴直径为160mm；对更宽的压刨床，刀轴直径为180～200mm，刀轴上装刀数量一般为2～6片。绝大多数机床采用圆柱形刀轴。刀轴转速一般为3000～7500r/min。

② 工作台　机床工作台宽度是机床主要参数之一。长度一般在800～1400mm之间。工作台一般为整体铸铁件，沿长度方向两侧有挡边，挡边在相对刀轴和前后进给滚筒的地方留有缺口，以利于刀轴和进给滚筒能够尽可能地靠拢工作台。在工作台上开有两个长方形孔，以便安装下滚筒并使其凸出台面。为了适应不同厚度工件的加工，工作台设有垂直升降机构，可以沿一对或两对垂直导轨做升降调节。工作台升降可以采用丝杠螺母机构，也可以采用移动楔块式机构，后者能保证较高的移动精度，一般用在重型或新式的中型压刨床上。

③ 压紧装置　按压紧器的加压方式不同，前压紧器可以分为重荷式和弹簧式两种；按压紧器唇口的结构不同，又可以分为整体式和分段式两种。后压紧器用于对工件已加工表面的压紧，防止工件跳动。因后压紧器压向工件时，工件已具有较均匀的厚度，所以后压紧器一般均采用整体式，并由弹簧来调节对工件的压紧力。

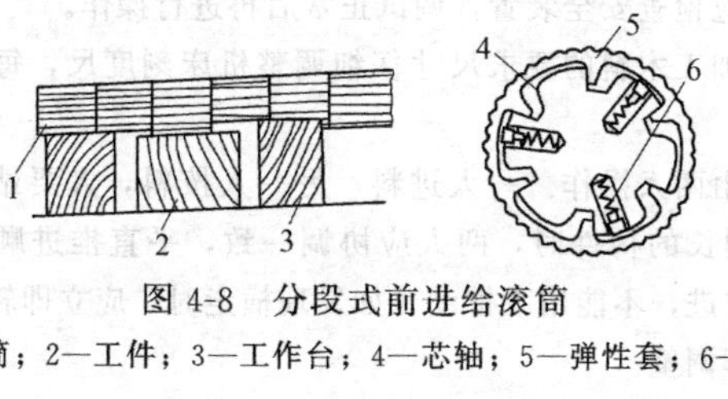

图4-8　分段式前进给滚筒

1—滚筒；2—工件；3—工作台；4—芯轴；5—弹性套；6—弹簧

④ 进给机构　压刨床的进给机构一般采用2～4个进给滚筒。它们被安置在刀轴的前后，前进给滚筒带有网纹或沟槽（图4-8），后进给滚筒为光滑或包覆橡胶的圆柱体，前后进给滚筒间距一般为：窄型200mm，中型400mm，宽型500mm。前后进给滚筒的中心距决定了压刨床可加工工件的最小长度尺寸。进给滚筒的直径一般为80～150mm，滚筒对木材的牵引力由进给滚筒上弹簧的压紧而产生。前进给滚筒分为整体式和分段式两种。整体进给滚筒最多只能同时进给两根工件，为了能同时进给具有一定厚度误差的两根以上的工件，提高机床生产率，在绝大多数机床上前进给滚筒均采用分段式。

4.2.3 双面刨床

（1）用途和分类

双面刨床主要用于同时对木材工件相对的两个平面进行加工。经双面刨床加工后的工件可以获得等厚的几何尺寸和两个相对的光整表面。被加工工件表面的平直度主要取决于双面刨本身的精度和上道工序的加工精度。双面刨床具有两根按上、下顺序排列的刀轴，按上、下排列的顺序不同，以将其分为先平后压（先下后上）和先压后平（先上后下）两种形式。由于机床结构和功能的限制，无论是哪一种排列方式，该类机床都不能代替平刨床进行基准平面加工，只能完成等厚尺寸和两个相对表面的加工。机床其他机构与单面压刨床基本相似。在某些设备较完善的双面刨床上，还带有刨刀的自动化或机械化刃磨装置。

（2）机床结构组成

图4-9（a）所示是MB206D双面刨床的外形图。其最大加工宽度是630mm，最大加工厚度是200mm，主要用于加工各种板材、方材，通过一次加工能够同时获得工件上下两个平面和两个平面之间的定厚尺寸，下水平刀轴可以升降调节，当其降到工作台面以下时机床就可以作为单面压刨床使用，目前生产中使用较多的双面刨床如图4-9(b) 所示。

床身是由铸铁制成的整体零件，床身内部合理地布置了两侧筋板和水平隔板，以保证床身加载后有足够的刚性。床身的上部设有排屑除尘用的排屑罩。

（3）压刨机使用

① 操作前应检查安全装置，调试正常后再进行操作。

② 应按照加工木料的要求尺寸仔细调整机床刻度尺，每次吃刀深度应不超过2mm。

③ 压刨机由两人操作。一人进料，另一人按料，人要站在机床左、右侧或稍后为宜。刨长的构件时，两人应协调一致，平直推进顺直拉送。刨短料时，可用木棒推进，不能用手推动。如发现横走时，应立即转动手轮，将工作台面降落或停车调整。

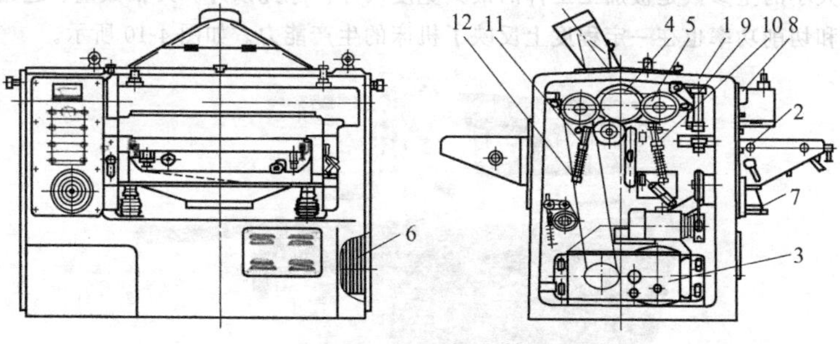

(a) MB206D 双面刨床

1—床身；2—工作台；3—减速箱；4—上水平刀轴；5—进给滚筒；
6—主轴电动机；7—工作台升降机构；8—电器控制装置；9—前进给机构；
10—前进给摆动机构等组成；11,12—进给滚筒压力调整机构

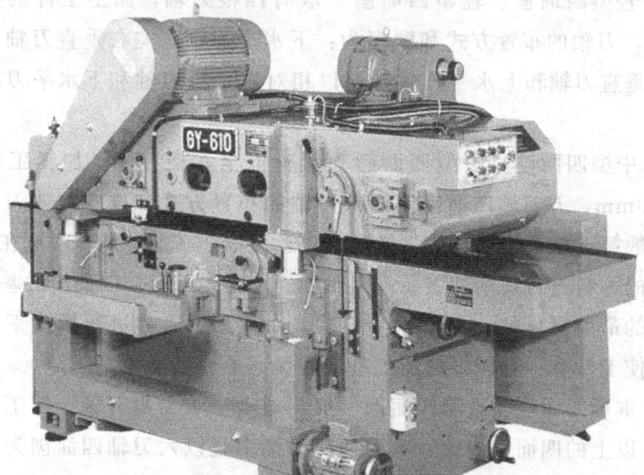

(b) 双面刨床外形图

图 4-9　双面刨床

④ 操作人员工作时，思想要集中，衣袖要扎紧，不得戴手套，以免发生事故。

4.2.4 四面刨床

(1) 分类

四面刨是以其生产能力、刀轴数量、进给速度，以及机床的切削加工功率进行分类的，一般可将四面刨分为轻型、中型和重型三种。衡量四面刨生产能

力大小的主参数是被加工工件的最大宽度尺寸。除此以外，刀轴数量、进给速度和切削功率也在一定程度上反映了机床的生产能力。如图 4-10 所示。

图 4-10 四面刨床

① 轻型四面刨。轻型四面刨一般有四根刀轴，加工工件的宽度为20～180mm，刀轴的布置方式和顺序为：下水平刀轴，左右垂直刀轴和上水平刀轴，左垂直刀轴和上水平刀轴，可以相对右垂直刀轴和下水平刀轴进行移动调整。

② 中型四面刨。中型四面刨一般有五至六根刀轴，加工工件的宽度为20～230mm，五刀轴四面刨前四根刀轴的布置方式和顺序与四刀轴四面刨相同，一般第五根刀轴用作成型铣削加工，可以 360°旋转调节，可在任意方向上对进给的木料进行切削加工。六刀轴四面刨是在五刀轴四面刨的基础上，在所有刀轴的最前面再加一个下水平刀轴，对被加工工件进行两次下水平面的加工，以使工件有一个较好的加工基准，保证了加工精度。

③ 重型四面刨。重型四面刨一般指有七至十二根刀轴，加工工件宽度为200mm 以上的四面刨。七、八刀轴四面刨多是以六刀轴四面刨为基础改进而成的，但最后两根刀轴的相对变化较多，其主要目的是加工高精度的基准面和成型面，一般情况是在六刀轴四面刨的最后端加一个旋转刀轴而成七刀轴四面刨，以两根可旋转调节的刀轴进行较复杂成型面的加工，或仍设置一个旋转刀轴，再加一个垂直刀轴，用第三根垂直刀轴做成型面加工。八刀轴四面刨一般的布置方式和顺序为两上两下三垂直和一个旋转刀轴，或两下两上两个垂直和两个旋转刀轴，用以加工较大尺寸的成型面或进行精确的截面形状尺寸加工。少数重型四面刨的最后端还装有刮刀箱或砂光辊，其目的同样是为了获得产品精确的尺寸和截面形状。

(2) 适合的加工工艺范围

轻型四面刨用于加工较短、刚度较好的方材，或厚度比小于 1/4 的板材。

在原料长度小于 1m 时，毛料可以直接经四面刨加工，也可以用于规格板材、方材的开槽、开榫加工。中型四面刨用于规则截面形状的方材或成型面的加工，五刀轴四面刨可以加工一个成型面，六刀轴四面刨主要用于精度要求较高的平面或成型面加工。六个刀轴中，最前端的两个下水平刀轴的两次加工，主要是为了提高定位基准精度。重型四面刨分两种情况：一种是加工简单截面形状，加工精度和表面粗糙度要求较低的长度尺寸较大的工件。这类工艺加工的进给速度很高（100～200m/min），加工用量大，机床的功率大，可以使原料经一次切削加工即达到要求，如车厢板等。另一种是加工高精度、表面光洁的复杂成型面的精确加工。此类加工的进给速度不高，但刀轴转速高（6000～9000r/min），加工用量不大。机床上有一个或两个刀轴可以360°旋转调节，有三四个刀轴是用于型面加工的，如线型、企口地板等。因为四面刨的调整工作量大，辅助工作时间长，四面刨选用原则和适合的工艺范围中，最值得重视的一点就是四面刨作为一种适合于大批量加工的机床，如果某种被加工工件的数量不够一定的批量，使用四面刨加工生产在经济上是不合理的。

4.3 木工铣床

铣床具有开榫、裁口、刨槽、起线等作用，也可以与开榫机交替使用，所以应用较广，一般木制品加工厂均配有此类机械，铣床属于万能设备的一种。在铣床上可以进行各种不同的加工，主要对零部件进行曲线外形、直线外形或平面铣削加工。采用专门的模具可以对零件进行外廓曲线、内封闭曲线轮廓的仿形铣削加工。此外，还可用作锯切、开榫加工。立式铣床种类很多，按进给方式不同，铣床可分为手动进给和机械进给；按主轴数目不同，可分为单轴和双轴铣床；按主轴布局不同，可分上轴铣床和下轴铣床、立式铣床和卧式铣床等。随着机械加工业和电子控制技术的不断发展，木工铣床的生产水平也相应得到了迅速提高。近年来相继出现的自动靠模铣床、数控镂铣机，为木制品的复杂加工提供了方便条件。铣床如图 4-11 和图 4-12 所示，它由机座、台面、稳轴、刀轴、导板、推车、防护罩和电动机等组成。

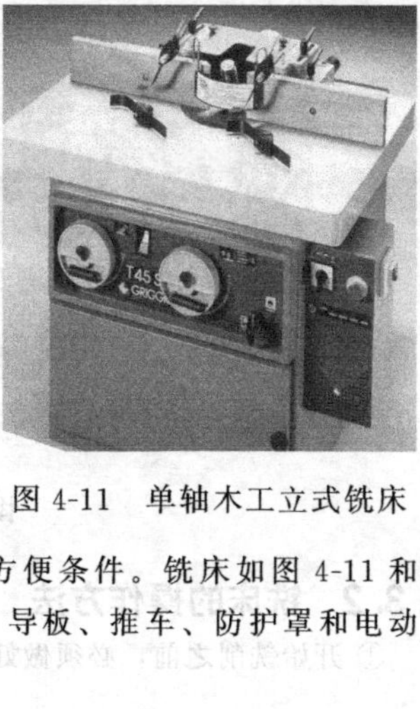

图 4-11 单轴木工立式铣床

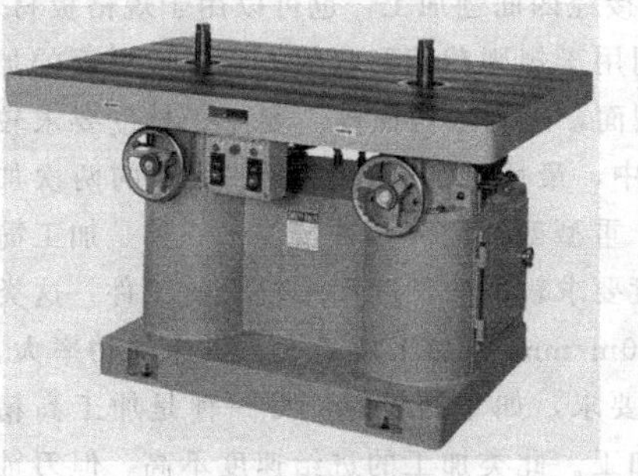

(a) 双轴木工立式铣床

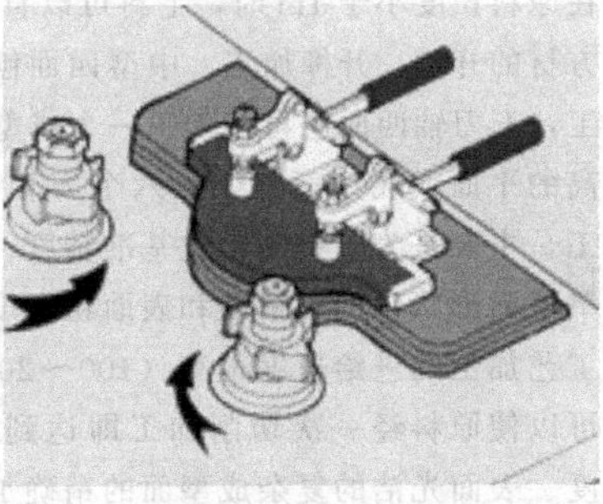

(b) 双轴木工立式铣床工作示意图

图 4-12 双轴木工立式铣床

4.3.1 双端铣

双端铣是一种多功能的生产设备，它可以用于人造板的双端精密裁板和铣边型加工，也可以用于实木零部件的端部锯切、端部铣型等加工，图 4-13 所示为豪迈集团公司生产的双端铣。双端铣每侧配有四个刀轴，可安装锯片，也可以安装铣刀。在人造板的裁板加工中，可以用其中的一个轴装上刻痕锯片，确保人造板不出现崩茬；在实木零件的加工中，一般用于方材毛料或方材净料的端部加工，如使用锯片加工时，可以获得较高的端部质量，若使用成型铣刀加工时，可以在实木零件的边部铣成型面。双端铣也广泛地应用在地板的开槽簧生产和实木门的双边齐边或铣型的加工。

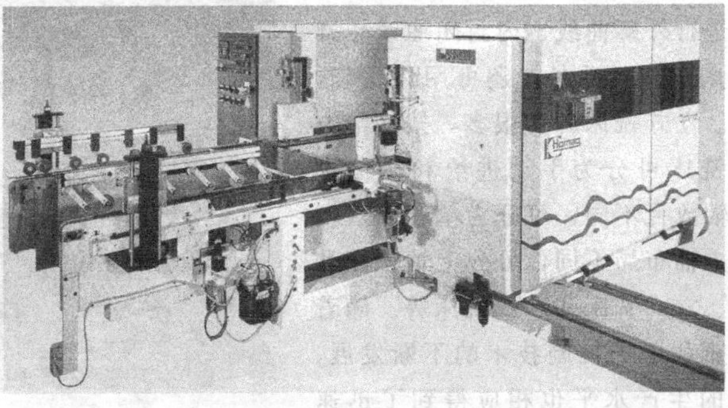

图 4-13 双端铣

4.3.2 铣床的操作方法

① 开始铣削之前，必须做好机械检查与工前准备工作，开启电动机，待

机床运转正常后方可进行铣削操作。

② 推进与接拉速度要均匀，不宜太快，要与铣刀回转速度相适应。遇节子时要减速。

③ 进行裁口、刨槽、起线作业时，依加工构件的口型、槽型、线型，选择铣刀。选用装配式铣刀时，把刀片安装在刀架上，再放在平台上用直角尺校对刀刃的齐整程度，将铣刀安装在刀轴上。

④ 进行裁口作业时，一般需两人操作，上手按住木料顺台面紧贴导板前推，在离刀口 20cm 时即放开；下手在木料过刀口 15cm 时，即可用手压紧木料，慢慢接拉。

⑤ 选用整体式铣刀时，可直接进行安装。铣刀与刀轴紧固之后，转动手轮，将铣刀调整到所需高度。把导板调整、装牢，盖好防护罩。操作时，开动电动机，待运转正常后，将构件顺着台面紧靠导板向前推进，左手在前按压构件，右手在后推进。

⑥ 加工较大的构件时，应由两人操作、推进，推拉都要密切配合，速度要均匀，不宜太快。遇到节疤，要放慢速度：构件加工到 200mm 左右时，可用木棒推送，防止伤手。等构件超过刀口 150mm 时，即可用手压住构件慢慢推拉。

⑦ 进行开榫作业时可将木料夹在推车上，推车前进即可将木料端头开出榫头。

4.4 开榫机

4.4.1 框榫开榫机

单面框榫开榫机以加工框榫为主，通常采用手工进料，少数配有机械进给，如输送带进给、油（汽）缸往复进给等。单面框榫开榫机还可以进行板件尺寸校准和截头等加工。双面框榫开榫机是两面同时加工榫头的机床。一般为通过式，采用输送带进给，大大提高了生产效率。

4.4.2 箱榫开榫机

箱榫开榫机按榫头形状不同，可分为直角箱榫开榫机和燕尾箱榫开榫机；按进给方式不同，可分为手工进料和机械进料开榫机；按主轴数目不同，可分为单轴和多轴开榫机。直角箱榫开榫机用于加工直角箱榫的板件，若装上指接铣刀亦可作短料纵向接长开榫之用。机械进料单面直角箱榫开榫机由床身、主轴、工作台、压紧器、对刀板及电气等部分组成。单面箱榫开榫机的技术参数见表 4-3。

表 4-3 单面箱榫开榫机的技术参数

技术参数	MX296	CL-132 手动	CLA-132 电动
工作最大宽度/mm	600	450	450
最大榫头长度/mm	40	38	38
加工件最大厚度/mm	120	120	120
开榫工作速度/(s/次)	30	5～75	5～750
工作台尺寸/mm	850×500	—	—
电动机功率/kW	5.5	3.7	3.7
升降电动机/kW	—	—	0.75
电动机转速/(r/min)	2900	3450	3450
机床外形尺寸(长×宽×高)/mm	1575×1060×1160	1380×1300×750	1530×1250×850
机床自重/kg	约 950	650	670

4.4.3 椭圆榫开榫机

(1) 概述

榫头加工时，必须根据榫头的形式合理选择榫头加工设备。目前生产中常见的榫头形式有指形榫和椭圆榫。其榫头的加工设备主要有铣齿机、双端铣、铣床、单端开榫机和双端开榫机等，现主要介绍椭圆榫的生产设备。

① 单端榫头机。椭圆榫的榫头加工简单，而且榫眼的加工也极其方便，不像直角和燕尾榫那样，不是榫头加工困难，就是榫眼加工困难。因此，椭圆榫被广泛地应用在现代实木家具生产中。单端榫头机加工的榫头形式如图 4-14 所示。

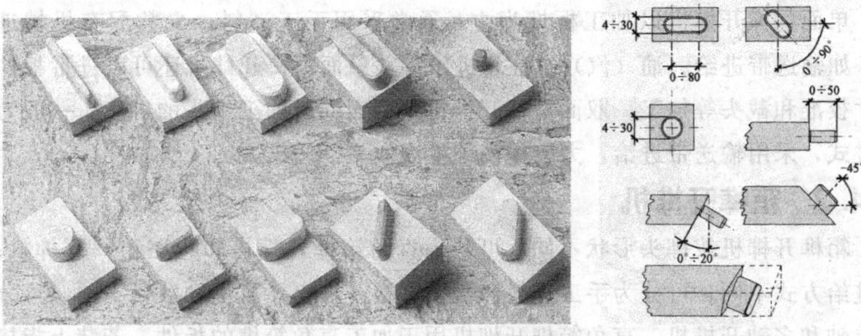

(a) 榫头形式　　(b) 榫头角度

图 4-14 单端榫头机加工的榫头形式及角度

图 4-15 所示为巴利维李公司生产的单端榫头机的基本形式，它可以同时

加工两个工件，榫头加工的组合铣刀首先对工件的端部进行精截，然后再进行开榫。铣刀的运动路线近似水平的“8”字，最后完成两个工件的榫头加工。图 4-16 所示为铣刀的运动路线。

② 双端榫头机。双端榫头机及其加工的榫头形式如图 4-17 所示。

③ 椭圆榫专用榫眼机。如图 4-18 所示为巴利维李公司生产的单头双台椭圆榫榫眼机，该机可以加工各类零部件的椭圆榫榫眼。由于工作台可以倾斜一定的角度，因此加工的榫眼可以是水平的，也可以具有一定角度，

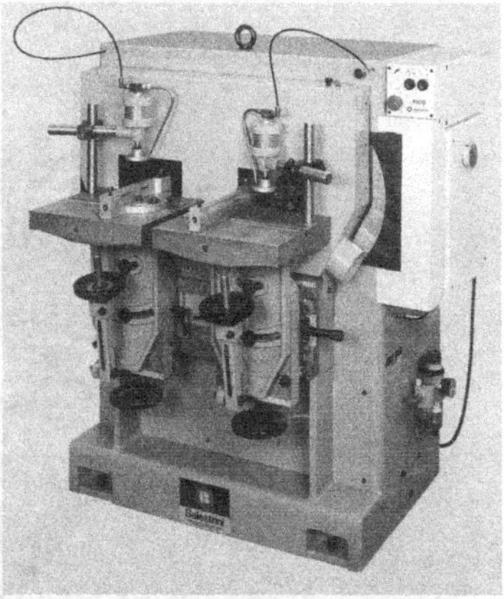

图 4-15　单端榫头机

榫眼机的铣刀轴转速可达 9000r/min，因此可以确保较高的加工精度。图 4-19 所示为该机加工榫眼的形式。

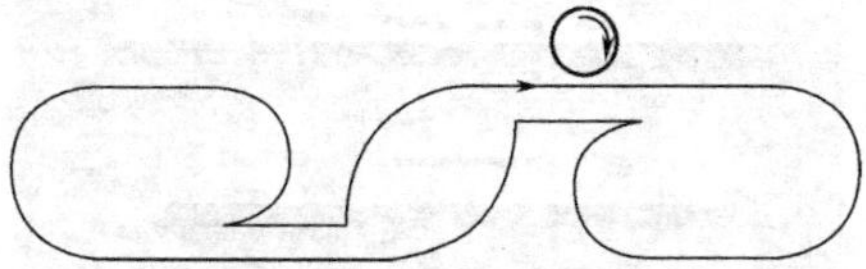

图 4-16　铣刀的运动路线

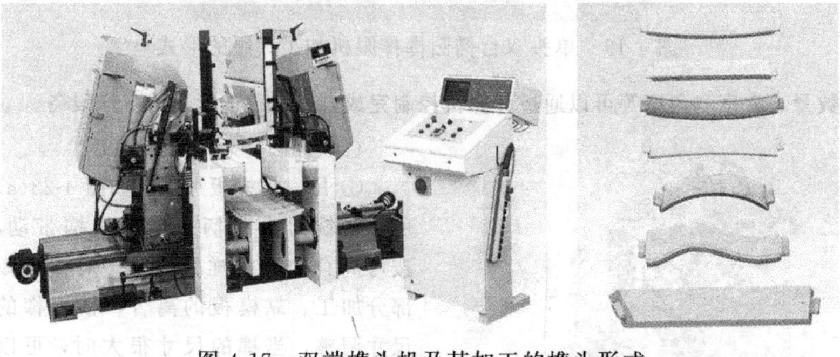

图 4-17　双端榫头机及其加工的榫头形式

图 4-20 为巴利维李公司生产的多轴双台椭圆榫榫眼机。该机主要用于椅类家具零部件榫眼加工，其加工榫眼的形式如图 4-21 所示。零部件中榫眼的

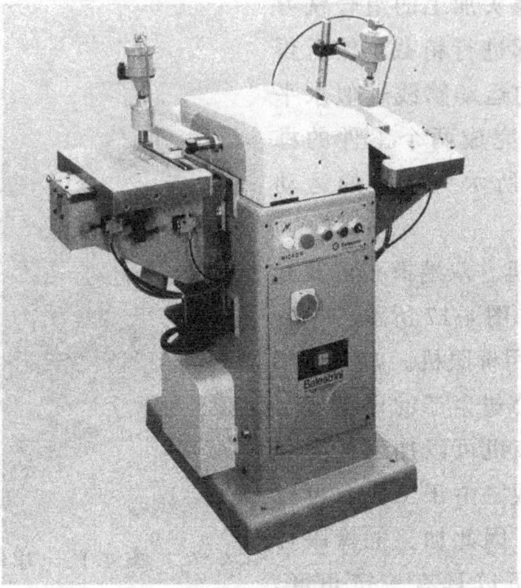

图 4-18　单头双台椭圆榫榫眼机

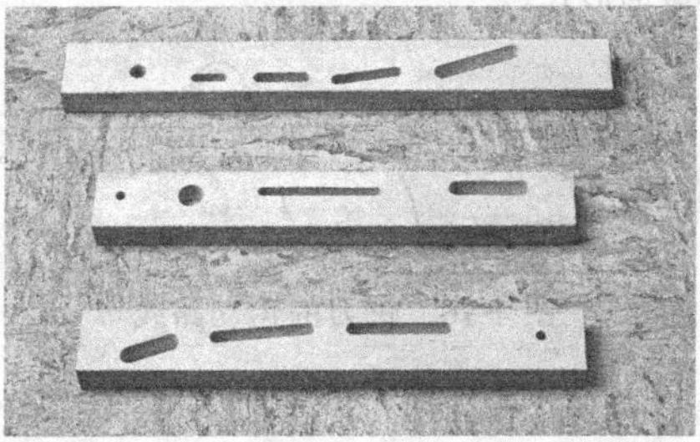

图 4-19　单头双台椭圆榫榫眼机加工榫眼的形式

数量、深度和角度等可以通过计算机控制完成，是一种连续化的生产设备。

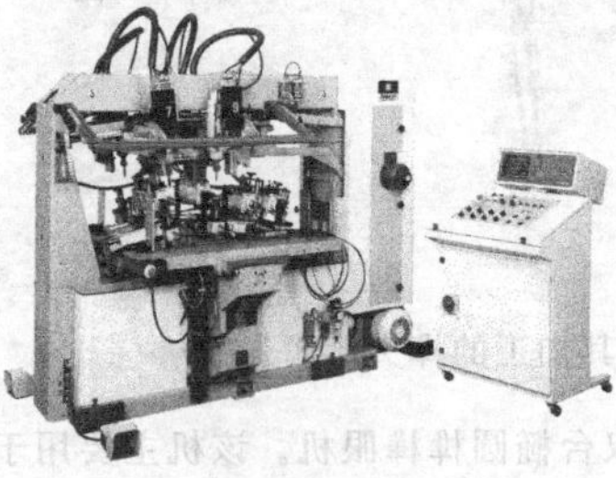

图 4-20　多轴双台椭圆榫榫眼机

（2）椭圆榫开榫机的加工

① 用靠模样板加工，如图 4-22(a) 所示，铣刀由曲柄一连杆机构带动，按可离合的靠模样板运动，对榫圆弧部分加工。靠模板的离合，根据榫的尺寸调整，当榫的尺寸很大时，可以采用配换靠模板。

② 刀头在端部作圆弧运动加工椭圆榫的半圆部分，如图 4-22(b) 所示，

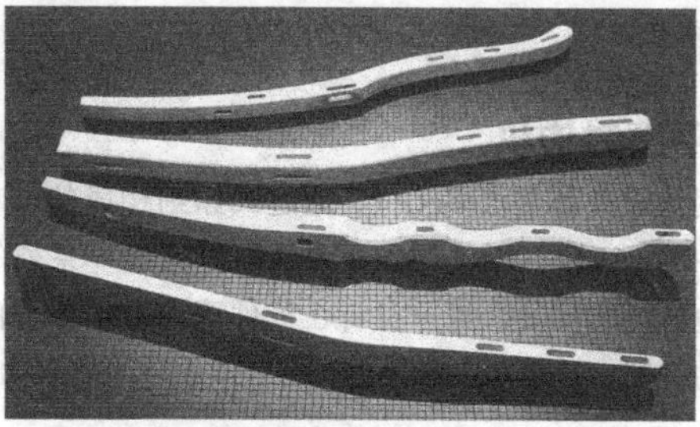

图 4-21 多轴双台椭圆榫榫眼机加工榫眼的形式

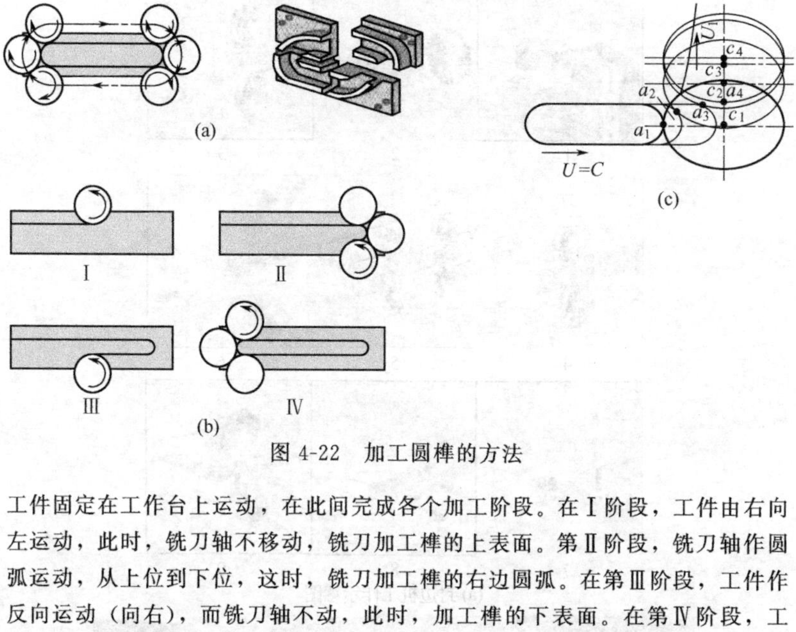

图 4-22 加工圆榫的方法

工件固定在工作台上运动，在此间完成各个加工阶段。在Ⅰ阶段，工件由右向左运动，此时，铣刀轴不移动，铣刀加工榫的上表面。第Ⅱ阶段，铣刀轴作圆弧运动，从上位到下位，这时，铣刀加工榫的右边圆弧。在第Ⅲ阶段，工件作反向运动（向右），而铣刀轴不动，此时，加工榫的下表面。在第Ⅳ阶段，工件不动，铣刀由下而上作圆弧运动，完成榫头左面的圆榫加工。

③ 工件以等速进给，做连续直线运动，而铣刀按具有一定变化规律的速度移动，榫头由两个铣刀完成加工。上铣刀加工上半个榫头——在 90°范围内修圆，而下铣刀加工下半部榫头，如图 4-22(c) 所示，上铣刀的中心位置 c_1、c_2、c_3、c_4 与榫头的位置 a_1、a_2、a_3、a_4 相适应。这样，在榫头由 a_1 到 a_4 的过程中，就完成了圆弧运动 a_1 到 a_4。榫头继续进给，而铣刀中心的位置 c_4 在不动的情况下，榫头的上表面即被加工。铣刀的运动是靠凸轮来实现的，凸轮与进给机构刚性连接。

4.5 封边机

4.5.1 直线平面封边机

先进的板件封边设备都是按多工位、通过式原则构成的自动联合机。在这种机床上集中了多种加工工序，板件顺序通过，即可完成一系列的封边和板件边部修整工序；如封边材料的胶贴，封边材料在板件两端多余部分的锯割，板件厚度方向上封边材料的铣削，棱角加工和封边材料表面的砂光等，如图 4-23 所示。

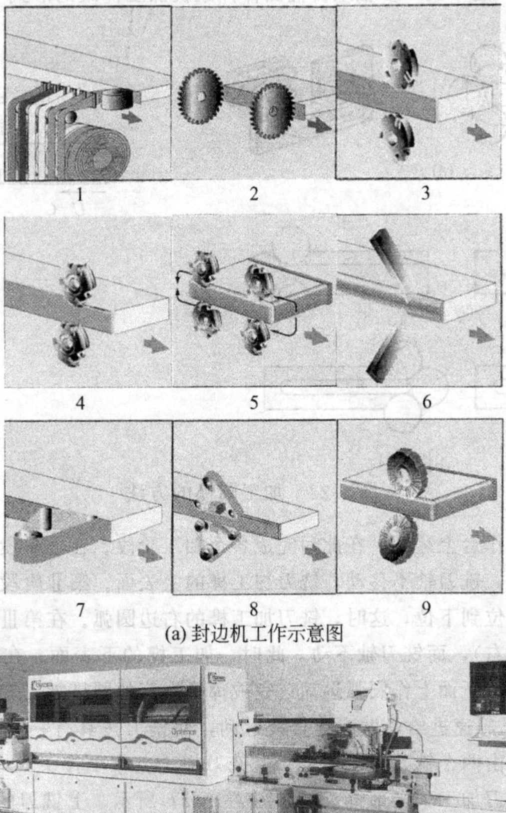

(a) 封边机工作示意图

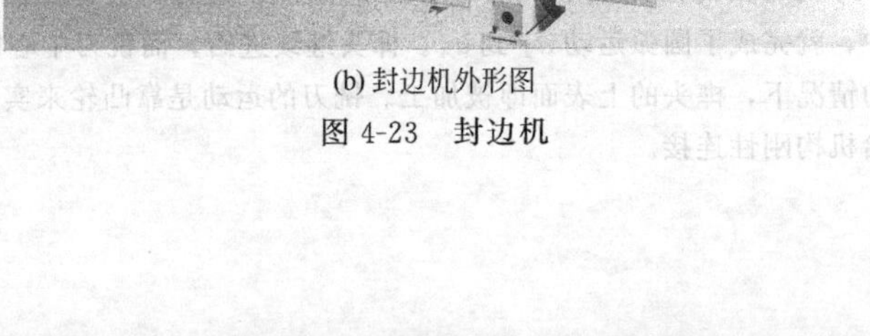

(b) 封边机外形图

图 4-23 封边机

4.5.2 直曲线封边机

直曲线封边机是一种直线曲面封边机。它可以封贴各种形状的曲面以及直线型板式零部件边部。封边材料可分为装饰单板、PVC 薄膜、三聚氰胺层积材及实木条等，采用热熔胶封贴，如图 4-24 所示。

(a) 直曲线封边机外形图

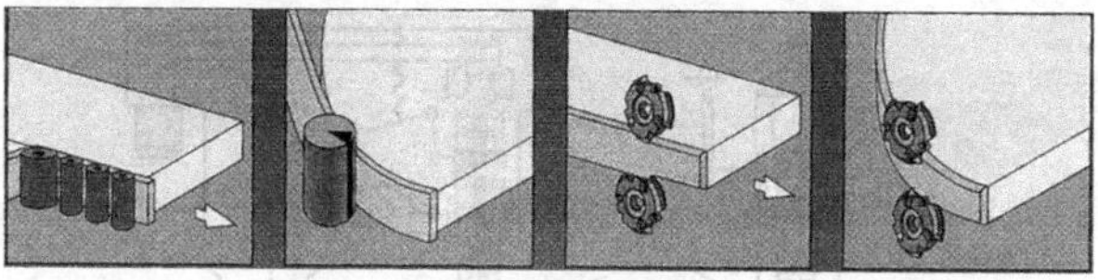

(b) 加工示意图

图 4-24 直曲线封边机

4.6 钻床

4.6.1 立式单轴木工钻床

立式单轴木工钻床主要用于工件的圆孔及长圆孔加工。机床的外形如图 4-25 所示。立式单轴木工钻床的传动系统主要由机身、机头和主轴、工作台及升降机构、主轴操纵机构等零部件组成，如图 4-26 所示。

4.6.2 多轴木工钻床

多轴木工钻床被广泛地应用于板式家具圆榫结合工艺中，分为单排多轴木

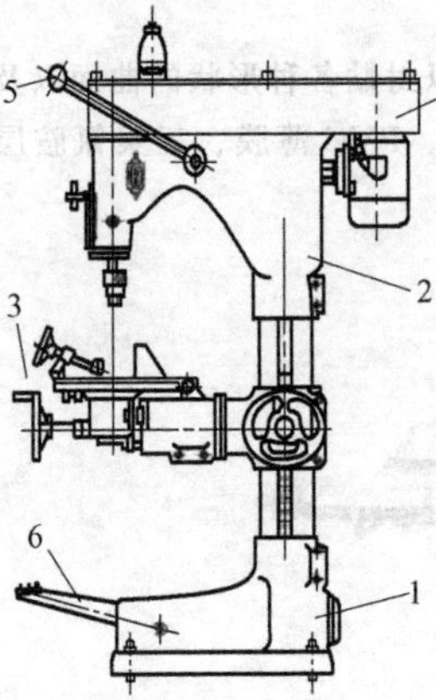

图 4-25 立式单轴木工钻床外形图

1—床身；2—支架；3—工作台；4—机头；5—手柄；6—踏板

工钻床、双排多轴木工钻床和多排多轴木工钻床、大型多排多轴木工钻床四种。

(1) 单排多轴木工钻床

如图 4-27 所示，单排多轴木工钻床通常具有一个钻削头。其钻轴处于垂直位置，对处于水平位置的工件进行钻削加工，钻削头相对于工作台的位置布局常见两种方式。一种为上置式，钻削头在工作台之上，如国产 MZ7121S 型和日本东洋 SB-600 型等单排多轴木工钻床均属此类。其优点是便于观察加工情况，缺点是排屑条件差。另一种为下置式，钻削头置于工作台之下，如国产 MZ7121 型、意大利 SCM 公司 FM 系列等单排多轴木工钻床。其优点是机床结构紧凑、排屑条件好，但对加工情况的观察没有前者方便。目前下置式布局方式占多数。欧洲各主要木工机械生产厂商生产的单排钻大多属下置式。为扩大单排钻的工艺范围，钻削动力头常常设计成钻轴可由垂直位置翻转至水平位置或在这两者之间的任意位置（通常是 45°），对工件进行钻削加工，如图 4-28 所示。

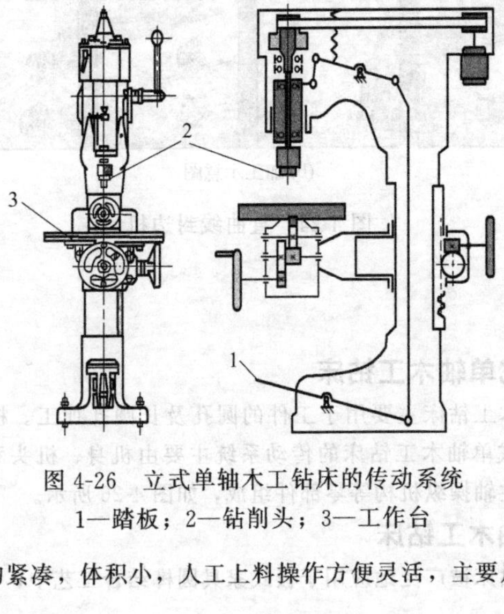

图 4-26 立式单轴木工钻床的传动系统

1—踏板；2—钻削头；3—工作台

单排钻结构紧凑，体积小，人工上料操作方便灵活，主要用于生产批量较

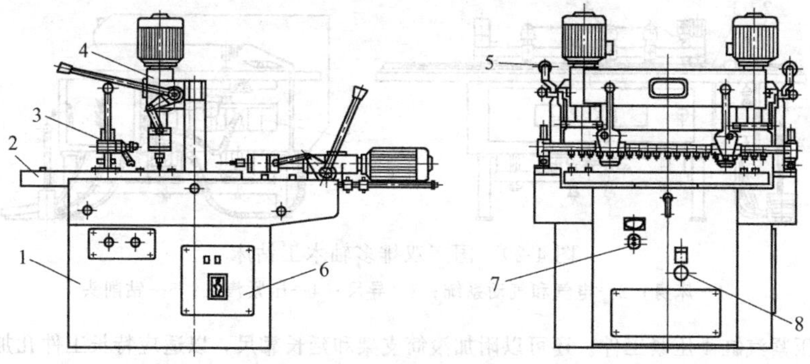

图 4-27 单排多轴木工钻床

1—床身；2—工作台；3—压紧机构；4—钻削头；5—钻削头进给手柄；6—电气箱；7—钻削头翻转丝杠；8—工作台升降调节丝杠

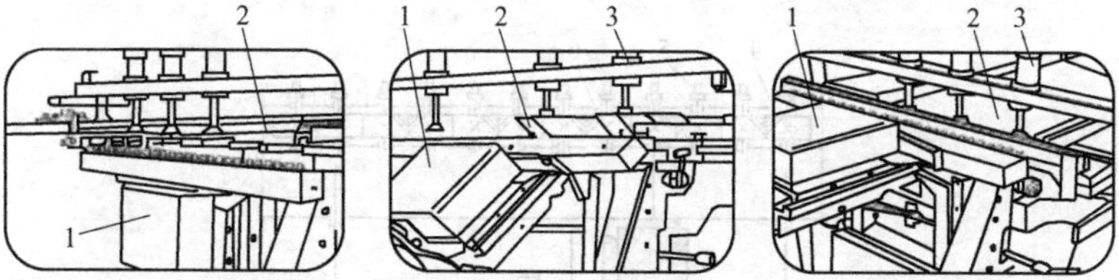

(a) 钻轴处于垂直位置 (b) 钻轴处于倾斜45°位置 (c) 钻轴处于水平位置

图 4-28 单排多轴木工钻床常用的三种加工位置

1—钻削头；2—工件；3—压紧器

小和工件较小的场合。单排钻以最多轴数作为主参数，且已形成系列。国际上通行的主轴数系列为 21、25、29 和 39。单排多轴木工钻床主要由床身、切削机构、钻削头、钻削头回转装置、进给装置、工作台、压紧机构以及气电控制系统等组成。

(2) 双排多轴木工钻床

双排多轴木工钻床具有两排钻轴，一般由 2 个（少数有 4 个或 8 个）钻削动力头所组成，大多为垂直布置，亦分为上置和下置等形式。通常钻削头不能倾斜调节。主要适用于需同时加工两排孔的板材，生产率高，加工精度好。

图 4-29 所示为国产双排多轴木工钻床，属于下置式。两钻削头 5 安置在框形床身 1 内，其间距可在 170～700mm 范围内任意调节。导尺 3 在图示位置用于工件的纵方向钻孔；转过 90°便可用于工件的横方向钻孔。机床设有 8 个

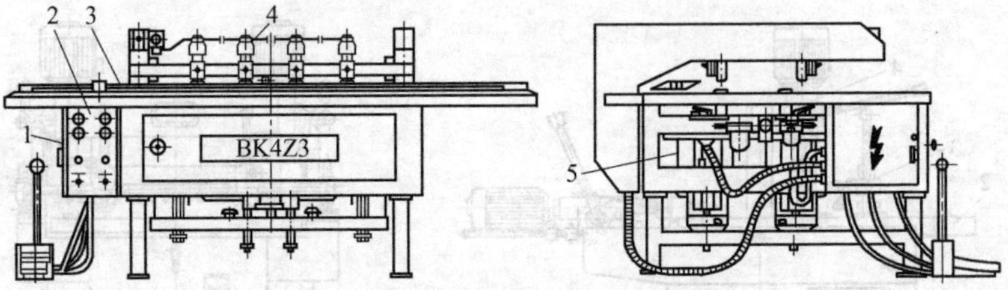

图 4-29 国产双排多轴木工钻床

1—床身；2—电气和气动系统；3—导尺；4—压紧汽缸；5—钻削头

压紧汽缸 4 压紧工件。还可以附加滚筒支架和延长靠尺，以适应特长工件孔加工的需要。

钻削头为齿轮传动式，如图 4-30 所示。钻头的进给运动由进给汽缸 1 完成。进给汽缸采用活塞固定式，工作时缸体与主电动机 2、钻削头 4 一起移动，由导向装置 3 保证钻轴进给的垂直度。

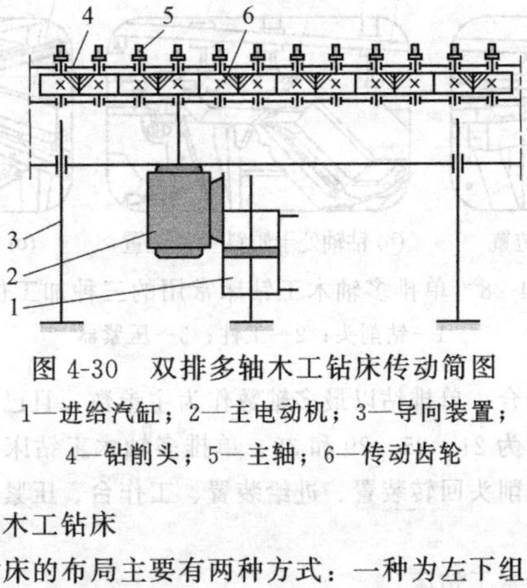

图 4-30 双排多轴木工钻床传动简图

1—进给汽缸；2—主电动机；3—导向装置；
4—钻削头；5—主轴；6—传动齿轮

(3) 多排多轴木工钻床

多排多轴杠钻床的布局主要有两种方式：一种为左下组合型，这类钻床左置一排水平钻轴，下置数排（通常 2～3 排）垂直钻轴，工件在一次装夹中可以完成板材表（或底）面和一侧（或端）面的孔加工；另一种称为大型排钻，机架大多做成龙门形式，主轴数可多至百个。其通常机床左、右侧各设置一排水平钻轴，数排下置或上置的垂直钻轴，个别机床在后侧还设有一排水平钻轴。工件在一次装夹中可以完成对板材的表（或底）面、2～3 个侧（端）面的钻削加工。常用于各种板生产的流水线或自动线中，生产效率较高。

(4) 大型多排多轴木工钻床

大型多排多轴木工钻床型号众多，但基本结构相似，仅在某些功能、具体结构以及控制方式等方面有所不同。图 4-31 所示为六排多轴木工钻床外形图。

图 4-31 六排多轴木工钻床外形图

4.7 砂光机

木制品加工工艺中，砂光的功能和作用有以下两个方面。一是进行精确的几何尺寸加工。即对人造板和各种实木板材进行定厚尺寸加工，使基材厚度尺寸误差减小到最小限度。二是对木制品零部件的装饰表面进行修整加工，以获得平整光洁的装饰面和最佳的装饰效果。前者一般采用定厚磨削加工方式，后者一般采用定量磨削加工方式。按照木制品生产工艺的特点和要求，以及成品的使用要求，确定加工工艺中使用何种磨削加工方式。定厚磨削加工方式一般用于基材的准备工段，是对原材料厚度尺寸误差进行精确有效的校正。定量磨削加工方式主要是对已经装饰加工的表面进行的精加工，以提高表面的光洁度和质量。从加工的效果上看，定厚磨削的加工用量较大，磨削层较厚，加工后表面的粗糙度较大，但其获得的厚度尺寸精确。定量磨削的加工用量很小，磨削层较薄，加工后被加工工件表面的粗糙度较小，但板材的厚度尺寸不能被精确校准。

定量砂削方式由于所用的压垫结构形式不同，其适用的范围以及所能达到的加工精度亦不同。整体压垫适用于厚度尺寸误差较小工件的加工，分段压垫适用于厚度尺寸误差较大工件的加工。无论是整体压垫还是分段压垫或气囊式压垫，其工作原理都是由压垫对砂带施加一定的压力，在此压力的控制下，砂带在预定的范围内对工件进行磨削加工。在整个磨削过程中，磨削用量相等或接近相等，达到等磨削量磨削。定量磨削压垫对砂带的作用面积大，单位压力小，在去掉工件表面加工缺陷和不平度的同时，磨料在工件表面留下的磨削痕迹小，因此被加工表面光洁平整。另外，数控智能化分段压垫通过控制压力的变化，还可以消除工件前后和棱边区在磨削加工时产生的包边、倒棱现象。

带式砂光机的磨削机构是无端的砂带套装在 2～4 个带轮上，其中一个为主动轮，其余为张紧轮、导向轮等。窄带式砂光机砂光大幅面板材表面时，在进给板材的同时须同时移动压带器，其进给速度受到压带器移动速度的限制，故生产率较低，仅适用于对工件的表面精磨。砂光机主要类型如图 4-32 所示。

(a) 窄带式砂光机

(b) 辊式砂光机

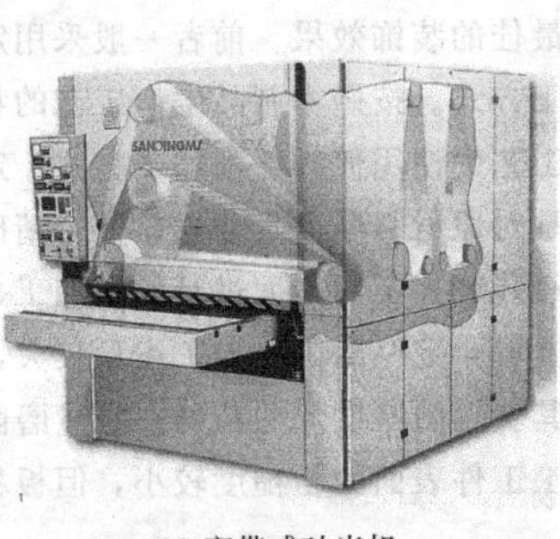

(c) 宽带式砂光机

图 4-32 砂光机主要类型

4.7.1 宽带式砂光机的主要技术参数和结构形式

技术参数是选择宽带式砂光机的依据，是制定磨削加工工艺、确定工艺参数的基础。一般情况下，选择和使用宽带式砂光机时，应主要依据宽带式砂光机以下几个技术参数及结构形式。

① 加工工件的最大宽度。加工工件的最大宽度是宽带砂光机的主参数，也是决定砂光机生产加工能力的主参数。

② 工件的厚度尺寸范围包括加工工件的最大和最小厚度尺寸。

③ 带的长度和宽度尺寸。

④ 接触辊直径和接触辊硬度。

⑤ 压垫的宽度尺寸和材料硬度。

⑥ 砂带的磨削速度和配备的电机功率。

⑦ 砂架的结构形式和组合形式。

⑧ 进料速度和调速方式。

⑨ 工作台的结构形式和升降方式。

4.7.2　宽带式砂光机的结构分类

宽带式砂光架按砂架结构形式的不同，可以分为接触辊式和压垫式。按照接触辊的硬度不同，又可以分为软辊和硬辊两种形式。按照压垫不同的结构形式，又可以将压垫式分为整体压垫式、气囊压垫式和分段压垫式三种形式。按照砂架布置形式的不同，又可以将宽带式砂光机分为单面上砂架、单面下砂架和上下双面对砂式三种形式。按照砂光机上砂架数量的不同，宽带式砂光机又可以分为单砂架、双砂架和多砂架等形式。按照砂架相对工件的磨削方向，又可以将宽带式砂光机分为纵向磨削式和横向磨削式两种形式。

4.7.3　宽带式砂光机砂架的结构形式

宽带式砂光机的砂带宽度大于工件的宽度，一般砂带宽度为 630～2250mm，因此对板材的平面砂磨，只需工件做进给运动即可，且允许有较高的进给速度，故生产率高。此外，宽带式砂光机的砂带比辊式砂光机的砂带要长得多，因此砂带易于冷却，且砂带上磨粒之间的空隙不易被磨屑堵塞，故宽带式砂光机的磨削用量可比辊式砂光机大；辊式砂光机磨削板材时，一般情况下，磨削每次的最大磨削用量为 0.5mm，而宽带砂光机每次最大磨削用量可达 1.27mm。辊式砂光机进料速度一般为 6～30m/min，而宽带式砂光机为 18～60m/min。宽带式砂光机砂带的使用寿命长，砂带的更换较方便、省时。由于上述种种优点，在平面磨削中，宽带式砂光机几乎替代了其他结构形式的砂光机，在现代木材工业和家具生产中，用于板件大幅面的磨削加工，尤其是家具工业以刨花板、中密度纤维板基材的表面磨削。

4.8　贴面工艺和设备

经过表面贴面处理后，可以增强木质材料的美观，遮盖材面的加工缺陷，改变材料表面性能和特征。随着现代家具生产工艺的发展，直接在人造板上印制各种木纹或其他装饰图案的技术已趋向成熟，并在生产中使用。

贴面处理可以提高基材的物理力学性能，使基材的表面具有较好的耐磨性、耐热性、耐水性和耐腐蚀性等，同时可以改善和提高材料的强度和尺寸稳定性。材料贴面处理后，使家具的生产工艺发生根本性变化，使用非木质材料的贴面可以省去涂饰工段，为家具生产现代化、自动化和连续化创造了有利的条件。

4.8.1 单板或薄木的贴面

(1) 单板或薄木的保存和拼缝

① 单板或薄木的保存。单板或薄木的装饰性能强，但厚度小，必须妥善保存。单板或薄木应贮存在相对湿度为65%左右的条件下，其本身含水率不低于12%，以保持一定弹性。

② 单板或薄木的剪切。单板或薄木的剪切需在单板或薄木剪切机上完成，其剪切时要求具有极高的直线性和平行性，使单板或薄木在拼缝时确保拼缝的严密性。图4-33所示为单板或薄木剪切机。现代单板或薄木剪切机采用压紧单板或薄木探，刀具对单板或薄木探进行精确的平行性和直线性剪切。图4-34所示为刀具剪切示意图。

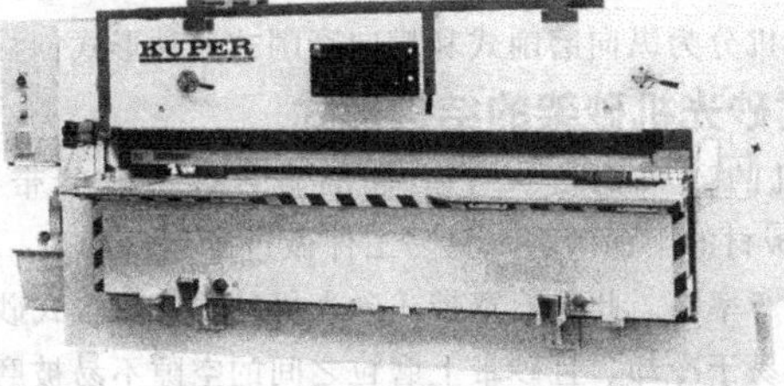

图4-33 单板或薄木剪切机

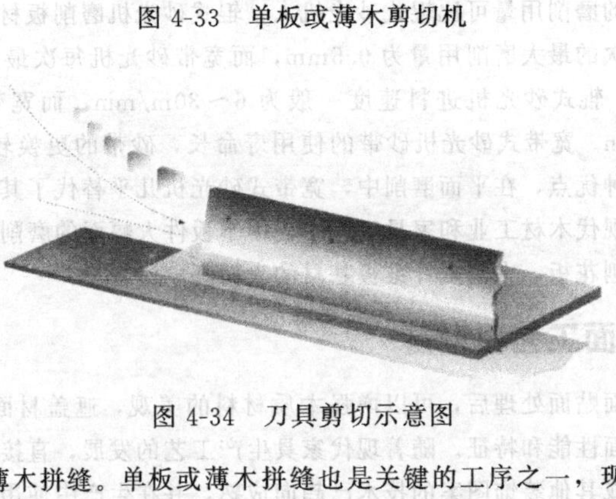

图4-34 刀具剪切示意图

③ 板或薄木拼缝。单板或薄木拼缝也是关键的工序之一，现在常用的拼缝方法有四种，即有纸带纵向拼缝、无纸带纵向拼缝、“之”字形胶线拼缝和

点状胶滴拼缝。现代生产中各种类型的单板或薄木拼缝主要是在单板或薄木拼缝机上完成的。

图 4-35 所示为库培尔（KUPER）公司生产的无纸带纵向拼缝机，其工作原理是将预先涂好胶的、厚度为 0.4～2mm 的单板或薄木横向对接送入无纸带纵向拼缝机中，在磨盘转动的牵引下，将单板或薄木带入加热区加热，使单板或薄木边上的胶黏剂固化，将单板或薄木拼接在一起，由于设置的加热区长，因此适合采用脲醛树脂胶作为胶黏剂，以获得较高的拼缝强度，这样拼缝的单板或薄木适合于真空模压。

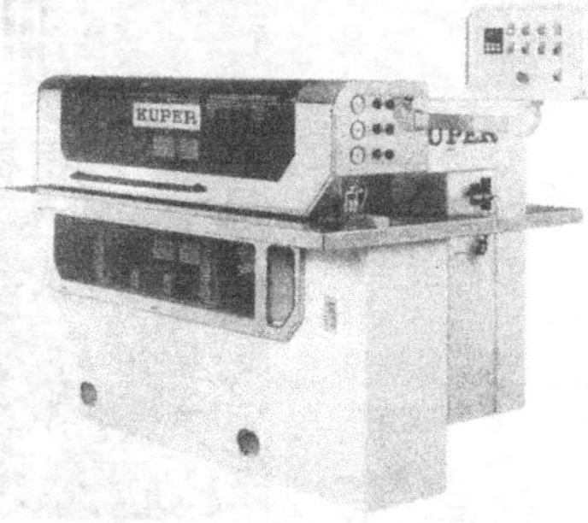

图 4-35　无纸带纵向拼缝机

如图 4-36 所示为库培尔（KUPER）公司生产的“之”字形胶线拼缝机，其工作原理是将厚度为0.4～2mm 的单板或薄木纵向送入“之”字形胶线拼缝机中，“之”字形胶线拼缝机工作台的双向摩擦辊将要胶拼的单板或薄木紧密地对接在一起，采用专用胶线通过“之”字形胶线输送器的摆动，胶压在单板或薄木上，如图 4-37 所示。

图 4-36　“之”字形胶线拼缝机

如图 4-38 所示为库培尔（KUPER）公司生产的“之”字形胶线横向拼缝机，其工作原理是将厚度为 0.4～2mm 的单板或薄木横向送入“之”字形胶线横拼机中，“之”字形胶线横向拼缝机采用专用胶线通过“之”字形胶线横向胶压在单板或薄木上。为保证拼缝连接的强度，通常以多条胶线胶拼。图

图 4-37 “之”字形胶线拼缝机机头工作图

图 4-38 “之”字形胶线横向拼缝机

4-39所示为“之”字形胶线横向拼缝机工作示意图。

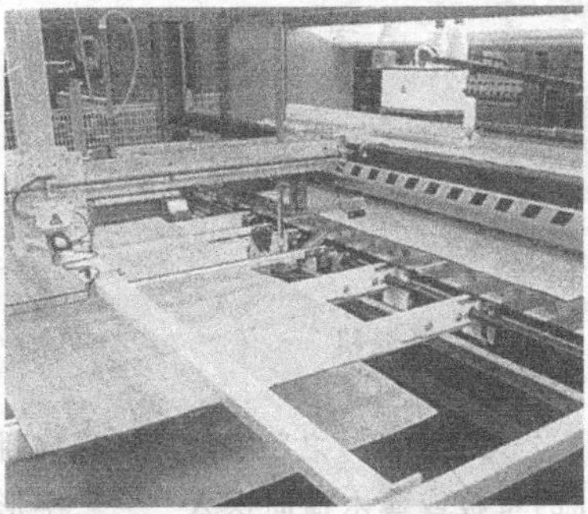

图 4-39 “之”字形胶线横向拼缝机工作示意图

图 4-40 所示为库培尔（KUPER）公司生产的手提式“之”字形单板或薄木胶拼机，主要用于小批量单板或薄木的胶拼及修补。

④ 单板或薄木的接长。为了有效地利用单板或薄木，减少不必要的浪费，采用单板或薄木端接机。图 4-41 所示为库培尔（KUPER）公司生产的单板或薄木端接机，其工作原理是将厚度为 0.4～2mm 的单板或薄木横向送入单板或薄木端接机中，采用齿形冲齿刀具或直角冲

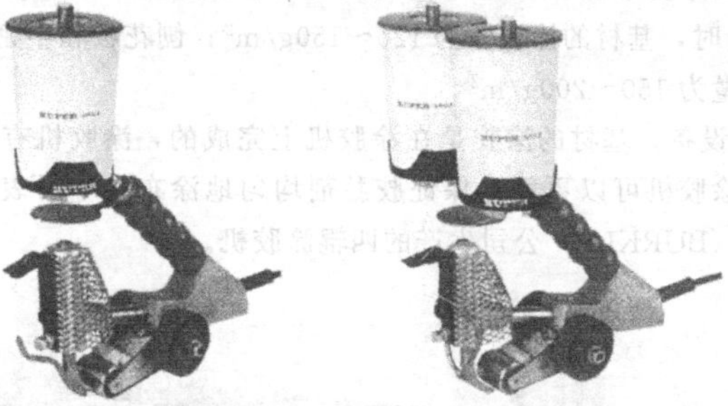

图 4-40　手提式“之”字形单板或薄木胶拼机

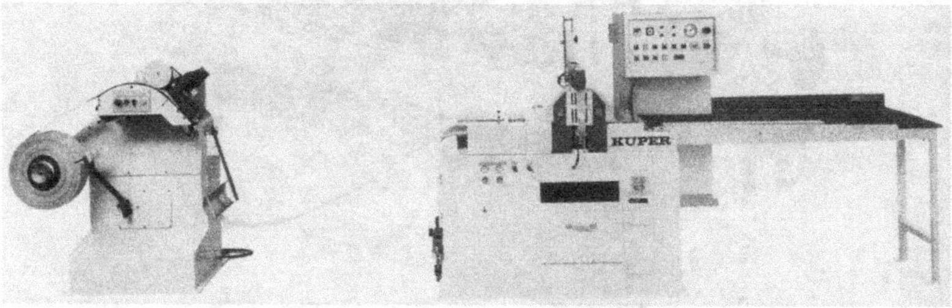

图 4-41　单板或薄木端接机

刀对单板或薄木的端部进行加工，经涂胶后将单板或薄木的端部接合在一起，如图 4-42 所示。

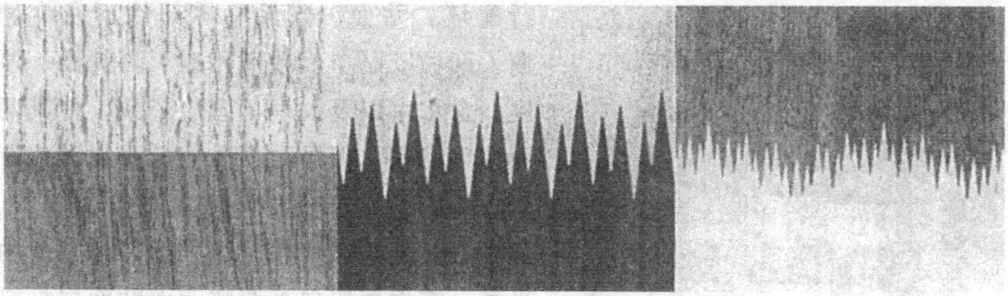

图 4-42　端接机胶拼的单板或薄木示意图

(2) 单板或薄木的贴面

单板或薄木的贴面工艺主要包括涂胶、配坯及胶压等工序。

① 基材的涂胶。单板或薄木贴面时，常常采用的胶种有脲醛树脂胶、聚乙酸乙烯酯乳液胶或两种胶黏剂的混合胶、改性的聚乙酸乙烯酯乳液胶和乙酸乙烯-N-羟甲基丙烯胺共聚乳液胶。涂胶量要根据基材种类及单板或薄木厚度

来确定，贴面厚度小于0.4mm时，基材的涂胶量为100～120g/m²；贴面厚度大于0.4mm时，基材的涂胶量为120～150g/m²；刨花板和中密度纤维板为基材时，涂胶量为150～200g/m²。

② 涂胶设备。基材的涂胶是在涂胶机上完成的，涂胶机有双辊和四辊涂胶机，四辊涂胶机可以更好地保证胶黏剂均匀地涂布在基材表面上。图4-43所示为贝高（BURKLE）公司生产的四辊涂胶机。

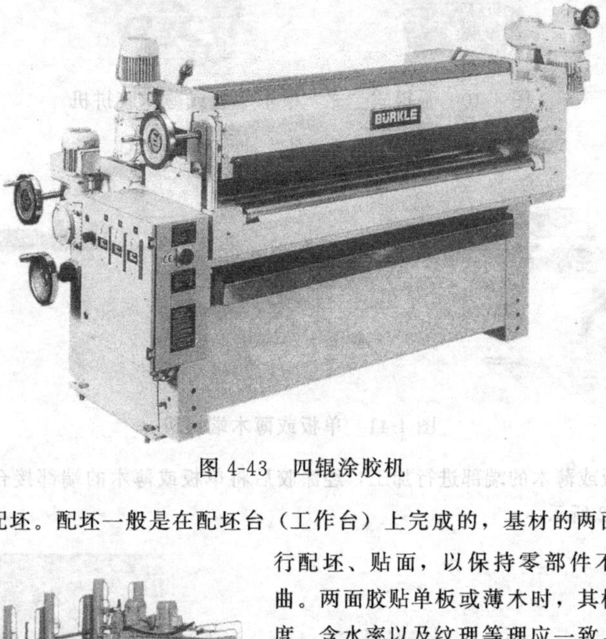

图4-43　四辊涂胶机

③ 配坯。配坯一般是在配坯台（工作台）上完成的，基材的两面都应进行配坯、贴面，以保持零部件不发生翘曲。两面胶贴单板或薄木时，其树种、厚度、含水率以及纹理等理应一致，使其两面应力平衡。但是为了节约珍贵树种，背面不外露的零部件可以采用廉价的单板、薄木或其他材料代替，但为了保持贴面的平衡，需根据要求来调整背面贴面层材料的厚度，以达到应力平衡。

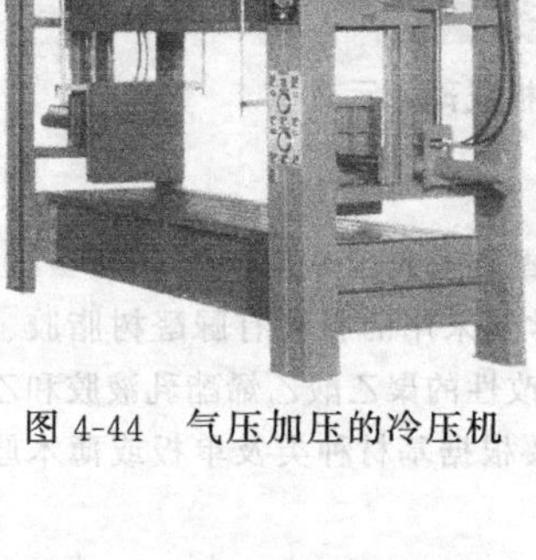

图4-44　气压加压的冷压机

④ 胶压工艺。单板或薄木贴面可采用冷压法或热压法。冷压时的压力应根据胶压材料的厚度、胶种等确定，一般冷压的贴面压力为0.3～0.6MPa。当车间内的室温为17℃～20℃时，加压时间为4～

8h。热压时，常用单层、多层或连续式压机完成贴面，其压力应根据胶压材料的厚度、胶种和热压条件等确定，一般热压时的压力为 0.6～1.2MPa。当热压温度为 110～120℃时，热压时间为 1～2min；当热压温度为 120～130℃时，热压时间为 40s～1min。贴面后和在加工前需陈放 24h 以上，以消除内应力。

⑤ 常用的胶压设备。冷压机的加压形式较多，有丝杠螺母式加压的、气压加压的和液压加压的冷压机等。图 4-44 所示为气压加压的冷压机。

热压的加热形式较多，有蒸汽加热、热油加热和电加热等热压机，热压机的压板层数有单层、多层和连续式的。图 4-45 所示为贝高（BURKLE）公司生产的单层电加热形式的热压机。

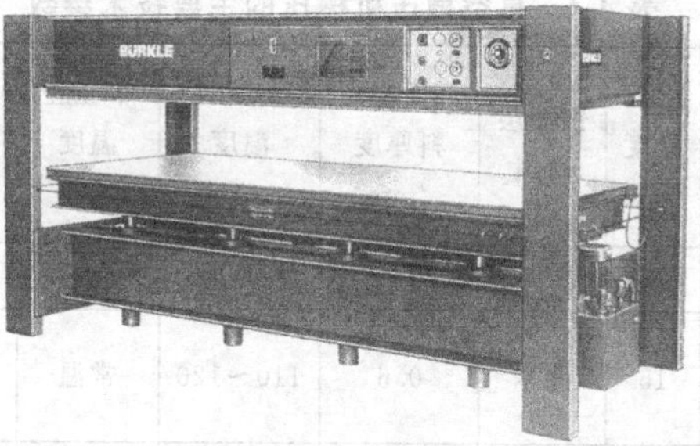

图 4-45 热压机

4.8.2 型面部件的贴面

（1）家具型面部件的贴面使用的原材料

现代家具型面部件的贴面主要采用真空模压来实现。真空模压零部件使用的材料有基材、饰面层材料和胶黏剂。

① 基材。真空模压使用的基材一般是刨花板和中密度纤维板。但是国产的刨花板还存在着刨花形态不规则、表层刨花和芯层刨花大等问题，所以使用国产刨花板还不能实现真空压，而只能使用中密度纤维板。采用中密度纤维板做基材时，一般要求其密度为 0.7g/cm³ 左右，表层和芯层的纤维密度均匀，没有树皮或其他杂质，否则中密度纤维板在模压前还必须进行砂光，严重时还需打腻子腻平。

② 饰面层材料。真空模压常用的饰面层材料是 0.3～1mm 的 PVC 薄膜、0.35～0.5mm 的 PP 薄膜、0.25～0.6mm 的薄木以及 0.35～0.6mm 的 ABS 和 PET 薄膜，各类饰面层材料如果过厚，会加大产品的成本。薄木贴面时必须采用有膜的真空模压机来实现，贴薄木时需注意，基材的内凹面不能太大，有时薄木的胶贴面必须胶贴丝织材料，以确保薄木在模压时不发生

破碎。

③ 胶黏剂。真空模压各类型面使用的胶黏剂主要是热熔胶、聚氨酯树脂胶和乙酸乙烯-丙烯酸共聚树脂胶，薄木使用的胶黏剂主要是脲醛树脂胶等。

(2) 真空模压型面贴面的技术参数

真空模压的时间、温度和压力对真空模压部件的质量影响较大，对于采用不同的基材、覆面层材料以及胶黏剂，必须采用不同的工艺参数。现在的真空模压机可以根据生产中部件的厚度、使用贴面材料的种类等，选定真空模压机的各种程序控制。表 4-4 所示为实际生产中真空模压机模压的几个主要技术参数。

表 4-4 真空模压机模压的主要技术参数

压机形式＼原材料		型面厚度/mm	饰面层材料	饰面层材料厚度/mm	上压腔温度/℃	下压腔温度/℃	模压压力/MPa	模压时间/s
有膜真空模压	单面	18	PVC	0.32～0.4	130～140	50	0.6	180～260
		15	薄木	0.6	110～120	常温	0.6	130～180（加压）
	双面	18	PVC	0.32～0.4	130～140	130～140	0.6	180～260
无膜真空模压		18	PVC	0.6	130～140	50	0.5	80～120

(3) 真空模压原理

真空模压机分为有膜真空模压和无膜真空模压。图 4-46 所示为贝高 (BURKLE) 公司生产的真空模压机及模压的部件。

① 有膜真空模压的工作原理。图 4-47 所示为单面有膜真空模压工作原理示意图，图中 A 为上压腔，B 为下压腔，C 为薄木，M 为模压的工件。图 4-47(a) 所示为组配好的零件送入真空模压机，随着真空模压机的闭合，压腔内的温度升高，橡胶膜被覆盖在薄木上。如图 4-47(b) 所示，将上压腔给出正压，下压腔抽成负压，使薄木在压力和胶黏剂的作用下胶合在异型面的部件上，当撤去压力和打开压机后，模压的部件已制成。当使用有膜真空模压机模压 PVC 时，PVC 膜随着橡胶膜的移动而移动，其他与模压薄木相同。

图 4-48 所示为双面有膜真空模压工作原理示意图，其工作原理与单面有膜真空模压类似，不同的是在上、下压腔之间加了一个吸排气道，以使上、下两面可同时模压。

(a) 表面进行真空模压的部件

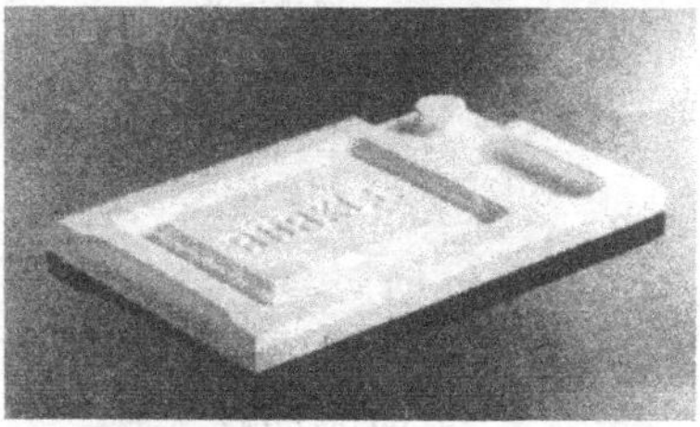

(b) 表面和边部进行真空模压的部件

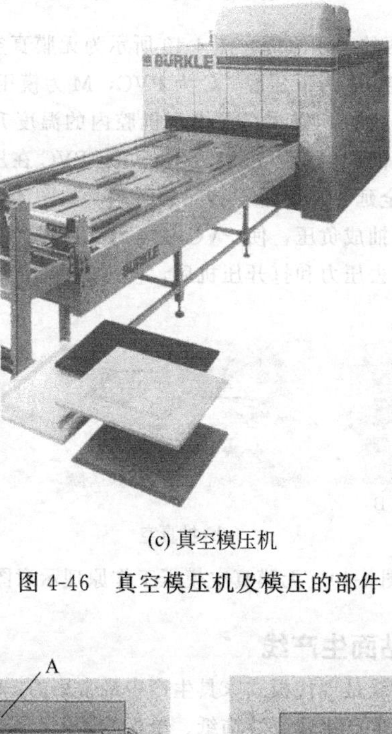

(c) 真空模压机

图 4-46　真空模压机及模压的部件

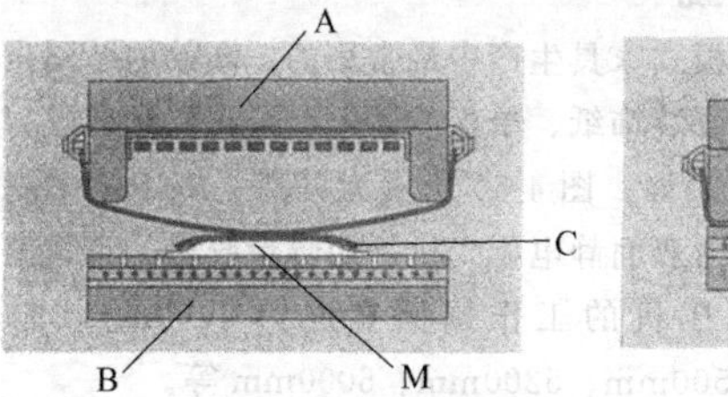

(a) 压机开启

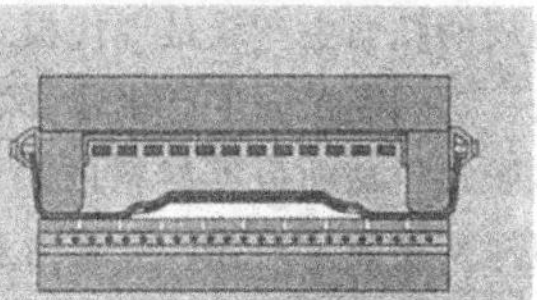

(b) 压机闭合

图 4-47　单面有膜真空模压工作原理示意图

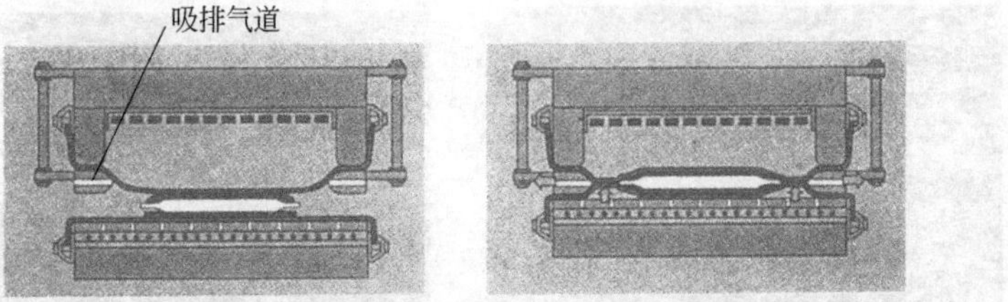

(a) 压机开启　　(b) 压机闭合

图 4-48　双面有膜真空模压工作原理示意图

② 无膜真空模压的工作原理。图 4-49 所示为无膜真空模压工作原理示意图，图中 A 为上压腔，B 为下压腔，C 为 PVC，M 为模压的工件。图 4-49(a) 所示为真空模压机闭合时，随着真空模压机腔内的温度升高，PVC 软化，此时在上压腔抽成负压的同时，下压腔给出正压，PVC 在压力的作用下，充填上压腔，使 PVC 完全延展，如图 4-49(b) 所示。如图 4-49(c) 所示，将上压腔给出正压，下压腔抽成负压，使 PVC 在压力和胶黏剂的作用下，紧贴在异型面的零件上，当撤去压力和打开压机后，模压的部件已制成。

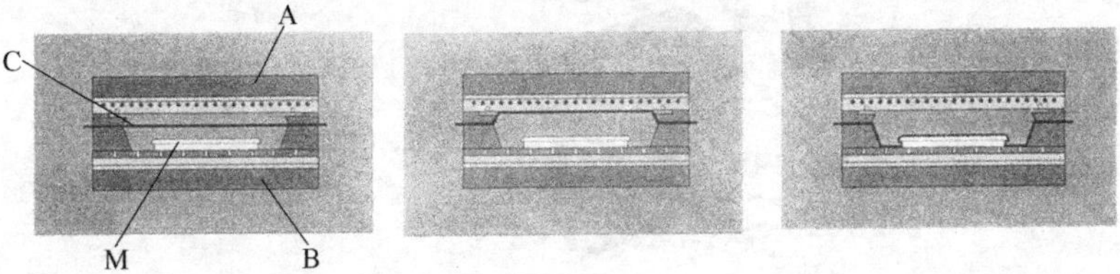

(a) 压机闭合　　(b) 抽真空　　(c) 加正压

图 4-49　无膜真空模压工作原理示意图

4.8.3 短周期贴面生产线

短周期贴面生产线是现代板式家具生产中最常用的、高效的贴面生产流水线设备。短周期贴面生产线适合装饰纸、单板或薄木、聚氯乙烯薄膜（PVC）、三聚氰胺塑料贴面板等材料的贴面。图 4-50 所示为贝高（BURKLE）公司生产的短周期贴面生产线，它是由双面静电刷光机、四辊涂胶机、卷式铺装机和连续式压机组成的，连续式压机的工作幅面宽度为 1400mm、1650mm、2050mm，长度为 2600mm、3500mm、5200mm、6000mm 等。

在进入连续式压机前，连续式压机的扫描系统确定要加压工件的幅面并合理安排工件在压机的位置，根据设定的压力及热压工件的尺寸，连续式压机自动确认压力的大小和施压的范围，其他不施压的压缸也随之抬起，主要是为了

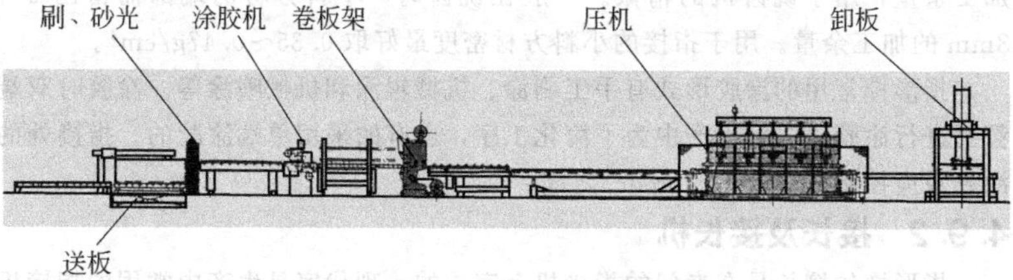

图 4-50 短周期贴面生产线

保证连续式压机的压板不发生翘曲变形。短周期贴面生产线可以大大缩短热压时间，提高劳动生产率。

4.9 指接工艺和设备

4.9.1 铣齿及铣齿机

小料方材的铣齿是在铣齿机上完成的，为了保证小料方材端部的平齐度，以便在指接时小料方材的指接端部能很好地结合在一起，在铣齿机上配备有截锯片，小料方材的一端首先经锯片精截后，再在铣齿机上铣齿。若采用单机作业生产指接榫时，小料方材的另一端也需要在该设备上加工指接榫，这就要求铣齿机的工作台或刃具必须具有抬高或减低 $t/2$ 齿（t——齿距）的功能，即错开半个齿以保证小料方材的头尾相接。铣齿机上的截锯片一般采用破碎锯片，以便将截掉的小料方材端部打碎，有利于吸尘器的吸出。铣刀的形式主要是两类：一类是整体铣刀；另一类是组合铣刀。可以根据需要选择不同的铣刀形式加工指形榫，图 4-51 所示为铣齿机。指接的小料方材端部需留有一定的

图 4-51 铣齿机

加工余量，用于铣齿机的精截。一般在铣齿时，小料方材的端部需留出 5～8mm 的加工余量。用于指接的小料方材密度最好取 0.35～0.47g/cm^3。

指形榫常用的涂胶形式有手工刷涂、机械辊涂和机械喷涂等。涂胶时双端都要进行涂胶，实际生产中为了简化工序，也有的采用单端涂胶的。指接处的涂胶量应控制在 200～250g/m^2 之间。

4.9.2 接长及接长机

指形榫的接长是在专门的指接机上完成的。现代家具生产中常用的指接机接长长度为 4600mm 和 6000mm 等，企业可根据指接的形式选择指接机的接长范围。接长机是采用进料辊直接压紧的加压形式，同时指接机上也配有专用截锯，用户可根据需要的长度进行截断。图 4-52 所示为接长机。

图 4-52 接长机

指接时所需要的端向压力是根据树种和指长来决定的：同一树种，指形短，端向压力大；指形长，端向压力小；同一指长，木材的密度小，端向压力小；木材的密度大，端向压力大。

4.9.3 指接材生产线

指接材可以实现连续化生产，图 4-53 所示为指接材生产线示意图。在生产线上配有两台铣齿机、一个喷胶嘴和一台接长机，铣齿是在小料方材的横向进料中完成的，小料方材铣齿后，在小料方材的一端进行喷胶，通过输送带送入接长机中接长，完成指接材的生产。图 4-54 所示为指接材生产线。

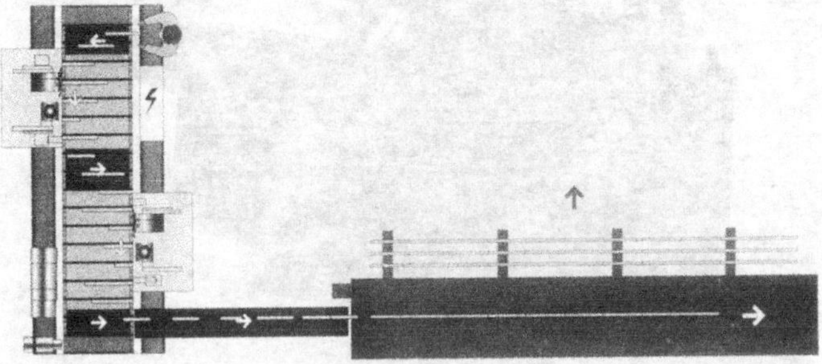

图 4-53 指接材生产线示意图

图 4-54 指接材生产线

4.9.4 宽度上胶合

宽度上胶合是用指接材或窄料方材采用胶黏剂和加压胶合制成宽幅面的集成材或实木拼板。图 4-55 所示为各类集成材部件。

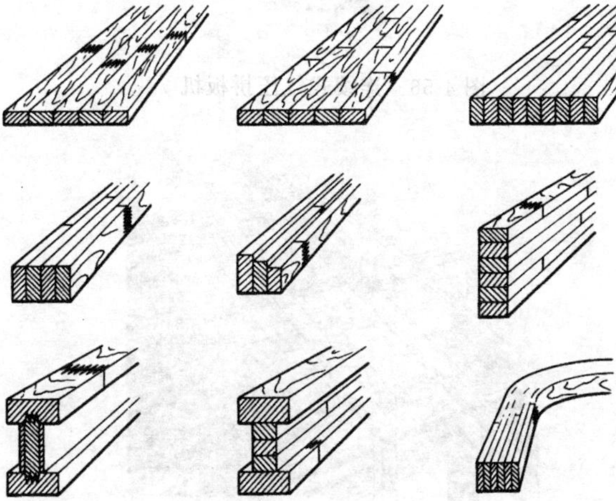

图 4-55 各类集成材部件

(1) 宽度上的胶合工艺

相邻胶拼材的含水率差异一般要小于±1%，相邻面的表面粗糙度 R_{max} = 200～300μm；涂胶量取决于胶接面的表面光洁程度，一般涂胶量应控制在 150～180g/m^2。

宽度上胶合的形式多采用平拼结构，胶拼设备有周期式和连续式两种形式。一般加压胶合的压力为 0.7～0.8MPa。为防止胶拼件胶合时出现翘曲，常常在胶拼件的正面施加一定的压力，其压力一般为 0.1～0.2MPa。

(2) 宽度上胶合的设备

① 连续式气压拼板机。图 4-56 所示为连续式气压拼板机，其工作原理是采用连续式气压侧向加压胶合。拼板机可以同时拼接不同长度的拼板，并且根据窄料的长度，自动设置截断装置。图 4-57 所示为拼板长度的设定。当板件达到一定宽度时，可以自动进行横截，并可在拼板的上方和胶合面的方向上加压。图 4-58 所示为加压和横截示意图。

图 4-56 连续式气压拼板机

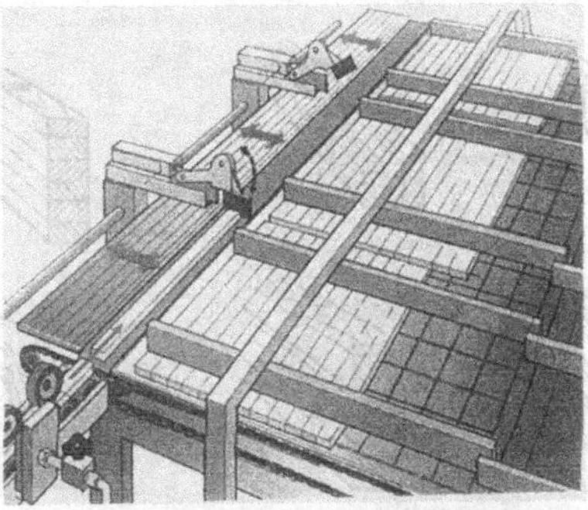

图 4-57 拼板长度的设定

② 风车式气压拼板机。风车式气压拼板机是多层的拼板设备，常用的层数有 20 层、30 层和 40 层，当指接材或窄料方材在工作面上被胶拼时，利用工作台的气压旋具夹紧丝杠螺帽，完成拼板。当工作台面转动一个角度，另一层工作台面开始装、卸拼板，依此类推。图 4-59 所示为风车式气压拼板机。

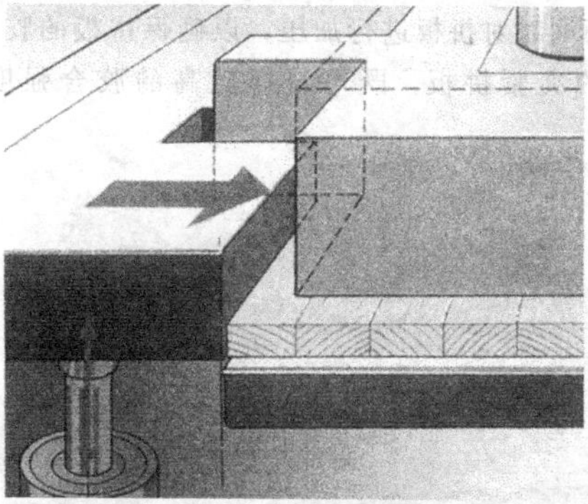

(a) 胶接面加压示意图

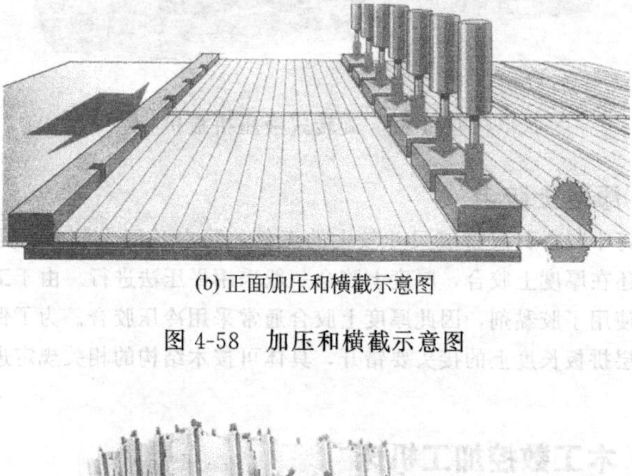

(b) 正面加压和横截示意图

图 4-58　加压和横截示意图

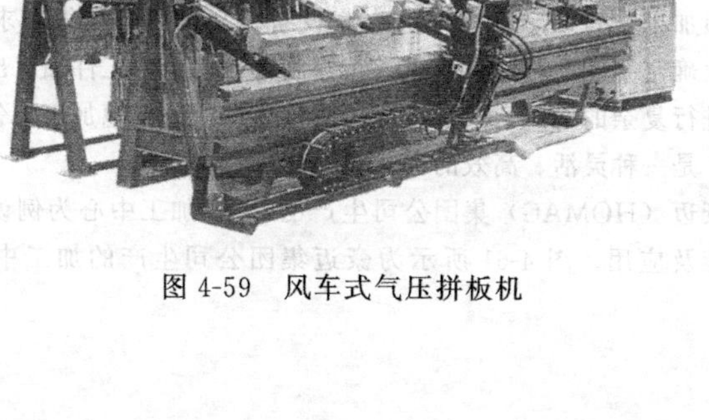

图 4-59　风车式气压拼板机

③ 旋转式液压拼板机。图 4-60 所示为旋转式液压拼板机。其液压系统是在胶接面、正面同时对拼板进行加压，以确保拼板的胶合质量。采用液压系统进行多台面的夹紧拼板，既可获得较高的胶合强度，又可提高生产效率。

图 4-60 旋转式液压拼板机

4.9.5 厚度上胶合

为了将小料方材胶拼成尺寸较大的工件，除在长度上胶合、宽度上胶合外，有时还在厚度上胶合，厚度上胶合一般采用平压法进行。由于工件的接长和拼宽都使用了胶黏剂，因此厚度上胶合通常采用冷压胶合。为了保证胶合的强度，各层拼板长度上的接头要错开，具体可按木结构的相关规定进行厚度上胶合。

4.10 木工数控加工机床

随着计算机应用技术的发展，数控木工机床和计算机加工中心在板式部件加工中的应用越来越广泛。木工数控加工机床（CNC，Computer Numerical Control）的功能主要有锯切、刨削、钻孔、铣型、砂光、封边、镶边等。可以完成多项加工全自动、高效率的生产设备。它可以按图纸要求的形状和尺寸，在一次确定基准后，由计算机数字控制，自动地将工件加工出来。它不需要对机械进行复杂的调试，只需改变控制程序即可方便地加工出各种复杂、精密的工件，是一种灵活、高效的自动化机床。

现以豪迈（HOMAG）集团公司生产的 CNC 加工中心为例说明加工中心的基本功能及应用。图 4-61 所示为豪迈集团公司生产的加工中心及配备的刃具。

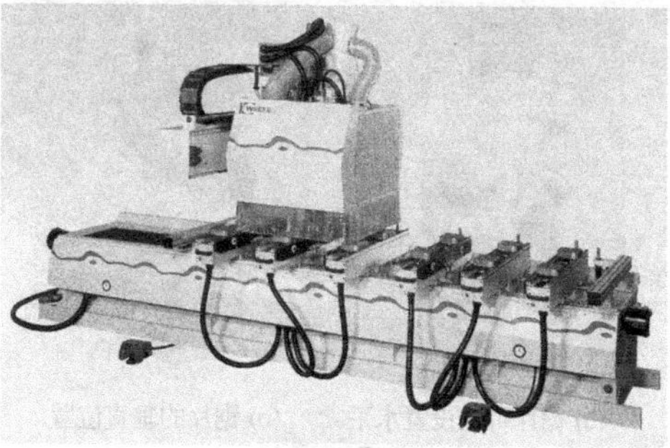

(a) CNC 加工中心

(b) CNC 加工中心刃具

图 4-61 CNC 加工中心及配备的刃具

(1) 锯切

图 4-62 所示为锯切加工示意图。加工中心配备的锯片可以完成锯切、裁板、开槽等功能，可以进行垂直或水平的锯切加工以及其他任意角度的锯切加工。

(2) 钻孔

图 4-63 所示为钻孔加工示意图。CNC 加工中心有垂直单排、“L”形或“T”形布置的钻座，另外还可配置水平位置钻座，主要用于板式零部件 25mm、30mm、32mm 及 50mm 系列孔距的钻孔要求。三头水平钻主要用来实现 32mm 系列钻孔的需要；单头垂直底钻主要用于工件背面的钻孔；单头水平钻主要用于锁眼孔的钻孔要求。在 CNC 加工中心主轴上还可以安装水平的“十”字形钻座，采用“十”字形钻座钻孔时，孔位加工非常灵活，既可以用于板式部件的钻孔加工，也可用于实木零部件的钻孔加工，而且不受零部件钻孔角度的限制，同时还可以进行侧面铣型加工。

(3) 铣型

(a) 锯片可以设置水平、垂直和倾斜等位置　(b) 锯片的垂直位置

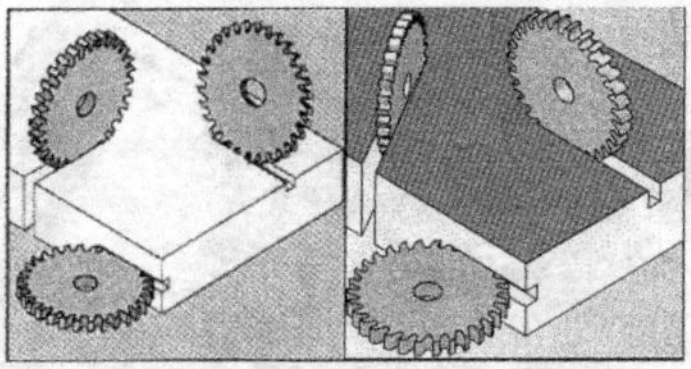

(c) 水平、垂直锯切　(d) 水平、垂直、倾斜锯切

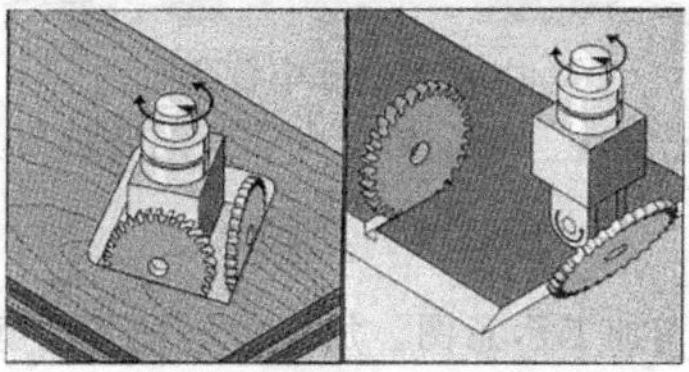

(e) 工件内侧锯切　(f) 工件端面斜切

图 4-62　锯切加工示意图

图 4-64 所示为铣型加工示意图。铣型是加工中心的主要功能，几乎任何一类都具有铣型的功能。由于铣刀的种类较多，加工中心主轴可以配备各种形式的铣刀，铣削的位置可以是多方位的，可以完成板式部件的铣型，也可以对实木零部件进行铣型加工。

(4) 砂光

图 4-65 所示为 CNC 加工中心砂光轴。加工中心的砂光主要是对零部件的边部进行加工，如对表面进行砂光，需配有专门的砂光装置。

(5) 封边

图 4-66 所示为封边示意图。加工中心可以像普通的自动直线封边机一

样，完成封边、齐端、修边、铲边和跟踪修圆角等功能。其封边的胶种是热熔胶。

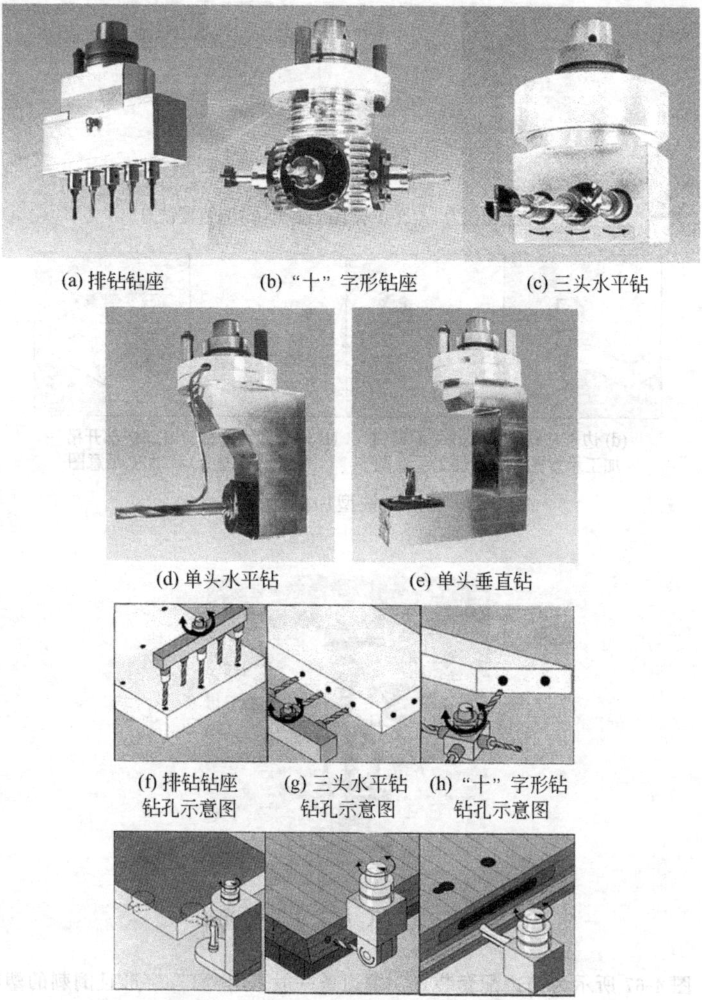

(a) 排钻钻座　(b)“十”字形钻座　(c) 三头水平钻

(d) 单头水平钻　(e) 单头垂直钻

(f) 排钻钻座钻孔示意图　(g) 三头水平钻钻孔示意图　(h)“十”字形钻钻孔示意图

(i) 垂直底钻钻孔示意图　(j) 水平钻钻孔示意图　(k) 水平钻加工锁眼示意图

图 4-63　钻孔加工示意图

（6）镶边

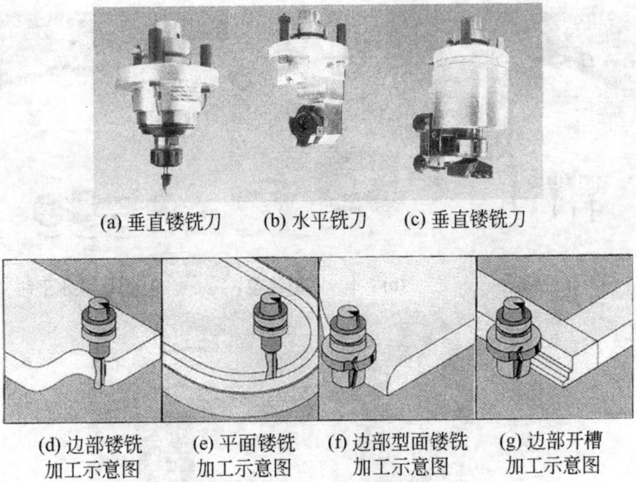

图 4-64　铣型加工示意图

图 4-65　CNC 加工中心砂光轴

图 4-67 所示为镶边配套装置。镶边条一般采用“T”字形且倒刺的塑料镶边条，如图 4-68 所示。零部件的边部首先在加工中心用铣刀或锯开槽。然后用专用的镶边配套装置完成镶边加工。

(7) 刨削

图 4-69 所示为刨削刀头。在加工中心的加工中，刨削主要是充当类似平刨床的加工，用来刨实木零部件的基准面或边，刨刀是专用刀具，同时也可以根据需要，采用不同类型的刨刀。

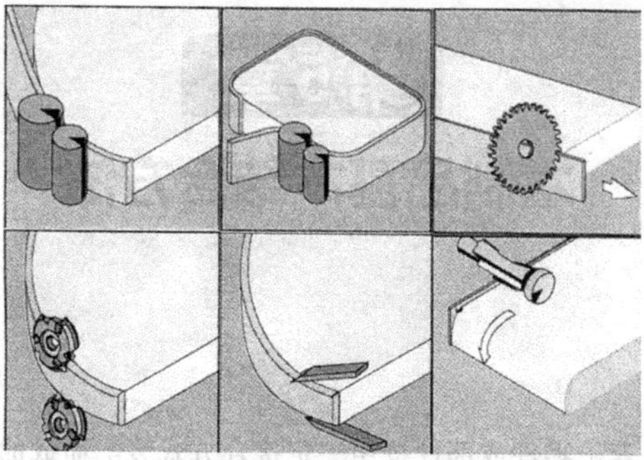

图 4-66　封边示意图

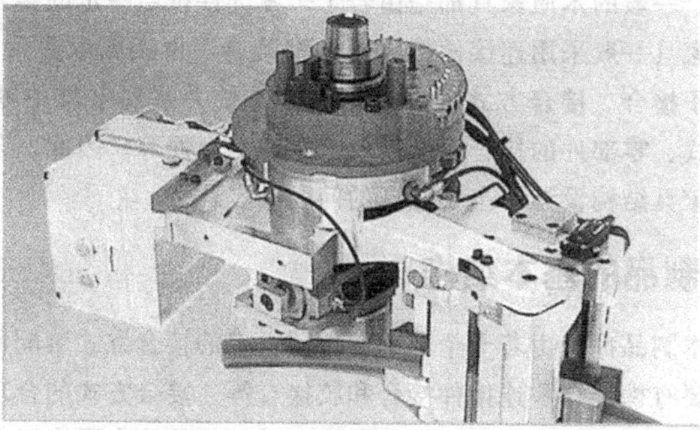

图 4-67　镶边的配套装置

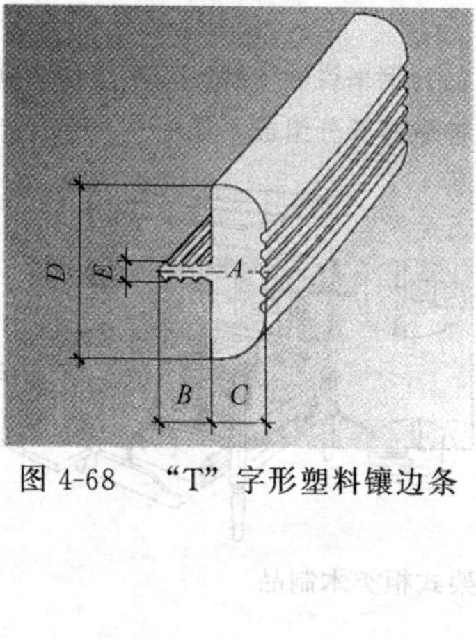

图 4-68　“T”字形塑料镶边条

图 4-69　刨削刀头

第5章 木制品基本结合方法

木制品是由若干零件或部件按照一定接合方式装配而成的产品。木制品的整体质量受接合部位质量和方式影响，不同结构或不同用途的木制品对接合方式要求不同。一般的木质家具都是由若干个零部件按照一定的接合方式装配而成的，板式家具一般采用连接件接合、圆榫接合，框架式家具采用榫卯接合、胶接合、钉子接合。接合方式的合理与否，直接关系到家具中零部件的原材料、生产方式、零部件的接合强度以及家具的美观性等。因此，合理地采用接合方式，是家具结构设计中主要考虑的问题。

5.1 木制品的基本结构

一般的木制品都是由若干个零部件按照一定的接合方式装配而成的。这些接合方式主要有榫接合、连接件接合和胶接合等。接合方式的合理与否，直接关系到家具中零部件的原材料、生产方式、零部件的接合强度以及家具的美观性等。

5.1.1 木制品结构整体分析

在本节中主要以框架式结构木制品为例来说明木制品基本结构。框架式柜类木制品由底座、框架、嵌板、门及抽屉等部分组成，如图 5-1 所示。

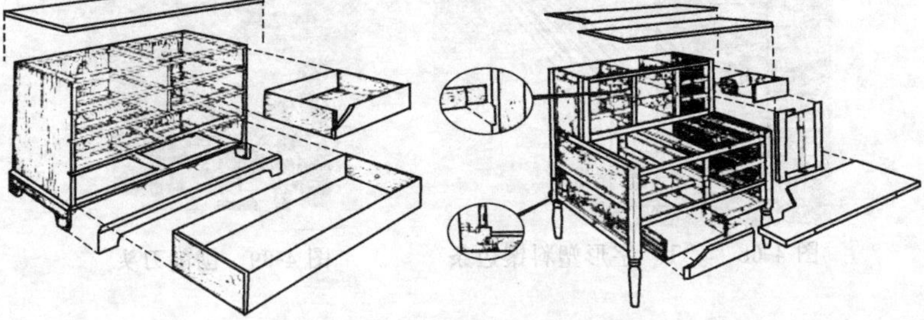

图 5-1 框架式柜类木制品

(1) 底座

常见的是包脚式、框架式和装脚式。所用材料为实木或人造板等。

① 包脚式。材料为实木、刨花板或细工板等，其承受载荷巨大，但不利于通风及平稳安放。与板式家具直接落地不同，板式家具是通常旁板与底座为一体，而框架式结构为分体式。包脚式底座连接形式多种多样。

② 框架式。由脚与望板接合而成，通常采用榫接合，如闭口或半闭口直角暗榫。要求接合部位强度较高才能满足使用要求。

③ 装脚式。主要是采用木制、金属、塑料等材料制成的脚与柜子的底板连接而成。通常可以设计成拆装式，连接采用木螺钉、圆榫或金属连接件。

(2) 框架结构

框架结构是框架式家具的主体，起支撑作用。

(3) 嵌板结构

嵌板结构主要起到封闭作用，与框架配合具有分割空间的作用。

(4) 门

门有平开门、移门、卷门、翻门和折门等形式。

(5) 抽屉

抽屉主要由屉面板、屉旁板、屉底板和屉后板组成。连接方式主要有圆榫、连接件、半隐燕尾榫和直角榫等形式。一般采用实木、细木工板、三层胶合板和多层胶合板等材料。

5.1.2 木制品结构细部分析

凡是由两个或两个以上的零件构成的、组成木制品独立的安装部分称为木制品部件。无论木制品的造型、结构多么复杂，它们都是由方材、实木拼板、覆面板、木框和箱框等接合形式构成的。因此，掌握这些部件的基本接合形式是十分必要的。

(1) 方材和规格料

① 方材。方材是组成实木部件的基本零件，因此方材是木制品中最简单、最基本的零件，具有各种不同的断面形状和尺寸，主要特征是断面尺寸宽厚比为2∶1左右，长度是断面宽度的许多倍，含水率符合加工和使用的要求。

② 规格料。方材毛料实际上也是加工零件最小尺寸的规格料。规格料的尺寸和规格理应与方材毛料一致，但是如果按企业的所有方材毛料的规格来订购或生产这样的规格料，势必造成规格过多，给运输、贮存及挑选带来不利，因此规格料的规格应满足大多数方材毛料的规格，其余的规格料应以方材毛料的倍数为宜。这些成倍数的规格料只需在配料工段经过一下纵剖或横截即可满

足方材毛料的加工要求。

(2) 实木拼板

实木拼板是采用不同的结构形式，将实木窄板拼合成所需宽度的板材，如实木台面、实木椅座板等。实木拼板的常规厚度：桌面、屉面板为16～25mm，厚桌面30～50mm，嵌板6～12mm，屉旁板、屉底板10～15mm。为了尽量减少拼板的收缩和翘曲，实木窄板的宽度应有所限制，在现代木制品生产中，一般实木窄板不超过60mm。采用拼板结构，除了限制实木窄板的宽度外，同一拼板部件中的树种应一致或材性相近，相邻的实木窄板的含水率偏差不应大于1%。实木拼板的结构形式多种多样，因此实际生产中应根据不同用途选择合理的拼板形式。

① 平拼。图5-2所示为实木拼板类型中的平拼形式。平拼的实木窄板的接合面应刨平直，相邻窄板的接合处要紧密无缝，采用胶黏剂胶压接合。实木平拼结构加工简单，生产效率高，实木窄板的损失率低。在胶合时接合面应对齐，避免出现板板凹凸不平的现象。

② 斜面拼。图5-3所示为实木拼板类型中的斜面拼形式。斜面拼是把平拼接合处的平面改为斜面，采用胶黏剂胶压接合的一种实木拼板形式。采用斜面拼结构，加工比较简单，生产效率高。由于胶接面加大，拼板的强度较高，在胶合时接合面不宜对齐，否则容易产生表面不平的现象。

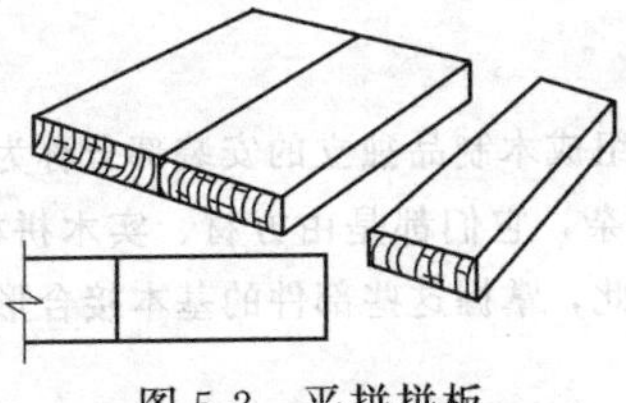

图5-2 平拼拼板

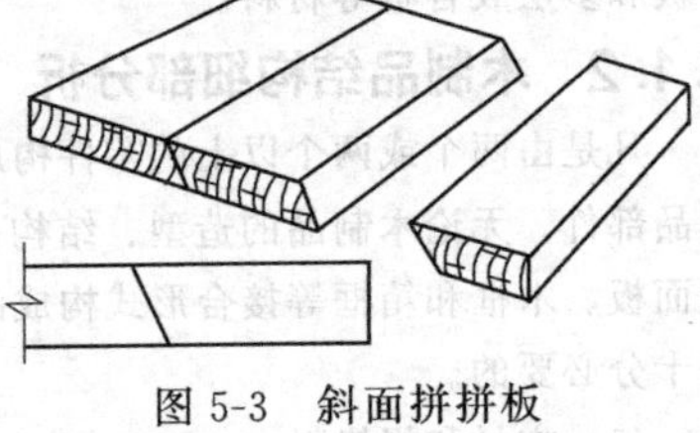

图5-3 斜面拼拼板

③ 裁口拼。图5-4所示为实木拼板类型中的裁口拼形式。裁口拼又称高低缝拼，是在拼板前实木窄板接合处加工出裁口，采用胶黏剂胶压接合的一种实木拼板形式。裁口拼接合的优点是拼板容易对齐，可以防止凹凸不平，由于胶接面加大，拼板的接合强度较高，但是实木窄板的损失率也随之加大。

④ 凹凸拼。图5-5所示为实木拼板类型中的凹凸拼形式。凹凸拼又称槽簧拼，是在拼板前实木窄板接合处加工出槽簧口，采用胶黏剂胶压接合的一种实木拼板形式。这种结构的拼板容易对齐，当胶缝开裂时，拼板的凹凸结构仍可以掩盖胶缝，同时由于胶接面加大，拼板的强度较高，常用于密封要求较高

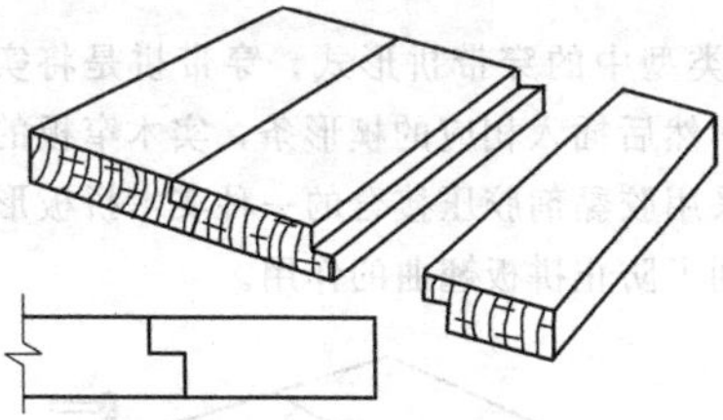

图 5-4　裁口拼拼板

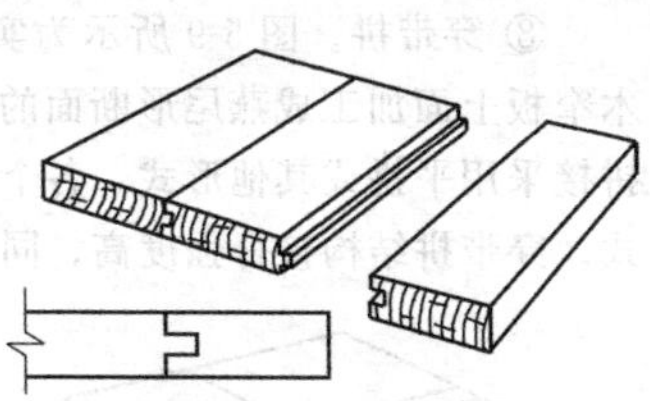

图 5-5　凹凸拼拼板

的部件，但实木窄板的损失率增加。

⑤ 齿形拼。图 5-6 所示为实木拼板类型中的齿形拼形式。齿形拼又称指形拼，是在拼板前实木窄板接合处加工出两个以上的齿形，采用胶黏剂胶压接合的一种实木拼板形式。齿形拼的拼板表面平整，由于胶接面加大，拼板的接合强度较高，但是齿形拼接的加工比较复杂。

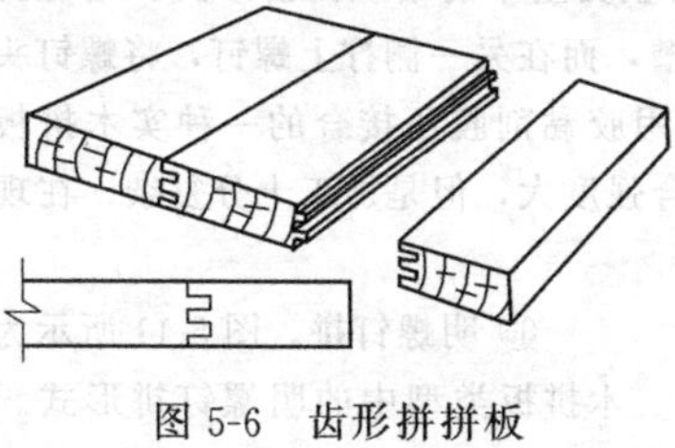

图 5-6　齿形拼拼板

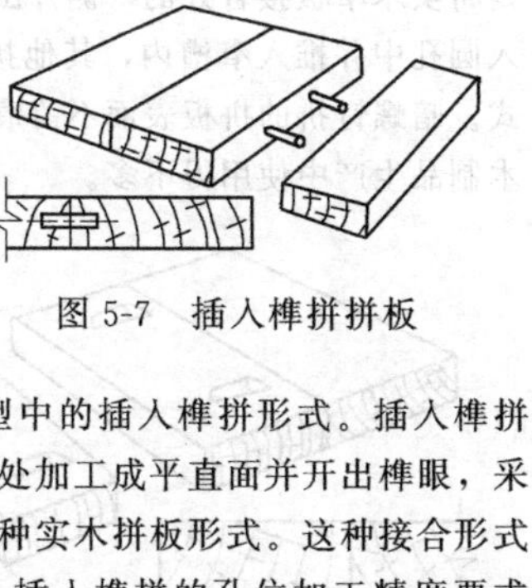

图 5-7　插入榫拼拼板

⑥ 插入榫拼。图 5-7 所示为实木拼板类型中的插入榫拼形式。插入榫拼又称圆榫或方榫拼，是在拼板前实木窄板接合处加工成平直面并开出榫眼，采用胶黏剂将平直面和圆榫或方榫胶压接合的一种实木拼板形式。这种接合形式是平拼的延伸，其拼板的强度高于平拼拼板。插入榫拼的孔位加工精度要求高，特别是采用方形榫拼板时，方形孔的加工复杂，加工精度低，很难保证拼板的质量。

⑦ 穿条拼。图 5-8 所示为实木拼板类型中的穿条拼形式。穿条拼是在实木窄板接合处加工出榫槽，一般采用胶合板条作为拼接板条，接合面采用胶黏剂胶压接合的一种实木拼板形式。采用穿条拼结构，拼板的接合强度高，加工简单，拼板容易对齐，可以防止凹凸不平。但是由于生产效率较低，限制了广泛

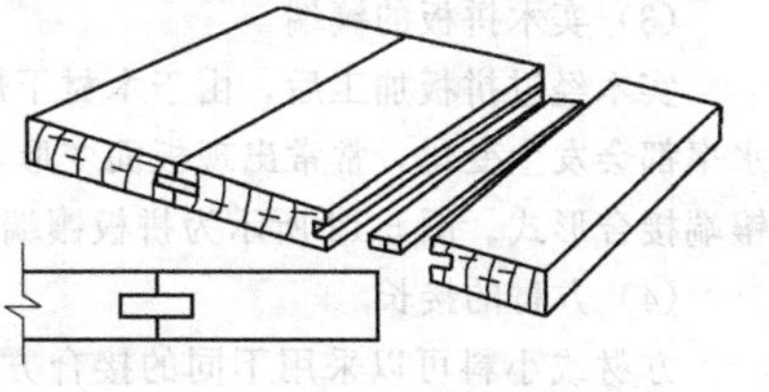

图 5-8　穿条拼拼板

使用。

⑧ 穿带拼。图 5-9 所示为实木拼板类型中的穿带拼形式。穿带拼是将实木窄板上面加工成燕尾形断面的楔形槽，然后插入相应的楔形条，实木窄板的拼接采用平拼或其他形式，各个接合处采用胶黏剂胶压接合的一种实木拼板形式。穿带拼结构接合强度高，同时还起到了防止拼板翘曲的作用。

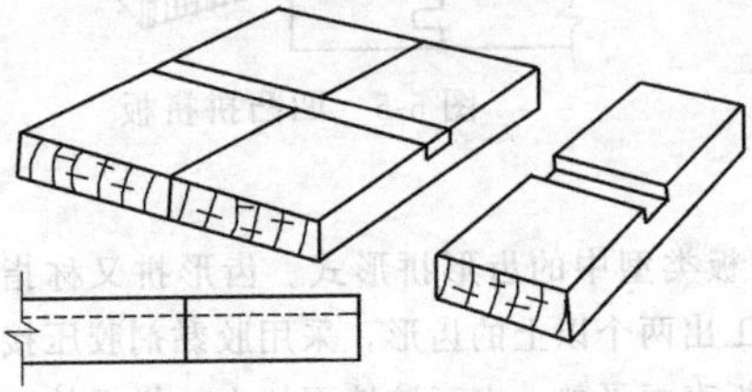

图 5-9 穿带拼拼板

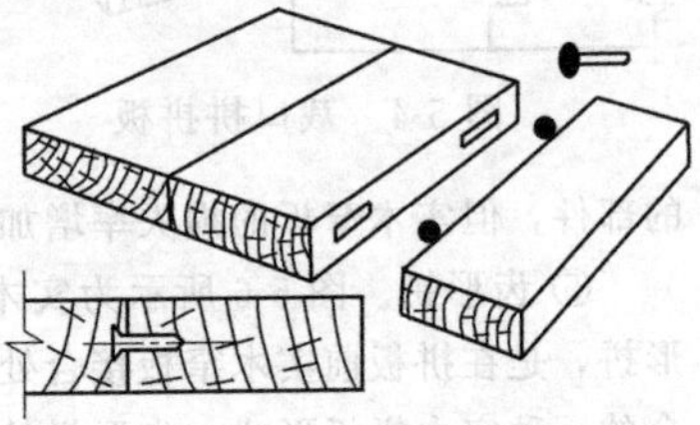

图 5-10 暗螺钉拼拼板

⑨ 暗螺钉拼。图 5-10 所示为实木拼板类型中的暗螺钉拼形式。暗螺钉拼是将实木窄板接合处的一侧开出匙形孔槽，而在另一侧拧上螺钉，将螺钉头插入圆孔中并推入窄槽内，其他接合面采用胶黏剂胶压接合的一种实木拼板形式。暗螺钉拼的拼板表面不留痕迹，接合强度大，但是加工十分复杂，在现代木制品生产中使用得不多。

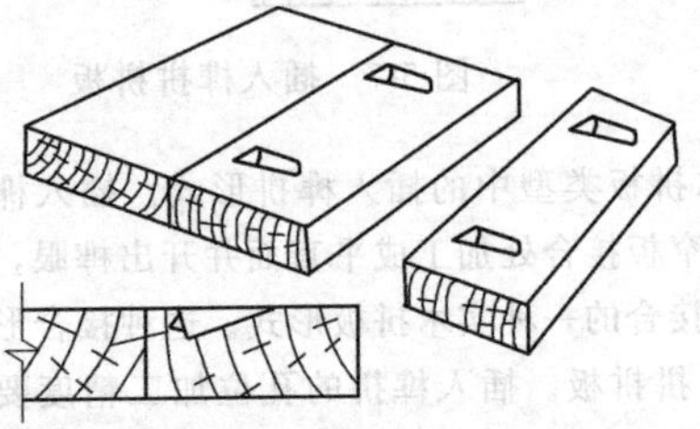

图 5-11 明螺钉拼拼板

⑩ 明螺钉拼。图 5-11 所示为实木拼板类型中的明螺钉拼形式。明螺钉拼是在拼板的背面钻出圆锥形凹空，将木螺钉拧入并与邻板相拼接，其他接合面采用胶黏剂胶压接合的一种实木拼板形式。采用明螺钉拼结构，加工简单，接合强度高，但是拼板表面留有圆锥形凹空和螺钉痕迹，影响美观，因此在现代木制品生产中使用得不多。

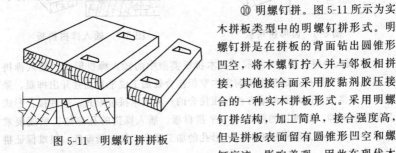

(3) 实木拼板的镶端

实木经过拼板加工后，由于木材干燥得不好或使用的条件变化，木材的含水率都会发生变化，常常出现板面变形，同时为了避免板端的外露，通常采用镶端接合形式。图 5-12 所示为拼板镶端形式。

(4) 方材的接长

方材或小料可以采用不同的接合方式接长，以实现短材长用、节约木材的目的。方材的接长一般分为直线形方材毛料的接长和曲线形方材毛料的

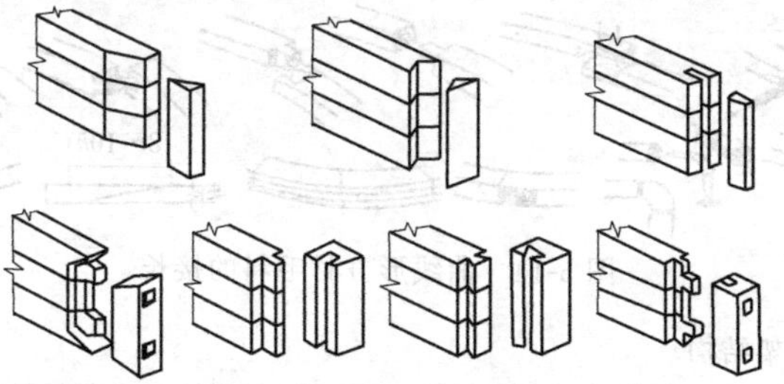

图 5-12　拼板镶端形式

接长。

① 直线形方材毛料的接长。图 5-13 所示为直线形方材毛料的接长形式。直线形方材毛料接长形式较多，但是由于加工时的难易程度差距较大，在实际生产中，多以对接、斜接和指接为主。

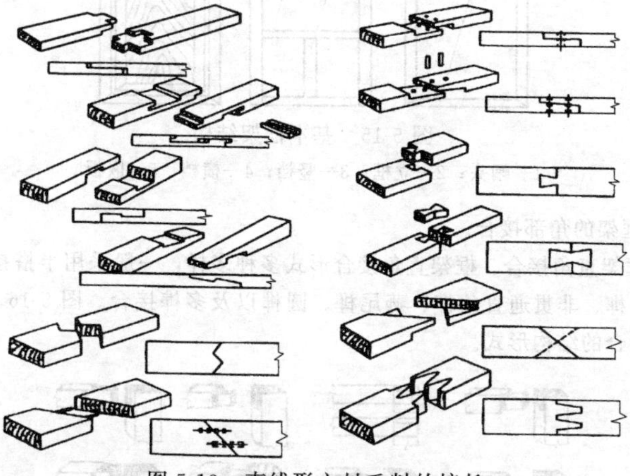

图 5-13　直线形方材毛料的接长

② 曲线形方材毛料的接长。图 5-14 所示为曲线形方材毛料的接长形式。弯曲件接长形式较多，在实际生产中常常采用指接和斜接两种形式。指接接合的强度较高，接合处自然、美观，但需用专用刀具；斜接接合的强度及美观性略差，同时接合处的木材损失较大；其他各种方法在接合强度、美观性上各有特点，注意恰当安排接合面的朝向以求美观。整体弯曲件除用实木锯制外，还可采用实木弯曲和胶合弯曲等，这两种弯曲件强度高而且美观，应用效果比实木锯制和短料接长弯曲件都好。

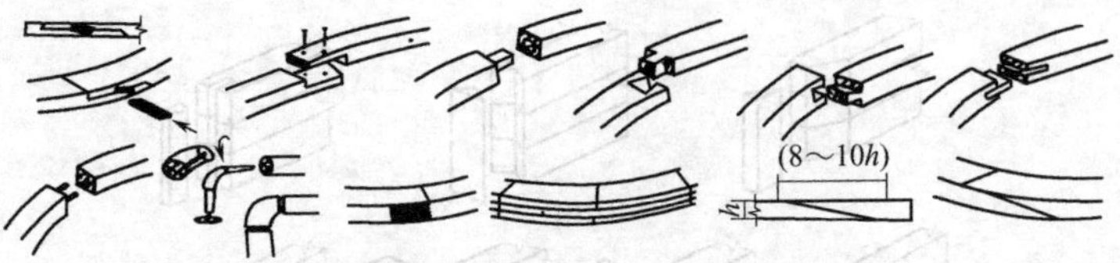

图 5-14　曲线形方材毛料的接长

（5）框架结构

框架结构是木制品的基本结构之一，尤其在传统的木制品结构中占有重要的地位。最简单的框架是由纵、横各两根方材采用榫接合构成的，复杂的一些框架结构，中间有横档、竖档或嵌板。图 5-15 所示为基本框架结构。由于榫接合的形式不同，使用要求差异很大，所以框架结构形式也多种多样。

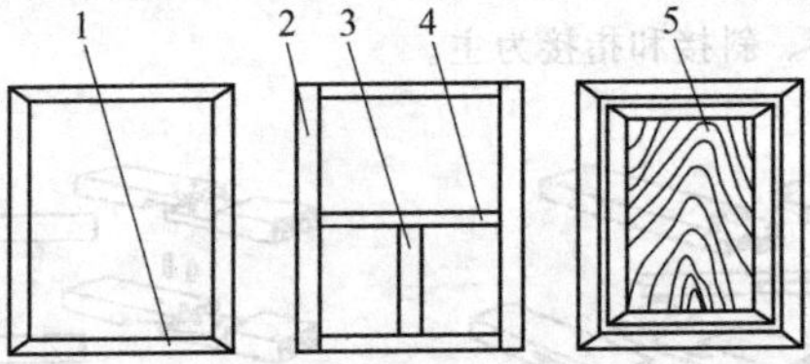

图 5-15　基本框架结构

1—帽头；2—立框；3—竖档；4—横档；5—嵌板

① 框架的角部接合。

a. 框架直角接合。框架直角接合形式多种多样，一般采用半搭接直角榫、贯通直角榫、非贯通直角榫、燕尾榫、圆榫以及多榫接合。图 5-16 所示为框架直角接合的结构形式。

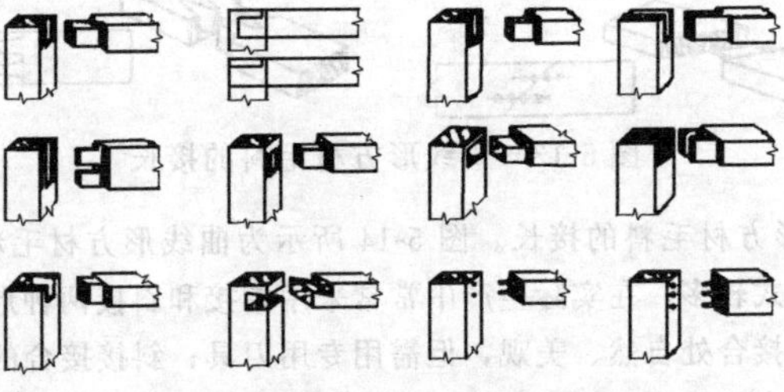

图 5-16　框架直角接合的结构形式

b. 框架斜角接合。框架接合除采用直角接合外，还可以采用斜角接合。斜角接合时，方材的接合处需加工成斜角或单肩加工成斜面方可进行接合。斜角接合的强度较小，加工复杂，常用在接合精度较高的零部件上。图 5-17 所示为框架斜角接合的结构形式。

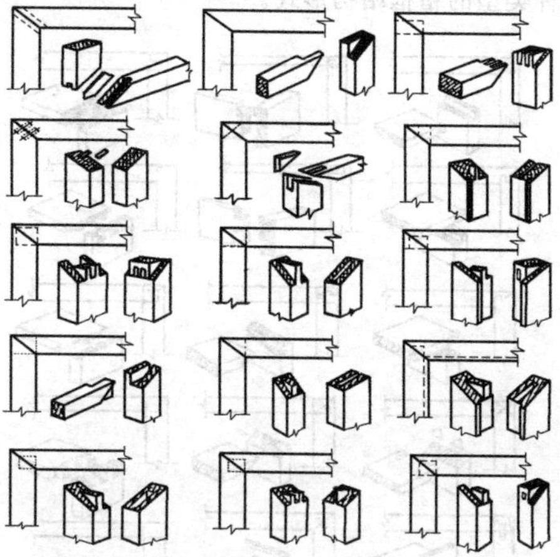

图 5-17 框架斜角接合的结构形式

② 框架中部接合。框架中部接合是指框架中的竖档或横档与立梃或帽头的接合，其种类较多。图 5-18 所示为框架中部接合的结构形式。

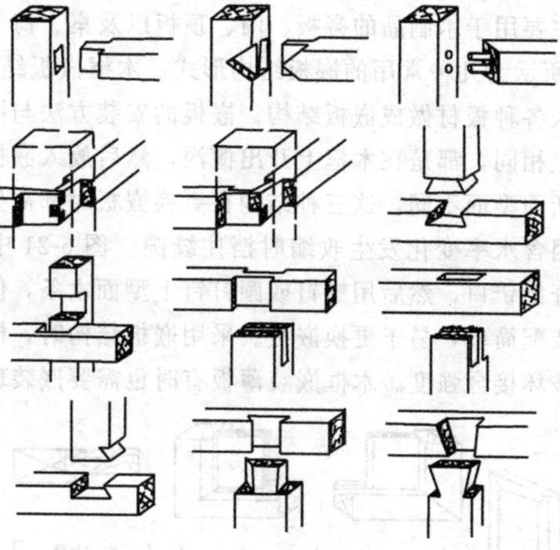

图 5-18 框架中部接合的结构形式

（6）箱框结构

箱框结构是由 4 块或 4 块以上的板材，按一定的接合方式构成的框体或箱体。箱框结构的接合形式较多，主要是采用各种类型的整体榫或插入榫接合。箱框结构主要用于传统的木制品结构中，在现代木制品结构中已不多见。图 5-19所示为几种类型的箱框结构形式。

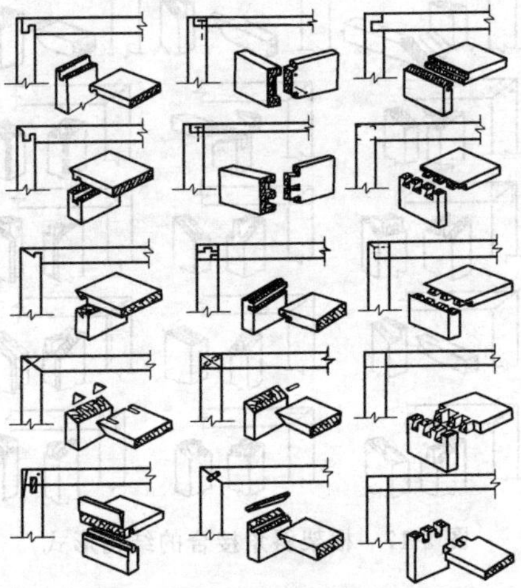

图 5-19　箱框结构形式

(7) 嵌板结构

嵌板结构主要用于木制品的旁板、门、顶板以及桌、椅等一些特殊形式的结构。图 5-20 所示为几种常用的嵌板结构形式。木框嵌板结构在实际应用时，常在木框内装入各种板材做成嵌板结构。嵌板的安装方法与图 5-21 中 1、2、3 三种形式基本上相同，都是在木框上开出槽沟，然后放入嵌板；不同之处在于木框方材所铣断面型面不同，这三种结构在更换嵌板时都需先将木框拆散。结构 3 能在嵌板因含水率变化发生收缩时挡住缝隙。图 5-21 中 4、5、6 三种形式是在木框上开出铲口，然后用螺钉或圆钉钉上型面木条，使嵌板固定于木框上。这种结构装配简单，易于更换嵌板。采用嵌板结构时，槽沟不应开到横档榫头上，以免破坏接合强度。木框嵌装薄板有时也需要嵌装玻璃或镜子，如窗

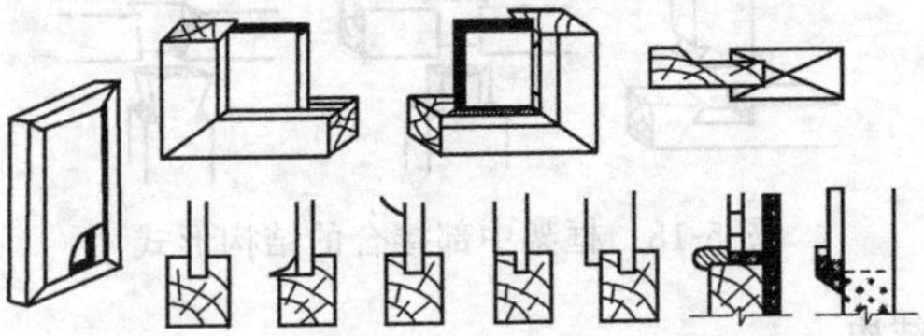

图 5-20　嵌板结构形式

户、门框等。

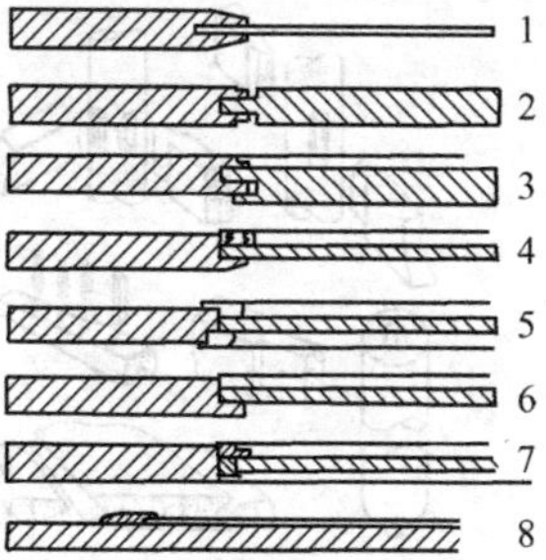

图 5-21　嵌板结合方式

木框内嵌装玻璃或镜子时，需利用断面呈各种形状的压条，压在玻璃或镜子的周边，然后用螺钉使它与木框紧固，如图 5-21 中 5 所示。设计时压条与木框表面不应要求齐平，以节省安装工时。但是当镜子装在木框里面时，前面最好用三角形断面的压条使镜子紧紧地压在木框上，在木框后面还需用板或板框封住，如图 5-21 中 6、7 所示。当玻璃或镜子不嵌在木框内，而是装在板件上时则需用金属或木制边框，用螺钉使之与板件相接合，如图 5-21 中 8 所示。

5.2　榫接合

5.2.1　榫接合概述

榫接合是将榫头压入榫眼或榫槽内，把两个零部件连接起来的一种接合方法。一般的榫接合还需配有胶黏剂以增加其强度。图 5-22 所示为榫接合各部分名称。

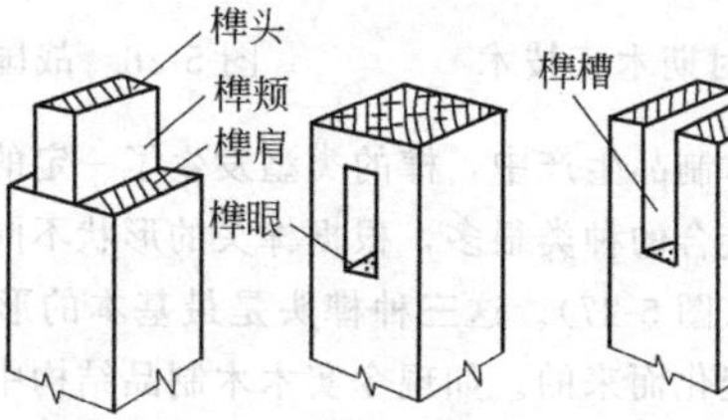

图 5-22　榫接合各部分名称

榫接合是实木木制品以及传统框式木制品常见的接合方式，木制品的榫卯结构源于建筑。榫卯是一种比绳索扎缚更加直接也更加高级的嵌接技术，建筑上的榫卯结构，早在公元前 5000 年（河姆渡文化）就已经出现，至今已有七千年的历史了，如图 5-23 和图 5-24 所示。

图 5-25 和图 5-26 所示是河南信阳战国墓出土的所能见到的最早的床形实物。该床长 2180mm，宽 1390mm，足高 190mm，采用的是榫卯结构，四周立有围栏，两侧留有上、下口，床面为活动屉板，通体饰有漆彩绘。

5.2.2　榫接合的种类

传统的木制品生产多采用榫卯接合，榫接合持续了几千年，至今仍占有很

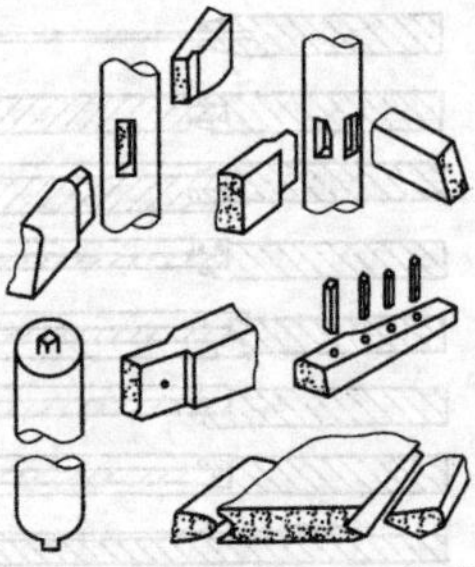

图 5-23 公元前 5000 年建筑上的榫卯结构

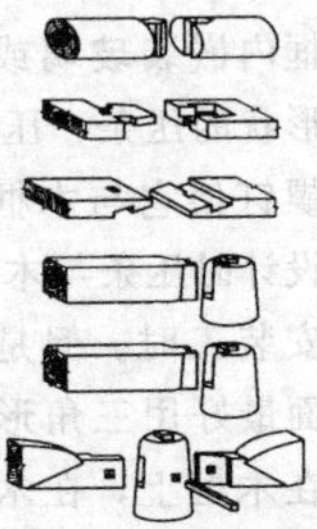

图 5-24 建筑上的木材榫卯技术

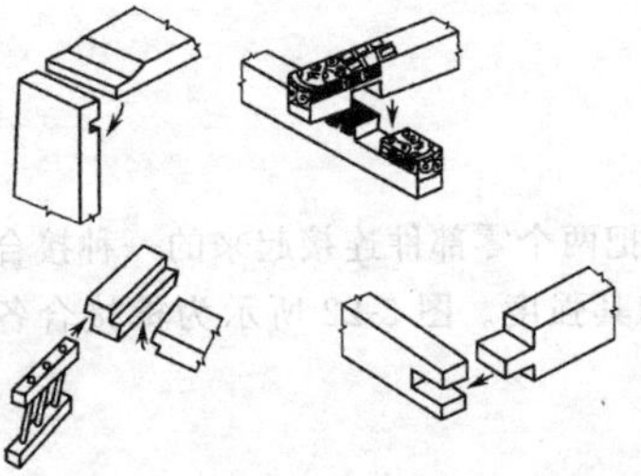

图 5-25 春秋战国时期木工技术

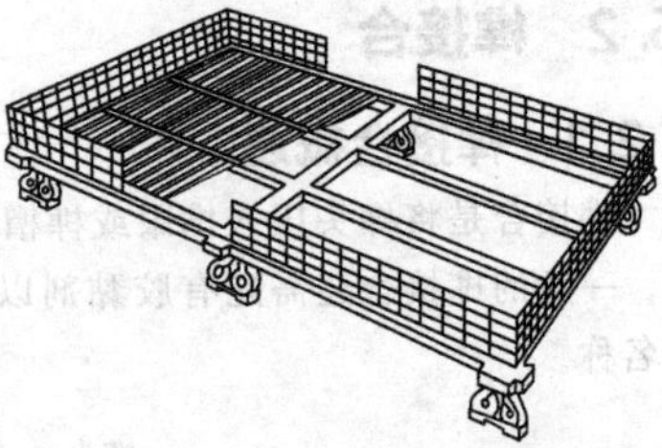

图 5-26 战国时期大木床

重要的地位。在现代木制品生产中，榫的类型发生了一定的变化，但是基本接合原理是相同的。榫接合的种类很多，根据榫头的形状不同，把榫头分为直角榫、燕尾榫、圆棒榫（图 5-27）。这三种榫头是最基本的形状，其他各种榫接合都是由此三种榫头变化而来的。如现今实木木制品结构中常用的椭圆榫接合就是由直角榫演变而来的。图 5-28 所示为椭圆榫榫头和榫眼的形式。

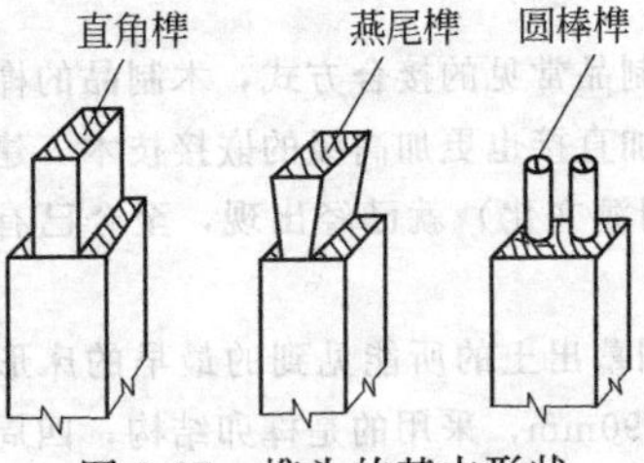

图 5-27 榫头的基本形状

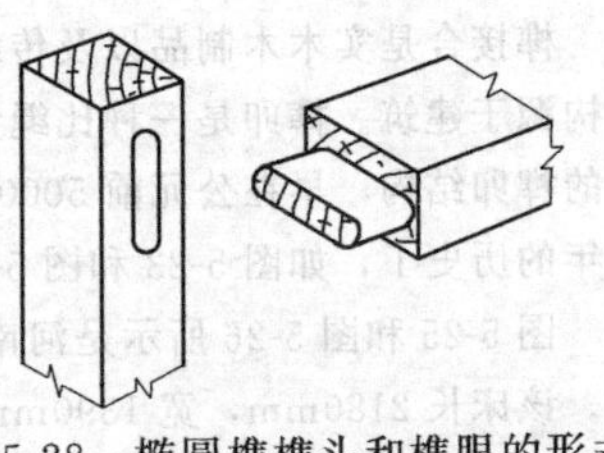

图 5-28 椭圆榫榫头和榫眼的形式

(1) 直角榫接合

特点：榫、孔都呈方形，易于加工，有较高的接合强度，如图 5-29 所示。

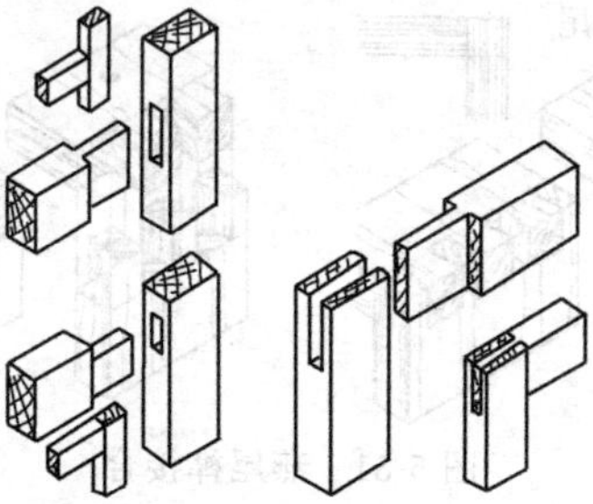

图 5-29　直角榫接合

应用：方材纵横连接的主要接合方式。

（2）圆棒榫接合

特点：另加插入榫，与直角榫相比，接合强度略低，但是较节省材料，易于加工，如图 5-30 所示。应用：主要用于板式部件的连接、定位和接合强度要求不高的方材连接。

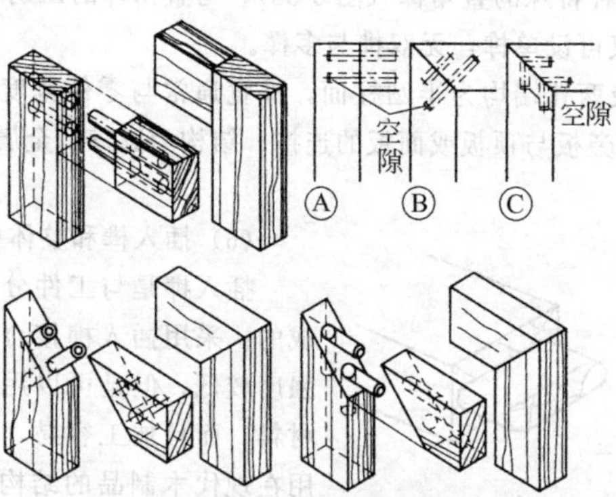

图 5-30　圆棒榫接合

（3）燕尾榫接合

特点：顺燕尾方向抗拔强度高，榫可做成不外露，如图 5-31 所示。应用：燕尾榫的接合主要用于箱、框接合，如现代木制品中用于抽屉旁板与面板接合、首饰盒的接合等。

（4）指接榫接合

特点：靠指榫的斜面相接，接合强度为整体木材的 70%～80%，如图 5-32所示。应用：专用于木材纵向接长。

（5）椭圆榫

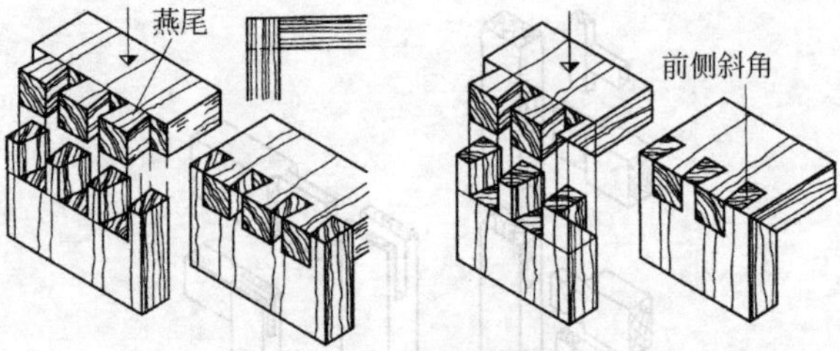

图 5-31　燕尾榫接合

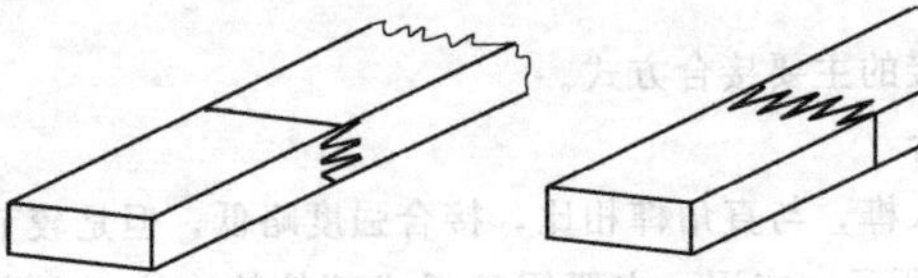

图 5-32　指接榫接合

椭圆榫是一种特殊的直角榫（图 5-33），与直角榫的区别如下。

① 椭圆榫仅可设单榫，无双榫与多榫。

② 两榫侧及两孔端均为半圆柱面，榫宽通常与零件宽度相同或略小。在柜类木制品中两旁板与顶板或面板的连接，结构为圆榫、金属连接件或小木条等形式。

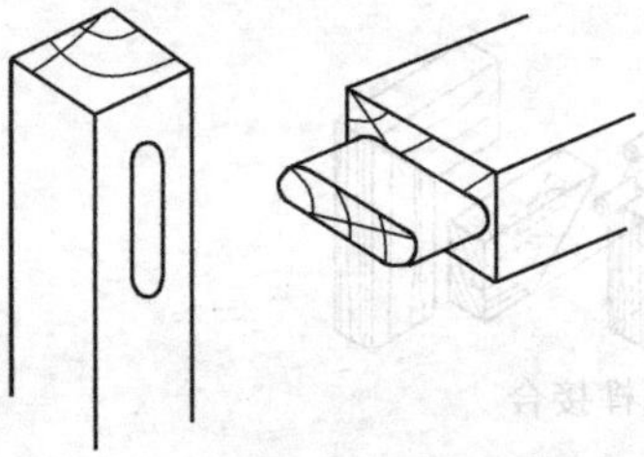

图 5-33　椭圆榫结合

(6) 插入榫和整体榫

插入榫是与工件分离且单独加工而成的。采用插入榫接合的零部件，接合强度较低，但是可以用于连接各类木质材料，而且加工容易，因此被广泛地应用在现代木制品的结构中，典型的插入榫如圆榫等。整体榫的榫头是直接在工件上加工而成的。采用整体榫接合的零部件，接合强度较高，但一般不能用于连接刨花板、中密度纤维板等制成的零部件。整体榫与插入榫相比，木材的浪费较大。典型的整体榫有直角榫、燕尾榫、椭圆榫和指形榫等。图 5-34 所示为整体榫与插入榫。

(7) 贯通榫与非贯通榫

贯通榫也称明榫，榫端暴露在接合部的外面，贯通榫的接合强度高，但是美观性差，在现代木制品结构中使用得不多；非贯通榫也称暗榫，榫端藏在接合部的里面，非贯通榫的接合强度相对于贯通榫略低，但是美观性好，在现代木制品结构中使用较多，如椭圆榫的接合等。图 5-35 所示为贯通榫与非贯通榫。

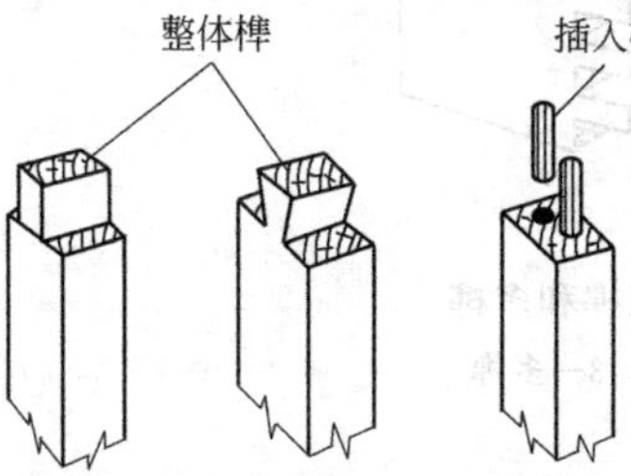

图 5-34 整体榫与插入榫

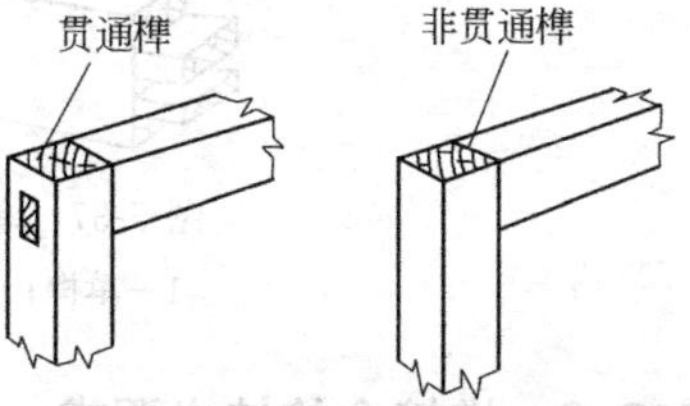

图 5-35 贯通榫与非贯通榫

(8) 开口榫、闭口榫与半闭口榫

开口榫是指榫侧暴露在接合部的外面，开口榫加工方便，但是美观性差，榫接合处容易产生滑动，降低接合强度，同时由于榫头端面暴露在外，当木材的水分发生变化时，榫头端部会凸出或凹陷于连接的零部件表面，影响其美观；闭口榫是指榫侧藏在接合部的里面，闭口榫加工相对于开口榫来说较复杂，但是美观性好，闭口榫的接合强度较高；半闭口榫是指榫侧一部分暴露在接合部的外面，其特点是介于开榫和闭口榫之间。图 5-36 所示为开口榫、半闭口榫和闭口榫。

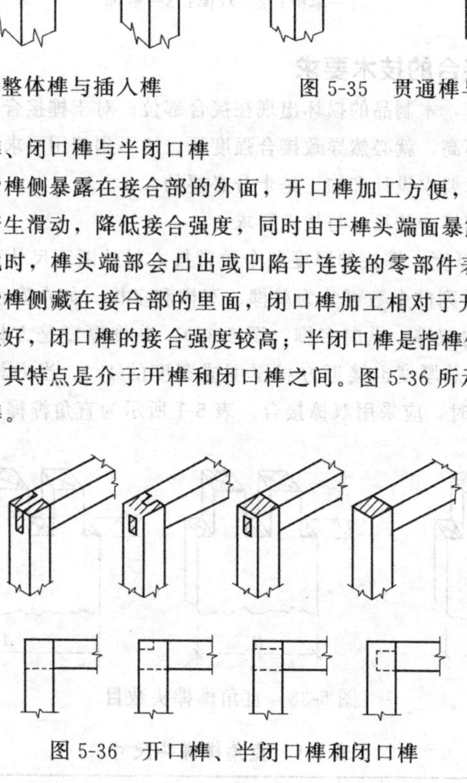

图 5-36 开口榫、半闭口榫和闭口榫

(9) 单榫、双榫与多榫

根据零部件接合处的尺寸大小，为了增强接合处的强度，榫接合可以按榫头的数量分为单榫、双榫与多榫。在传统的木制品结构中，一般框架的接合、抽屉的转角部接合，常采用多榫的接合。图 5-37 所示为单榫、双榫和多榫。

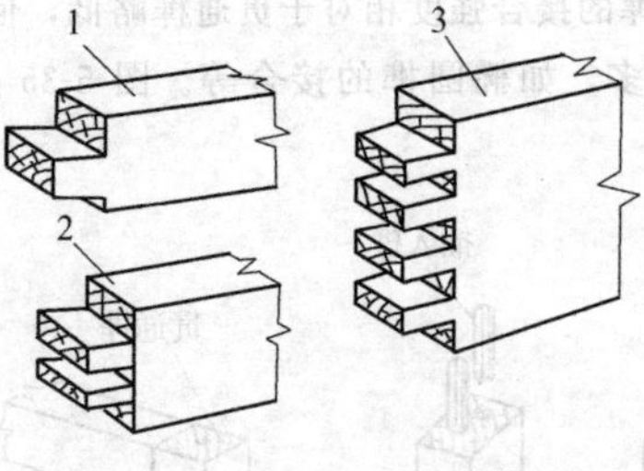

图 5-37　单榫、双榫和多榫

1—单榫；2—双榫；3—多榫

5.2.3　榫接合的技术要求

多数情况下，木制品的损坏出现在接合部位。对于榫接合，如果设计不合理、加工精度不高，就必然导致接合强度低，达不到使用要求。所以，正确按照榫接合的技术要求设计和加工是十分必要的。

(1) 直角榫接合的尺寸与技术要求

① 榫头的厚度。榫头的厚度和个数常按方材的断面尺寸而定。根据榫头在榫厚方向上并列的个数可分为单榫、双榫和多榫。如在宽度方向上并列数榫，则称为纵向双榫、纵向多榫（图 5-38）。单榫厚度是方材的厚度或宽度的 1/2，双榫的总厚度也接近方材厚度或宽度的 1/2。当方材断面尺寸大于 40mm×40mm 时，应采用双樟接合。表 5-1 所示为直角榫榫头尺寸。

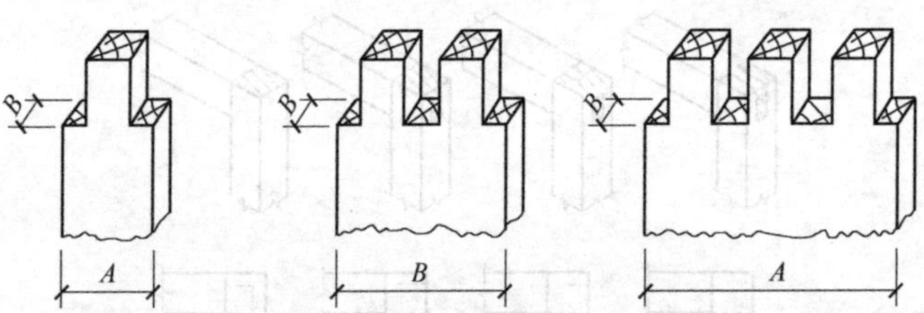

图 5-38　直角榫榫头数目

表 5-1　直角榫榫头尺寸

一般要求		榫头数目 $n>A/2B$		
推荐值	零件断面尺寸	$A<2B$	$4B>A>2B$	$A\geqslant 4B$
	推荐榫头数目	单榫	双榫	多榫

榫头的厚度应根据软、硬材的不同，比榫眼宽度小0.1～0.2mm，普通规格的硬材取0.5mm，而软材取1.0mm。榫头厚度等于榫眼宽度或小于榫眼宽0.1～0.2mm时，接合后抗拉强度最大。如果榫头厚度大于榫眼宽度，强度则会下降，装配时也常因此导致榫孔破裂，保证不了接合质量。如果榫头厚度小于榫眼宽度过多，则因间隙过大、胶层过厚，强度也会降低。为使榫头易于插入榫眼，常将榫端底两边或四边倒成45°的斜棱。除特殊情况外，榫头的外肩一般不小于8mm双榫接合时，夹口宽度常等于榫头厚度，在特殊情况下夹口可略小些，但不应小于5mm。

② 榫头的宽度。榫头的宽度一般比榫眼的长度大0.5～1mm，此时配合最紧，榫眼也不会被胀坏，接合强度最大。反之，接合处所涂胶不易存留，且容易引起榫眼的劈裂。

③ 榫头的长度。榫头的长度是根据榫接合形式而确定的。当采用明榫接合时，榫头的长度应略大于榫眼深度2～3mm，装配后截齐刨平，使接合处表面平整；当采用暗榫接合时，榫头长度应小于榫眼深度2mm，这样装配时可以防止由于加工时的误差使榫头顶靠到榫眼的底部，形成装配间的间隙误差，降低接合强度，影响外观质量。实验证明，当榫头长度为15～35mm时，抗拉、抗剪切强度随长度的增加而增加，但当榫头长度超过35mm时，抗拉、抗剪切强度随长度的增加反而会降低。因此榫头不宜过长，一般以取25～30mm为宜。椭圆榫是一种特殊的直角榫，与普通直角榫的区别在于其两侧都为半圆柱面，榫孔两端也与之同形。椭圆榫接合的技术要求基本同直角榫。

(2) 圆棒榫接合的尺寸与技术要求

圆棒榫是插入榫的一种，是靠插入部分将两连接件连接起来的接合方式。圆棒榫主要起接合和定位作用，其尺寸见表5-2。表面压纹圆棒榫适合于零件连接，表面光滑圆棒榫适合用作定位销。

表5-2　圆棒榫的接合尺寸　　单位：mm

	被连接零件的厚度	圆榫直径	圆榫长度
圆榫尺寸推荐值	10～12	4	16
	12～15	6	24
	15～20	8	32
	20～24	10	30～40
	24～30	12	36～48
	30～36	14	42～56
	36～45	16	48～64

制作圆棒榫的材料必须是密度较大、无疤节、无腐朽、纹理通直的硬材，

常用树种有桦木、色木、柞木、水曲柳等。圆棒榫材料含水率必须比被连接零件的含水率低2%～3%。在装配榫、孔时，要施胶以增加其接合强度，常用胶种按接合强度由高至低的顺序：75%脲醛树脂胶+25%聚乙酸乙烯酯乳液胶>脲醛树脂胶>聚乙酸乙烯酯乳液胶。圆榫的数量与间隔：两个零件间连接，至少使用圆榫2个，以防止零件转动。当用多个圆棒榫连接时，榫间距一般为100～150mm，如图5-39所示。

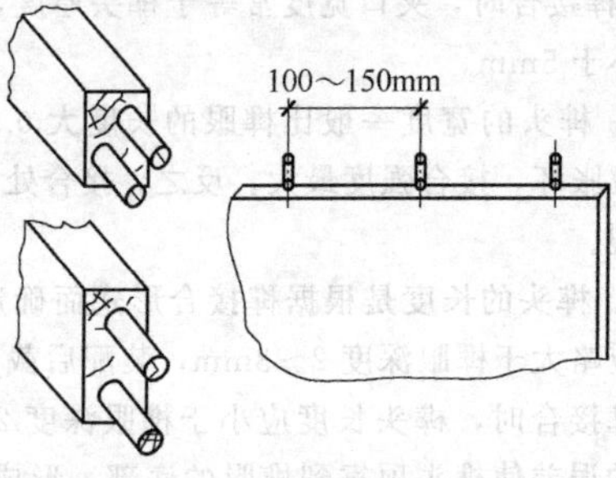

图5-39 圆棒榫的数量与间隔

圆榫表面设沟槽是为了便于装配时带胶入榫孔，压缩螺旋沟效果较好，如图5-40所示。

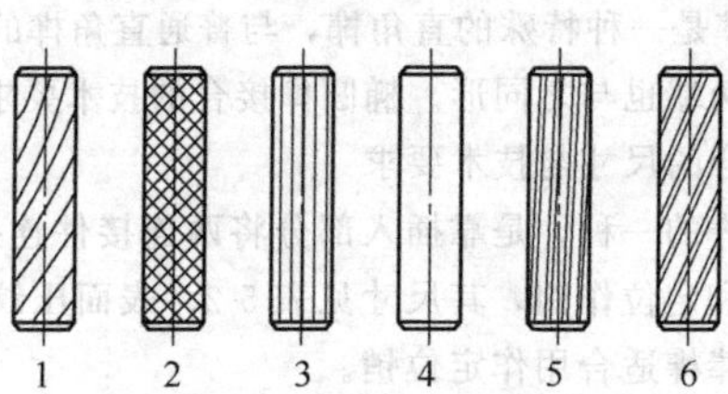

图5-40 圆榫沟槽形式

1—压缩螺旋沟；2—压缩鱼鳞沟；3—压缩直沟；
4—压缩光面；5—铣削直沟；6—铣削螺旋沟

(3) 燕尾榫接合的尺寸与技术要求

燕尾榫的接合按榫头露出情况分有全隐燕尾榫、半隐燕尾榫和明燕尾榫三种。见图5-41中(d)和(b)。

燕尾榫榫肩与榫颊的夹角要适当，如果斜度过小，将会失去燕尾榫的作用，接合不牢，当受力大时，榫头容易破坏。一般取8°～12°（或夹角以80°为宜）。燕尾单榫根部宽度一般为零件宽度的1/3，多头燕尾榫的榫端宽一般为板厚的0.85，常取13mm、14mm、15mm、16mm、17mm。

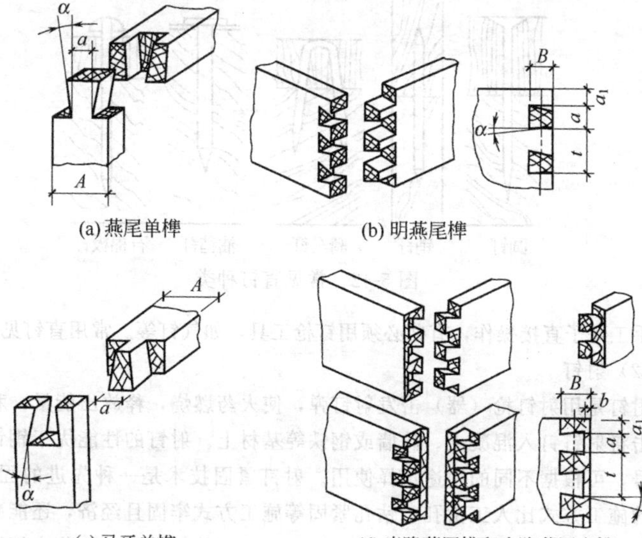

(a) 燕尾单榫　(b) 明燕尾榫

(c) 马牙单榫　(d) 半隐燕尾榫和全隐燕尾多榫

图 5-41　燕尾榫接合形式

5.3　钉及木螺钉接合

钉接合是一种借助于钉与木质材料之间的摩擦力将接合材料连接在一起的接合方法。通常与胶黏剂配合使用，起到了一定的辅助作用。钉接合是各种接合中操作最方便的一种接合方法，多用于室内装饰装修的内部以及外部要求不高的接合点上。钉接合强度小，且容易破坏木材，如抽屉滑道的固定。施工现场制作的木制品经常使用钉接合，如室内装修中胶合板包镶的踢脚板、门套、窗套及长条企口木地板的固定。握钉力与钉子的大小有关，一般钉子越长，直径越大，握钉力越大。但需指出的是，握钉力与木材的纹理及是否开裂有关，钉子直径大也容易引起板材劈裂。如果用钉子来连接刨花板、MDF 等，随着板子的密度增加，握钉力也增加，同时还与在板子上的排列状态有关，刨花板侧面的握钉力最小。

5.3.1　钉的类型

（1）直钉

直钉是工作表面没有任何螺纹的直型钉类。它包括圆钉类和其他直钉。圆钉类直钉包括普通圆钉、水泥钉、骑马钉、气钉、平头钉、无头钉、边头钉、鱼尾钉、拼板钉、麻花钉、倒刺钉等。其他直钉有泡钉、门形钉等。直钉有些

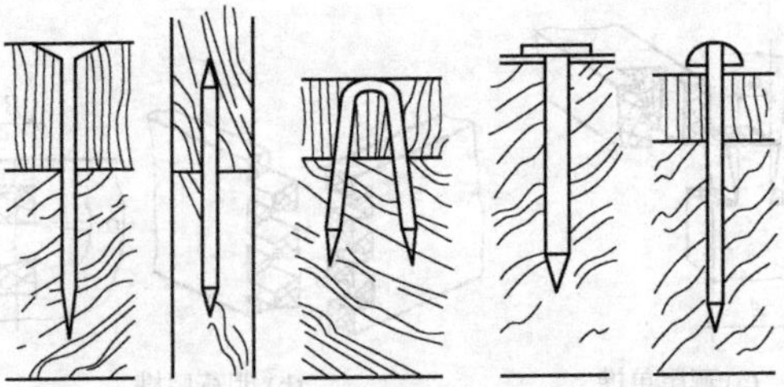

图 5-42 常见直钉种类

可用手工锤子直接操作，有些必须用钉枪工具，如气钉等。常用直钉见图 5-42。

(2) 射钉

射钉是用射钉枪（器）击发射钉弹，使火药燃烧，释放出能量，利用火药的冲击将射钉钉入混凝土、砖墙或钢铁等基材上。射钉的性能优于钢钉，有各种型号，可根据不同的用途选择使用。射钉紧固技术是一种先进的固接技术，射钉的施工方式比人工凿孔、钻孔紧固等施工方式牢固且经济，还能减轻劳动强度。现在又有可以利用气动枪将钢钉射入基层的气钢钉（包装为钢钉排列成排）。适用于室内外装修和安装施工。

(3) 钢钉

钢钉又称水泥钉，是采用优质钢材制造的，该钉坚硬、抗弯，可直接钉入低标号的混凝土和砖墙，水泥钢钉的规格有 7～35mm 不等。随着装饰材料和装修工具的发展，现今又出现了可以利用气动枪将钢钉射入基材的气钢钉，气钢钉的钢钉一般排列成排。水泥钢钉用于将木门窗框固定在混凝土墙壁的洞口上。一般用途的米制圆钢钉如图 5-43 所示。高强度钢钉可用手锤直接将其敲入混凝土、矿渣砖块或厚度小于 3mm 的薄钢板，如图 5-44 所示。

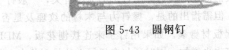

图 5-43 圆钢钉

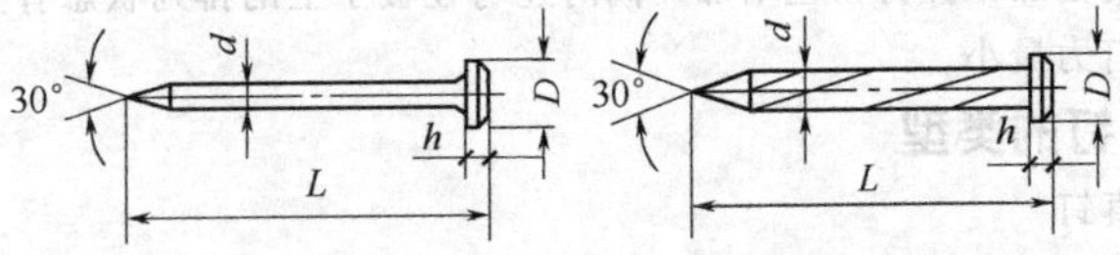

图 5-44 高强度钢钉

扁头圆钢钉如图 5-45 所示。拼合用圆钢钉适用于门扇等需要拼合木板时作销钉使用，如图 5-46 所示。

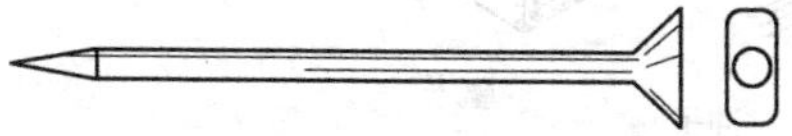

图 5-45　扁头圆钢钉

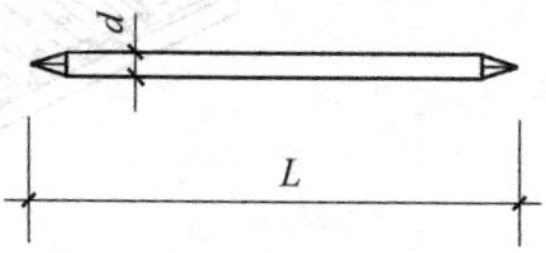

图 5-46　拼合用圆钢钉

(4) 气钉

气钉如同订书钉一样排列成排，施工时采用电动或气动打钉枪将 U 形或直形气钉打射入木结构、木质或石膏板材及线材中，以取代锤击敲打。气钉施工时的气动打钉枪一般需要与气泵连接，气钉施工的优点是施工速度快，效率高，饰面无钉帽外露，在现今装饰工程中被广泛采用。

(5) 竹钉

使用竹子制成的钉子，常用在传统的手工室内装饰装修生产中，在现代生产中已被逐渐淘汰。

(6) 木钉

多使用硬杂木制成的钉子，由于钉子自身强度低，不能用于强度要求较高的接合上，而且仅在传统的手工室内装饰装修生产中被采用。木螺钉属于简单的连接件，不能用于多次拆装接合，否则会影响制品的强度。常用于包装箱、客车车厢、船舶内部装饰板的固定及木制品的背板等部位。随着木螺钉的长度、直径增大而增强。刨花板板面的握钉力约为端面的 2 倍，其主要是与刨花板的密度有关，密度越大，则握钉力越强。竹钉、木钉在我国手工生产中应用较普遍，主要优点是不生锈。先钻一个小于钉子直径的孔，然后将其钉入。常为增强直角榫接合强度而使用。

5.3.2　钉接合种类

(1) 圆钉接合

特点：接合简便，但接合强度低，常在接合面加胶以提高接合强度(图 5-47)。应用：常用于背板、抽屉滑道等不外露处和强度要求较低的连接。

(2) 螺钉接合

螺钉接合是室内装饰装修生产中比较简单、方便的接合方法，常被用来接合不宜多次拆装的室内装饰装修零部件，或室内装饰装修的里面或背面，如室内装饰装修的背板、椅座板、餐桌面以及配件的安装等。

① 螺钉的类型。室内装饰装修工程中常用的螺钉有木螺钉、自攻螺钉、

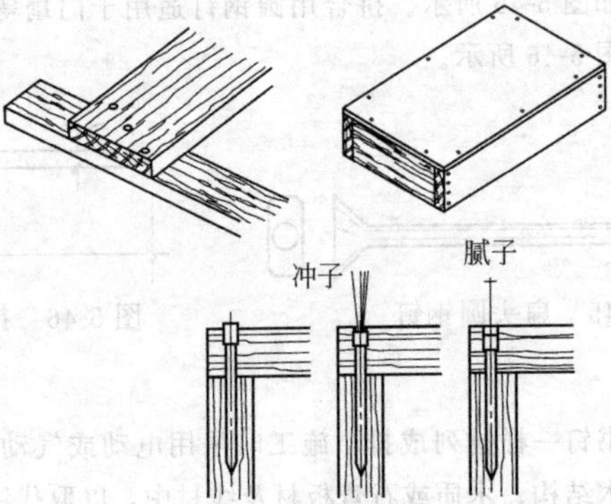

图 5-47 圆钉接合

机螺钉等。

② 螺钉接合的特点。

a. 螺钉接合破坏木质材料，由于钉头外露，使螺钉接合的美观性变差。

b. 螺钉的接合强度取决于握螺钉力，其大小与螺钉的直径、长度、持钉材料的密度等有关，螺钉的直径越大、长度越长、持钉材料的密度越高，其握螺钉力越大。

c. 当螺钉顺木纹方向拧入木材时，其握钉力要比垂直木纹打入时握钉力低，因此在实际应用时应尽可能地垂直木材纹理钉入。

d. 当刨花板、中密度板采用螺钉接合时，其握钉力随着容重增加而提高。

e. 当垂直板面拧入时，刨花或纤维被压缩分开，具有较好的握螺钉力。

f. 当从端部钉入时，由于刨花板、中密度纤维板平面抗拉强度较低，其握螺钉力较差，一般只有垂直板面拧入时的 1/2。

螺钉接合较简便，接合强度较榫低但较圆钉高，常在接合面加胶以提高接合强度（图 5-48）。接合后螺钉头部外露在表面，影响木制品的美观。

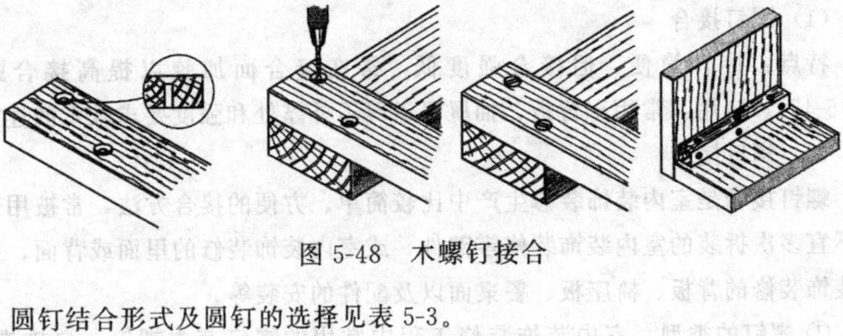

图 5-48 木螺钉接合

圆钉结合形式及圆钉的选择见表 5-3。

表 5-3 圆钉结合形式及圆钉的选择

结合形式	结合简图	在建筑上常用部位
薄板搭接	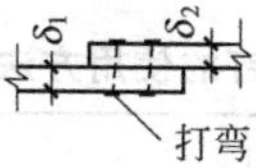	拉条接长
夹板接长	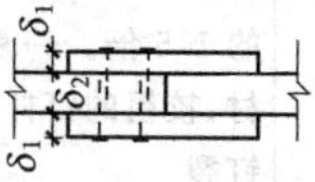	吊顶搁栅、板条墙立筋接长
支柱夹板接长	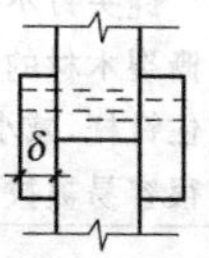	模板立柱支撑、模板拉杆与支撑连接
板钉于大木方上	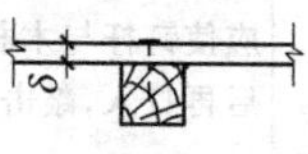	屋面板钉于檩条上，木地板钉于搁栅上，钉木墙裙、门窗贴脸、筒子板等
板钉于小木方上	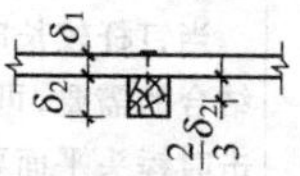	模板钉于小方木上
薄板钉于小方木上	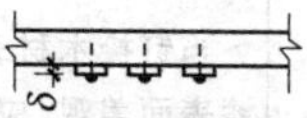	板条钉于吊顶搁栅上，板条钉于墙的立筋上
小木方钉于大木方上	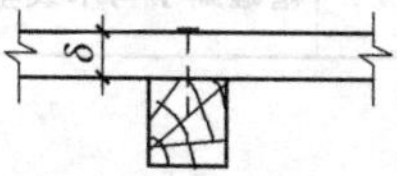	椽条钉于檩条上
竖筋与横筋结合	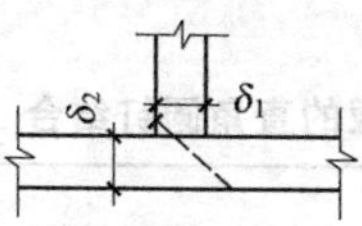	板条墙立筋钉于上、下槛木上
小方吊于大方上	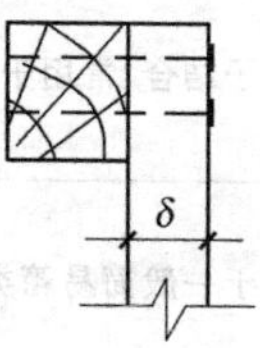	板条吊顶中的吊木钉于搁栅上

5.3.3 使用方法

(1) 圆钉的使用

圆钉的使用方法见表 5-4。

表 5-4 圆钉的使用方法

使用方法	简图	说明
正常钉穿孔	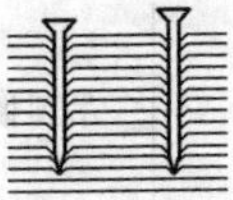	正常的标准型圆钉，其钉尖长度应为钉径的 1.5 倍。一般钉杆直径较小时易打入木材，较粗的钉杆且钉尖秃钝时，则极易把木材钉裂
钝头钉穿孔	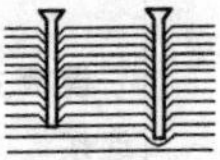	钝头钉不仅不容易打入木材，而且钉尖会撕裂木材的孔壁，木材的纤维不能紧紧地挤住钉杆，减小了木材与钉杆间的摩擦力，钉子很容易被拔出来
圆钉垂直打入	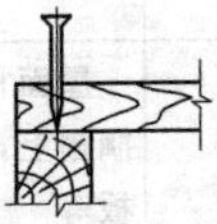	用钉锤将圆钉打入木材时，不论钉径大小，应使钉杆与木材面垂直。先轻敲试击，正位后再打入，敲击时应注意锤面与钉帽水平
倾斜打入	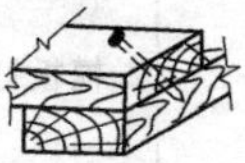	当钉杆较长时，为避免打穿木料或因构件结合的需要，可将圆钉倾斜打入木材内。敲击时锤头平面要保持与钉帽平行钉入方向
钉帽凹入木材表面内		当钉接木材表面需再行刨光加工，或为油漆表面美观，应使钉帽凹入木面。可先将钉帽砸扁于与木纹垂直方向打入木料内

(2) 板的直角圆钉结合

板的直角圆钉结合见表 5-5。

表 5-5 板的直角圆钉结合

名称	简图	说明
平叠接	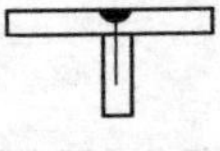	用钉子结合、常用于一般简易隔板的结合
角叠接	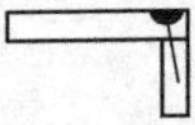	常见于一般简易箱类四个角上的结合

续表

名称	简图	说明
肩胛叠接	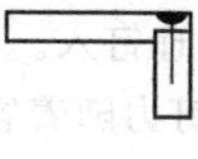	多用于抽屉旁板的结合、包脚板阳合等
合角肩胛接	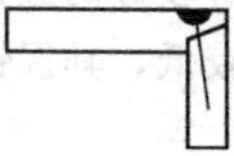	常用于包脚板阳角的结合

（3）扒钉的结合

扒钉的结合见表 5-6。

表 5-6　扒钉的结合

结合方法及问题	简图	说　明
平面扒钉结合		在同一构件结合部位要用两个以上的扒钉时，应钉成八字形。两钉距离应大于或等于钉直径的 15 倍，钉与木材边缘的距离，也应大于或等于钉径 15 倍。打入深度应为材径 d 的 1/3
交叉面扒钉结合	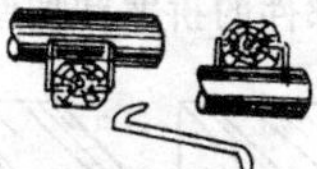 反向扒钉	用于交叉面扒钉结合时，应用钉脚互为 90°的反向扒钉，将两脚分别打入两个交叉面进行结合，使用亦很普遍，扒钉钉入深度一般为材径 d 的 1/3
扒钉使用不当		钉击扒钉时，切勿在 n 形扒钉的腰部下锤，以免将扒钉打弯。应分别打击两脚顶端，并应垂直钉入。打击时，不要只单击一端，应两端轮流打入。当扒钉已全部打入木材后，要立即停止打击，否则木质的弹性会将钉尖拔出
扒钉不规格		不合规格的扒钉，修整合格后方可使用，否则不仅不易钉入，而且不易保证结合的牢固

5.3.4 钉接合的特点

① 钉接合破坏木质材料，接合强度小，美观性差。

② 当钉子顺木纹方向钉入木材时，其握钉力要比垂直木纹打入时握钉力低 1/3，因此在实际应用时应尽可能地垂直木材纹理钉入。

③ 当刨花板、中密度板采用钉接合时，其握钉力随着容重的增加而提高，当垂直板面钉入时，刨花或纤维被压缩分开，具有较好的握钉力；当从端部钉入时，由于刨花板、中密度纤维板平面抗拉强度较低，其握钉力很差或不能使用钉接合。

5.4 胶接合

胶接合是木制品零部件之间借助于胶层对其相互作用而产生的胶着力，使两个或多个零部件胶合在一起的结合方法。胶接合主要是指单独用胶来接合。随着新胶种的不断涌现，胶接合的适应范围越来越广，如常见的短料接长，窄料拼成宽幅面的板材，覆面板的胶合，弯曲胶合的椅坐板和椅背板、缝纫机台板、收音机木壳的制造等均采用胶合。胶合还经常应用于不宜采用其他接合方法的场合，如薄木或塑料贴面板的胶贴，乐器、铅笔、体育器材、纺织机械的木配件等。其优点是可以小材大用、劣材优用、节约木材，还可以提高木制品的质量。

特点：单纯依靠接触面间的结合力（接合强度）将零件连接起来，零件胶接面需均为纵向平面。

应用：用于板式部件的构成和实木部件的拼宽和加厚，如图 5-49 所示。

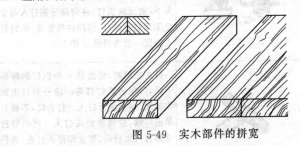

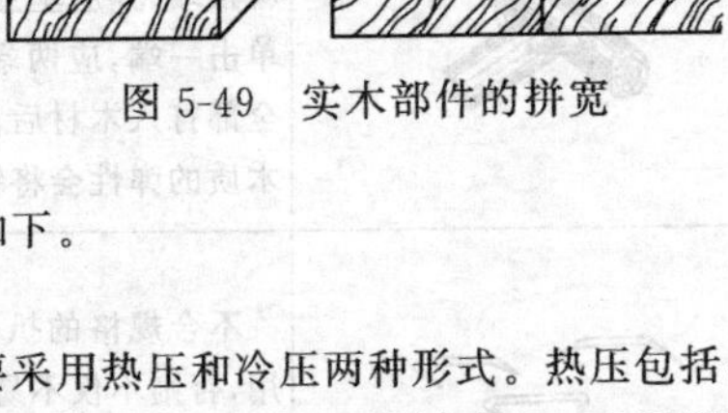

图 5-49 实木部件的拼宽

常用的胶黏剂如下。

(1) 贴面用胶

目前生产上主要采用热压和冷压两种形式。热压包括：酚醛树脂胶，脲醛树脂胶，改性聚乙酸乙烯酯乳液胶，脲醛树脂胶与改性聚乙酸乙烯酯乳液胶的混合胶。冷压包括：聚乙酸乙烯酯乳液胶和改性聚乙酸乙烯酯乳液胶。

（2）边部处理用胶

直线、直曲线及软成型封边用热熔性胶以及后成型包边用改性聚乙酸乙烯酯乳液胶和热熔胶。

（3）真空模压用胶

主要采用乙烯-乙酸乙烯共聚树脂胶或热熔胶。

（4）指接材、实木拼板用胶

常采用聚乙酸乙烯酯乳液胶、改性聚乙酸乙烯酯乳液胶异氰酸酯胶黏剂、脲醛树脂胶与改性的三聚氰胺树脂胶的混合胶黏剂等。

（5）胶合弯曲件用胶

聚乙酸乙烯酯乳液胶、改性聚乙酸乙烯酯乳液胶、脲醛树脂胶、脲醛树脂胶与改性的三聚氰胺树脂胶的混合胶黏剂都可以用于胶合弯曲。

5.5 连接件接合

连接件是紧固类配件的主要部分，也是现代拆装室内装饰装修中零部件结构的主要连接形式。近年来，各种新型的连接件不断涌现，使现代木制品结构发生了根本性的变化，连接件在实木家具、板式家具，特别是在各类拆装式家具上得到了广泛的应用。采用拆装式连接件的家具结构，不仅拆装方便，而且结构简单，便于实现生产的连续化和自动化，实现木制品设计和生产中零部件标准化、系列化和通用化，也给产品的包装、运输和贮存等带来了很大的方便。连接件的类型繁多，规格各异，目前木制品行业最常用的有倒刺式连接件、螺旋式连接件、偏心式连接件和拉挂式连接件等。

（1）倒刺式连接件

倒刺式连接件主要用于垂直零部件的连接。倒刺式连接件的种类较多，现在室内装饰装修结构中常用的有普通倒刺式螺母连接件、角尺式倒刺式连接件和直角式倒刺式连接件。

（2）螺旋式连接件

螺旋式连接件主要用于垂直零部件的连接。现在室内装饰结构中常用的有圆柱式螺母连接件、外螺纹式空心螺母连接件和刺爪式螺纹板式连接件。

（3）偏心式连接件

偏心式连接件（见图5-50）主要用于板式室内装饰装修中垂直零部件的连接，也有的偏心式连接件用于平行板件的接合。偏心式连接件的种类、规格较多，现在室内装饰装修结构中常用的有膨胀销式偏心连接件和偏心轮式连接件。

偏心轮式连接件为家具业板式家具板与板之间的连接件，通常用于板材间直角的拼装。先将直杆有螺纹的一端旋入已经嵌入木板的塑料中去，通常两块板子是2～3套，然后将木板对准直杆插入，在插入的木板上有圆孔可看见插入的直杆，将锌头的缺口对准直杆放入，然后用螺丝刀顺时针旋紧即可。

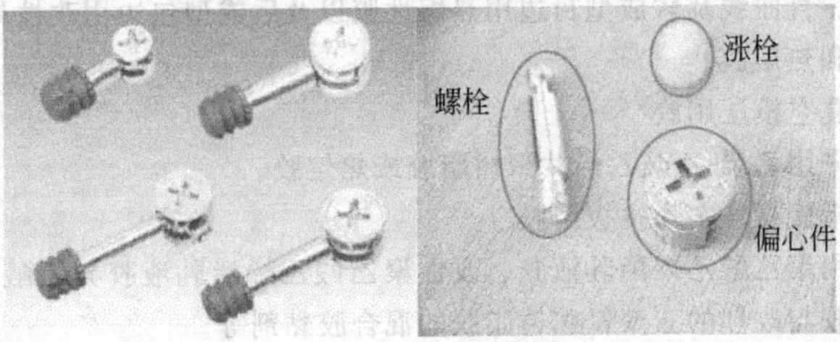

图 5-50 偏心连接件

（4）拉挂式连接件

拉挂式连接件是利用固定于某一个零部件上的金属片状式连接件上的夹持口，将另一个连接在零部件上的金属柱式零件扣住，从而将两个零部件紧紧连在一起的接合方法。常常用于直角形零部件的连接，而且可以多次拆卸。随着现代科技的发展，采用连接件接合越来越多，其形式也是多种多样，有拆装和固装之分，也有活动和固定之分。近年来，各种新型的连接件不断涌现，使现代木制品结构发生了根本性的变化，连接件在实木木制品、板式家具，特别是在各类拆装式家具中得到了广泛的应用。采用拆装式连接件的家具结构，不仅拆装方便，而且结构简单，便于实现生产的连续化和自动化，实现家具设计和生产中零部件标准化、系列化和通用化，也给产品的包装、运输和贮存等带来了很大的方便。连接件的类型繁多，规格各异。连接件接合专用于可拆装部件的接合，尤其广泛用于柜体板件间的连接。随着现代科技的发展，采用连接件接合越来越多，其形式也是多种多样，有拆装和固装之分，也有活动和固定之分。采用拆接式连接件生产的家具，工艺简便，拆装方便，完全可以实现先油漆后组装的工艺过程，给包装、运输、贮存带来了很大方便（图 5-51 和图 5-52）。

图 5-53(a)～(n) 为目前常见的连接件形式。图 5-53(a) 所示连接件可拆卸，常用于箱框的连接，将受力座打入侧板内，加塑料外罩，用木螺钉固定。图 5-53(b) 所示常用于侧板两侧棚板的固定，在侧板穿螺纹套管，通过套头螺套旋入螺钉。图 5-53(c) 所示适用于在侧板两侧安装棚板，在侧板穿孔，木螺钉连接，棚板挖孔，放上连接件。图 5-53(d) 所示多用于棚架或角隅部分的连接，不宜承受重负荷，可通过螺钉调节来调整 5mm 内的装配误差。图 5-53(e) 所示操作简便，但不宜承受重负荷，用木螺钉将连接件固定在侧板上，在棚板上开挖洞孔，插入外套，再套在连接件上。图 5-53(f) 所示用于棚架或角隅部分的连接，能承受重负荷，有大、小两个套头，将大套

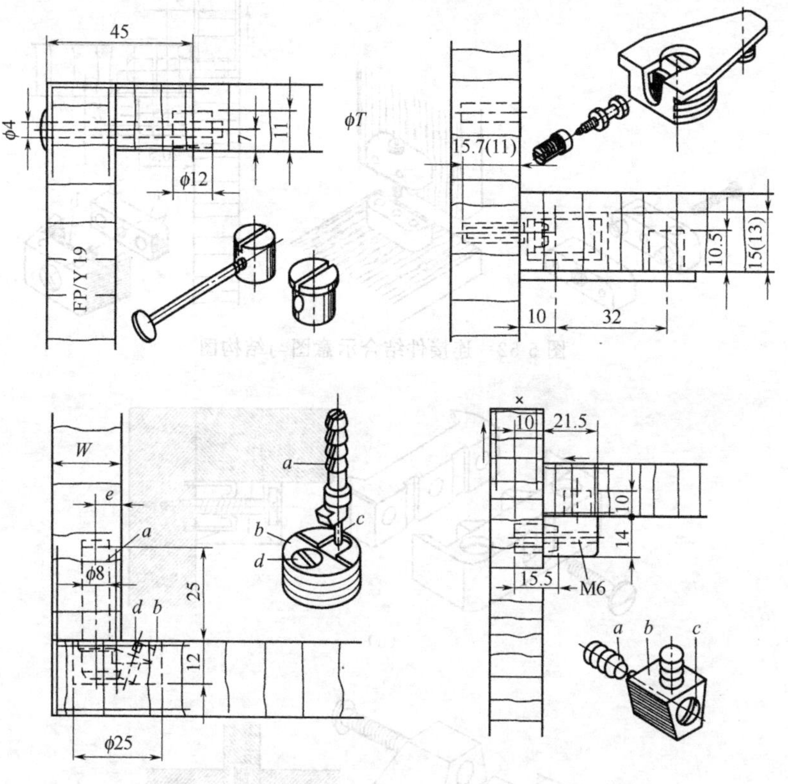

图 5-51 几种连接件连接结构图

头套入小套头，用螺钉加以固定。图 5-53(g) 所示连接件一般多用于组合柜两侧之间的连接，金属螺杆两端套入尼龙螺母，利用螺钉刀将两侧板紧固。图 5-53(h) 所示操作简便，能承受重负荷，适宜与大型棚板的连接。图 5-53(i) 所示连接件一般用于板与板之间丁字形连接，金属螺钉旋入尼龙套头，用螺钉刀紧固。图 5-53(j) 所示操作简便，适合于不同安装形式的板与板之间的连接。图 5-53(k) 所示连接操作简便，紧固力强，适用于板材之间十字形连接。图 5-53(l) 所示常用于棚架或角隅部分的连接，将塑料套头和小螺套打入板内，用螺钉钉穿过套头旋入螺套内，将两侧板紧固。图 5-53(m) 所示常用于板材之间 L 形连接，其连杆为直角形。图 5-53(n) 所示常用于棚架或角隅部分的连接，构造原理同上，但螺套为细长形。

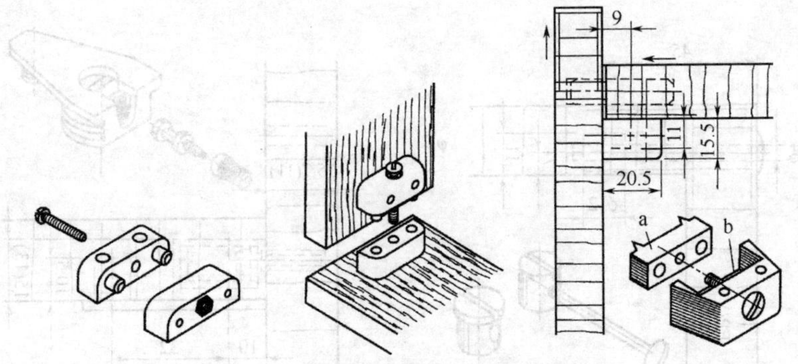

图 5-52　连接件结合示意图与结构图

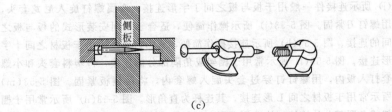

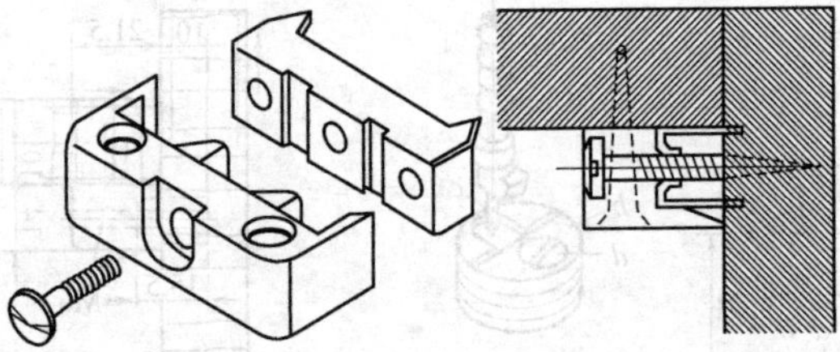

(a)

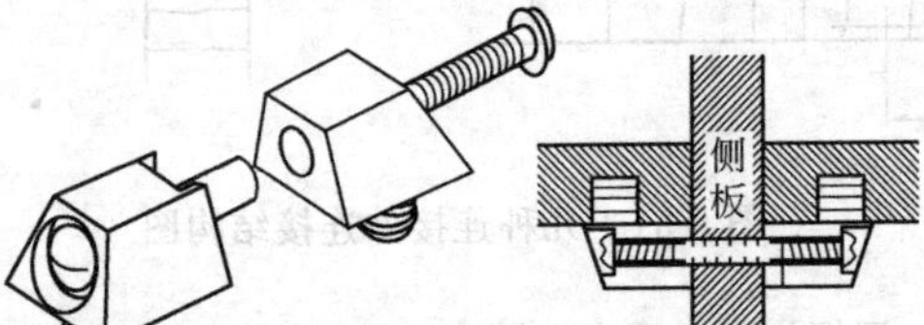

(b)

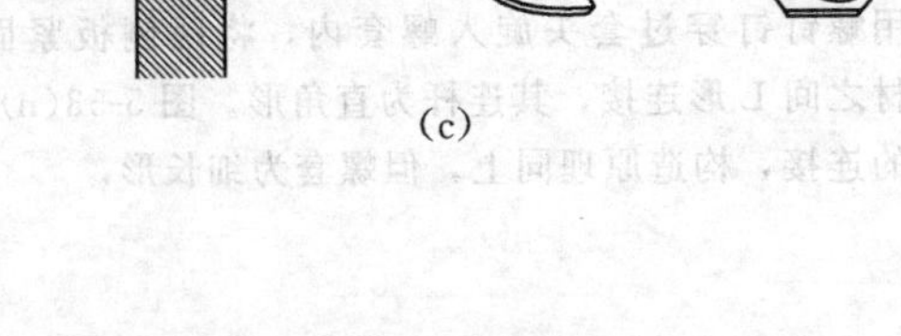

(c)

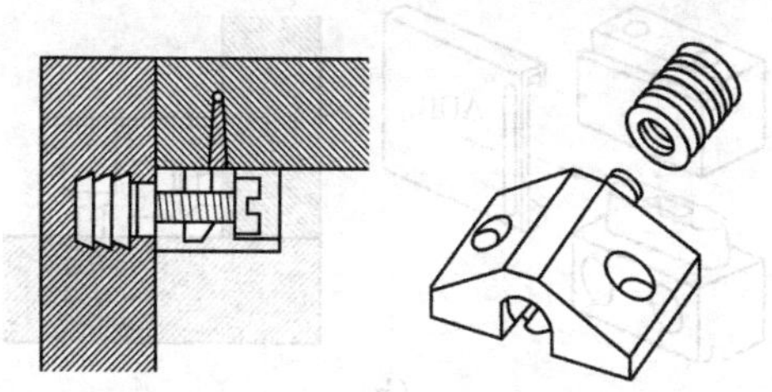

(d)

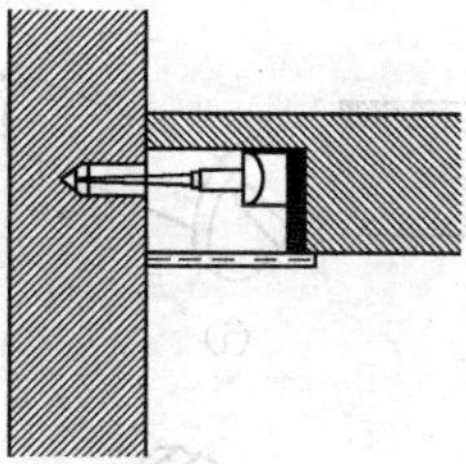

(e)

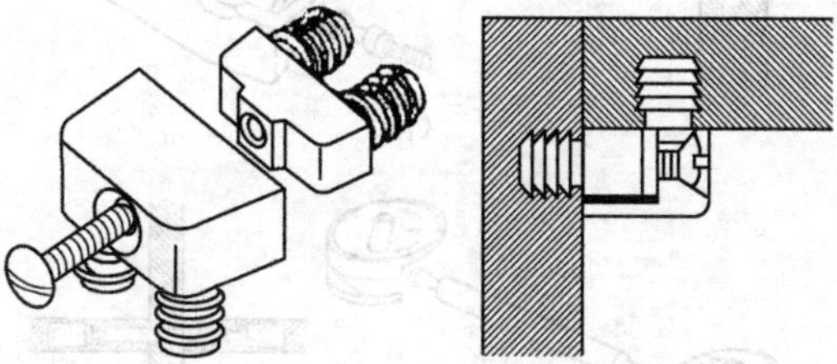

(f)

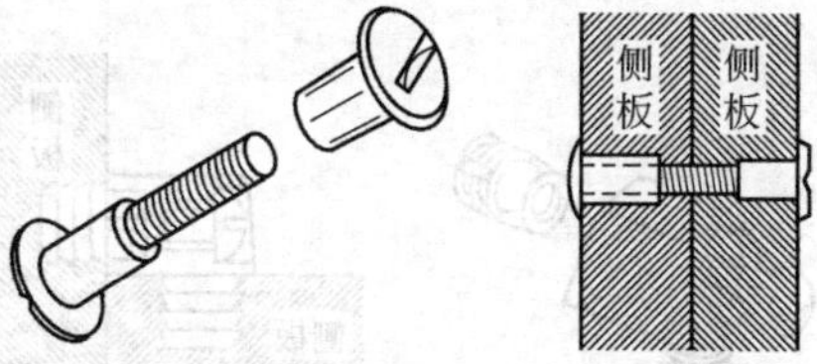

(g)

图 5-53

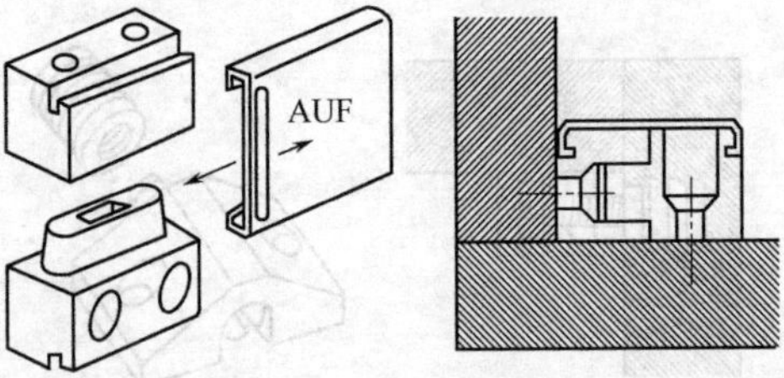

(h)

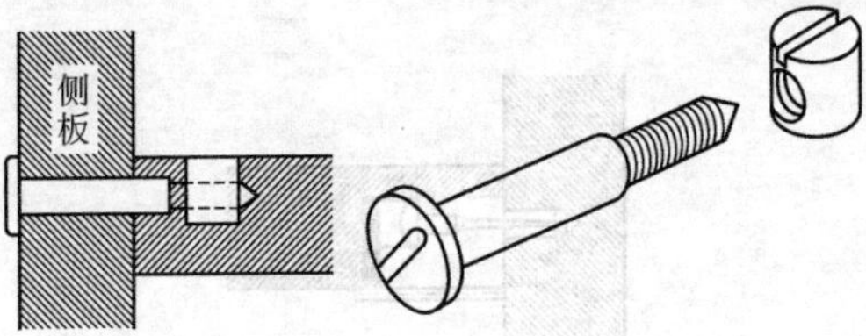

(i)

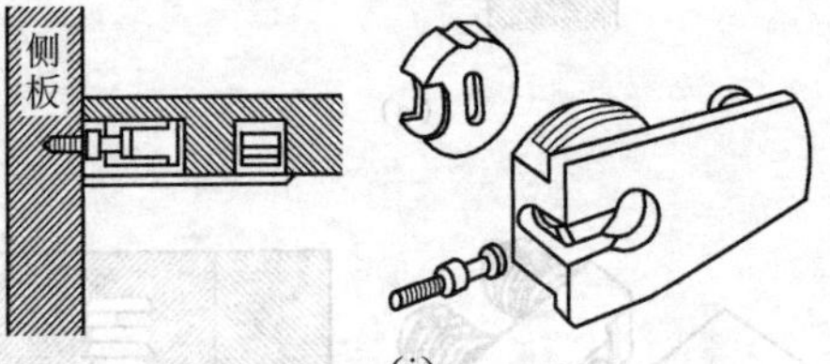

(j)

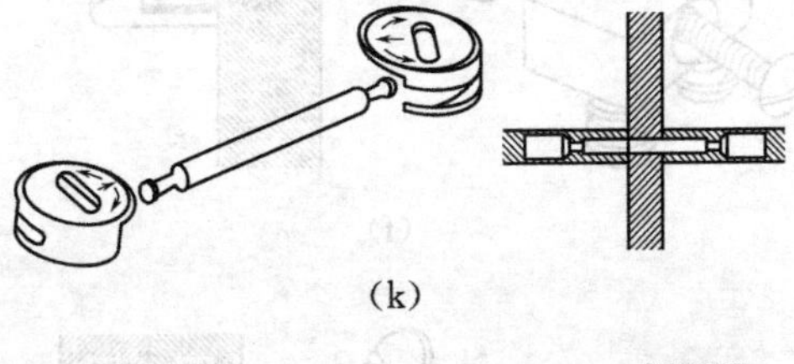

(k)

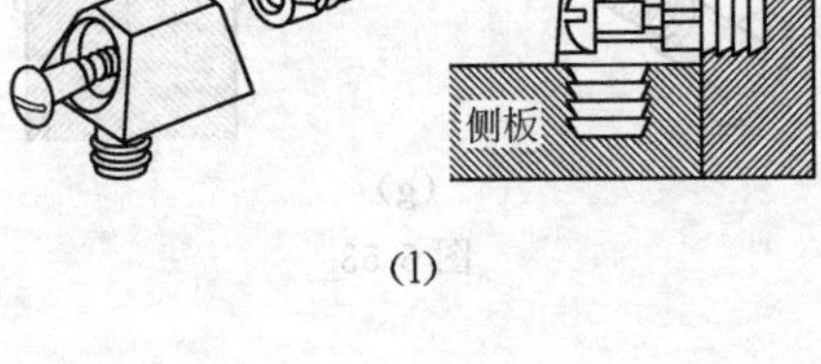

(l)

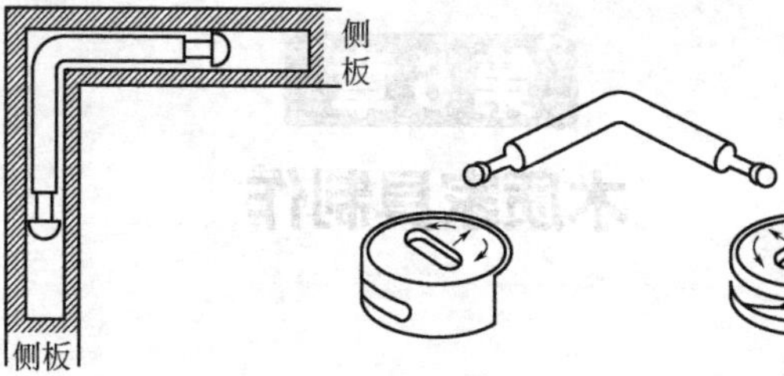

（m）

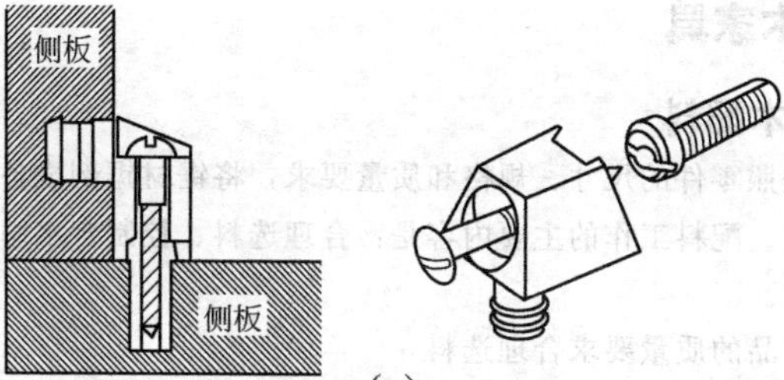

（n）

图 5-53　常见的连接件形式

第6章 木质家具制作

6.1 实木家具

6.1.1 实木配料

配料是按照零件的尺寸、规格和质量要求，将锯材锯剖成各种规格方材毛料的加工过程。配料工作的主要内容是：合理选料、控制含水率、确定加工余量和加工工艺。

(1) 按产品的质量要求合理选料

合理选料是指选择符合产品质量的树种、材质、等级、规格、纹理及色泽的原料。目的是为了合理搭配原材料，做到材尽其用。

① 按产品的质量要求合理选料的原则。高档产品的零部件以及整个产品往往需要用同一种树种的木材来配料。中、低档产品的零部件以至整个产品要将针叶材、阔叶材分开，将材质、颜色和纹理大致相似的树种混合搭配，以节约木材。

② 按零部件在产品中所在的部位来选料。家具的外表用料，如家具中的面板、顶板、旁板、抽屉面板、腿等零部件用料，必须选择材质好，纹理和颜色一致的木材；家具的内部用料，如家具中的搁板、隔板、底板、屉旁板和屉背板等零部件的用料，对于木材的一些缺陷，如裂纹、节子、虫眼等可修补使用，纹理和颜色可稍微放宽一些要求；暗处用料是不可见处的用料，如双包镶产品中的芯条、细木工板中的芯条等，在用料上可宽松。

③ 根据零部件在家具中的受力状况和强度来选料。要适当考虑零部件在家具制品中的受力状况和强度要求，以及某些产品的特殊要求，如书柜的搁板尺寸和使用的原材料等都将影响着搁板的受力状况和强度。

④ 根据零部件采用的涂饰工艺来选料。实木家具的零部件若采用浅色透明涂饰工艺，在选料和加工上要严一些；若采用深色透明涂饰工艺，在选料和加工上可以放宽一些；若采用不透明涂饰工艺，则可更加宽松。

⑤ 根据胶合和胶拼的零部件来选料。对于胶合和胶拼的零部件，胶拼处

不允许有节子，纹理要适当搭配，弦径向要搭配使用，以防止发生翘曲；同一胶拼件上，材质要一致或相近，针叶材、阔叶材不得混合使用。

（2）控制含水率

木材含水率是否符合产品的技术要求，直接关系到产品的质量、制品中零部件的加工工艺和劳动生产率的提高。因此，在选料前木材必须先进行干燥，对于家具生产使用的木材必须采用人工干燥，干燥后还必须进行终了处理，以消除内应力。干燥后木材含水率的高低，还必须要适应使用的相对湿度所对应的木材平衡含水率。

（3）合理确定加工余量

在配料时必须合理留出加工余量，选用的锯材规格尺寸或订制材的规格尺寸要尽量和加工时的零部件规格尺寸相衔接。由于零部件的种类繁多，配料后的方材毛料规格尺寸不应过多。根据实际情况可以得出下列类型的方材毛料。

① 由锯材直接下出方材毛料。

② 由锯材配出宽度上相等、厚度是倍数的方材毛料。

③ 由锯材配出厚度上相等、宽度是倍数的方材毛料。

④ 由锯材配出宽度、厚度上相等，长度是倍数的方材毛料，在配制这样的方材毛料时要考虑长短搭配使用。

（4）配料方法

第一类是单一配料法，即在同一锯材上，配制出一种规格的方材毛料；第二类是综合配料法，即在同一锯材上，配制出两种以上规格的方材毛料。两类配料方法的出材率不同，前者出材率低，但现在锯材的规格越来越小，多数企业只好采用第一类的配料方法。

（5）配料工艺

① 先横截后纵剖的配料工艺。这种工艺适合于原材料较长和尖削度较大的锯材配料，采用此方法可以做到长材不短用、长短搭配和减少车间的运输等，同时在横截时，可以去掉锯材的一些缺陷，但是有一些有用的锯材也被锯掉，因此锯材的出材率较低。图 6-1 所示为先横截后纵剖的配料工艺图。

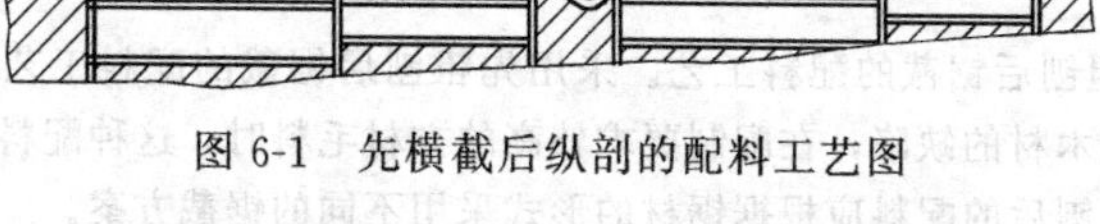

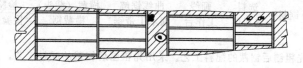

图 6-1　先横截后纵剖的配料工艺图

干燥锯材→（选料/选料区）→（横截/横截锯）→（纵剖/纵剖区）→（检验/检验区）→方材毛料

② 先纵剖后横截的配料工艺。这种工艺适合于大批量生产以及原材料宽度较大的锯材配料，采用此方法可以有效地去掉锯材的一些缺陷，有用的锯材被锯掉得少，是一种提高木材利用率的好办法。但是，由于锯材长，车间的面积占用较大，运输锯材时也不方便。图 6-2 所示为先纵剖再横截的配料工艺图。

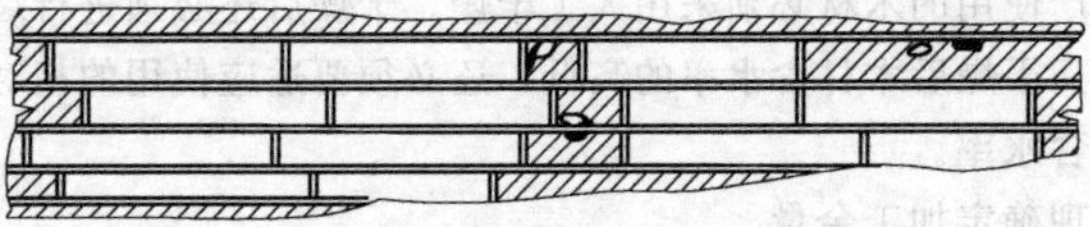

图 6-2　先纵剖再横截的配料工艺图

干燥锯材→选料/选料区→纵剖/纵剖锯→横截/横截锯→检验/检验区→方材毛料

③ 先画线再锯截的配料工艺。采用这种工艺主要是为了便于套裁下料。这种工艺可以大大地提高木材利用率，在实际生产中主要是针对曲线形零部件的加工，特别是使用锯制曲线件加工的各类零部件。图 6-3 所示为先画线再锯截的配料工艺图。

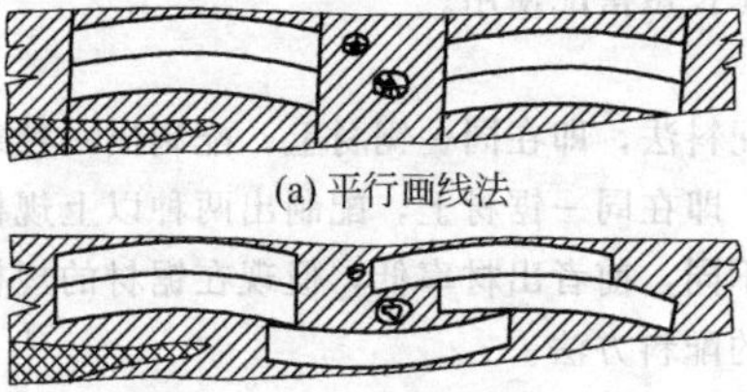

(a) 平行画线法

(b) 交叉画线法

图 6-3　先画线再锯截的配料工艺图

干燥锯材→选料/选料区→画线/工作台→横截（截头）/横截锯→曲线锯解/细木工带锯→检验/检验区→方材毛料

干燥锯材→选料/选料区→画线/工作台→曲线锯解/细木工带锯→横截（截头）/横截锯→检验/检验区→方材毛料

④ 先粗刨后锯截的配料工艺。采用先粗刨后锯截的配料工艺，主要目的是为了暴露木材的缺陷，在配制要求较高的方材毛料时，这种配料工艺被广泛地采用。粗刨后的配料应根据锯材的形式采用不同的锯截方案。

干燥锯材→选料/选料区→粗刨/双面刨床→横截/横截锯→纵剖/纵剖锯→检验/检验区→方材毛料

干燥锯材→选料/选料区→粗刨/双面刨床→纵剖/纵剖锯→横截/横截锯→检验/检验区→方材毛料

干燥锯材→选料/选料区→粗刨/双面刨床→画线曲线锯解/纵剖锯→横截/横截锯→检验/检验区→方材毛料

⑤ 集成材和实木拼板的配料。集成材和实木拼板曲线形毛料的配制如图6-4所示。

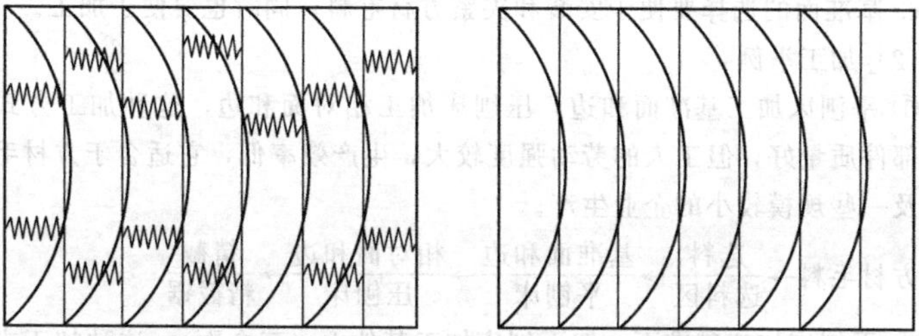

(a) 集成材曲线形毛料的配制　(b) 实木拼板曲线形毛料的配制

图 6-4　集成材和实木拼板曲线形毛料的配制

集成材曲线形毛料的配制过程如下：

干燥锯材→选料/工作台→横截/横截锯→双面刨光/双面刨→纵剖/多片锯→截断/截锯→铣齿/铣齿机→涂胶/涂胶机→接长/接长机→四面刨光/四面刨床→涂胶/涂胶机→拼板/拼板机→画线/工作台→曲线加工/细木工带锯→曲线形毛料

实木拼板曲线形毛料的配制过程如下：

干燥锯材→选料/工作台→横截/横截锯→双面刨光/双面刨→纵剖/多片锯→涂胶/涂胶机→拼板/拼板机→画线/工作台→曲线加工/细木工带锯→曲线形毛料

6.1.2　方材毛料加工

锯材经配料工艺制成了规格方材毛料，这只是一个粗加工阶段，此时方材毛料还存在着尺寸误差和形状误差，表面粗糙不平，没有基准面。为了获得准确的尺寸、形状和光洁的表面，必须进行再加工，即首先加工出准确的基准面，作为后续工序加工的基准，并逐步加工其他面使之获得准确的尺寸、形状和表面光洁度，这就是方材毛料加工的目的。

(1) 基准面的加工

① 基准面的类型。实木工件的基准面通常包括大面（平面）、小面（侧

面）和端面三个面。不同的工件按加工质量和加工方式的不同，不一定需要三个基准面，有时只需要一个或两个。

② 如何选取基准面。

a. 对于直线形的方材毛料要尽可能选择大面作为基准面，其次选择小面和端面作为基准面，这主要是为了增加方材毛料加工的稳定性。

b. 对于曲线形的毛料要尽可能选择平直面（一般选侧面）作为基准面，其次选择凹面（加模具）作为基准面。

c. 基准面的选择要便于安装和夹紧方材毛料，同时也要便于加工。

（2）加工举例

① 平刨床加工基准面和边，压刨床加工相对面和边，这种加工方式加工的零部件质量好，但工人的劳动强度较大，生产效率低，它适合于方材毛料不规格及一些规模较小的企业生产。

方材毛料→$\frac{\text{选料}}{\text{选料区}}$→$\frac{\text{基准面和边}}{\text{平刨床}}$→$\frac{\text{相对面和边}}{\text{压刨床}}$→$\frac{\text{精截}}{\text{精截锯}}$

② 平刨床加工基准面，四面刨床加工其他面（三个面）。这种加工方式加工的零部件质量好，工人的劳动强度较大，劳动生产率较高，设备利用率较低，它只适合于方材毛料不规格及一些中、小型的企业生产。

方材毛料→$\frac{\text{选料}}{\text{选料区}}$→$\frac{\text{基准面}}{\text{平刨床}}$→$\frac{\text{相对面和边}}{\text{四面刨床}}$→$\frac{\text{精截}}{\text{精截锯}}$

③ 四面刨床一次加工四个面。这种加工方式加工的零部件质量好，工人的劳动强度小，劳动生产率高，设备利用率高，木材出材率高，它适合于方材毛料规格及连续化的企业生产。

方材毛料→$\frac{\text{选料}}{\text{选料区}}$→$\frac{\text{两个面和两个边}}{\text{四面刨床}}$→$\frac{\text{精截}}{\text{精截锯}}$

6.1.3 方材净料加工

方材毛料经过加工后，其方材的形状、尺寸及表面光洁度都达到了规定的要求，制成了方材净料。按照设计的要求，还需要进一步加工出各种接合用的榫头、榫眼或铣出各种型面和曲面以及进行表面修整加工，这就是方材净料加工的任务。

（1）榫头的加工工艺

榫头加工是方材净料加工的主要工序，榫头加工质量的好坏直接影响到制品的质量和强度。工件开出榫头后，即形成了新的定位基准和装配基准，所以榫头加工精度直接影响后续工序的加工精度和装配精度。因此，加工榫头时，应严格控制两榫间的距离和榫颊与榫肩之间的角度；两端开榫头时，应使用同一表面作基准；安放工件时，工件之间以及工件与基准面之间不能有杂物。

(2) 榫眼的加工工艺

① 直角榫眼的加工。直角榫头的加工是很容易做到的。在现代加工中，尽管有许多方法加工榫眼，但加工出的榫眼效果不理想，现介绍几种加工直角榫眼的方法。

a. 钻床上加工。在钻头上套上方形凿套筒，即可加工直角榫眼。图 6-5 所示为钻头加方形凿套筒加工直角榫眼。这是一种非常传统的加工方法，采用此方法可以获得较高的加工精度，但是直角榫榨眼的四周及角部留有残留物。

b. 在链式榫眼机上加工。图 6-6 所示为链式榫眼机加工的直角榫眼。采用该设备加工直角榫眼，其表面尺寸精度较高，但加工的直角榫眼底部呈弧形，榫眼的四壁较粗糙。

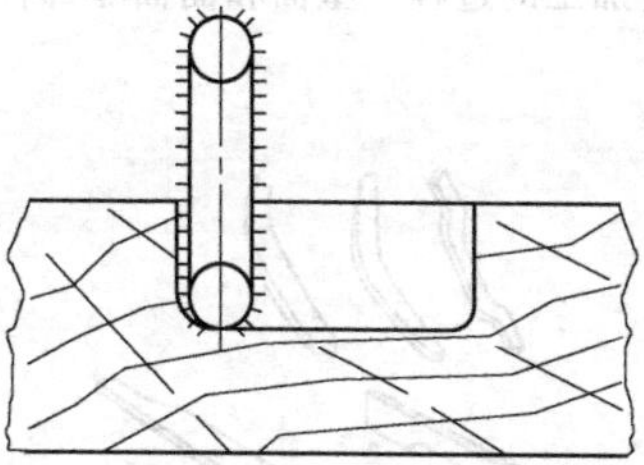

图 6-5 钻头加方形凿套筒加工的直角榫眼

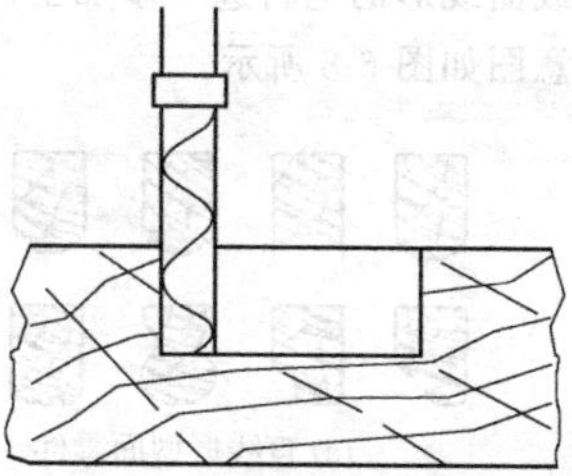

图 6-6 链式榫眼机加工的直角榫眼

c. 在立铣上加工。图 6-7 所示为立铣加工的直角榫眼，采用该类型的设备加工直角榫眼与采用链式榫眼机加工基本相同，即加工的直角榫眼底部呈弧形，其弧形部分需做进一步补充加工，以满足工艺的需要。

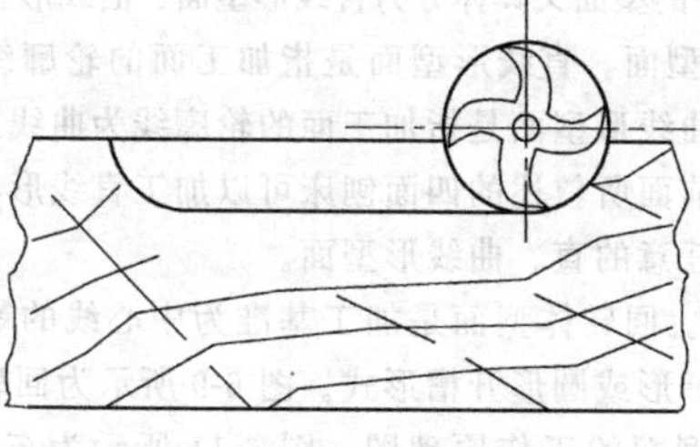

图 6-7 立铣加工的直角榫眼

② 椭圆榫眼的加工。

a. 钻床上加工。椭圆榫的宽度和深度较小时，可以采用钻床加工。但是加工时需注意工件的移动速度不应太快，以免折断钻头。

b. 在镂铣机上加工。生产的零部件批量较小时，可以适当采用镂铣机进行加工。但是在镂铣机加工时，必须根据工件的加工部位等确定使用镂铣机的靠尺或模具加定位销来保证加工时的精度。

c. 可以使用椭圆榫专用榫眼机。

(3) 榫槽和榫簧的加工工艺

家具零部件在端部用配件或榫头、榫眼或在零部件的中部或侧向用配件或榫簧、榫槽接合时，加工的榫槽和榫簧要正确选择基准面，保证靠尺、刃具及工作台之间的相对位置准确，确保加工精度。

(4) 型面和曲面的加工

锯材经配料后制成直线形方材毛料，有一些需制成曲线形的毛料，将直线形或曲线形的毛料进一步加工成型面是净料加工的过程。型面和曲面零部件的示意图如图 6-8 所示。

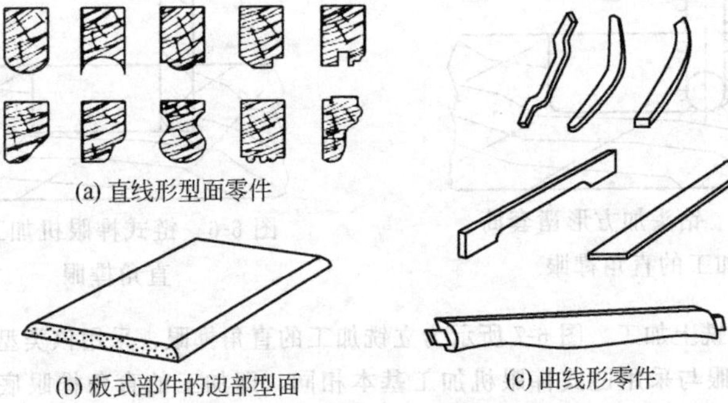

图 6-8　各种型面和曲面零部件

对于各类零部件的型面又具体分为直线形型面、曲线形型面及回转体型面。

① 直、曲线形型面。直线形型面是指加工面的轮廓线为直线，切削轨迹为直线的零部件。曲线形型面是指加工面的轮廓线为曲线或直线，切削轨迹为曲线的零部件。如前面所叙述的四面刨床可以加工直线形型面。同样使用各类铣床几乎可以加工任意的直、曲线形型面。

② 回转体型面。回转体型面是加工基准为中心线的零部件，其基本特征是零部件的断面呈圆形或圆形开槽形式。图 6-9 所示为回转体型面零部件，图 6-10 所示为回转体型面的工作原理图，图 6-11 所示为车床卡头工作示意图。在车床上，工件做高速旋转，切削刃具做纵向或横向的联合移动制成回转体型面，刃具的移动有手动和靠模自动移动两种形式。该类设备刀架的形式分为单刀架和多刀架。单刀架的车床每次加工的工件，是靠刃具的各种动作来完成的，加工完成后需更换工件，方可再加工。图 6-12 所示为手动单刀架车床。

图 6-9 回转体型面零部件

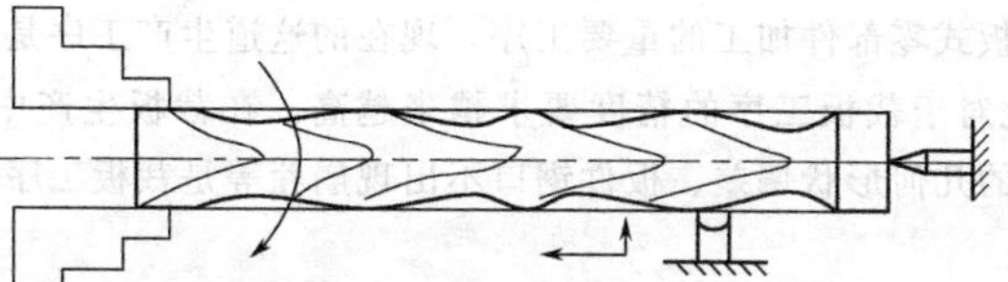

(a) 刀具和工件运动示意图

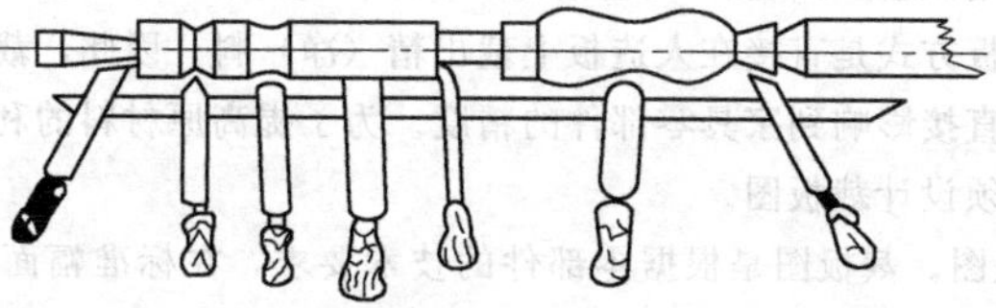

(b) 回转面刀具位置图

图 6-10 回转体型面的工作原理图

图 6-11 车床卡头工作示意图

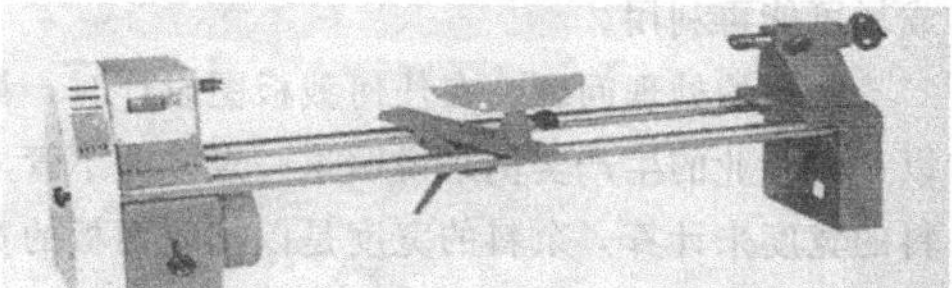

图 6-12 手动单刀架车床

而多刀架车床在加工中，每次虽然也仅加工一个工件，但是由不同的刀具同时加工，因此采用多刀架的车床加工时，生产效率会大大提高。

(5) 表面修整加工工艺

实木零部件方材毛料和净料加工过程中，由于受设备的加工精度、加工方式、刃具的锋利程度、工艺系统的弹性变形以及工件表面的残留物、加工搬运过程的污染等因素的影响，使被加工工件表面出现了如凹凸不平、撕裂、毛刺、压痕、木屑、灰尘和油渍等，这些只有通过零部件的表面修整加工来解决，这也是零部件涂饰前所必须进行的加工。表面修整加工的方法主要是采用各种类型的砂光机砂光处理。

6.2 板式家具

由于现代板式家具生产已经将板件的生产作为产品进行生产，所以板式家具的结构也比较简单，主要由旁板、顶板、隔板、背板、底板、门板及抽屉等部分组成，该类家具的结构关键是连接方式。

6.2.1 裁板工艺

裁板是板式零部件加工的重要工序，现在的这道生产工序是采用一锯“定终身”，因此对于裁板工序的精度要求越来越高。在裁板生产中，尺寸偏差、板件对角线的几何形状偏差、板件锯口不出现崩茬等是裁板工序控制的主要技术指标。

① 裁板方式。传统的裁板方式是在人造板上先裁出毛料，而后裁出净料的方法。采用该生产工艺：一是增加工序；二是浪费了原材料。现代板式家具生产中的裁板方式是直接在人造板上裁出精（净）料。因此，裁板锯的精度和工艺条件等直接影响到家具零部件的精度。为了提高原材料的利用率，在裁板之前首先必须设计裁板图。

② 裁板图。裁板图是根据零部件的技术要求，在标准幅面的人造板上设计的最佳锯口位置和锯解顺序图。裁板图的设计是一个加工优化的技术问题，要考虑的问题是：人造板的规格；有纹理图案的人造板在有些情况下不能横裁；配足零部件的数量及规格；人造板的出材率最高，所剩人造板的余量最小或尽可能再利用。

余料的处理问题。在任何裁板图设计时，都涉及余量是否计算的问题。现以一些企业的生产实例来说明这一点，即不管人造板所剩的余量多少，常以余料的宽度来计算，余料的宽度是以抽屉面板的宽度来做基数的。如抽屉面板宽度为140mm，需在抽屉面板宽度的两边各加5～10mm，再加上锯路（假定为5mm），即成为170mm，当宽度大于等于170mm时可用做下一批零部件的生产中，但废品率按20%考虑并计算在这批零件中，80%出材率考虑到下一批产品中。宽度小于170mm为不可用，废品率为100%，计算在这批零件的废料中。

由于裁板的精度要求，在设计裁板图时第一锯路需先锯掉人造板长边或短边的边部5～10mm，以该边作为精基准，再裁相邻的某一边5～10mm，以获得辅助基准。有了精基准和辅助基准后再确定裁板方法，进行裁板加工。

③ 裁板方法。

a. 单一裁板法。单一裁板法是在标准幅面的人造板上仅锯出一种规格尺寸净料的裁板方法。在大批量生产或生产的零部件规格比较单一时，一般采用单一裁板法。

b. 综合裁板法。综合裁板法是在标准幅面的人造板上锯出两种以上规格尺寸净料的裁板方法。现代板式家具生产中多采用综合裁板法下料，这样可以充分利用原料，提高人造板的利用率。

图 6-13 所示为人造板的裁板方法。

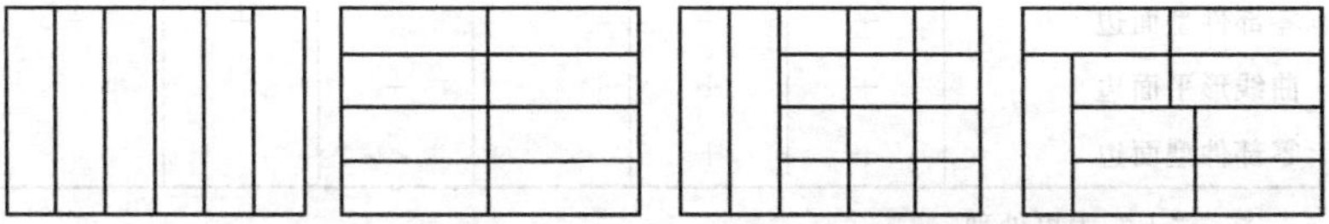

(a) 单一裁板法　(b) 综合裁板法

图 6-13　人造板的裁板方法

④ 裁板的工艺要求。

a. 加工精度要求。由于现代板式家具生产中的裁板工艺是直接裁出精（净）料，因此对于裁板的尺寸加工精度要求很高，其裁板精度要小于±0.2mm，一些高精度的裁板设备可以保证加工精度控制在±0.1mm以内。

b. 主锯片与刻痕锯片的要求。现代裁板工艺除要求尺寸加工精度高以外，还要求在裁板时板件的背面不许有崩茬。这种加工缺陷是锯片在切削力、切削方向的作用下产生的，设置刻痕锯片是解决裁板时不出现崩茬的最佳方法，即在主锯片切削前，刻痕锯预先在板件的背面锯成一定深度的锯槽，这样主锯片在裁板时就不会出现崩茬的问题。刻痕锯锯切深度为2～3mm，刻痕锯片的转向与主锯锯片的转向相反。在一些裁板设备中，刻痕锯还带有“跳槽”功能，即刻痕锯从板件的背面跳到板件的边部和正面锯成一定深度的锯槽，主要用于软成型封边、后成型包边后的侧边裁边处理。

理论上，主锯片的锯路宽度要等于刻痕锯片的锯路宽度，但是由于设备在加工过程中的各部分误差及传输部分的间隙等，使两个锯路发生偏差。因此在实际生产中，主锯片的锯路宽度要小于刻痕锯片的锯路宽度，一般为0.1～0.2mm。当主锯片的锯路宽度大于刻痕锯片的锯路宽度时，刻痕锯不起作用。如主锯片的锯路宽度过小时或刻痕锯片的锯路宽度过宽时，会在板件的边部产生刻痕锯片的锯痕，边部呈现阶梯状，板件封边后出现过量的胶黏剂易淤积在此处。

6.2.2 边部处理工艺

对板式零部件的边部进行处理是为了防止吸湿膨胀，同时有装饰等作用。板式零部件边部处理的方法主要有涂饰法、镶边法、封边法和包边法，如表 6-1所示。

表 6-1 板式零部件边部处理方法

零部件的边形 \ 处理方法	涂饰法	镶边法	封边法 直线封边	曲线封边	软成型封边	包边法后成型包边
直线形平面边	+	+	+	+	+	
零部件型面边	+	+			+	+
曲线形平面边	+	+		+		
零部件型面边	+	+				

注：“+”为可处理。

(1) 涂饰法

涂饰法是用涂饰涂料的方法将板式零部件边部进行封闭，起保护和装饰作用。传统的涂饰法分为手工涂饰和喷枪喷涂两种。其具体的生产工艺本书不作介绍。随着现代科学技术的发展，一种新型的边部热转印涂饰技术在板式家具零部件生产中被广泛使用，图 6-14 所示为板式家具零部件边部热转印设备和加工的零部件。

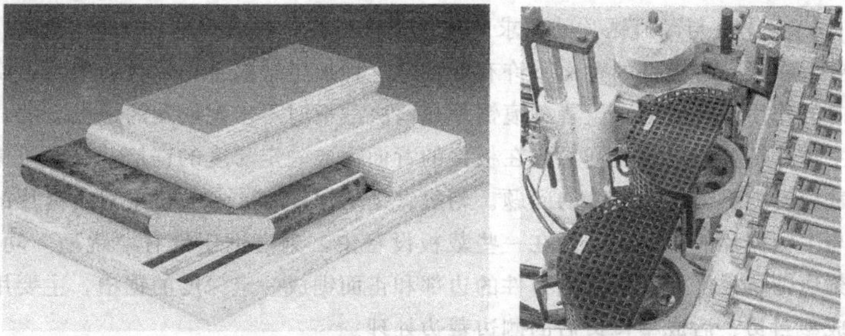

图 6-14 热转印设备和加工的零部件

(2) 镶边法

镶边法是在板式家具零部件的边部镶嵌木条、塑料条或有色金属条等材料的一种边部处理方法。镶边法属于一种传统的边部处理方法。镶边条的类型较多，而且与板式零部件的接合形式也各不相同，其镶边类型如图 6-15 所示。

木条镶边方式很多，但通常是将木条制成榫簧，在板式零部件上加工成榫槽，通过胶黏剂的胶接作用，将木条镶嵌在板式零部件上。有色金属条和塑料

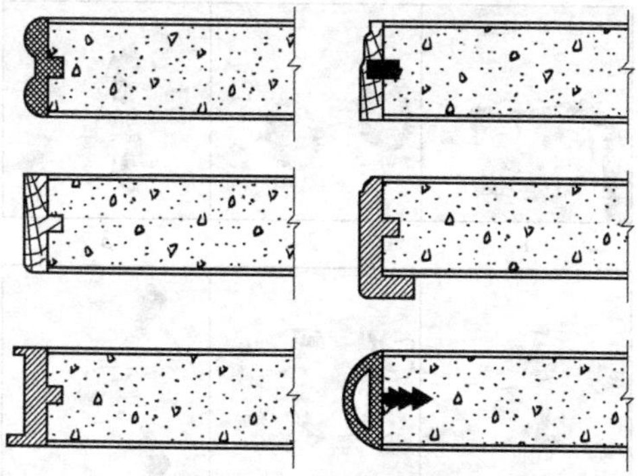
图 6-15　镶边的类型

条的镶边是将镶边条制成断面呈“T”字的倒刺形，而在板式零部件的侧边开出细细的榫槽，采用橡胶锤将镶边条打入板式零部件的边部。

(3) 封边法

封边法是现代板式家具零部件边部处理的常用方法。封边法是用薄木条、木头、三聚氰胺塑料封边条、PVC 条、ABS 条、预浸油漆纸封边条等封边材料，与胶黏剂胶合在零部件边部的一种处理方法。基材主要是刨花板、中密度纤维板、双包镶板、细木工板等。要获得高质量的封边强度和效果受基材的边部质量、基材的厚度公差、胶黏剂的种类和质量、封边材料的种类和质量、室内温度、机器温度、进料速度、封边压力、齐端和修边等因素的影响，工序中各个工部如图 6-16 所示。

(4) 包边法

包边法是用改性的三聚氰胺塑料贴面板等贴面材涂以改性的聚乙酸乙烯酯乳液胶或其他类型的胶黏剂，使面层边部材料的包边尺寸等于零部件边部的型面尺寸，在包边机上实施边部热压的处理方法。

现代生产中，包边机的类型主要有以下三类。

① 间歇式后成型包边工艺。间歇式后成型包边工艺是铣型、喷胶、包边等分别在不同的工序中完成。图 6-17 所示为包边的类型。其工艺主要有三种形式：一是先贴面层、后贴平衡层间歇式后成型包边工艺，如图 6-18 所示；二是先贴平衡层、后贴面层间歇式后成型包边工艺，如图 6-19 所示；三是两面同时贴、接缝处加压条间歇式后成型包边工艺，如图 6-20 所示。采用间歇式后成型包边机包边时，由于整个包边工作不在一个工序中完成，因此受各工序的衔接、工艺条件和技术要求等影响较大。在生产中遇到的主要问题是：生产工艺流程的确定，原材料的合理使用，胶黏剂的用量及胶黏剂陈放时间的掌

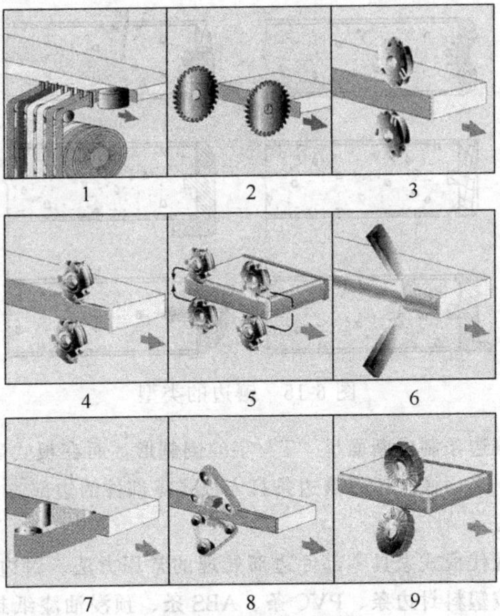

图 6-16 封边工序

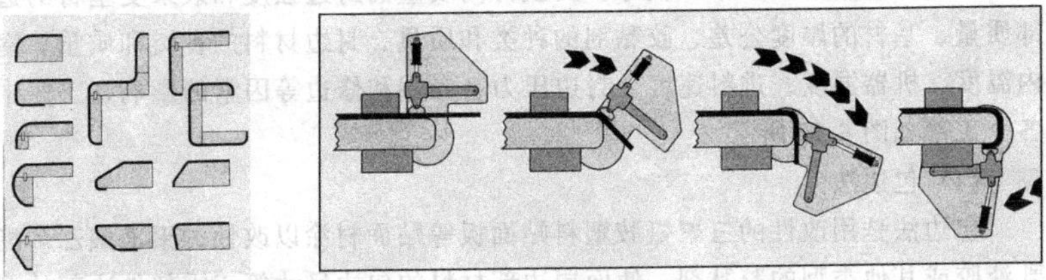

包边的零部件　　　间歇式包边工序

图 6-17 包边的类型

握，包边时的压力、弯曲半径和热压间歇时间的控制，面层材料的炸裂和零部件的翘曲，包边时面层和平衡层的接缝处出现搭接或离缝等。

② 连续后成型包边工艺。连续后成型包边工艺是铣型工序在其他设备上完成，而喷胶、包边等工序集中在连续后成型包边机上完成的，如图 6-21 所示。

③ 直接连续后成型包边工艺。直接连续后成型包边工艺是铣型、喷胶、包边等工序集中在直接连续后成型包边机上完成的，如图 6-22 所示。采用连续后成型包边机或直接连续后成型包边机包边的零部件，可以获得较高的包边

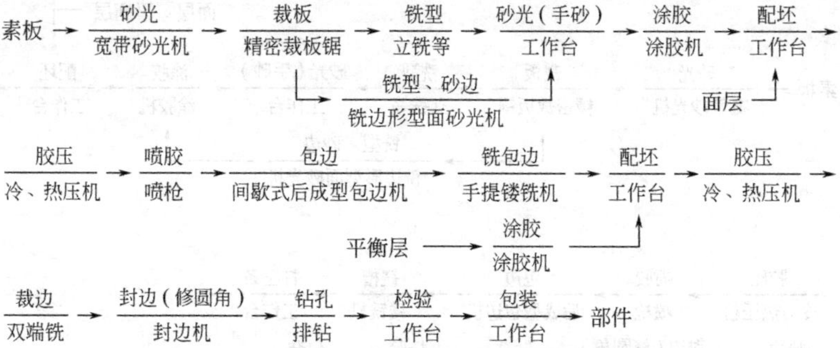

图 6-18 先贴面层、后贴平衡层间歇式后成型包边工艺

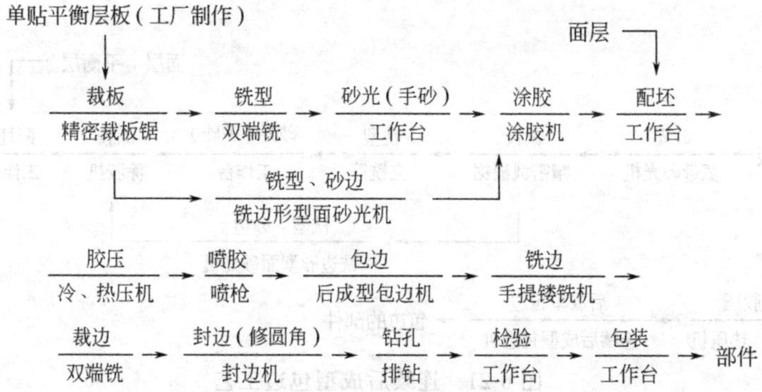

图 6-19 先贴平衡层、后贴面层间歇式后成型包边工艺

质量，但是由于设备价格昂贵，目前在我国使用得较少。

6.2.3 钻孔工艺

(1) 钻孔的类型

现代板式零部件钻孔的类型主要是：圆榫孔，即用来安装圆榫，定位各个零部件；连接件孔，用于连接件的安装和连接；导引孔，用于各类螺钉的定位以及便于螺钉的拧入；铰链孔，用于各类门铰链的安装。

(2) 钻孔的要求

钻孔时要求孔径大小要一致，这就要求钻头的刃磨要准确，不应使钻头形成椭圆或使钻头的直径小于钻孔的直径，形成扩孔或孔径不足等现象；钻孔的深度要一致，这一点要求钻头的刃磨高度要准确，新旧钻头不能混合放置在一个排座上，而要将新旧钻头分别放在不同的排座上；孔间尺寸要准确以保持孔间的位置精度，在一个排座上，钻头间距是确定的，一般不会出现偏差，但是

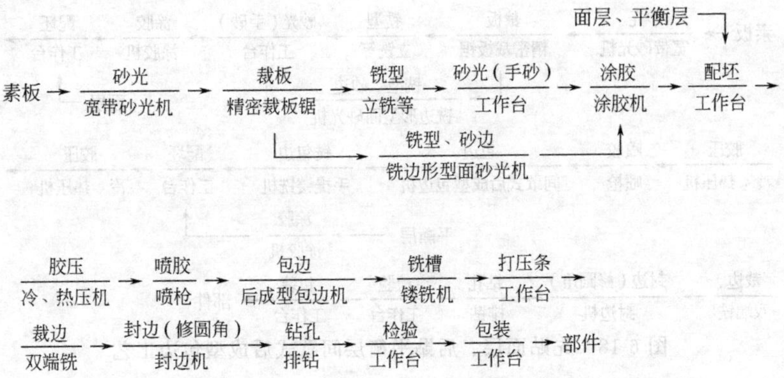

图 6-20 两面同时贴、接缝处加压条间歇式后成型包边工艺

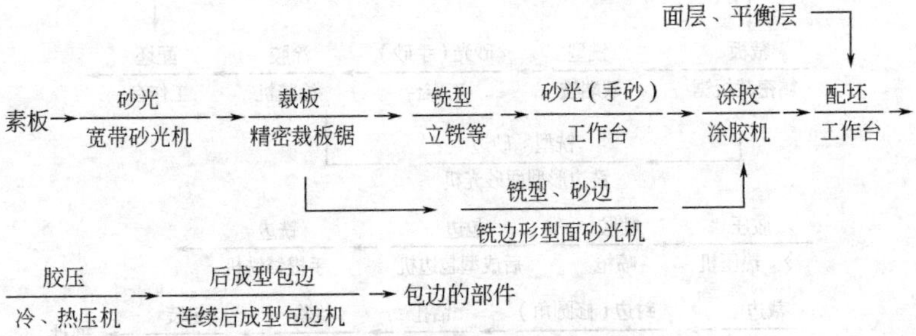

图 6-21 连续后成型包边工艺

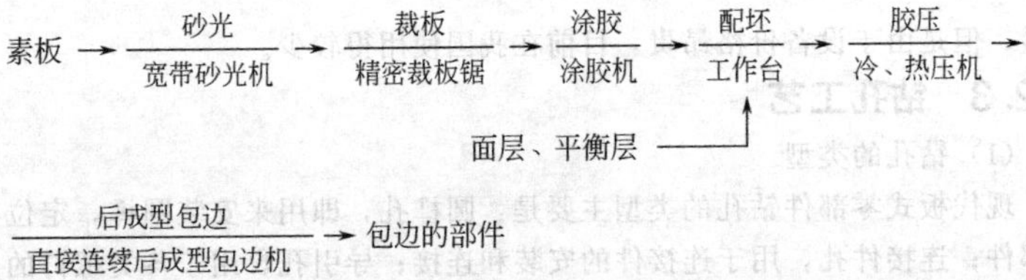

图 6-22 直接连续后成型包边工艺

排座之间的尺寸是人为控制的，易出现位置间的误差。

6.2.4 砂光工艺

人造板表面砂光及厚度校正的方法是表面砂光和定厚砂光。定厚砂光主要是针对人造板的表面厚度公差大而采用的厚度校正方法。当人造板的厚度公差较小时，一般采用表面（双面）砂光即可，使人造板的厚度公差尺寸控制在

±0.1mm以内。板式家具生产中，定厚砂光和表面砂光的生产工艺是在整幅板上进行的。仅有个别的生产工艺，必须裁板后再砂光，如后成型包边等。

6.2.5 板式家具的装配

（1）板式家具的接合方式和安装

板式家具的接合方式较多，主要分为固定结构接合与紧固件的接合两种。

① 固定结构接合。这种接合方式常用于安装后不再拆装的家具及室内固定装饰设置中的板式结构。它们的连接方法主要采用铁钉、木螺钉、圆棒销等。常见的固定式结构连接见图6-23。

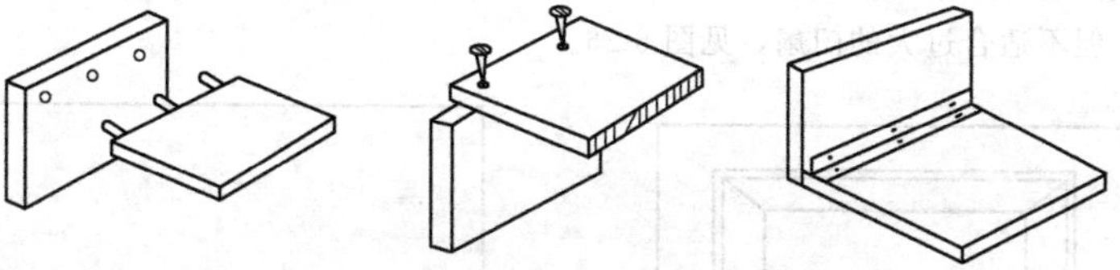

图 6-23 板式固定结构连接

② 紧固件的接合。紧固件即结构连接件，是拆装式家具的主要结构形式，其材料有金属、塑料、尼龙等。

（2）家具装配的工艺过程及要求

① 组装的要点。木家具组装有部件组装和整体组装两种。装配之前，要将所有的部件加工完成后备用，然后按顺序逐件进行装配。装配时应注意构件的部位与正反面。有些装配部位需要涂胶，要涂刷均匀，装配后将挤出的胶液擦去。装配需要锤击时，要将构件的锤击部位垫上木块或木板，有秩序地进行。各种五金配件的安装要到位，安装要紧密严实，结合处要避免歪扭、松动。

② 木方框架组装。木方框架组装时，一般先装侧边框，再装底框和顶框，最后将边框、底框和顶框连接装配成整体框架。每种框架以榫结构钉接后，要进行对角测量并校正其垂直度和水平度，合格后再钉后背板固定。后背板可采用五层胶合板钉结。

③ 板式框架组装。板式家具不一定都靠榫来连接，绝大部分采用铁钉或其他连接紧固件连接。板式家具对板件的基本要求是尺寸严密，板面平整、光

图6-24 板式家具组装

洁，能够承受一定的荷重。板式家具在组装时，要先从横向板与竖向板的侧板开始连接。横向板与竖直板组装连接完成后，进行检查和校正其方正度，接下来安装顶板和底板，见图 6-24，最后安装后背板。

④ 家具门扇的构造。家具门扇一般分为以下三种方式制作。

a. 镶板式。先将门扇框架组合装配后再安装面板。面板的安装方式有两种：一种是木板居中，四周边框为木方，然后两边用装饰木线将面板夹住；另一种是在框架上开出企口槽，将木面板嵌装在企口槽内，见图 6-25。

b. 平板式。当家具门扇的高度小于 800mm 时，即可采用平板式门扇。平板式门扇一般采用多层胶合板或细木工板直接切割后做成。这种方法比较简单，但不适合过大的门扇，见图 6-26。

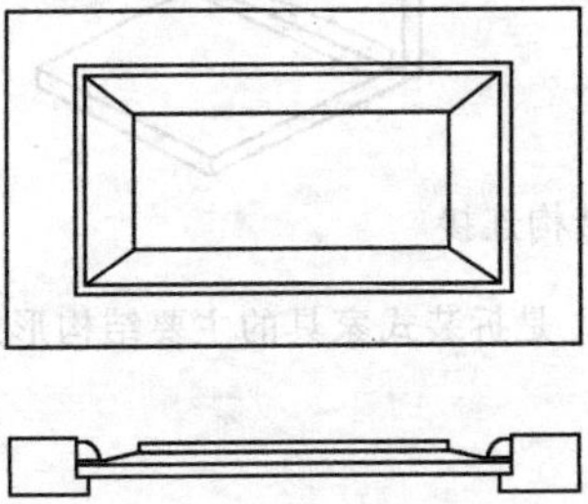

图 6-25　镶板式门扇构造

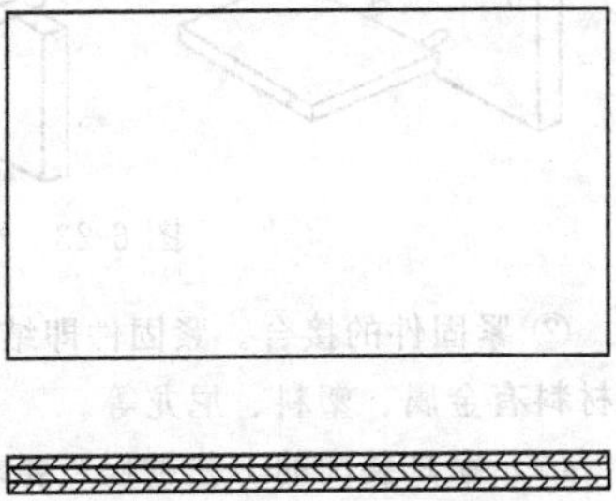

图 6-26　平板式门扇构造

c. 贴板式。贴板门是先用木龙骨作出门的框架，然后用胶合板贴在门扇的两面，可同时采用胶贴与射钉两种方法。四边刨平后用薄木皮或封边木线封边，见图 6-27。

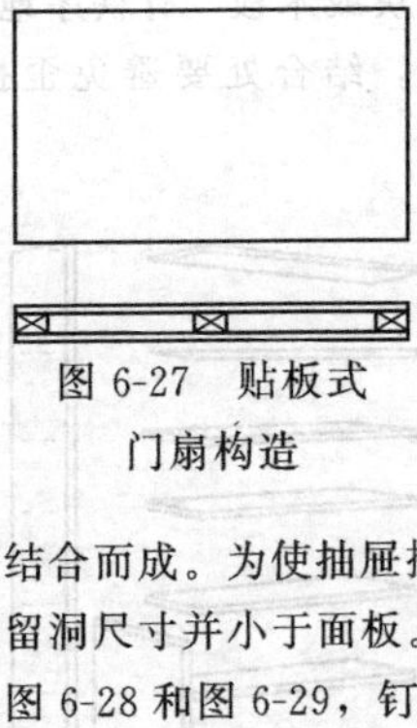

图 6-27　贴板式门扇构造

⑤ 抽屉的装配。抽屉也是家具中重要的部件。由于家具种类和样式的不同，抽屉的形状也常有差异，主要有平齐面板抽屉和盖板式抽屉两类。其中，盖板式抽屉分为面板两侧长出、三边长出及四边长出等不同样式，其主要区别均在面板上。

⑥ 抽屉的组装。抽屉由面板、侧板、后板和底板结合而成。为使抽屉推拉顺滑，其后板、侧板和外形的高度、宽度应小于框架留洞尺寸并小于面板。抽屉的夹角一般采用马牙榫或对开交接钉牢的方法，见图 6-28 和图 6-29，钉接的同时施胶黏结。其底板是在面板、侧边组成基本结构之后，从后面的下边推入两侧边的槽内。最后装配抽屉的后板。

⑦ 抽屉滑道的安装。抽屉的滑道主要有嵌槽式、轨道式和底托式三种形式，见图 6-30。嵌槽式是在抽屉侧板的外侧开出通长凹槽，在家具内边面板上

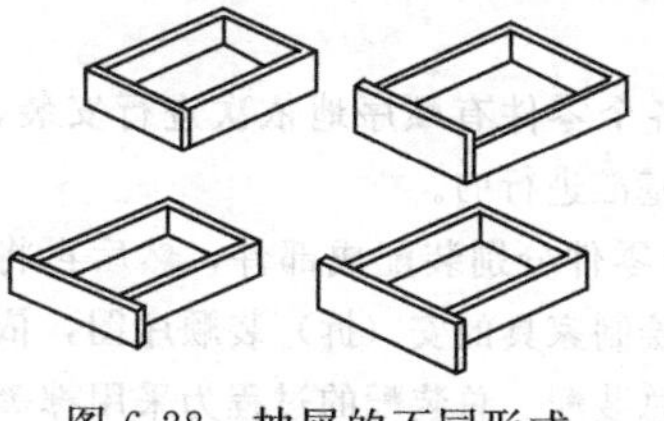

图 6-28　抽屉的不同形式

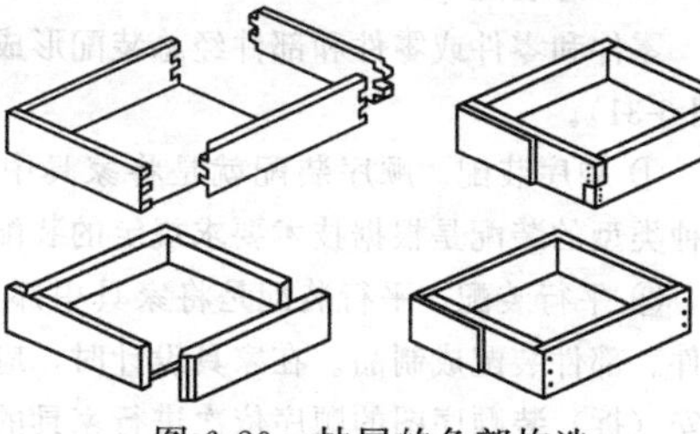

图 6-29　抽屉的角部构造

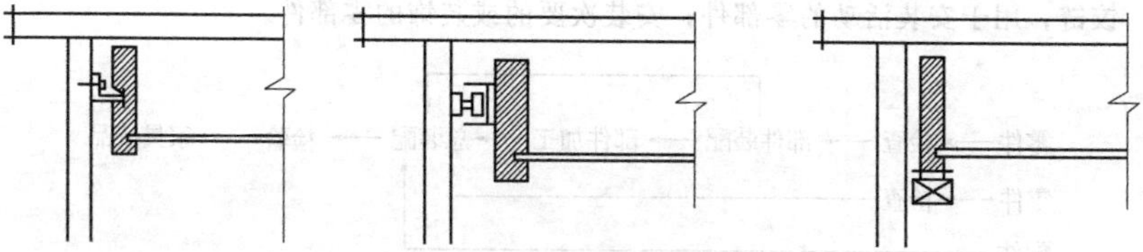

图 6-30　抽屉滑道的不同形式

安装木角或铁角滑道，然后将抽屉侧板的槽口对准滑道端头推入。轨道式是在抽屉侧板外侧安装滑道槽，在家具内立面板上安装滑轮条，然后将抽屉侧板的滑道槽对准滑轮条推入。底托式是最普通也是最传统的抽屉滑道形式，滑道的木方条安装在抽屉下面。将抽屉侧板底边涂上蜂蜡，并用烙铁熔化，以便推拉方便。

⑧ 橱柜顶边的装配。橱柜的式样较多，因此顶盖的形式也比较丰富，其构造类型有凹凸式、平面式、围边式等。一般的平面式顶盖装配可在橱柜整体装配过程中同时安装，其他顶盖形式可在主体装配完毕后再进行安装。顶盖的安装一般都采用胶黏加钉接的固定方法。

⑨ 木家具的边角收口。在现代家具及室内陈设装置中，常用几种饰面材料进行面层装饰且在平面布置中存在多种变化。在两种饰面材料之间或造型的转折变化部位采用衔接过渡的线角处理，既起到遮盖缝隙及加工缺陷的作用，又能丰富造型和美化外观。一般均采用胶钉结合的方法，钉位应在收口线的侧边或线脚的凹陷处，并将钉头钉入表面。边缘的收口也用于装饰家具，固定配置的台面边缘及家具体与底脚交界处等部位，作为封边和收口。通过封边和收口可使板件内部不易受到外界温度、湿度的较大影响而保持一定的稳定性。常用的收边材料有平木线、半回木线、装饰木线及薄木片等。无论是平木线、半圆木线或其他装饰木线，均采用钉胶接合的方法。薄木片的封边收口一般均采用胶接的方法。

(3) 总装配

零件和零件或零件和部件经总装配形成产品，其总装配的形式有以下几种(图 6-31)。

① 顺序装配。顺序装配就是将家具中各个零件有顺序地依次进行安装，这种类型的装配是根据技术要求规定的装配基准进行的。

② 平行装配。平行装配是将家具中部分零件分别装配成部件，然后再将零件、部件装配成制品。在家具设计时，应绘制家具的安（拆）装顺序图，依据安（拆）装顺序图的顺序依次进行家具的总装配。总装配的过程为采用榫等固定式结构连接形式或连接件连接形式，形成家具的主骨架；在主骨架上安装铰链，用于安装活动的零部件；安装次要的或装饰的零部件。

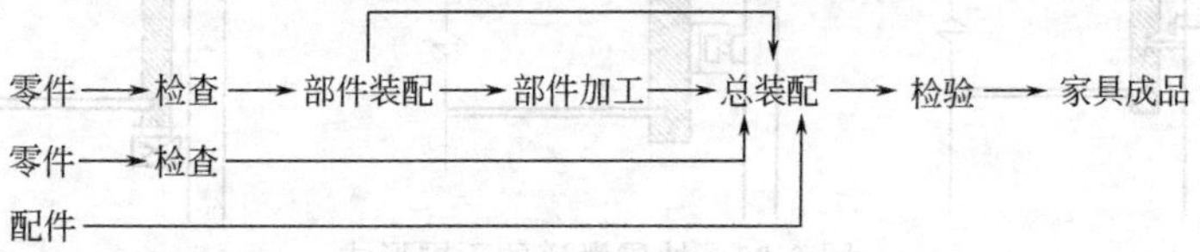

图 6-31 总装配工艺

6.2.6 工艺标准和要求

1. 板式开料标准和要求

(1) 开料质量要求

① 每批开料时，要每件检查，对照图纸查看工艺规格和尺寸是否一致，所开料切割面是否垂直、光滑并与板面成直角，有无里边爆边现象。线板的木纹意向根据板件部位是否与设计要求相符。

② 开出净尺寸 1m 以内误差≤0.5mm，1～2m 以上≤1mm，对角线误差≤1mm。

③ 检查板面有无明显划伤、划痕、破损、空心松散、发霉现象。

④ 加工过程中，每批板件 50 件以上至少抽查 5～10 件；20～50 件至少不少于 3～5 件；20 件以上不少于 2 件，并符合首件要求。

⑤ 开斜配料 3cm 的宽长尺寸公差不超过≤1mm。两端裁锯时必须保持直角。

⑥ 开出的板件锯口平整无破边、崩口、黑边，板面无划伤。

⑦ 开出的配料无心衬，无严重开裂、腐朽，所有工件无明显的锯痕。

⑧ 开料完成后的操作者，必须随机抽检 2～3 件。

(2) 检查记录及处理

① 首件检查者与完工抽查结果合格后，填写“工件流程单”。

② 完工抽检发现不合格品必须重检、全检。

③“工件流程单”必须注明板件名称、规格、数量后检查与指令是否相符。

④ 该批加工完毕后，如需批合格，主管必须在“工件流程单”签名，方可流转到下道工序作业加工。

2. 排孔标准和要求

① 孔位偏差不得大于0.5mm，孔径符合要求，孔深在板件原料允许的情况下允许大于0.5mm。木销孔定位孔，塑料预埋件孔允许偏深1mm，但必须保证孔位背面不凸、不破。

② 圈孔须与板面垂直（除特殊工件外），孔边不准崩烂、发黑，孔槽内不得有黑木销，工件表面干净无压痕、划痕、破损、边角损伤。

③ 分前后、左右与正反面板件，必须分类堆放，堆放必须按“十”字形堆放，不准上下、左右搞错，一律孔向上统一分类堆放整齐。

④ 排孔作业时，必须进行首检，每种规格工件检查首件对照图纸或工艺要求，孔位正确，所选钻头符合规格要求，孔径大小、孔深与图纸要求一致。

⑤ 加工过程随机抽查，成批量必须按规定抽验，加工完毕要随机抽验。

⑥ 该批完成后检查该批合格数量无误后，在“工件流程单”签名，方可转入下道工序作业加工。

3. 拉槽标准和要求

① 拉槽的位置、方向、深度、宽度符合图纸要求。

② 槽口平直、整齐、无损伤，不可有爆边和弯曲，槽宽不允许>0.5mm，槽深不允许>0.6mm，标准为槽深6.5mm、宽4mm，槽内无木销。

③ 磨边（角）槽口，磨砂一致，无不平滑现象，无损伤，不可有缺口和弯曲，槽宽、槽深按工艺图纸要求。

④ 操作前检查工件数量，是否有不合格板件，加工过程中出现废品要及时报请主管处理，以免影响工序流转。

4. 板式压胶标准和要求

① 板件胶合必须牢固、平整，不允许有分层、脱胶、裂缝、凹凸不平现象。

② 压磨弧度、压出工件弧度符合图纸要求，铺板边角对齐，上、下板位置允许移位偏差≤1mm。

③ 需开槽、排孔的部位不允许有枪钉，打枪钉不能穿出板面，也不允许落在板面上。

④ 涂胶要均匀、到位，不允许有过多的胶渗出，浪费原材料。工件必须

整齐堆放，防止二次变形。

5. 封边质量标准和要求

① 封边后的产品边角平整光滑、无灰尘、修边补色一致。

② 封边条粘接牢固、无翘边、无脱胶、无凹凸不平，与水平面平整，修边的工件，用180# ～240# 砂纸将封边的边缘打磨光滑、无断边。

③ 板面无划伤、破边，无过量胶液，不露材质。

④ 封边后的部件，不允许开胶、刮伤板材面和空板面。

⑤ 修边后用颜色相符的硝基底漆修色，表面小面积撞伤露白，可作修色处理。

⑥ 加工时要按抽查要求进行最初抽查、中间抽查、完工抽查，合格后按规定"十"字形堆放并在"工件流程单"上签名。

6. 锣机标准和要求

① 首先检查加工前的工件规格、尺寸是否相符，然后对使用的模具是否经审批后的标准样板进行首件加工并检查。

② 铣型工件的开头是否与设计要求样板一致，位置方向是否正确。

③ 加工部位线条流畅、平滑、圆弧、圆棱光滑无刀痕、锯痕、发黑，胶合处不露痕迹、裂缝。

④ 工件尺寸、弧度与图纸、模板一致（误差±1mm)。

⑤ 整批产品完工后，工件数量、质量符合要求后，主管在"工件流程单"上签名，方可再流转到下道工序作业加工。

⑥ 大钉处枪钉不能凸起，不外露、不偏斜，不见连接处上、下缝隙不得大于0.1mm，接头偏差不得大于0.3mm，工件完工之后要作整体外观全检。

⑦ 弧形工件无波浪，手感流畅，弧度自然。

⑧ 工件连接处必须涂胶到位，涂胶要均匀。

⑨ 部件分部件钉装连接处要保持平整，不要钉头钉尾。

7. 刮灰标准和要求

① 胶水调配、搅拌均匀，涂胶均匀、充分，不能有积胶、少胶、流挂、胶渣子等现象。

② 批灰平整、饱满，腻子不能有下陷、裂缝、漏批、少批等现象。

③ 打磨平整光滑、坚实、侧面平直、转角顺滑，无油孔、塞槽、堵孔、工艺线变形等现象。

④ 工件表面无毛刺、无粗糙感、无腻子堆积，不能漏磨、少磨，绝不允许不磨。

⑤ 对开槽工件的槽口，要砂平整，无锯齿状缺口。

⑥ 每批工件按批量进行检测，对不合格品要及时返工、返修，避免不合格品流转影响正常的生产销售。

⑦ 整批工件的数量、质量符合要求后，主管在“工件流程单”上签名后方可流转到下道工序作业加工。

8. 贴纸标准和要求

① 木纹纸质量、颜色、版纹要符合图纸要求。

② 产品表面干净，无污渍、遗胶、粗粒、杂物和露白等现象。

③ 贴纸要严密、平整，胶合牢固，无皱纹、断裂起泡、脱胶和翘边现象。

④ 开线、转角处无离缝、崩烂等现象。接口不在显眼处。

⑤ 纸张接缝处的花纹对接自然、平整，孔眼开槽处无纸覆盖。整批工件的质量、数量符合要求后，在“工件流程单”签名后方可流转到下道工序操作。

9. 底漆标准和要求

① 首先确认来料工件是否符合质量要求。如有质量问题，及时返回上道工序进行返工维修。

② 涂膜饱满均匀、光滑、平整，表面平滑光洁。

③ 工件表面无污渍、积油、黏漆、橘皮、发白、针孔、起粒、起泡、龟裂枪和枪痕迹、胶底等现象。

④ 喷涂均匀到位，不留死角，无少喷、漏喷现象。

⑤ 开线转角部位，涂膜柔滑，颜色均匀。

⑥ 需喷工件、数量、质量符合要求后，在油漆架上挂上合格牌，并写上日期。

10. 细磨标准和要求

① 工件表面光滑、平整，无明显砂路、波浪、刮（碰）伤等现象。

② 边角、底漆、木纹纸不能砂穿，无涂料亮点。

③ 雕刻部位和工艺线干磨应均匀一致，不能有粗糙、积油和涂料亮点。

④ 工件必须按工艺要求全面磨到位。

⑤ 台面、衣柜门板正面不允许补色，其他工件可进行修补，但修补表面必须平整光滑，颜色与补色工件本色基本一致。

⑥ 双面工件修色与原色相近，无明显色差，色边齐整，无遗漏，光滑自然。

⑦ 对磨好的工件表面进行清理，工件表面、孔位、槽位无灰尘，工件摆放整齐。

⑧ 按批量对上道工序的工件数量、质量进行检测，符合加工要求后，记

录在“工件流程单”上，方可流转到下道工序作业。

11. 面漆标准和要求

① 首先确认原料板件是否符合质量要求，如有质量问题及时返回上道工序维修。

② 颜色、亮度符合色板要求，整体颜色均匀一致，无色差等现象。

③ 涂膜饱满、均匀、光滑、平整、表面光滑、光洁。

④ 产品表面无污渍、积油、黏漆、橘皮、发白、针孔、起黏、起泡、龟裂等痕迹。

⑤ 开线、转角部位涂膜柔滑、颜色均匀。

⑥ 操作者必须目视、手摸对重要产品部件如门板、角面等全检。其他辅件自检抽查率不应低于20%。

⑦ 检查中发现问题及时返工处理。对需要工序返工的板件需车间主管填写“返工单”后方可返工。

12. 安装标准和要求

① 散装的产品一定要用仓库包好的配件进行安装。配件及板件必须安装到位、完整。在经过主管确认后方可拆除。拆除后的配件一定取出放回配件包内。

② 安装产品的安装要求五金件、配件位置正确无误，接头严密、牢固、无松动现象。打镜面胶镜面与组件必须进行搓动，保持表面与边缝无胶痕。

③ 五金配件表面无划伤，镀（涂）层牢固，无脱落、生锈，成品表面无明显划落，刮（碰）伤允许范围为5mm。

④ 成品整体尺寸符合图纸要求（误差±0.5mm）。

⑤ 产品整体结构牢固，落地平衡，摇动时组件无松动，接缝严密，无明显缝隙±0.5mm。

⑥ 抽屉、柜门推拉顺畅、松紧合适，周边缝隙保持均匀。样品安装是否到位、完整，洞眼是否爆边。

⑦ 镜面、玻璃柜门清洁无胶痕，胶合、接头严密牢固。

⑧ 五金、木榫位置正确，安装平整、牢固，所在位置无锤印。

13. 包装标准和要求

① 对所有进入包装工序的整装、拆装件进行全面的质量检查。所有产品表面整洁，颜色一致。涂料涂饰效果好，板面无划痕、损伤，边角无异常。整装件结构紧密、牢固，接口、接缝处符合要求，所有隐蔽处清洁、光滑、无尘、无污迹。

② 包装前和包装后发现产品质量问题必须及时做好处理。

③ 板件堆放严格按照要求，同一方向，孔朝上、槽朝上，防止孔位不准，封边、错边。

④ 产品组建、五金配件齐全，不能漏包、错包。

⑤ 包装方式要符合防护要求。包装后摇动纸箱时，纸箱同产品、五金配件包无移位现象。玻璃、镜面等易碎品符合防震要求。

⑥ 纸箱规格符合设计要求，外表光滑、平整，无污渍，纸箱内容无误，字迹清晰，易碎品包装纸箱有明显标识，合格证填写规范，字迹工整。

⑦ 封箱胶平整、牢固。

⑧ 成品堆放方式应正确，不能超过安全高度 2～3m，且要符合防潮要求。

⑨ 成品包装要求和包装图纸一致。

⑩ 商标是否印在指定位置，图案是否清晰。

⑪ 成品包装是否有批号、型号、操作员。

第7章 室内木质材料装饰装修

室内装饰装修结构主要涉及地面、墙面、门窗和顶棚的装饰装修结构。

7.1 木质材料地面施工技术

木地板一般分为普通木地板、实木复合地板和强化复合木地板三大类。按施工类型分可分为架空铺设和实铺两种。按地板面层连接固定方法分可分为钉接和粘接两种形式。

7.1.1 空铺式木地板施工技术

空铺式木地板铺装主要应用于面层距基层距离较大，需要用砖墙和砖墩做支撑，才能达到设计标高的木地面，如舞台地面等，如图 7-1 所示。

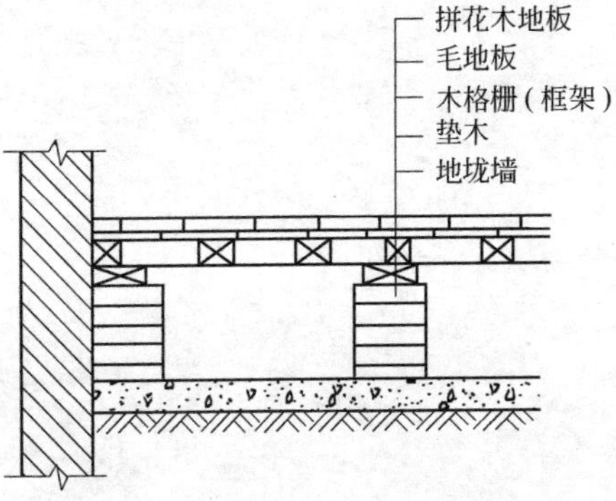

图 7-1　空铺式木地板构造

(1) 施工准备

① 主要材料。木方（多采用东北红、白松等，截面尺寸可取 50mm×50mm、50mm×70mm）、硬木地板或强化复合地板、防潮防水剂、沥青油毡、红砖及砂、水泥等。木方及木地板必须经过干燥和防腐处理，且不得有弯曲、变形的缺陷。

② 施工机具。参照木吊顶及内墙釉面砖施工工具的准备，还需木地板磨光机、电动修整磨光机。

(2) 施工操作步骤

砌筑地垅墙→铺放垫木并找平→安装木格栅→固定底板→面层铺钉→表面处理。

(3) 木地板基层施工

木地板基层是指地板面层以下部分，包括木格栅（也叫木楞、木梁）、垫木、压檐木、剪刀撑（也叫水平撑）、毛地板、地垅墙（或砖礅）等。

① 砌筑地垅墙。地垅墙应砌筑在坚实的基底上，一般采用 WC75 红砖、强度不低于 42.5 级的 1∶3 水泥砂浆或混合砂浆砌筑。地垅墙顶面上应采用涂刷焦油沥青、铺设两道油毡纸等防潮措施。地垅墙的厚度和高度应按设计要求确定。同时，在地陇墙上预埋五金件及 8 号铅丝，以备绑扎垫木。在地陇墙基面抹水泥砂浆找平，如图 7-2 所示。

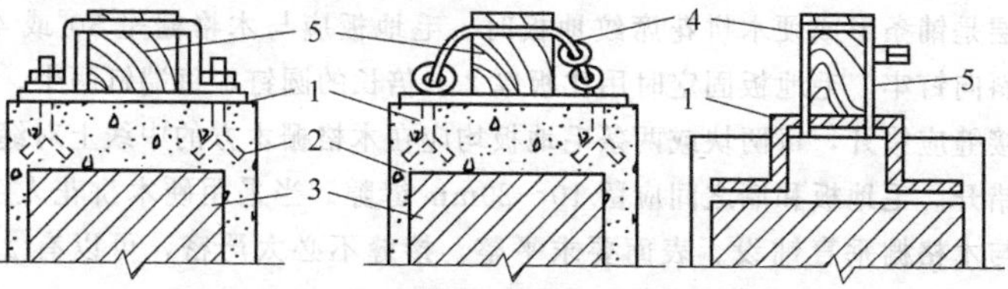

图 7-2 木格栅与预埋五金件连接

1—预埋件；2—砂浆或混凝土；3—砖墩；4—铁丝；5—垫木

一般来讲，垅墙与垅墙之间距离在 2000mm 左右。否则，木格栅断面尺寸就要加大，提高了工程造价不说，大跨度也会影响木格栅的强度。砖礅砌筑的厚度要同木格栅的布置一致，一般间距为 500mm，还可将礅连在一起变成垅墙。为了获得良好的通风条件，空铺式架空层同外部及每道隔墙在砌筑时，均要预留通风孔洞，且这些孔洞要尽量在一条直线上，尺寸一般为 120mm×120mm。在建筑外墙每隔 3000～5000mm 预留相应的不小于 180mm×180mm 的孔洞及其通风窗设施，安装风箅子，下皮高距室外地墙不小于 200mm。空间较大时，可以在地垅墙上设 750mm×750mm 的过人通道。

② 铺放垫木。垫木设置于地垅墙与格栅之间，可以将格栅的荷载传递到垅墙上。垫木在使用前要进行防火、防腐处理。垫木的厚度一般为 50mm，可锯成段，沿地垅墙通长布置，铅丝绑扎垫木的间距应不超过 300mm，接头采用平接。在两根接头处，绑扎的铅丝应分别在接头处的两端 150mm 以内进行绑扎，以防接头处松动。铺设后放线进行找平。

③ 安装木格栅。木格栅设置在垫木上，起到固定与承托面层的作用。其断面的尺寸大小依地垅墙的间距大小而定，间距大，木格栅跨度大，断面尺寸也相应要大一些。木格栅一般与地垅墙垂直方向设置，间距应符合设计要求，结合空间具体尺寸均匀布置，一般常为 500mm 左右。木格栅与墙间要留出 30mm 的缝隙。木格栅的标高要准确，要拉水平线进行找平。

木格栅与垫木的连接，是在木格栅准确就位并找平后，用长铁钉从格栅的两侧中部斜向呈 45°角与垫木钉牢。格栅安装要牢固，并保持平直，要注意给木格栅表面做防火、防腐处理。为了增加木格栅侧向稳定性，要在木格栅两侧面之间设定剪刀撑。这样不但可以减少格栅本身变形，而且可以增加整个地面的刚度。特别要注意的是，木格栅表面标高（附加地板标高）与门扇下沿及其他地面标高的关系。

④ 固定毛地板。毛地板位于木地板的下层，在木格栅上层。常用松木板、杉木板条制作，宽度不大于 120mm；根据设计及现场情况，也可以采用厚细木工板、中密度板等人造板材。在铺设前，必须先清除构造空间内的杂物。如果面层是铺条形或硬木拼花席纹地板时，毛地板应与木格栅呈 30°或 45°角并用钉斜向钉牢。毛地板固定时用比板厚 2.5 倍长的圆钉，每端钉两个。相邻毛地板接缝应错开，每两块或两条毛地板均应在木格栅木方的中线上对缝，且钉位要错开。毛地板和墙之间应留 10～20mm 缝隙。当采用硬木拼花人字纹时，一般与木格栅垂直铺设。表面要求平整，接缝不必太严密，可以有 2～3mm 的缝隙，如图 7-3 所示。

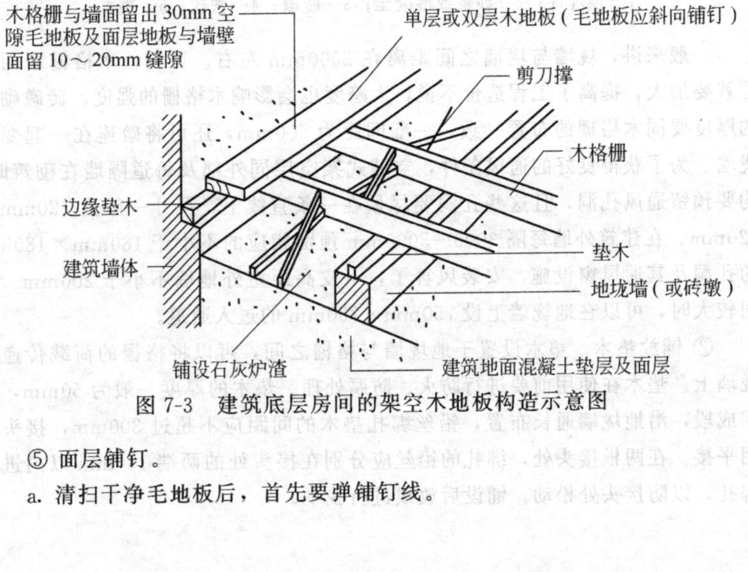

图 7-3　建筑底层房间的架空木地板构造示意图

⑤ 面层铺钉。

a. 清扫干净毛地板后，首先要弹铺钉线。

b. 在铺钉前要铺设一层沥青油毡或聚乙烯泡沫胶垫，以防止在以后使用中产生声响和散发潮气。

c. 长条木地板应采用钉结法的固定方式，即明钉和暗钉两种钉法。

明钉法（多用于平口地板），应先将钉帽砸扁，将铁钉斜向钉入板内，同一行的钉帽应在同一条直线上，并将钉帽冲入板内 3～5mm；暗钉法（多用于企口地板），即从板边的凹角处斜向钉入，角度一般为 45°或 60°，使板靠紧。最后一行条木板，无法斜向钉入，可用圆钉直向钉牢，但每块木地板至少用两枚钉。钉的长度一般为面层厚度的 2～2.5 倍。

d. 铺钉时，从墙的一边开始铺钉（小房间可从门口开始），逐块排紧，松木地板缝隙不大于 1mm，硬木长条地板缝宽不大于 0.5mm，木地板面层与墙之间应留 10～20mm 缝隙。

e. 面板铺完，清扫干净后，表面要经刨磨处理，然后安装木踢脚板。刨光时先沿垂直木纹方向粗刨一遍，再沿顺木纹方向细刨一遍，然后顺纹方向磨光，要求无痕迹。刨削量每次不超过 0.3～0.5mm，刨削总厚度不大于 1mm。最后进行磨光、油漆、打蜡保护。

f. 木踢脚板应提前刨光，在靠墙的一面开成凹槽，并每隔 1000mm 钻 ϕ6mm 的通风孔，在墙上每隔 750mm 砌防腐木砖，把踢脚板用气钉牢牢钉在防腐木砖上，踢脚板面要垂直，上口呈水平。踢脚板阴阳角交角处应锯切成 45°角或小于 45°角后再进行拼装，踢脚板的接头应固定在预埋的防腐木砖上。如图 7-4 所示。

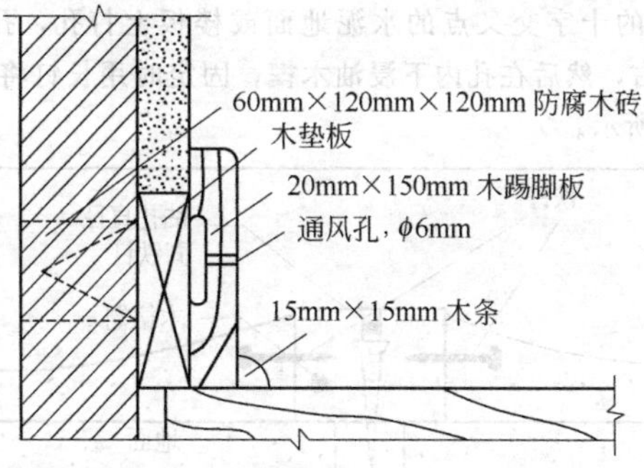

图 7-4　木踢脚板安装示意图

7.1.2　实铺式木地板施工技术

目前流行的木地板，多为实木复合地板和强化复合地板。实木复合地板由面层板、中层板及底层板构成；强化复合地板由热固性树脂透明耐磨表层、木纹或其他图案的装饰层、木质纤维中密度板基体板等构成。它们的优点是：加工精密，板边企口准确吻合，没有明显缝隙，施工简易，铺设后无需刨平磨光、涂饰涂料及上光打蜡等烦琐工序，大大减轻了对现场过多的环境污染。

(1) 施工前的准备

① 复合木地板的施工最佳相对湿度为40%～60%。安装前，把未拆包的地板在将要铺装的房间里放置48h以上，使之适应施工环境的温度和湿度。根据设计要求所需的龙骨、衬板等材料要求其品种、规格及质量应符合国家现行产品标准的规定。

② 施工工具的准备同木吊顶工艺工具的准备。

③ 建筑基层及隐蔽工程的验收合格后方可施工。

(2) 施工操作步骤

抄平、弹线及基层处理→安装木格栅→木地板铺钉→清理磨光。

① 抄平、弹线及基层处理。抄平借助仪器、水平管，操作要求认真准确，复核后将基层清扫干净，并用水泥砂浆找平；弹线要求清晰、准确，不许有遗漏，同一水平要交圈；基层应干燥且进行防腐处理（沥青油毡或铺防水粉）。预埋件（木楔）位置、数量、牢固性要达到设计标准。

② 安装木格栅。

a. 根据设计要求，格栅可采用30mm×40mm或40mm×60mm截面木龙骨；也可以采用10～18mm厚、100mm左右宽的人造板条。木地板基层要求毛板下龙骨间距密实，小于300mm。

b. 在进行木格栅固定前，按木格栅的间距确定木楔的位置，用ϕ16mm的冲击电钻在弹出的十字交叉点的水泥地面或楼板上打孔，孔深40mm左右，孔距600mm左右，然后在孔内下浸油木楔，固定时用长钉将木格栅固定在木楔上。如图7-5所示。

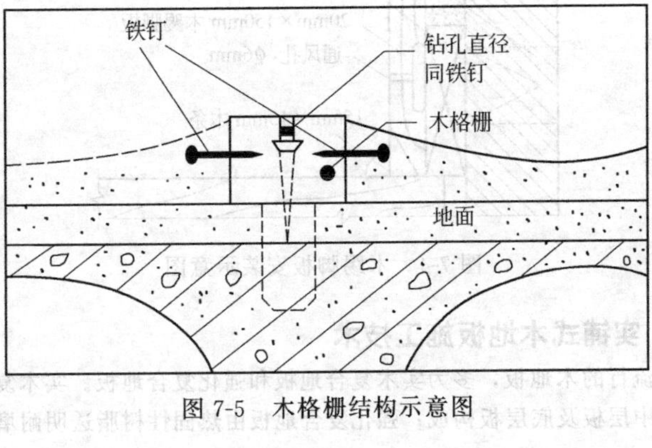

图7-5 木格栅结构示意图

c. 格栅之间要加横撑，横撑中距依现场及设计而定，与格栅垂直相交用铁钉钉固，不得松动。

d. 为了保持通风，木格栅上面每隔 1000mm 开深不大于 10mm、宽 20mm 的通风槽。木格栅之间空腔内应填充适量防水粉或干焦碴、矿棉毡、石灰炉碴等轻质材料，以达到保温、隔声、吸潮的功效，填充材料不得高出木格栅上皮。

e. 所有木质部分要进行防腐、防火处理。

③ 木地板铺钉。木地板铺钉前，可根据设计及现场情况的需要铺设一层底板，底板可选 10～18mm 厚人造板与木格栅胶钉。现通用的木地板多为企口板，此做法同空铺式工艺。条形地板的铺设方向应考虑铺钉方便、固定牢固、实用美观等要求。对于走廊、过道等部位，应顺着行走的方向铺设；而室内房间，应顺光线铺设。对多数房间而言，顺光线方向与行走方向是一致的。遇到门槛时，复合地板在门槛下必须留有膨胀的空间。因此，要在门槛处安装一个特制门槛的金属装饰条。如图 7-6 所示。

(a) 同厚度木地板之间采用的 HT 型门槛条

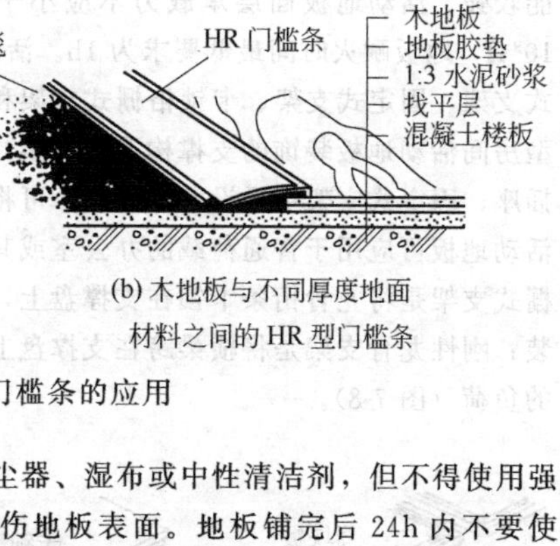

(b) 木地板与不同厚度地面材料之间的 HR 型门槛条

图 7-6 门槛条的应用

铺设后，要清理污渍。可采用吸尘器、湿布或中性清洁剂，但不得使用强力清洁剂、钢面或刷具进行，避免损伤地板表面。地板铺完后 24h 内不要使用，待胶干透后取出嵌缝块，安装踢脚板。复合地板可选用仿木塑料踢脚板、普通木踢脚板和复合木地板配套销售的踢脚板。安装时，先按踢脚高度弹水平线，清理地板与墙缝中的杂物，标出预埋木砖的位置，按木砖位置用气钉固定踢脚板。接头尽量设在拐角处，踢脚板阴阳角交角处应锯切呈 45°角或小于 45°角后再进行拼装，踢脚板的接头应固定在预埋的防腐木砖上。如图 7-7 所示。

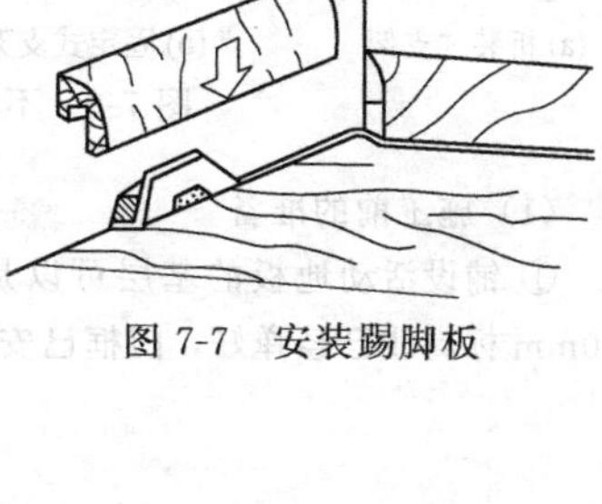

图 7-7 安装踢脚板

7.1.3 活动地板施工技术

活动式地板也称装配式夹层地板。由不同型号和材质的面板块、桁条（横梁、桁条、龙骨）、可调节支架、底座等组合拼装而成的一种新型架空装饰地面。它与楼面基层形成200mm左右的架空空间，用以满足敷设电缆、各种管线及安装开关插座的要求。如在适当的部位设置通风口，安装通风百叶，可以满足静压送风等空调方面的要求。它具有重量轻、强度大、表面平整等特点，并有防火、防虫、防鼠、导静电及耐腐蚀等功能，富有强烈的装饰性优点，广泛应用于计算机房，程控、载波机房，微波通信机房，军事指挥站及其他防静电要求的场所。

活动地板的材质有全塑料面板、双面贴塑刨花胶合板面板、铝合金复合石棉塑料贴面板、玻璃钢空心夹层复合铝合金板并以镀锌角钢四边加强的面板、铝塑复合型面板等。目前，市场上应用较广泛的是复合型地板和全钢地板。复合型抗静电地板夹层为木质芯层，如刨花板芯层，上下以铝合金板复合；全钢抗静电地板以水泥为芯层，用钢板六面包封而形成一个整体，承载力及防火性能较强。活动地板面层承载力不应小于7.5MPa，其体积电阻率宜为10^5～$10^9\Omega$，地板耐火时间最低要求为1h。活动地板的支架形式大致有四种：拆装式支架、固定式支架、卡锁格栅式支架和刚性龙骨支架。拆装式支架适用于小型房间活动地板装饰的支撑构造，支架高度可在小范围内调节，并可连接电器插座；固定式支架不另设龙骨桁条，可将每块地板直接固定在支撑盘上，此种活动地板可应用于普通荷载的办公室或其他要求不高的一般房间地面；卡锁格栅式支架是将龙骨桁条卡锁在支撑盘上，其龙骨桁条所组成的格栅可以自由拆装；刚性龙骨支架是将横梁跨在支撑盘上，用螺栓固定，此种构架可适应较大的负荷（图7-8）。

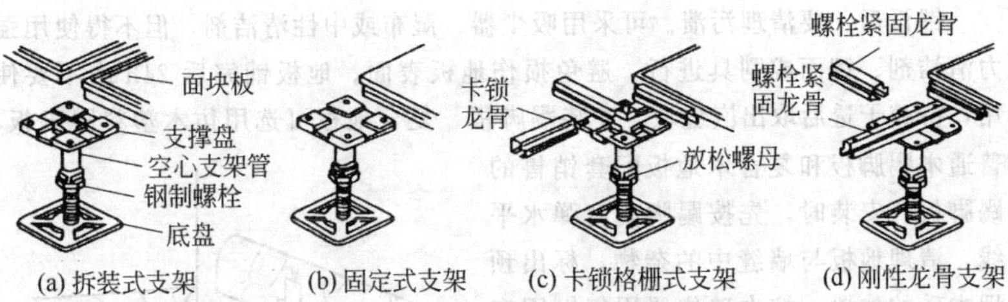

图7-8 不同类型的地板支架

(1) 施工前的准备

① 铺设活动地板的基层可以是水泥地面或现制水磨石地面等。墙面+500mm标高线已经弹好，门框已安装完毕。如果是大面积施工，应该放出大

样，并制作样板间，鉴定合格后再继续施工。

② 注意事项：在铺设活动地板时，应在室内各项工程完工及超过地板承载力的设备进入房间、预定位置后才可进行，不得交叉施工。

③ 主要机具：水平仪、水平尺、方尺、2000～3000mm 靠尺板等木工工具。

(2) 施工操作步骤

基面处理→弹线定位→固定支架→安装桁条→安装面板→清理养护。

① 基面处理。活动地板面层要求平整、光洁、不起灰，含水率不大于8%。必要时根据设计要求，在基层表面上涂刷清漆。

② 弹线定位。用墨线弹出纵横方格，以确定地板支架的放置位置，并标明设备预留位置。按活动地板高度线，减去面板块的厚度即为标准点，画在各个墙面上。在这些标准点上拉线，拉线的目的是为了保证地板支架能够正确安装，以达到地板水平架设的目的。

③ 固定支架和桁条。在地面弹出方格网的十字焦点，确定并固定支架。其方法通常是：

a. 在地面打孔，埋入膨胀螺栓（也可采用射钉），将支架固定于地面；

b. 调节支架顶面高度；

c. 用水平仪逐点抄平已安装好的支架和托盘后，即可将地板支撑长条架设于支架中间。

桁条与地板支架的连接方式有多种，有的是用平头螺钉将桁条与支架顶面固定；有的是采用定位销进行卡结。如图 7-9 所示。

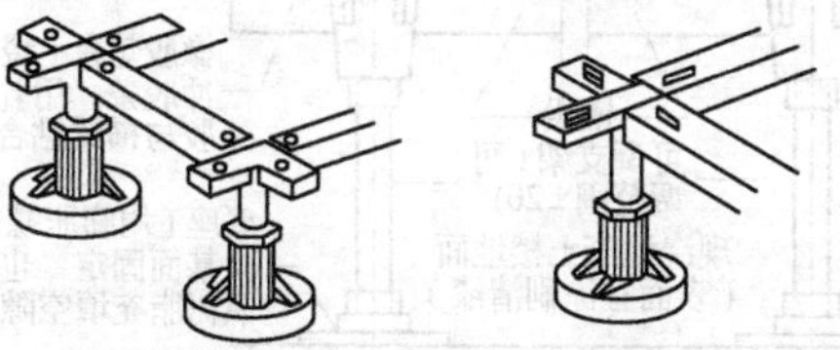

(a) 螺钉固定　　(b) 定位销卡结

图 7-9　横梁与支架的连接

④ 安装面板。

a. 在组装好的桁条框架上安放活动地板，要在地下各种管线就位之后。

b. 注意考查地板块的尺寸误差，将规格尺寸准确者安装在显露位置，而不够精确的地板，安装于设备及家具放置处或其他较隐蔽部位。

c. 对于抗静电活动地板，地板与周边墙柱面的接触部位要求缝隙严密，接缝较小者，可用泡沫塑料填塞嵌缝；如缝隙较大，则用木条嵌缝。有的桁架格栅与四周墙或柱体内的预埋件连接，此时可用连接板与桁条以螺栓连接或焊接。地板块的安装要求周边顺直，粘、钉或销结严密，各接缝均匀并高度一致。

d. 铺设方向应按照活动地板的板块模数来决定。计算时要考虑空间尺寸和设备等情况，当平面尺寸符合地板模数且室内无其他设备时，宜由里向外铺设；当平面尺寸不符合地板模数时，宜由外向里铺设。当室内有控制设备且要预留洞口时，铺设方向和先后顺序要综合考虑。

e. 铺设活动地板不符合模数时，不足部分可根据实际尺寸将板面切割后镶补，并配装相应的可调支撑和桁条。切割的边应采用清漆或环氧树脂胶加滑石粉按比例调成腻子封边，或用防潮腻子、铝型材镶嵌。活动地板在门口或预留洞口处应符合设置构造要求，四周侧边应用耐磨硬质材料封闭或用镀锌钢板包裹，胶条封边应符合耐磨要求。

f. 铺设时要先在桁条上铺设缓冲胶条，并用胶与桁条粘接。铺设活动地板块时，应调整水平度，保证四角接触处平整、严密，不得采用加垫的方法。如图 7-10 所示。

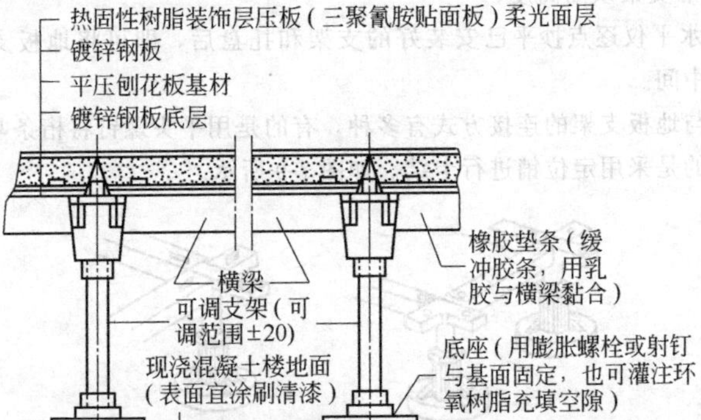

图 7-10　活动地板组装的构造节点示意图

⑤ 清理养护。当活动地板面层全部铺完，经检验平整度及缝隙合格后，即可进行擦洗。当局部沾污时，可用清洁剂擦洗，晾干后，用棉丝抹蜡，满擦一遍，然后封闭现场。

7.1.4 木质地板施工质量标准

(1) 活动地板质量要求和检验方法（表 7-1）

表 7-1 活动地板质量要求和检验方法

项次	项目		质量要求	检验方法
1	板块面层表面质量	合格	色泽均匀，粘、钉基本严密，板块无裂纹、掉角、缺棱等缺陷	观察检查
		优良	图案清晰，色泽一致，周边顺直，粘、钉严密，板块无裂纹、掉角、缺棱等缺陷	
2	接缝质量	合格	接缝均匀、无明显高低差	观察检查
		优良	接缝均匀一致，无明显高低差，表面洁净，粘接层面无溢胶	
3	踢脚板铺设	合格	接缝基本严密	观察检查
		优良	接缝严密，表面光洁，高度和出墙厚度一致	

(2) 木质地板施工常见通病及防治方法（表 7-2）

表 7-2 木质地板施工常见通病及防治方法

项次	项目及疵病	主要原因	防治措施
1	行走时有声响	(1)木材收缩松动	(1)严格控制木材的含水率，并在现场抽样检查，合格后才能用
		(2)绑扎处松动	(2)当用铅丝把格栅与预埋件绑扎时，铅丝应绞紧；采用螺栓连接时，螺帽应拧紧。调平垫块应设在绑扎处
		(3)为毛地板、面板钉子钉得少或者钉得不牢	(3)每层每块地板固定应牢固
		(4)自检不严	(4)每钉一块全地板，用脚踩应无响声时
2	拼缝不严	(1)操作不当	(1)企口应平铺，在板前钉扒钉，缝隙一致后再钉钉子
		(2)板材宽度尺寸误差过大	(2)挑选合格的板材
3	表面不平	(1)基层不平	(1)薄木地板的基层表面平整度允许偏差应不大于 2mm
		(2)垫木调得不平	(2)预埋件绑扎处铅丝或螺栓紧固后，其格栅顶面应用仪器找平；如不平，应用垫木调整
		(3)地板条起拱	(3)地板下的格栅，每档应做通风小槽，保持木材干燥；保温隔声层填料必须干燥，以防木材受潮膨胀起拱
4	席纹地板不方正	(1)施工控制线放格不方正	(1)施工控制线弹完，应复检方正度，必须达到合格标准；否则应返工重弹
		(2)铺钉时找方不严	(2)坚持每铺完一块都规方拔正

续表

项次	项目及疵病	主要原因	防治措施
5	地板戗槎	(1)刨地板机走速太慢 (2)刨地板机吃刀太深	(1)刨地板机的走速应适中，不能太慢 (2)刨地板机的吃刀不能太深，可吃浅一点多刨几次
6	地板局部翘鼓	(1)受潮变形 (2)毛地板拼缝太小或无缝 (3)水管、气管滴漏泡湿地板 (4)阳台门口进水	(1)格栅剔通风槽；保温隔声填料必须干燥；铺钉油纸隔潮；铺钉时室内应干燥 (2)毛地板拼缝应留 2～3mm 缝隙 (3)水管、气管试压时有专人负责看管和处理滴漏 (4)阳台门口或其他外门口，应采取措施，严防雨水进入
7	木踢脚板与地面不垂直、表面不平、接槎有高低	(1)踢脚板翘曲 (2)木砖埋设不牢或间距过大 (3)踢脚板成波浪形	(1)踢脚板靠墙一面应设变形槽，槽深 3～5mm，槽宽不少于 10mm (2)墙体预埋木砖间距应不大于 400mm，加气混凝土块或轻质墙，其踢脚线部位应砌黏土砖墙，使木砖能嵌牢固 (3)钉踢脚板前，木砖上应钉垫木，垫木应平整，并拉通线钉踢脚板

7.2 木质材料墙面装饰施工技术

木质材料装饰墙面，是高级装饰施工中的一种施工方法。它除了有很好的装饰美化作用外，还可以提高墙体的吸声和保温隔热功能，而且易清洁。由于实木、人造板材及其收边线条具有色彩绚丽、纹理多变、质感强烈、造型图案层次丰富的特点，使装饰物尽显高雅、华贵。根据木质护墙板的高度可分为局部墙裙和全高整体护墙板，如图 7-11 和图 7-12 所示。根据材料特点，又可分为实木装饰板、木胶合板、木质纤维板、细木工板和其他人造板等不同品种木质板材护墙板。木护墙板与木吊顶的构造相似，多以木质材料做龙骨。其饰面板有木板、胶合板及企口板。三合板有胡桃木、樱桃木、沙贝利等。

面板上使用装饰木线条，按设计要求钉成装饰起线压条。其表面如图 7-13 所示。

7.2.1 施工前的准备

(1) 墙体结构的检查

一般墙体的构成可分为砖混结构、空心砖结构、加气混凝土结构、轻钢龙骨

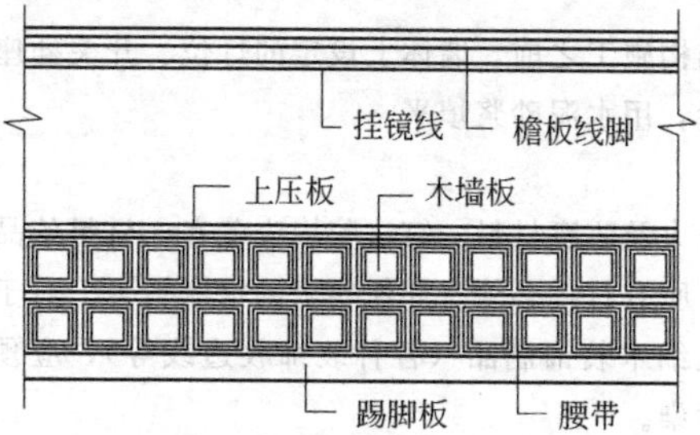

图 7-11　木质护墙——局部木墙面

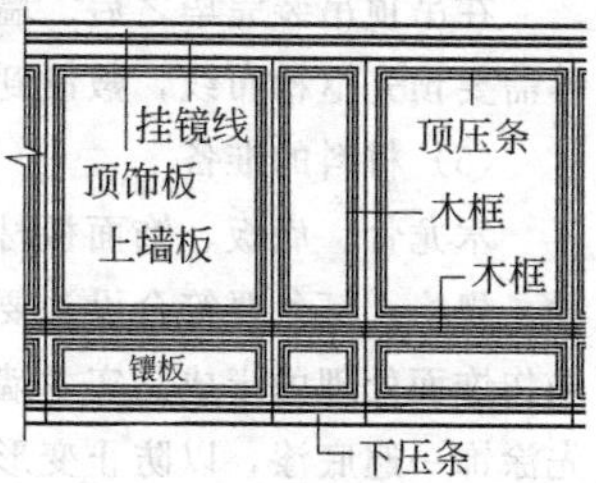

图 7-12　木质护墙——整体木墙面

图 7-13　木质护墙示例

石膏板隔墙、木隔墙。不同的墙体结构，对装饰墙面板的工艺要求也不同。因此要编制施工方案，并对施工人员做好技术及安全交底，做好隐蔽工程和施工记录。

(2) 主体墙面的验收

用线锤检查墙面垂直度和平整度。如墙面平整误差在 10mm 以内，采取垫灰修整的办法；如误差大于 10mm，可在墙面与木龙骨之间加木垫块来解决，以保证木龙骨的平整度和垂直度。

(3) 防潮处理

在一些比较潮湿的地区，基层需要做防潮层。在安装木龙骨之前，用油毡或油纸铺放平整，搭接严密，不得有褶皱、裂缝、透孔等弊病；如用沥青作密实处理，应待基层干燥后，再均匀地涂刷沥青，不得有漏刷。铺沥青防潮层时，要先在预埋的木楔上钉好钉子，做好标记。

(4) 电器布线

在吊顶吊装完毕之后、墙身结构施工之前，墙体上设定的灯位、开关插座等需要预先抠槽布线，敷设到位后，用水泥砂浆填平。

(5) 材料的准备

木龙骨、底板、饰面板材、防火及防腐材料、钉、胶均应备齐，材料的品种、规格、颜色要符合设计要求，所有材料必须有环保要求的检测报告。对于未作饰面处理的半成品实木墙板及细木装饰制品（各种装饰收边线等），应预先涂饰一遍底漆，以防止变形或污染。

(6) 工具的准备

同木吊顶施工工艺的工具准备。

(7) 其他

严格遵守《施工现场临时用电安全技术规范》、《建筑工程施工安全操作规程》、《民用建筑工程室内环境污染控制规范》等相关规定。

7.2.2 施工操作步骤

施工操作步骤如下：

基层处理→弹线→检查预埋件（或预设木楔）→制作木骨架（同时进行防腐、防潮、防火处理）→固定木骨架→敷设填充材料，安装木板材→收口线条的处理→清理现场。

(1) 基层处理

不同的基层表面有不同的处理方法。一般的砖混结构，在龙骨安装前，可在墙面上按弹线位置用 $\phi(16\sim20)$mm 的冲击钻头钻孔，其钻孔深度不小于 40mm。在钻孔位置打入直径大于孔径的浸油木楔，并将木楔超出墙面的多余部分削平，这样有利于护墙板的安装质量。还可以在木垫块局部找平的情况下，采用射钉枪或强力气钢钉把木龙骨直接钉在墙面上。基层为加气混凝土砖、空心砖墙体时，先将浸油木楔按预先设计的位置预埋于墙体内，并用水泥砂浆砌实，使木楔表面与墙体平整。基层为木隔墙、轻钢龙骨石膏板隔墙时，先将隔墙的主附龙骨位置画出，与墙面待安装的木龙骨固定点标定后，方可施工。

图 7-14 弹画垂直分格线

(2) 弹线

如图 7-14 所示，弹线的目的有两个：一个是使施工具有基准线，便于下一道工序的施工；另一个是检查墙面预埋件是否符合设计要求；电器布线是否影响木龙骨安装位置；空间尺寸是否合适；标高尺寸是否改动等。在弹线过程中，如果发现有不能按原来标高施工和不能按原来设计布局的问题，应及时提出设计变更，以保证工序的顺利进行。

① 护墙板的标高线。确定标高线最常用的方法是用透明软管注水法，详见木吊顶工程。首先确定地面的地平基准线。如果原地面无饰面的，基准线为原地平线；如果原地需铺石材、瓷砖、木地板等饰面，则需根据饰面层的厚度来确定地平基准，即原地面基础上加上饰面层的厚度。其次将定出的地平基准线画在墙上，即以地平基准线为起点，在墙面上量出护墙板的装修标高线。

② 墙面造型线。先测出需作装饰的墙面中心点，并用线锤的方法确定中心线。然后在中心线上，确定装饰造型的中心点高度。再分别确定出装饰造型的上线位置和下线位置、左边线的位置和右边线的位置。最后还是分别通过线垂法、水平仪或软管注水法，确定边线水平高度上、下线的位置，并连线而成。如果是曲面造型，则需在确定的上下、左右边线中间，预制模板，附在上面确定，还可通过逐步找点的方法，来确定墙面上的造型位置。

(3) 检查预埋件

检查墙面预埋的木楔是否平齐或者有损坏，位置及数量是否符合木龙骨布置的要求。

(4) 制作木骨架

安装的所有木龙骨要做好防腐、防潮、防火处理。木龙骨架的间距通常根据面板模数或现场施工的尺寸而定，一般为400～600mm。在有开关插座的位置处，要在其四周加钉龙骨框。通常在安装前，为了确保施工后面板的平整度，达到省工、省时、计划用料的目的，可先在地面进行拼装。要求把墙面上需要分片或可以分片的尺寸位置标出，再根据分片尺寸进行拼接前的安排。

(5) 固定木骨架

先将木骨架立起后靠在建筑墙面上，用线锤检查木骨架的平整度，然后把校正好的木骨架按墙面弹线位置要求进行固定。固定前，先看木骨架与建筑墙面是否有缝隙，如果有缝隙，可用木片或木垫块将缝隙垫实，再用圆钉将木龙骨与墙面预埋的木楔作几个初步的固定点，如图7-15所示。然后拉线，并用水平仪校正木龙骨在墙面的水平度是否符合设计要求。经调整准确无误后，再将木龙骨钉实、钉牢固。

在砖混结构的墙面上固定木龙骨，可用射钉枪或强力气钢钉来固定木龙骨，钉帽不应高出木龙骨表面，以免影响装饰衬板或饰面板的平整度。在轻钢龙骨石膏板墙面上固定木龙骨，将木龙骨连接到石膏板隔断中的主附龙骨上，连接时可先用电钻钻孔，再拧入自攻螺钉固定，自攻螺钉帽一定要全部拧放到木龙骨中，不允许螺钉帽露出。在木隔断墙上固定木龙骨时，木龙骨必须与木隔墙的主附龙骨吻合，再用圆铁钉或气钉钉入；在两个墙面阴阳角转角处，必

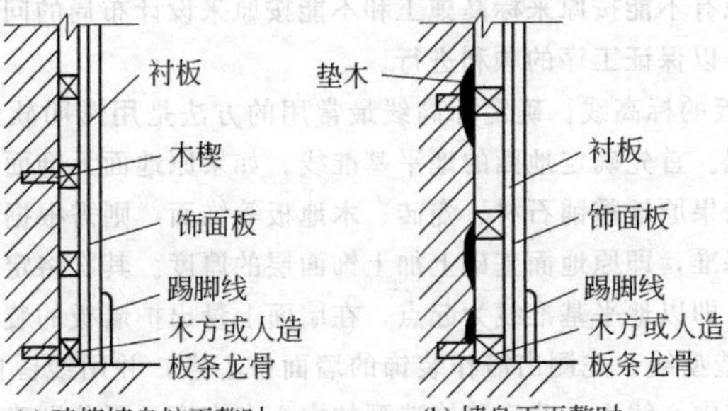

图 7-15　木龙骨与墙身的固定

须加钉竖向木龙骨。作为装饰墙板的背面结构，木龙骨架的安装方式、安装质量直接影响到前面装饰饰面的效果。在实际现场施工中，常用木骨架的截面尺寸有 30mm×40mm 或者 40mm×60mm；也可以根据现场的实际情况，采用人造夹板锯割成板条替代木方作为龙骨。因装饰板的种类不同，墙板背面龙骨间距也各异。墙板厚为 12mm 时，木方间距为 600mm；墙板厚度为 15～18mm 时，木方间距为 800mm。目前市场上板式墙板的背面结构多是在车间成批加工成型，这种装配式框架施工快捷、质量好，悬挂饰面板准确无误，避免给现场带来过多的环境污染，其装配方式较为简易。

(6) 敷设填充材料

需要隔声、防火、保温等要求的墙面，将相应的玻璃丝棉、岩棉、苯板等敷设在龙骨格内，但要符合相关防火规范。

(7) 安装木板材

固定式墙板安装的板材分为底板与饰面板两类。底板多用胶合板、中密度板、细木工板做衬板；饰面板多用各种实木板材、人造实木夹板、防火板、铝塑板等复合材料，也可以采用壁纸及软包皮革进行装饰。

① 选材。不论底板或饰面板，均应预先进行挑选。饰面板应分出不同材质、色泽或按深浅颜色顺序使用，近似颜色用在同一房间内。

② 拼接。

a. 底板的背面应做卸力槽，以免板面弯曲变形。卸力槽一般间距为 100mm，槽宽 10mm、深 5mm 左右。

b. 在木龙骨表面上刷一层白乳胶，底板与木龙骨的连接采取胶钉方式，要求布钉均匀。

c. 根据底板厚度选用固定板材的铁钉或气钉长度，一般为 25～30mm，钉距宜为 80～150mm。钉头要用较尖的冲子，顺木纹方向打入板内 0.5～1mm，然后先给钉帽涂防锈漆，钉眼再用油性腻子抹平。10mm 以上底板常用 30～35mm 铁钉或气钉固定（一般钉长是木板厚度 2～2.5 倍）。

d. 留缝工艺的饰面板装饰，要求饰面板尺寸精确，缝间中距一致，整齐顺直。板边裁切后，必须用细砂纸砂磨，无毛茬，饰面板与底板的固定方式为胶钉的方式。防火板、铝塑板等复合材料面板粘贴必须采用专用速干胶（大力胶、氯丁强力胶），粘贴后用橡皮锤或用铁锤垫木块逐排敲钉，力度均匀适度，以增强胶接性能。

e. 采用实木夹板拼花、板间无缝工艺装饰的木墙板，对板面花纹要认真挑选，并且花纹组合协调。板与板间拼贴时，板边要直，里角要虚，外角要硬，各板面作整体试装吻合，方可施胶贴覆。为防止贴覆与试装时移位而出现露缝或错纹等现象，可在试装时用铅笔在各接缝处作出标记，以便用铅笔标记对位、铺贴。在湿度较大的地区或环境，还必须同时采用蚊钉枪射入蚊钉，以防止长期潮湿环境下覆面板开裂，打入钉间距一般以 50mm 为宜。

(8) 收口线条的处理

如果在两个不同交接面之间存在高差、转折或缝隙，那么表面就需要用线条造型修饰，常采用收口线条来处理。安装封边收口条时，钉的位置应在线条的凹槽处或背视线的一侧，其方法如图 7-16～图 7-18 所示。

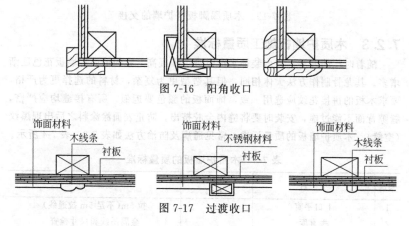

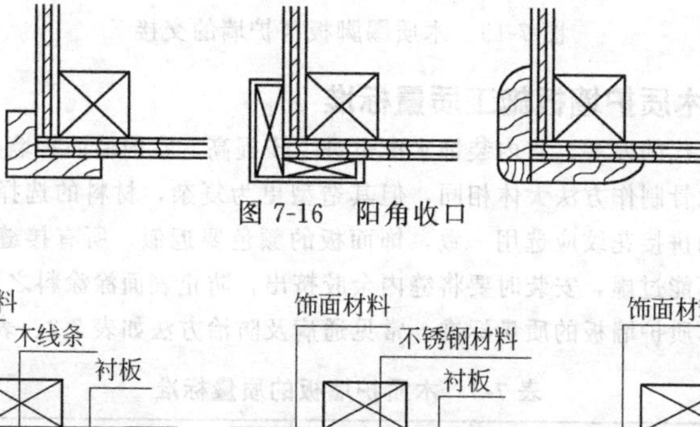

图 7-16 阳角收口

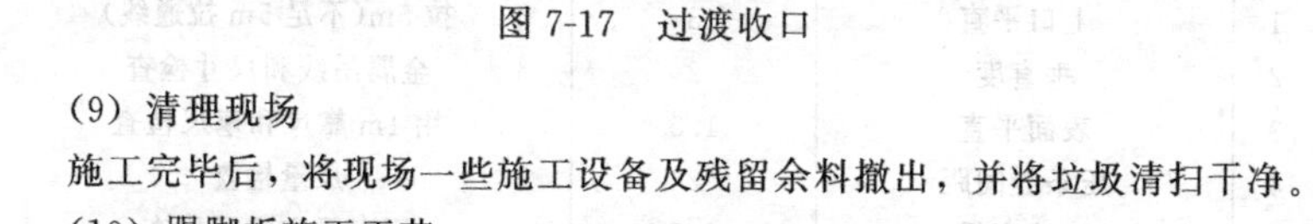

图 7-17 过渡收口

(9) 清理现场

施工完毕后，将现场一些施工设备及残留余料撤出，并将垃圾清扫干净。

(10) 踢脚板施工工艺

踢脚板具有保护墙面的功能，还具有分隔地面和墙面的作用，使整个房间上、中、下层次分明，富有空间立体感。木护墙的踢脚板宜选用平直的木板制

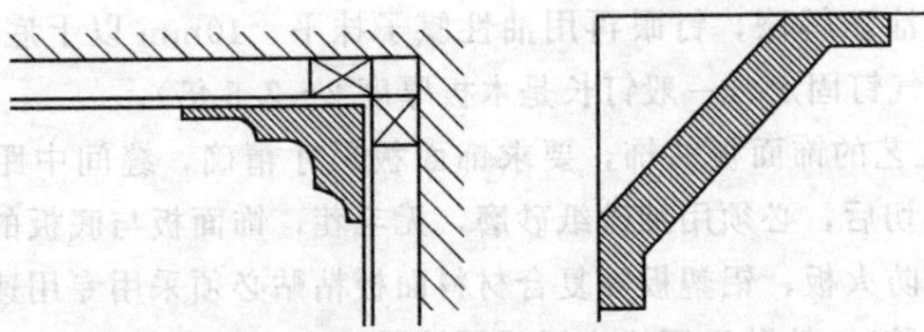

图 7-18　棚面与立面墙裙过渡收口

作，其厚度为 10～12mm，高度视室内空间高度而定，一般为 100～150mm。市场上也有成形的踢脚板可供选购。踢脚板用铁钉或气钉固定在木龙骨上，钉帽砸扁，顺木纹钉入。选购陶瓷踢脚线板，用水泥贴成陶瓷跳脚。还可选用黑玻璃、花岗岩等石材作踢脚线。木质踢脚板与护墙的交接如图 7-19 所示。

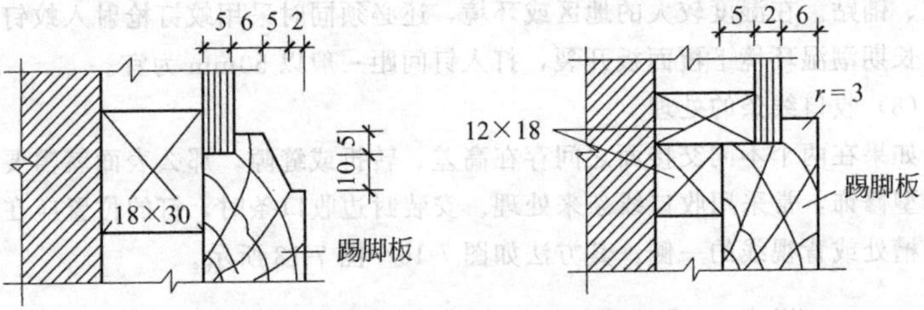

图 7-19　木质踢脚板与护墙的交接

7.2.3　木质护墙板施工质量标准

随着时代的发展，室内装饰水准也进一步提高，室内墙面护墙板花色逐渐增多。其龙骨制作方法大体相同，但其造型更为复杂，材料的选择更为严格，要求木板的拼接花纹应选用一致，饰面板的颜色要近似，所有接缝均应严密，缝隙背面不能过虚，安装时要将缝内余胶挤出，防止表面涂涂料之后出现黑纹(空缝)。木质护墙板的质量标准、常见通病及防治方法如表 7-3、表 7-4 所示。

表 7-3　木质护墙板的质量标准

项次	项　目	允许偏差/mm	检查方法
1	上口平直	3	拉 5m(不足 5m 拉通线)
2	垂直度	2	金属吊线和尺寸检查
3	表面平直	1.5	用 1m 靠尺和塞尺检查
4	压条缝间距	2	尺量检查
5	接缝高低	0.5	用直尺和塞尺检查
6	装饰线位置差	1	尺量检查
7	装饰线阴阳角方正	2	用方尺和楔形塞尺检查

表 7-4 木质护墙板施工常见通病及防治方法

项次	项 目	主 要 原 因	防 治 措 施
1	饰面夹板有开缝、翘曲现象	1. 原饰面夹板湿度大 2. 平整度不好 3. 饰面夹板本身翘曲	1. 检查购进的饰面夹板的平整度，含水率不得大于15% 2. 做好施工工艺交底，严格按照工艺规程施工
2	木龙骨固定不牢，阴阳角不方，分格档距不符合规定	1. 施工时没有充分考虑装修与结构的配合，没有为装修提供条件，没有预留木砖，或木档留的不合格 2. 制作木龙骨时的木料含水率大或未作防潮处理	1. 要认真熟悉施工图纸，在结构施工过程中，对预埋件的规格、部位、间距及装修留量一定要认真了解 2. 木龙骨的含水率应小于15%，并且不能有腐朽、严重死节疤、劈裂、扭曲等缺陷 3. 检查预留木楔是否符合木龙骨的分档尺寸，数量是否符合要求
3	面层花纹错乱，棱角不直，表面不平，接缝处有黑纹	1. 原材料未进行挑选，安装时未对色、对花 2. 胶合板面透胶未清除掉，上清油后即出现黑斑、黑纹	1. 安装前要精选面板材料，涂刷两遍底漆作防护，将树种、颜色、花纹一致的使用在一个房间内 2. 使用大块胶合板作饰面时，板缝宽度间距可以用一个标准的金属条作间隔基准

7.3 木质材料吊顶装饰施工技术

顶棚装饰装修的主要工程是吊顶装饰，是属于建筑物内部空间的顶部装饰。经过顶棚的吊顶装饰后，装饰面板与原建筑顶部保持一定的空间距离。因此，不同的艺术造型和装饰构造，通过不同的饰面材料，凭借悬吊的空间来隐藏原建筑结构错落的梁体，并使消防、电器、暖通等工程的管线不再外露。在达到整体统一的视觉美感的同时，还要考虑防火、吸声、保温、隔热等功能。

木质结构的吊顶，指的是其吊点、吊筋、龙骨骨架多以木质结构为主。木质结构的吊顶，特别要强调做好防火、防潮及防腐、防脱落的有效措施。木质吊顶可以是不设承载龙骨的单层结构；也可按设计要求组装成上、下双层构造，即承载龙骨在上用吊杆连接顶棚结构吊点，其下部为附着饰面板的龙骨骨架。当吊顶空间内需要上人要求的，应该采用金属材质的吊点及吊筋，并且加设金属主龙骨做主要承载。木龙骨吊顶为传统工艺，依然被广泛应用于规模较小且造型较为复杂多变的室内装饰工程。下面以单层平面式木吊顶施工工艺为例进行详细介绍。

7.3.1 施工前的准备

① 施工前主体结构应已通过验收，施工质量应符合设计要求。吊顶内部的隐蔽工程（消防、电气布线、空调、报警、给水排水及通风等管道系统）安装并调试完毕，从天棚经墙体引下来的各种开关、插座线路预埋亦已安装就绪。脚手架搭设完毕，且高度适宜，超过3500mm应搭设满堂红的钢脚手架。

② 施工材料备齐。造型需用的细木工板和木龙骨进行认真筛选。木方一般选择红松或白松木方，如有腐蚀、斜口开裂、虫蛀等缺陷必须剔除。净刨后刷防火漆，达到消防要求。连接龙骨用的聚乙酸乙烯乳液、钢钉及气钉等辅材要把好质量关。

③ 施工工具基本备齐。

a. 木工手工工具包括量具（钢卷尺、角尺与三角尺、水平尺、线锤等）、画具（木工铅笔、墨斗等）、砍削工具（斧和锛等）、锯割工具（框锯、板锯、狭手锯等）、刨削工具（平刨、线刨、轴刨等）、凿、锤、锉、螺丝刀、壁纸刀等。

b. 木工装饰机具包括冲击电钻、手电钻、射钉枪、电圆锯、电刨、电动线锯、木工修边机、木工雕刻机、空气压缩机、气钉枪、手提式电压刨等木工机械。

c. 测量工具：水准仪、水平管、钢角尺、塞尺、钢卷尺等。测量工具应经具备相应资质的检测单位检测合格，其度量单位要准确，并在规定检测时间内使用。

④ 技术准备。施工图纸应齐全并经会审、会签完成。标高、造型与现场及吊顶内隐蔽管道、设备无冲突。施工方案编制完成并审批通过，对施工人员进行安全技术交底，做好记录。

7.3.2 施工操作步骤

弹线、找水平、定位→安装吊点紧固件→沿吊顶标高线固定墙边龙骨→刷防火漆→拼接木格栅→分片吊装与吊点固定→分片间的连接→预留孔洞→整体调整，安装饰面板。

7.3.3 木吊装饰工程施工质量标准

① 所有木龙骨采用的树种，其含水率及防腐、防虫、防火处理，必须符合设计要求和现行GB/T 50206—2002《木质结构工程施工质量验收规范》、GB 50222—1995《建筑内部装修设计防火规范》等有关规定。木制成品及构

件的燃烧性能达到A级或B1级，接触砖石、混凝土的骨架和预埋木砖，须做浸油防腐处理。对龙骨外观要求如表7-5所示。

表7-5　木龙骨外观要求

项　目	指　标
(1)过渡角及钝边裂口和毛刺	不允许
(2)各平面平整度	每米允许偏差为2mm
(3)轴线度	每米允许偏差为3mm
(4)龙骨外形	光滑平直
(5)镀锌连接件的黑斑、麻点、起皮、脱落	不允许
(6)表面防火漆涂饰	均匀且涂饰符合消防要求

② 木龙骨及吊杆的规格、间距应符合设计要求。安装位置必须正确，连接牢固，不能松动。吊杆应采用不易劈裂的干燥木材，劈裂的吊杆应立即更换。

③ 吊点固定方式要根据上人或不上人的要求来作为选定的标准。

④ 为了使顶棚平整，木龙骨必须刨平、刨光。木龙骨架的接头、断裂及大疖疤处，均需用双面木条夹住，使各棚底面处于同一标高。其允许偏差不大于5mm。木龙骨架（木格栅）吊顶允许偏差如表7-6所示。

表7-6　木龙骨架（木格栅）吊顶允许偏差

项次	项　目		允许偏差/mm
1	顶棚主梁截面尺寸	方木	−3
		原木(直径)	−5
2	吊杆、格栅截面尺寸(主筋、横撑)		−2
3	顶棚起拱高度		±10
4	顶棚四周水平线		±5

⑤ 所有木龙骨及迭级造型、预留孔洞要求增设的附加龙骨等构件安装到位后，要进行全面校正，将所有的吊挂件、连接件、加强件等予以检查、调整、紧固，整体龙骨要牢固可靠，并通过工程项目的隐蔽工程验收环节。

⑥ 胶钉的基层底板及饰面板不得脱胶、变色和腐朽，表面应平整、牢固。

⑦ 罩面板的接缝宽度应一致，且应平直、光滑、通顺，十字缝处不得有错缝。如有不顺或毛刺等缺陷，应修整平滑。

⑧ 采用木压条装饰时，实木线条必须是干燥、无裂纹的木材。尺寸规格、断面几何形状应一致，表面平整光滑，不得有扭曲现象，接头割角应平整、严密。

⑨ 吊顶内需要填充的吸声、保温材料，其品种和铺设厚度要符合设计要求。

⑩ 认真进行自检，发现质量问题及缺陷及时进行修整，确认合格后，才能转到下道工序。

7.4 木质门窗装饰施工技术

建筑中的门窗既有着疏散交通的功能；又有着采光通风、分割与围护的功效，同时又直接影响到建筑外观的装饰效果。门窗装饰工程按其框架材质分可分为木门窗工程、铝合金门窗工程、金属卷帘门工程、塑钢窗工程、无框玻璃门工程等。木质门窗的施工涉及木窗套、窗帘盒、窗台、暖气罩和窗扇的制作与安装。对于门窗的制作与安装，应执行 GB 50210—2001《建筑装饰装修工程质量验收规范》等现行国家标准的有关规定。根据国家标准，门窗的安装工程应符合以下各项基本规定。

① 门窗安装前，应对门窗洞口尺寸进行检验。除检查单个每处洞口外，还应对能够通视的成排或成列的门窗洞口进行拉通线检查。如果发现明显偏差，应确定处理措施后方可施工。

② 木门窗与砖石砌筑体、混凝土或抹灰层接触处，应进行防腐处理并应设防潮层；埋入砌筑体或混凝土中的木砖，应进行防腐处理。

③ 装饰性木门窗安装应采用预留洞口的方法施工。切忌不能采用边安装边砌口，或先安装后砌口的方法施工，以防止门窗框受挤变形和表面保护层受损。

④ 特种门安装除应符合设计要求外，还应符合国家标准及有关专业标准。

7.4.1 门窗的分类与构成

门由门框和门扇两部分组成。当门的高度超过 2100mm 时，还要增加亮子。

(1) 门框

门框是由冒头和框梃组成的。有亮子时，在门扇与亮子之间设中贯横档。门框各连接部位都是用榫眼连接的。按照规定，框梃与冒头的连接，是在冒头上打眼、框梃上做榫。梃与中贯横档的连接是在框梃上打眼，中贯横档两端做榫。

(2) 门扇

门扇有镶板式和夹板式两类。

① 镶板式门扇。这种门扇是做好门扇框后，将门芯板嵌入门扇框上的凹槽中。门扇梃与冒头的连接，是在门扇梃上打眼。在门扇梃和冒头上开出宽为

门芯板厚度的凹槽，再将门芯板嵌入槽中。

② 夹板式门扇。夹板门也叫包板门，是由断面较小的木方（30mm×40mm）组合成骨架，双面用人造夹板胶钉包实，四周用实木板条封边，骨架一般采用单榫或槽口拼接的连接方法。为防止木龙骨变形，一般要在木龙骨两侧的截面，每隔100mm左右距离锯深10mm、宽2mm的锯口。面层、底板与骨架的连接主要以聚乙酸乙烯乳液粘接为主，四周封边实木板条采用胶钉结合的方法。木骨架制作时应在安装门锁的部位加密龙骨。也有根据实际情况，采用双层18mm厚细木工板相粘接的做法施工。

(3) 常用木窗的基本构造和式样

① 木窗由窗框和窗扇组成。木窗的连接构造与门的连接构造基本相同，都是采用榫结合。按照规定，是在梃上凿眼，冒头上开榫。如果采用先立窗框再砌墙的安装方法，应在上、下冒头两端各留出120mm的走头。玻璃窗按其开启的方式不同，分为平开窗和悬窗。窗框上截口，需根据窗扇开启方式决定。

② 装饰窗和常见式样。

a. 固定式装饰窗：没有可活动开闭的窗扇，窗棂直接与窗框相连接。

b. 开启式装饰窗：可分为全开启式和部分开启式两种。部分开启式也就是装饰窗的一部分是固定的；另一部分可以开闭。

7.4.2　木门窗装饰施工技术

(1) 施工前的准备

① 选料要根据设计图的规格、结构、式样列出所需木方料或胶合板的数量和种类。木门窗的木材品种、等级、规格、尺寸、含水率以及框扇的线性、人造木板的甲醛含量，均应符合设计要求。

② 木方料是用于门窗骨架的基本材料，应选择木质较好、无腐朽、不潮湿、无扭曲变形的材料。

③ 胶合板应该选择不潮湿、无脱胶开裂的板材；尤其饰面胶合板要求木纹流畅、无色差的板材。

④ 施工前根据现场实际需要，分别计算出各种木料与胶合板的数量。配料应根据门窗的结构与木料的使用方法进行安排，防止长材短用，好材乱用，长的不足，短的有余等浪费现象。

⑤ 木方料的配料，应先用尺测量木方料的长度，然后再按门窗横档、竖撑尺寸放长30～50mm截取，以留有加工余量。木方料的截面尺寸应在开料时按实际尺寸的宽、厚各放大3～5mm，以便刨料加工。

⑥ 施工工具的准备同木吊顶施工的准备。

(2) 工艺流程

截料→刨料→画线→凿眼→开榫拉肩→门框、门扇的裁口与倒角→门框、门扇的拼装→板材门套、门扇的制作→木门窗的安装。

① 截料。在木方料截料时应精打细算，先测出木方料的长度，然后根据门窗横档、竖撑尺寸放长30～50mm截取，以便留有加工的余量。

② 刨料。宜选择纹理清晰，无疖疤和毛病少的材面作为正面，顺着木纹方向刨削，以免戗错槎，这样刨出来的木料较为光滑，既省力又不伤刀片。先戗大面后刨小面，两个相邻的面刨成90°角。刨削时常用角尺量测尺寸是否满足设计要求，不能刨过量，否则会浪费木料。要合理确定宽度和厚度的加工余量，一面刨光者留3mm，两面刨光者留5mm，如长度在500mm以下的构件，加工余量可留3～4mm。

门窗的框料，靠墙的一面可以不刨光，但要刨出两道灰线槽。门扇、窗扇都必须四面刨光，只有刨光才能做到画线准确。料刨完后，应按同类型、同规格樘扇分别堆放，上下对齐。

③ 画线。画线是在已刨好的木料上根据门窗结构画出榫头、打眼线。首先应检查木料的规格、数量，并根据各工件的颜色、纹理、疖疤等因素，确定其内外表面，并做好表面记录。画线时应仔细看清图纸要求和样板样式、尺寸、规格必须完全一致，并先做样品，经确定合格后再正式画线。在需要相接的端头留出加工余量，用直角尺及木工铅笔画一条基准线，若端头平直，又是开榫头用，可不用画此线，在此基准线上为一端的起点，用量尺度量出所需的总长尺寸线或榫肩线，再以总长线或榫肩线为基准，画出其他所需的榫眼线。画出的榫和眼的厚、薄、宽、窄尺寸必须一致。

门窗框（樘）无特殊要求时，可用平肩插。当门框厚度大于80mm时，要画出双实夹榫，冒头料宽大于180mm时，一般画上、下双榫。榫眼的厚度一般为料厚的1/5～1/3。半榫眼深度一般不大于料宽度的1/3，冒头拉肩应和榫吻合。中冒头大面大于100mm者，榫头必须大进小出。门窗框的宽度超过120mm时，背面应推凹槽，以防卷曲。成批画线应在画线架上进行，把门窗料叠放到架子上，用木条成排固定，用角尺画引线，然后再用墨斗弹线，既准确又快捷。正面线画好后再用直尾尺把线条转引到背面，并画好倒棱、裁口线，标记出正面、背面。所有榫、眼要注明是全眼还是半眼，是透榫还是半榫。如果是画错线用√表示，如果需要的线用×表示。画线不应过重，最粗不得超过0.2mm，务求均匀、清晰、准确、齐全。不用的线立即废除，避免混乱。

④ 凿眼。打眼之前要选择与眼宽相等的凿刀，刀口要锋利、单整。先打全眼，后打半眼。全眼先凿背面，凿到一半时，翻转过来凿正面直到凿透。眼的正面要留半条里线，反面不留，但比正面略宽，这样装榫头时可以减少冲

击，以免挤裂眼口四周。凿好的眼要求方正，顺木纹的两边要平直，中间不能凿凹和错岔，眼内要清洁，不能留木渣毛刺。手工凿眼采用“六凿一冲”的凿眼法。凿半眼时在榫眼线内边 3～5mm 处下凿，凿到所需深度和长度后，再将榫眼侧臂垂直切齐。榫眼与榫头的配合要求：榫眼的长度要比榫头短 1mm 左右，当榫头插入榫眼时，木纤维受力压缩后，就可将榫头挤压紧固。

⑤ 开榫拉肩。开榫就是按榫头线纵向锯开，拉肩就是锯掉榫头两旁的扁头。通过开榫和拉肩操作制成榫头。开榫、拉肩要留半个里墨线。锯出的榫头要方正、平直。不能伤榫根，榫根处应完整无损，没有被拉肩操作时锯伤。半榫的长度应比半眼的深度小 1～2mm，以防受潮时伸长。榫头要倒棱，以便顺利安装，防止装榫头时将榫眼背面顶裂。

⑥ 裁口与倒角。这是在门窗框梃上作出的工艺。倒角是起装饰作用，裁口即刨去框的一个方形角部分，对门扇、窗扇在关闭时起限位作用，在窗框上起固定玻璃作用。倒角是用平刨子倒成圆弧形，宽度均匀适度、平直。裁口用裁口刨子或用歪嘴刨子，要求裁口刨平直方正、深浅一致，不能有戗槎起毛、凹凸不平的现象。

⑦ 拼装。门窗框的拼装方法是把一根边梃框平放，正面向上，将中贯档、上冒头（窗框还有下冒头）的榫头插入梃框的榫眼里，再装另一边的梃框。拼装前先将榫头和榫眼抹上白胶，用锤轻轻地敲打拼合，敲打时要垫木块，防止打坏榫头或留下敲打痕迹。在整个门窗框拼接好规方以后，再将所有的榫头敲实。锯断多出的榫头。组装好的门窗框，要用细刨子戗平、刨光。双扇门窗要配好对，对缝的裁口要刨好。安装后，门窗框靠墙的一面要刷一道防腐剂沥青等。

a. 拼装时首先要检查部件是否方正、平直。线脚是否整齐分明、表面光滑，尺寸规格，样式是否符合设计要求，并用细刨将墨线刨光。

b. 门扇、窗扇的拼装方法与门窗框基本相同，区别在于门扇有门芯板，须先把门芯板按尺寸裁好，一般门芯板应比门扇边上量的尺寸小 3～5mm，门芯板去棱倒边、刨光。然后把一根门梃框平放，将上、下冒头和中档逐个插入门梃框上的榫眼。门芯板嵌入冒头中档和门梃框的凹槽内，再将另一根门梃框的眼对准榫头装入，并垫木块用锤敲紧。

c. 门窗框组装后，要再次用直角方卡尺找正、找平，为使其成为一个结实的整体，必须在眼中加木楔，将木榫在眼中挤紧。木楔的长度为榫头的2/3，宽度比榫眼窄 2～3mm，楔子头用扁铲顺木纹铲成扁尖形。加楔时应随时检查门窗、门扇的方正，掌握其歪扭情况，以便在加楔时调整、纠正。一般每个榫头内加两个木楔，加楔时用凿子凿出一道缝，将木楔两面抹上白胶插入缝内。敲打木楔要先轻后重，不能用力太猛，当木楔已打不动，眼已胀紧，就不要再敲打，免得将木料挤裂。加木楔的过程中，对框、扇要随时用角尺或直尺找方正，并校正框、扇的不平处，加木楔时注意纠正。组装完后再进行刨光，并用砂纸修平、打磨光。

d. 门窗框加木楔找正后，要用八字拉杆拉好，拉杆两端必须锯成斜头，每头用两根圆钉钉在锯口处或做了记号的地平线下，以防搬运安装过程中变形串角。大一些的门窗框，要在中贯档与梃间钉八字撑杆，如图 7-20 所示。

e. 门窗框组装、刨光后，应按房间编号，按规格分别码放整齐，堆垛下面要垫木块。如在露天堆放，要用油布盖好，防止日晒雨淋，而且还要刷一道底油以防止风裂和被污染。

⑧ 细木工板（木芯板）门套（门樘）及门扇的制作。细木工板木芯板门套（门樘）及门扇的制作，是现代室内装饰工程中使用相当广泛的一种施工技术。完全用细木工板九厘板及饰面夹板做成，不用木方料。门樘的立梃可以称为梃板。门樘上冒头称为樘顶，如图 7-21 所示。

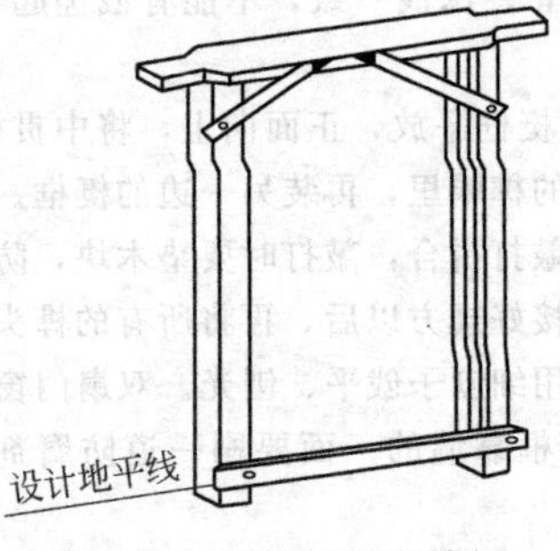

图 7-20 门框钉八字撑杆

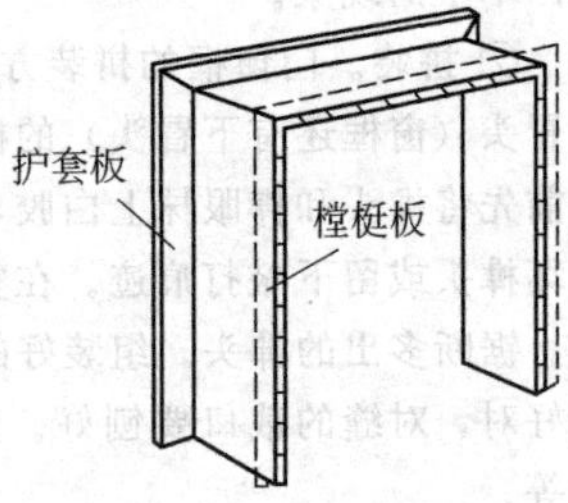

图 7-21 细木工板门樘

7.4.3 木窗套安装的技术要求

① 从顶层用大线坠吊垂直。在墙上弹上规矩线，门洞口凸出框线部位进行剔凿，窗框安装高度应距室内＋50cm 水平线校对检验，使木窗框安装在同一标高，室内外门框应根据图纸位置、标高安装，按门的高度设置木砖，每边不少于 2 个，间距不大 1.2m。每块木砖应钉 2 个 10cm 长钉子上、下错开，并将帽砸扁钉入木砖。轻质墙及多孔砖墙体应预制木砖的混凝土砌块。

② 木龙骨应用圆钉牢固钉在木砖上。也可采用在砖墙上钻孔后塞入木楔，再用圆钉钉入固定。

③ 木龙骨均需作防腐处理，间距为 450mm。

④ 木龙骨应两面刨光，厚薄一致，表面平整。木龙骨与墙体间应干铺油毡一层，以防湿气侵入。

7.4.4 木窗套安装的注意事项

木窗套制作应符合设计要求，使用的材质与窗扇配套，门楣、贴脸使用符合设计，目测木窗套表面无明显质量缺陷；用手拍击没有空鼓声；用尺测量垂直度与窗扇的吻合情况；表面涂膜平滑、光亮，无流坠、气泡、皱纹等缺陷。

常见问题：窗洞口侧面不垂直，窗套表面有色差、破损、腐斑、裂纹、死节等，窗套侧面未垫实。可采取以下几个措施。

① 用垫木片找直、垫平，用尺测量无误差后再装垫层板。

② 更换饰面板，而且木窗套使用的木材应与窗扇木质、颜色协调，饰面板与木线条色差不能大，材质应该相近或相同。

③ 应拆除面板后加垫大芯板，使窗套侧面底层垫实。

木窗套安装的注意事项有以下几个方面。

a. 木窗套表面应平整、洁净、线条顺直、接缝严密、色泽一致。

b. 不得有裂缝、翘曲及损坏。

7.4.5 门口的木装修工艺

（1）木门套安装

木门套与门往往是连接在一起的，门洞是一个空间到另一个空间的入口。木门套用于镶包门洞口，或用于镶包钢、木、铝合金等门口，常用五层胶合板或带花纹的硬木板制作。

① 木门套安装应在地面施工前完成，门套安装应用线坠找垂直，复核门套对角线是否相等。安装时应保证牢固，按留木砖位置间距用钉子将木框与木砖钉牢。

② 当隔墙为加气混凝土条板时按要求顶留木砖间距，预留 45mm 的孔，深为 100mm，在孔内预留防腐木楔黏水泥胶浆，木楔直径大于孔径 1mm，待其凝固后安门套。

③ 框与洞门每边空隙不超过 20mm，若超过需加钉子，并且还需在木砖与门套之间加设垫木，保证钉进木砖 50mm，超过 30m 的空隙需用豆石混凝土填实，不超过 30mm 的空隙用干硬性砂浆填实。

④ 木门套安装后应用铁皮保护，其高度以手推车轴中心为准，对于高级硬木门套宜用 10mm 厚木板条钉设保护，防止砸碰，破坏裁口，影响安装。

（2）木门套安装技术要求

① 施工时应按设计要求在砖或混凝土中预埋经过防腐处理的木砖。

② 木龙骨应用圆钉牢固钉在木砖上。也可采用在砖墙上钻孔后塞入木楔，再用圆钉钉入固定。

③ 木龙骨均需作防腐处理，间距为 450mm。

④ 木龙骨应两面刨光，厚薄一致，表面平整。木龙骨与墙体间应干铺油毡一层，以防湿气侵入。

⑤ 当采用胶合板镶包时，应用五层胶合板；当用木板镶包时，宜用花纹美丽的硬杂木制作。

⑥ 在木门套上、下端部，宜各做一组通风孔，孔径 ϕ10mm，孔距为400～500mm。

⑦ 阴阳角应严密、整齐。

(3) 木门套安装注意事项

木门套制作应符合设计要求，使用的材质与门扇配套，门楣、贴脸使用符合设计，目测木门套表面无明显质量缺陷；用手拍击没有空鼓声；用尺测量垂直度与门扇的吻合情况；表面涂膜平滑、光亮，无流坠、气泡、皱纹等缺陷。

① 安装注意事项。

a. 木门套表面应平整、洁净、线条顺直、接缝严密、色泽一致。

b. 不得有裂缝、翘曲及损坏。

② 常见问题。门洞口侧面不垂直，门套表面有色差、破损、腐斑、裂纹、死节等，门套侧面未垫实。

③ 采取措施。

a. 用垫木片找直、垫平，用尺测量无差误后再装垫层板。

b. 更换饰面板，而且木门套使用的木材应与门扇木质、颜色协调，饰面板与木线条色差不能大，材质应该相近或相同。

c. 应拆除面板后加垫大芯板，使门套侧面底层垫实。

(4) 木门安装

按照不同的分类方法，可以根据木门的开启方式、木门的构造不同和专用木门把常用木门分成三类。室内装饰装修常见木门为平开门和推拉门。

① 木门扇安装工艺。

a. 确定门的开启方向，小五金位置、型号。对开门扇扇口裁口位置、开启方向，右扇为盖口扇，检查门口是否尺寸正确，边角是否方正，有无窜角。高度检查测量门两侧，宽度检查测量门上、中、下三点。

b. 将门扇靠在框上画出相应尺寸线，若扇大将多余部分刨出，扇小则需绑木条，用胶和钉子钉牢。钉冒砸扁钉入木材 2mm。修刨门时应用木卡具将门垫起卡牢，以免损坏门边。

c. 将修刨好的门扇塞入口内用木楔顶住临时固定，按门扇与口边缝宽合适尺寸画二次修刨线，标出合页槽位置。合页距门上、下端为立梃高 1/10，避开上、下冒头。注意口与扇安装的平整。

d. 门二次修刨后，缝隙尺寸合适后即安装合页，先用线勒子勒出合页宽度，钉出合页安装边线，分别从上、下边往里量出合页长度，剔合页槽应留线，不可剔得过大、过深。若过深则用胶合板调节。

e. 合页槽剔好后，即可安装上、下合页。安装合页之前需先将门扇上、下口刷漆，安装合页时先拧一个螺钉，然后关上门检查缝隙是否合适，口扇是否平整，上、中、下合页轴心是否在一条垂线上，防止出现门扇自动开启或关闭的现象。无问题后可将螺钉全部拧上拧紧。木螺钉钉入 1/3 拧入 2/3，拧时不能倾斜，严禁全部钉入。若门为硬木时，先用木螺钉直径 0.9 倍的钻头打眼，眼深 2/3，然后再拧入螺钉。若遇木节，应在木节处钻眼，重新塞入木塞后再拧紧螺钉，同时注意不要遗漏螺钉。

f. 安装对开扇时将门扇宽度用尺量好再确定中间对口缝裁口深度。采用企口榫时，对门缝的裁口深度、方向需满足装锁要求，然后对四周修刨到准确尺寸。

g. 五金安装按图纸要求不得遗漏。门拉手位于门高度中点以下，插销安于门拉手下面，门锁不可安于中冒头与立梃结合处，以防伤榫，若与实际情况不符可上调 5cm。一般门拉手距地 1.0m，门锁、碰珠、插销距地 90cm。

h. 安装玻璃门时，玻璃裁口在走廊内。厨房、厕所玻璃裁口在室内。

i. 为防门扇开启后碰墙，固定门扇位置，可安装定门器。对于有特殊要求的门按要求安装门扇开启器。

② 木门安装技术要求。

a. 木门的品种、类型、规格、开启方向、安装位置及连接方式应符合设计要求。

b. 木门的安装必须牢固。预埋木砖的防腐处理，木门套固定点的数量、位置及固定方法应符合设计要求。

c. 木门扇必须安装牢固，并应开关灵活，关闭严密，无倒翘。

d. 木门配件的型号、规格、数量应符合设计要求，安装应牢固，位置应正确，功能应满足使用要求。

e. 木门与墙体间缝隙的填嵌材料应符合设计要求，填嵌应饱满。寒冷地区外门与砌体间的空隙应填充保温材料。

f. 木门批水、盖口条、压缝条、密封条的安装应顺直，与门结合应牢固、严密。

③ 木门安装注意事项。

a. 安装门扇时应轻拿、轻放，防止损坏成品，修整门时不得硬撬，以免损坏扇料和五金件。

b. 安装门扇时注意防止碰撞抹灰角和其他装饰好的成品。

c. 已安装好的门扇如不能及时安装五金件时，应派专人负责管理，防止刮风时损坏门及玻璃。

d. 严禁将窗框扇作为架子的支点使用，防止脚手板砸碰损坏。

e. 门扇安好后不得在室内使用手推车，防止砸碰。

④ 常见问题与采取措施。

常见问题：门扇与门套缝隙大，五金件安装质量差，门扇开关不灵活，推拉门滑动时拧劲等。

采取措施：

a. 可将门窗扇卸下刨修到与框吻合后重新安装。

b. 可将每个合页先拧下一个螺钉，然后调整门窗扇与框的平整度，调整修理无误差后再拧紧全部螺钉。上螺钉必须平直，先打入全长的 1/3，然后再拧入 2/3，严禁一次钉入或斜拧入。

c. 将锁舌板卸下，用凿子修理舌槽，调整门框锁舌口位置再安装上锁舌板。

d. 调整轨道位置，使上、下轨道与轨槽中心线铅垂对准。

⑤ 质量验收。

a. 木门的表面没有腐蚀点、死节、破残。

b. 门扇的材质、颜色和门套协调，色差不能大，树种应相同。

c. 门扇要方正，不能翘曲变形，门扇刚刚能塞进门窗框，并与门框相吻合。

d. 合页要位置准确，安装牢固。

e. 门锁的开、锁要顺利，锁在门扇和门框上的两部分要吻合。

7.5 木质楼梯栏杆扶手装饰施工技术

楼梯是建筑空间垂直交通的承载构件，同时也是室内设计及施工的重点部位。按其方向性不同可分为：单向、双向楼梯等形式；按其构成形式不同可分为：直线形、曲线形、旋转形等形式；按其材质不同可分为：木楼梯、玻璃楼梯、不锈钢楼梯等形式，也包括不同材质的综合设计。

7.5.1 木楼梯施工工艺

(1) 木楼梯的组成

当前用木质材料加工和制作的楼梯，一般是装饰性小型楼梯。楼梯扶手、立柱和栏杆，市场上均有成品出售，其造型形式和艺术风格可与木质护墙板、木质材料吊顶、硬质木板装饰大门及木质家具等相协调。

木质楼梯一般是由踏脚板、踢脚板、平台、斜梁、楼梯柱、栏杆和扶手等几部分构件组成的。其中，楼梯斜梁是支撑楼梯踏步的大梁；楼梯柱是装置扶手的立柱；栏杆和扶手装置在梯级和平台临空的一边，高度一般为900～1100mm。

(2) 木楼梯的构造

① 明步楼梯。明步楼梯主要是指其侧面外观有脚踏板和踢脚板所形成的齿状阶梯，属于外露型楼梯。它的宽度以800mm为限，超过1000mm时，中间需加一根斜梁，在斜梁上安装三角木。三角木可根据楼梯坡度及踏步尺寸预制，在其上面铺钉踏脚板和踢脚板，踏脚板的厚度为25～35mm，踢脚板的厚度为20～30mm，踏脚板和踢脚板用开抽的方法结合。如果设计无挑口线，踏脚板应挑出踢脚板20～25mm；如果有挑口线，则应挑出30～40mm。为了防滑和耐磨，可在踏脚板上口加钉金属板。踏步靠墙处的墙面也需做踢脚板，以保护墙面并遮盖竖缝。在斜梁上镶钉外护板，用以遮斜梁和三角木的缝且使楼梯的外侧立面美观。斜梁的上、下两端做吞肩榫，与楼格栅（或平台梁）及地格栅相结合，并用铁件进一步紧固。在底层斜梁的下端也可做凹槽压在垫木上。明步木楼梯构造如图7-22所示。

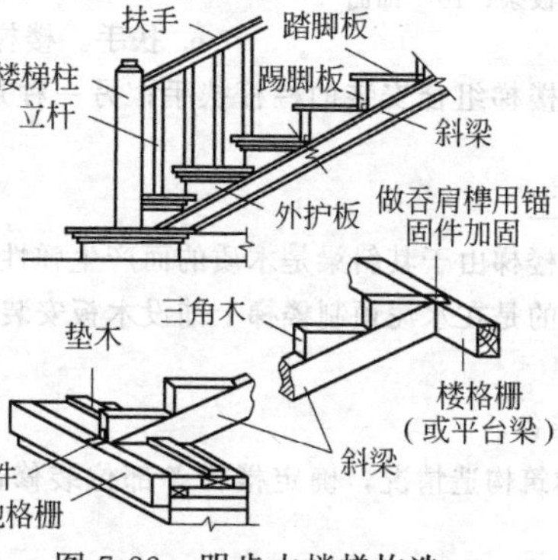

图7-22 明步木楼梯构造

② 暗步楼梯。暗步楼梯是指其斜梁遮盖踏步，其侧立面外观梯级效果藏而不露。暗步楼梯的宽度一般可达1200mm，其结构特点是在安装踏脚板一面的斜梁上凿开凹槽，将踏脚板和踢脚板逐块镶入，然后与另一根斜梁合拢敲实。踏脚板的挑口线做法与明步楼梯相同，但是踏脚板应比斜梁稍有缩进。楼梯背面可做成板条抹灰或铺钉纤维板等，再进行其他饰面处理。暗步木楼梯构造如图7-23所示。

③ 栏杆与扶手。

a. 栏杆。楼梯栏杆既是安全构件，又是装饰性很强的装饰构件，所以一般加工成方圆多变造型的断面。在明步楼梯的构造中，木栏杆的上端做成凸榫

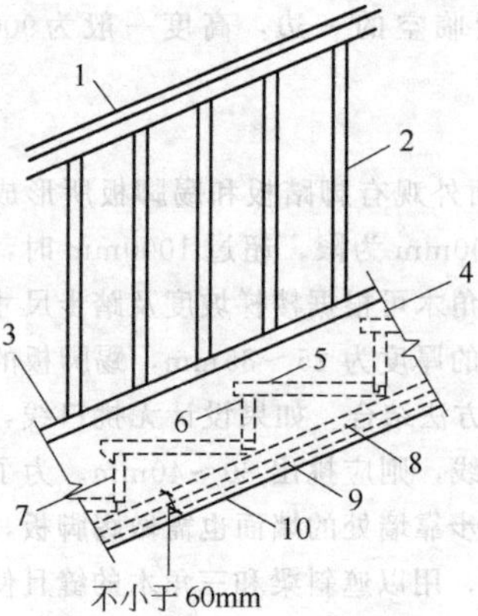

图 7-23　暗步木楼梯构造

1—扶手；2—立杆；3—压条；4—斜梁；5—踏脚板；6—挑口线；7—踢脚板；8—板条筋；9—板条；10—饰面

插入扶手，下部也是做成凸榫插入踏脚板；在暗步楼梯中，木栏杆的上端凸榫也是插入扶手，其下端凸榫则是插入斜梁上压条中，如果斜梁不设压条则直接插入斜梁。木栏杆之间的距离，一般不超过150mm，有的还在立杆之间加设横档连接。在传统的木楼梯中，还有一种不露立杆的构造，成为实心栏杆，其实就是栏板。其构造做法是将板墙木筋钉在楼梯斜梁上，再加横撑加固，然后在骨架两边铺钉胶合板或纤维板，以装饰线脚盖缝。还有一种比较流行的做法是用铁艺花饰做栏杆，下端用螺钉固定在斜梁或踏脚板上，上端用螺钉与扶手相连接固定。最后做涂料涂饰。

b. 扶手。楼梯木扶手的类型主要有两种：一种是与木楼梯组合安装的栏杆扶手；另一种是不设楼梯栏杆的靠墙扶手。

(3) 木楼梯施工

传统的全木质楼梯由于其斜梁是木质的而产生弹性，缺乏刚度，目前已很少制作，现在流行的是在水泥预制楼梯上铺设木板安装木扶手而制成的木楼梯施工工艺。

① 施工前的准备。

a. 勘察现场建筑构造情况，确定楼梯各部位装修部件尺寸、形状、用量及安装要点。

b. 材料准备：木材要求纹理顺直、无大的色差，不得有腐朽、裂缝、扭曲等缺陷；含水率≤12%。踏板一般使用25mm厚硬杂木板，宽度、长度及用量取决于现场实际情况（一般楼梯踏步宽度为300mm，阶梯差为150～170mm）。预埋件多用金属膨胀螺栓及型材等。

c. 施工机具：冲击钻、手锯、凿、锤子、刨等木工机具。

② 工艺流程。

安装预埋件→楼梯木构件制作→安装木踏板→安装木护栏→安装木扶手→收口封边。

a. 安装预埋件：用冲击钻在每级台阶的踏板两侧各钻两个 ϕ10mm、深40～50mm 的孔；在每级台阶踏步立板两侧相应位置各钻两个 ϕ10mm、深 40～

50mm 的孔，分别打入木楔，修整平；考虑栏河固定后的强度，建议在原建筑地面之间预埋金属膨胀螺栓，以便与栏河立柱进行紧固。

b. 楼梯木构件制作：按实际要求将木板加工成适合楼梯台阶宽度的木踏板、踏步立板。在木踏板一侧，按照护栏的结合部位榫头大小情况，开制出燕尾榫孔；在榫孔外侧，木板边缘作出45°角封边口和封边条。将木护栏的两端分别开出榫头，与踏板结合端开燕尾榫头，与木扶手结合端开出直角斜肩榫头，斜肩的斜度与楼梯的坡度一致。护栏的高度正常值为900mm。木扶手加工，要先加工成方形或长方形，按照预装木护栏的尺寸间距画出榫孔大小斜度，然后打孔、试装，合格后再将木扶手加工成设计形态。

c. 安装木踏板：将木踏板用50mm气钉顺木纹方向固定于木楔内，同时将踏步立板固定于预埋木楔内，并将踏板与踏步板固定在一起。也可以用丙烯酸类专用胶，直接将踏步及立板粘接于水泥地面上。

d. 安装木护栏：将木护栏开燕尾榫头一端打入踏板孔内，同时施胶，用气钉横向与踏步板连接固定。安装后注意保证护栏的垂直度。

e. 安装木扶手：将木扶手上所有榫眼与木护栏上所有榫头逐一对正，并施胶后，由一侧轻轻敲入榫眼。敲打时注意避免敲伤木扶手表面。

f. 收口封边：将木踏板向外侧木扶手一端的预制45°角封边条，施胶后用气钉钉入踏板边缘，顺木纹钉入木内。如图7-24所示。

7.5.2 楼梯木扶手施工工艺

楼梯木扶手作为上、下楼梯时的依扶构件，主要有两种类型：一种是与楼梯组合安装的栏杆扶手；另一种是不设楼梯栏杆的靠墙扶手。木扶手的形式多样，做工精细，讲究用料，手感舒适。其截面如图7-25所示。

① 材料准备。楼梯木扶手及扶手弯头应选用经干燥处理的硬木，如水曲柳、柳桉、柚木、樟木和榉木等，市场上还有加工成规格的成品出售。其树种、规格、尺寸、形状要符合设计要求。木材质量要好，纹理要顺直。颜色要一致，不能有腐蚀、疖疤、裂缝和扭曲等缺陷，含水率不得大于12%。弯头木料一般采用扶手料，以45°角断面相接，断面特殊的木扶手按设计要求准备弯头料。粘接材料一般用聚乙酸乙烯（乳白胶）等化学胶黏剂。还要准备好木螺钉、木砂纸和加工配件等。

② 注意事项。楼梯间的墙面、楼梯踏板等抹灰全部完成，栏杆和靠墙扶手的固定预埋件安装完毕。各支撑部位的锚固点，必须稳定、牢固，木扶手的锚固点可预先在主体结构上埋铁件，然后将扶手的支撑部位与铁件连接。

③ 工具准备。同装饰木工机具

④ 工艺流程 主要工艺流程为：

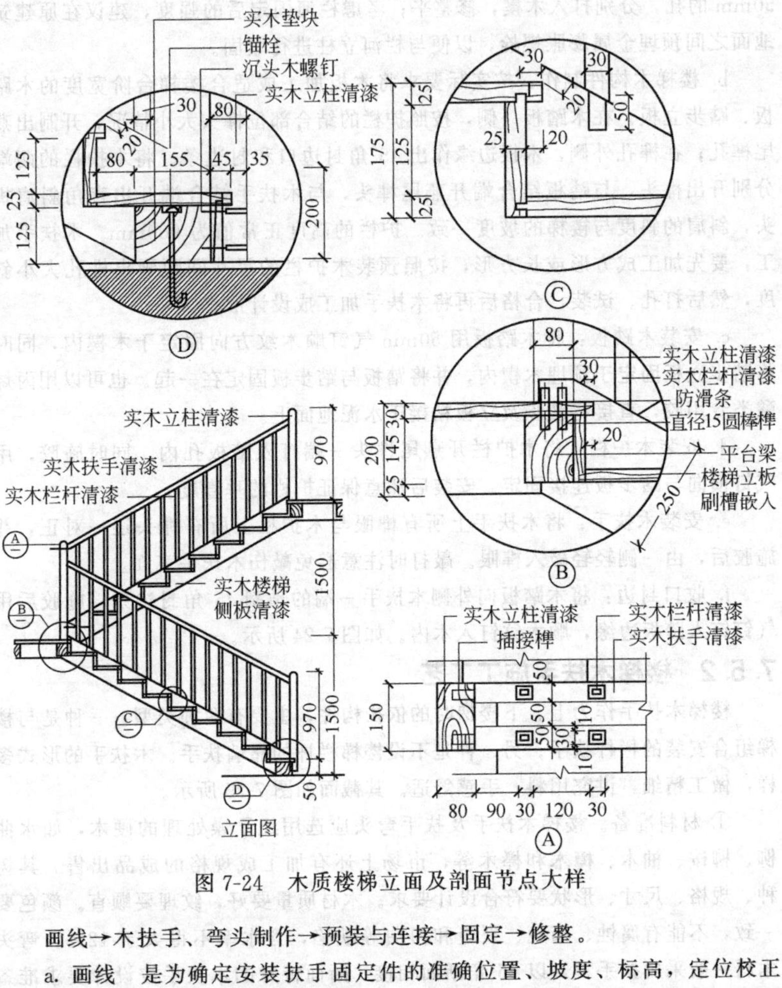

图 7-24　木质楼梯立面及剖面节点大样

画线→木扶手、弯头制作→预装与连接→固定→修整。

a. 画线　是为确定安装扶手固定件的准确位置、坡度、标高，定位校正后弹出扶手纵向中心线；楼梯栏板和栏杆顶面，画出扶手直线段与弯折弯段的起点和中点的位置；根据折弯位置、角度，画出折弯或割角线。

b. 木扶手及扶手弯头制作。

木扶手制作　木扶手具体形式和尺寸应按设计要求制作。扶手底开槽深度一般为3～4mm，宽度依所用扁铁的尺寸，但不得超过40mm，在扁铁上每隔300mm钻孔，一般用30mm高强自攻螺钉固定。木扶手制作前，应按设计要求作出扶手的横断面样板。将扶手底刨平，刨直后画出断面；然后将底部的木

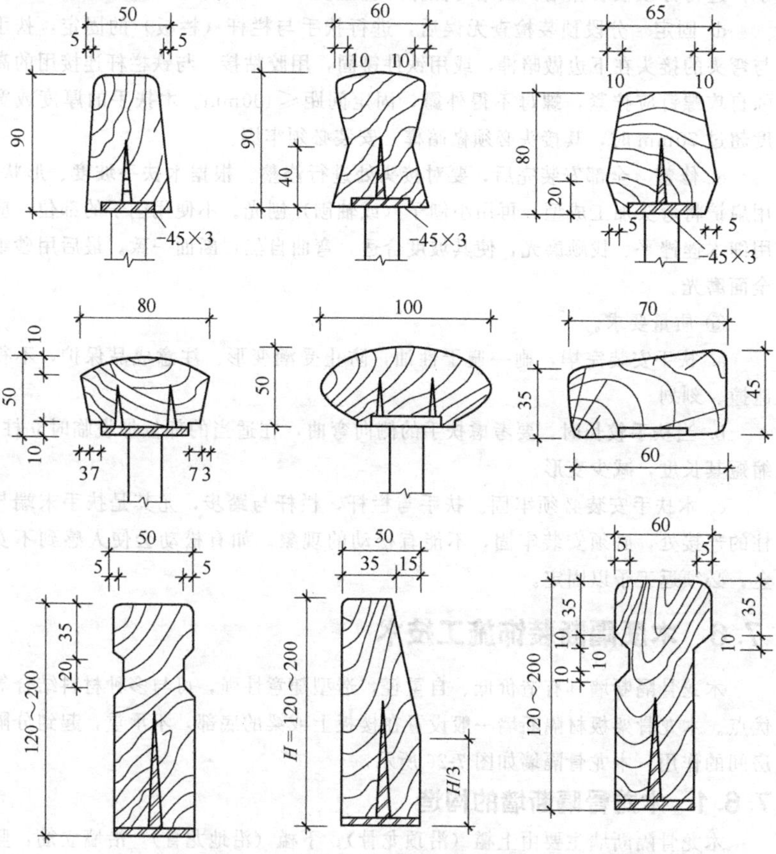

图 7-25　不同截面形式的木楼梯扶手示例

槽刨出；再用线刨依顶头的断面线刨出成型，刨时注意留出半线余地，以免净面时亏料。

扶手弯头制作　在弯头制作前应做足尺样板。做弯头的整料先斜纹出方，然后按样板画好线，用窄条锯锯出雏形毛料，毛料尺寸一般比实际尺寸大10mm左右。当楼梯栏板与栏板之间距离≤200mm时，可以整只做；当距离>200mm时可以断开做，一般弯头伸出的长度为半踏步。先把弯头的底作准，然后在扶手样板顶头画线，用一字刨刨平，注意要留线，防止与扶手连接时亏料。

c. 预装与连接　预装扶手应由下往上进行。首先预装起步弯头，再接扶手，进行分段预装黏结，黏结时操作环境温度≥5°，其高低要符合设计要求。

d. 固定　分段预装检查无误后，进行扶手与栏杆（栏板）的固定，扶手与弯头的接头在下边做暗榫，或用铁件铆固，用胶粘接。与铁栏杆连接用的高强自攻螺钉应拧紧，螺母不得外露，固定间距≤400mm。木扶手的厚度或宽度超过 70mm 时，其接头必须做暗榫，安装必须牢固。

e. 修整　全部安装完后，要对接头处进行修整。根据木扶手坡度、形状，用扁铲将弯头加工成型，再用小刨子（或轴刨）刨光。不便用刨子的部位，应用细木锉锉平、找顺磨光，使其坡度合适，弯曲自然，断面一致。最后用砂纸全面磨光。

⑤ 质量要求。

a. 扶手安装完毕，刷一遍干性油，防止受潮变形。注意成品保护，不得碰撞、刻划。

b. 当扶手较长时，要考虑扶手的侧向弯曲，在适当的部位加设临时立柱，缩短其长度，减少变形。

c. 木扶手安装必须牢固。扶手与栏杆，栏杆与踏步，尤其是扶手末端与柱的连接处，必须安装牢固，不能有松动的现象。如有松动会使人感到不安全，必须返工予以固定。

7.6 木质隔断装饰施工技术

木龙骨隔断墙具有造价低、自重轻，造型随意性强，可与多种材料结合等优点。木龙骨架板材隔断墙一般设置在楼板上或梁的底部，不承重，起到分隔房间的作用。木龙骨隔墙如图 7-26 所示。

7.6.1 木龙骨隔断墙的构造

木龙骨隔断墙主要由上槛（沿顶龙骨），下槛（沿地龙骨），沿墙立筋，竖向龙骨，横向龙骨，横、斜撑等组成骨架，以及各种人造板或实木板为罩面层组合而成。图 7-27 所示为木龙骨隔断墙的构造示意图。

7.6.2 施工前的准备

① 木龙骨一般可采用松木或杉木。常用的木龙骨有截面为 50mm×80mm 或 50mm×100mm 的单层结构；有 30mm×40mm、40mm×60mm 双层或单层结构。骨架所用木材的树种、材质等级、含水率以及防腐、防虫、防火处理，必须符合设计要求和 GB 50206—2002《木结构工程施工及验收规范》的有关规定。

② 在施工前，应先对主体结构、水暖、电气管线位置等工程进行检查，其施工质量应符合设计要求。

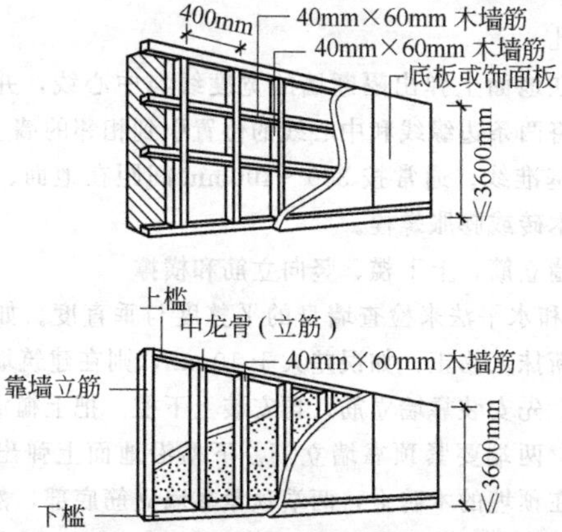

图 7-26 木龙骨隔墙示意图

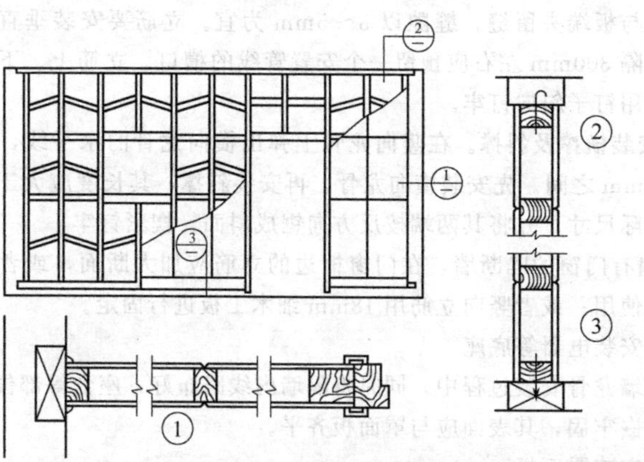

图 7-27 木龙骨隔断墙的构造示意图

③ 在原建筑主体结构与木隔断交接处，按 300～400mm 间距预埋防腐木砖。

④ 胶黏剂选用木类专用胶黏剂，腻子选用油性腻子，木质材料均需涂刷防火涂料。

⑤ 室内弹出＋500mm 标高线。

⑥ 施工工具：同木吊顶施工工艺的准备。

7.6.3 施工操作步骤

弹线打孔→安装靠墙立筋，上下槛、竖向立筋和横撑→安装电器等底座→

安装罩面板。

(1) 弹线打孔

施工前需要在地面上弹出隔断墙的宽度线与中心线，并标出门、窗的位置，然后用线锤将两条边缘线和中心线的位置引到相邻的墙上和棚顶上，找出施工的基准点和基准线。通常按300～400mm间距在地面、棚顶面和墙面上打孔，预设浸油木砖或膨胀螺栓。

(2) 安装靠墙立筋，上下槛、竖向立筋和横撑

① 用垂线法和水平法来检查墙身的平整度与垂直度。如误差在10mm以内的墙体，可重新抹灰修正；如误差大于10mm，则在建筑墙体与木骨架之间加木垫块来调整。先安装靠墙立筋，再安装上下槛。把上槛沿弹好的宽度线在棚顶用铁钉固定，两端要紧顶靠墙立筋。下槛沿地面上弹出的墙面定位线安装，用铁钉固定在预埋的木砖上，两端顶紧靠墙立筋底部，然后在下槛上面画出其他竖向立筋的位置线。中间的竖向立筋之间的间距，是根据罩面板材宽度来决定的，一般为400～600mm。要能够使板材的两头都搭在立筋上，并胶钉牢固。板与板端头留缝，缝隙以3～5mm为宜。立筋要安装垂直，在竖向立筋上，每隔300mm左右应预留一个安置管线的槽口。立筋上、下端顶紧上下槛，然后用钉子斜向钉牢。

② 安装横撑及斜撑。在竖向龙骨上弹出横向龙骨的水平线，横向间距在400～600mm之间。先安装横向龙骨，再安装斜撑，其长度应大于两竖向龙骨间距的实际尺寸，并将其两端按反方向锯成斜面，楔紧钉牢。

③ 遇有门窗的隔断墙，在门窗框边的立筋应加大断面，或者把两根立筋合并起来使用；或者竖向立筋用18mm细木工板进行固定。

(3) 安装电器等底座

在隔墙龙骨安装过程中，同时将隔墙内线路布好，座盒等部位应加设木龙骨使其装嵌牢固，其表面应与罩面板齐平。

(4) 安装罩面板

木骨架板材隔断墙罩面板多采用胶合板、细木工板、中密度纤维板或石膏板等。需要填充的吸声、保温材料，其品种和铺设厚度要符合设计要求。

① 安装罩面板时，应从中间开始向外依次胶钉，固定后要求表面平整，无翘曲、无波浪。

② 钉帽应砸扁钉入板内，但不得使钉穿透罩面板，不得有锤痕留在板面上，板的上口应平整。安装罩面板用的木螺钉、连接件、锚固件应作防锈处理。

③ 胶合板面层做清漆时，施工前应挑选木纹、颜色相近的板材，以确保安装后美观大方。

④ 隔墙罩面板固定的方式有明缝固定、拼缝固定和木压条固定三种。

明缝固定是在两板之间留一条一定宽度的缝，如施工图无规定时，缝宽以3～10mm为宜。如明缝处不用垫板，则应将木龙骨表面刨光。留缝工艺的装饰，要求饰面板尺寸精确，缝间中距一致，整齐顺直。板边裁切后，必须用细砂纸砂磨，无毛茬，饰面板与龙骨的固定方式为胶钉的方式。拼缝要求在罩面板相邻的两条边的上沿，用木刨按宽度为3mm左右刨出45°斜角，拼接后的V字形斜边要求均匀、对称、整齐顺直。木压条工艺要求仔细地挑选所用的木线，应干燥无裂纹，且纹理一致、无色差。采用胶钉的方式以防开裂，钉距保持在150mm左右。在门窗和墙面的阳角处，应用木线护角，既防止开裂又增加装饰性。

7.6.4 木龙骨板材隔断施工质量标准

① 木龙骨和罩面板的材质、品种、规格、式样应符合设计要求和施工规范的规定，木龙骨架应顺直，无弯曲、变形和劈裂。

② 沿顶和沿地龙骨与主体结构连接牢固、无松动、位置正确，保证隔断的整体性。隔墙立筋、上下槛和横撑斜面应连接牢固。

③罩面板应安装牢固、表面平整、接缝严密。严格选材，无脱层、翘曲、折裂、缺棱掉角，安装工艺要符合有关标准规定。

④ 木龙骨架板材隔断墙施工允许偏差及检验方法如表7-7所示。

表7-7 木龙骨架板材隔断墙施工允许偏差及检验方法

序号	项目	允许偏差/mm		检验方法
		纸面石膏板	人造夹板	
1	立面垂直度	3	3	用2m靠尺
2	接缝高低差	1	1	拉5m线,不足5m拉线通,用钢直尺检查
3	阴阳角方正度	3	3	用直尺检测尺检查
4	表面平整	2	2	用2m靠尺和塞尺检查
5	接缝直线度	—	3	拉5m线,不足5m拉通线,用钢直尺检查
6	压条直线度	2	2	拉5m线,不足5m拉通线,用钢直尺检查

第 8 章
木制品涂装技术

8.1 涂装基本知识

8.1.1 概述

木制品涂装是按照一定工艺程序将涂料涂布在木制品表面上，并形成一层涂膜，使其避免或减弱阳光、水分、大气、外力等的影响和化学物质、虫菌等的侵蚀，防止制品翘曲、变形、开裂、磨损等，以便延长其使用寿命；同时赋予木制品一定的色泽、质感、纹理、图案纹样，使其形、色、质完美结合，给人以美好舒适的感受。基材经过表面处理后，涂饰涂料、涂层固化以及涂膜修整等一系列工序的总和，称为涂饰工艺。

(1) 涂装的目的

① 保护作用。

a. 木材或人造板属于多孔材料，易吸收和排放水分，产生干缩湿胀，因此涂装后具有封闭基材的作用。

b. 没有涂装的木制品在阳光下受紫外线的照射，表面颜色会产生变色。

c. 避免与各种液体（腐蚀液体）直接接触，避免菌类的侵害以及脏物的污染。

d. 掩盖木材的自然缺陷。

② 装饰作用。

a. 增强艺术性，使木材自然色调更加明显突出，修饰自然缺陷。

b. 模仿珍贵树种。

③ 特殊作用。

a. 人与制品、制品与环境的和谐统一。

b. 经过涂装处理的木制品更加强调距离感、温寒感和轻重感。

(2) 涂装的类型

在涂料工业中，涂料的种类繁多，国内将涂料共分为 17 大类，有千余个涂料品种。木质品涂饰所用木器涂料有着特殊的使用环境和使用要求，主要包括油脂漆、天然树脂漆、酚醛树脂漆、醇酸树脂漆、硝基漆、丙烯酸树脂漆、聚酯树脂漆、聚氨酯树脂漆、光敏漆、压光漆等。

涂装的类型主要有以下几类。

① 按基材的显现和遮盖不同，分为透明涂饰和不透明涂饰。

② 按涂膜的光亮度不同，分为亮光涂饰和亚光涂饰。

③ 按涂料质量不同，分为普通涂饰和高档涂饰。

④ 按填孔与否，分为显孔、半显孔和填孔涂饰。

(3) 涂装的材料和方法

材料主要包括涂料、填充料、催干剂、稀释剂、调和漆、砂纸和纱布、腻子等。其中，调和漆和腻子根据具体要求进行配制。

① 基材表面处理材料，主要有去脂剂、漂白剂、腻子等。

② 着色剂，主要有颜料、染料。

③ 涂料，包括挥发部分（溶剂与稀释剂）和不挥发部分（成膜物质）。

④ 辅助材料，包括催干剂、增塑剂、固化剂、防潮剂、脱漆剂等。

⑤ 其他材料，主要有抛光膏、上光蜡。

木工装饰装修的涂饰方法有手工涂饰、气压喷涂、高压无气喷涂、静电喷涂、淋涂、辊涂、浸涂、转桶涂饰、抽涂、浇涂。

8.1.2 手工涂饰工具操作

涂装的方法对稳定涂膜的装饰质量和提高涂装效率有着极大的影响。木材涂装的方法很多，按我国目前实际的应用情况，基本上分为手工与机械涂装两大类。前者包括刷涂、刮涂、擦涂；后者包括喷涂、淋涂、滚刷涂、浸涂和抽涂等。

(1) 刷涂

刷涂是古老而简单的传统涂布方法，已经有几千年的应用历史，已形成了一整套传统的工艺操作技术，即使在涂装技术发展日新月异、新的涂装方法不断涌现的今天，刷涂仍然是木材涂装常用的方法之一。

优点：节省涂料，工具简单，施工方便，易于掌握，灵活性强，适用范围广，不受涂装场所、环境条件的限制，适用于涂刷各种材质和形状的物品。同时，对涂料品种的适应性也很强，油性涂料、合成树脂涂料、水性涂料等均可以采用，刷涂时涂料借助漆刷与被涂物表面直接接触的机械作用，能很好润湿被涂物表面，并渗透到木材的管孔中，因而增加了涂膜的附着力。

缺点：生产效率低，劳动强度大，不适应快干涂料。若操作不熟练，动作不敏捷，涂膜会产生刷痕、流挂和涂膜不均等缺陷。装饰性能比不上喷涂等其他涂装方法。

(2) 刮涂

刮涂是常用的涂装方法，主要用于刮涂腻子或厚质涂料，修饰被涂物凹凸不平的表面，并修整被涂物的造型缺陷。刮涂为手工操作，采用刮刀（或油灰刀）、刮板（托盘）。

刮涂注意事项有以下几个方面。

① 选择的腻子要与整个涂装体系配套，不要随意添加其他填料。

② 刮涂时应该将木材表面清理干净。

③ 根据被涂物的形状选择合适的刮刀。

④ 刮涂时操作顺序应该是先难后易，先里后外，先上后下，先左后右，先平面后棱角。

⑤ 切忌一次刮涂过厚及过多往返刮涂，以免开裂、卷皮；根据需要可以分几次刮涂。干燥后一定要将腻子等厚质涂料打磨平整光滑，并将打磨下来的粉末清除干净。

⑥ 刮刀刀刃一旦损伤，要及时修整。

⑦ 刮刀、调腻子盘和托盘要及时清理，除去残存的腻子，不用时要擦洗干净。

(3) 擦涂

擦涂又称揩涂，是指采用棉球包或干净的棉布（棉纱也可）来涂装的一种方法，也是一种常用的手工操作涂漆法。特点是不需要专门工具，全靠手工操作，因此揩涂的经验与手法十分重要。棉布或棉纱主要用来涂饰木材着色剂等，棉球包主要用于硝基漆、虫胶等快干涂料的涂装。棉球包的制作：用棉布包裹一个直径大约为 3～5cm 的脱脂棉球即可。

棉球包涂装（俗称抛光涂装）的要点有以下几个方面。

① 当木制品刚开始涂装时，涂料的黏度可以稍微高一些，如虫胶或硝基漆，固体分可以为20%左右，随着涂膜的厚度越来越厚，涂料的黏度也要越来越低，到最后仅采用稀释剂来揩涂。

② 用手指挤压棉球时，以刚能渗出涂料为好，如果蘸的涂料过多，会造成棉球的痕迹太大，得不到平滑的涂膜。

③ 以画圆弧的方法快速画圈前进，揩擦成连续的涂膜，待涂膜干燥后，再揩擦第二道，如此反复操作，当涂膜平整光滑后，进行最终的修饰：顺着木纹的方向揩擦，以消除棉球的揩擦痕迹；在揩擦过程中，棉球不能在同一部位停留过久，以防止溶解涂膜产生斑痕。

④ 用力程度。刚开始涂装时，因为木制品上的涂膜较薄，用力可以稍微大一些，当涂膜越来越厚时，用力要轻一些。

⑤ 干燥时间。当上一道指触干后，才能进行下一道。

如果采用同种涂料，用这种方法施工与其他施工方法相比，涂膜的附着力好、装饰性强、质量好，但是必须20～30道的揩擦才能达到要求，否则涂膜太薄，没有光泽。其缺点是劳动强度大，效率低。这是我国早期用来涂装虫胶漆、硝基木器漆的最主要方法。

(4) 滚刷涂

滚刷涂是采用圆柱形滚刷沾上涂料后，在被涂物表面滚动进行的涂装方法，滚刷涂适于大面积施工，效率较刷涂高，可以代替刷涂，但装饰性能差，对于棱角、圆孔等形状复杂的部位涂装比较困难，所以主要用于对装饰性能要求不高的工件，如内外墙、活动房、船舶、桥梁、各种大型机械等。因为木器家具对外观要求比较严格，所以均不采用这种涂装，但是可以用于家具内壁、地板块背面的涂装。它也是一种常用的手工操作涂漆法。

辊筒通常采用合成纤维制作，根据毛的长短分为中毛辊筒、长毛辊筒、短毛辊筒。中毛辊筒（毛长10mm左右）施工，能吸附较多的涂料，有合适的施工速度和平整度，所以是目前采用较多的品种。长毛辊筒（毛长16mm左右）吸料多，涂层厚，多用于涂刷粗糙的表面，因为辊出来的漆面较为粗糙而很少使用。短毛辊筒（毛长4～7mm），吸料少，涂层薄，多用于涂刷较为平滑的表面。在滚黏度较小、较稀的涂料时，应选用毛稍长、细而软的辊筒，因为这类辊筒吸漆量大，滚涂过程中不易流挂或不均匀。在滚黏度较大、较稠的涂料时，应选用毛稍短、稍粗、稍硬的辊筒，因为这类辊筒在吸饱浆料滚涂过程中，毛倒下去容易重新站起来，还可以保持较好的吸浆量，不易造成流挂或不均匀。

滚刷涂操作要点有以下几点。

① 首先将涂料充分搅拌均匀，倒入涂料盘中，然后将滚刷放在盘内滚动，蘸上涂料，并反复滚动滚刷使涂料均匀地黏附在滚刷上。

② 滚刷涂时，初期用力要小一些，随后再慢慢加大滚动压力，使滚刷所黏附涂料均匀地转移到被涂物的表面上。滚刷涂时一般按W形轨迹运行，滚动轨迹交错，互相重叠，使涂膜的厚度均匀，对于快干的涂料或被涂物表面渗透力强的场合，则可以上、下平行运行。对于滚刷涂不到之处，要用刷子补涂。

③ 应该根据涂料的特点和被涂物的情况，选择合适的滚刷。滚刷使用后，要刮除附着在滚刷上的残留涂料，然后用相应的稀释剂清洗干净，晾干后保存。清洗干净的辊筒最好悬挂起来，避免辊筒毛倒伏，影响下次使用。

8.1.3 机械化涂饰工具操作

随着木质品生产的不断发展，手工涂饰逐渐被机械涂饰所取代，使用各种涂饰设备，可以获得薄而均匀的涂膜，显著改善涂饰质量，降低劳动强度，提高生产效率，减轻涂料、溶剂等对人体的危害，但是容易受到物件形状尺寸和施工场所限制，涂料耗用量大。木质品涂饰质量，不仅取决于涂料品种和性能，还与涂饰设备和涂饰方法密切相关。只有设备得心应手，操作使用得法，才能提高涂饰质量和生产效率。涂饰设备是指机械涂饰所使用的各种机械设备。涂饰设备的种类繁多，按照用途不同，可以分为喷涂设备、辊涂设备、淋涂设备、光敏漆涂饰设备、喷枪、空气压缩机、砂光机、抛光机等。

(1) 喷涂设备

① 概述。喷涂是用专用喷涂设备将涂料喷散成为微细粒子（雾化），迫使涂料微粒附着于物品表面上，彼此叠落黏结起来，从而形成薄而均匀、完整连续涂层的一种施工工艺过程。

② 喷涂类型。

a. 空气喷涂。空气喷涂（图 8-1 和图 8-2）是利用压缩空气经过喷枪使涂料雾化并喷到被涂饰表面上，以形成连续完整涂层的一种涂饰方法。空气喷涂的优点：几乎可以喷所有的涂料，如油性漆、挥发性漆、聚合型漆、清漆、色漆以及染料溶液等；也以喷涂各种形状的制品和零部件，具有简单、方便、操作安全的特点。空气喷涂的缺点：漆雾浪费较大，一般涂料的利用率只有50%～60%；漆雾污染空气，对人体有害，需要专门的装置排放；对浓度较大的涂料不易喷射，需稀释后工作，因此喷涂一次涂膜厚度较薄，需经多次喷涂才能达到一定的厚度；空气喷涂需要一系列机械设备才能进行。

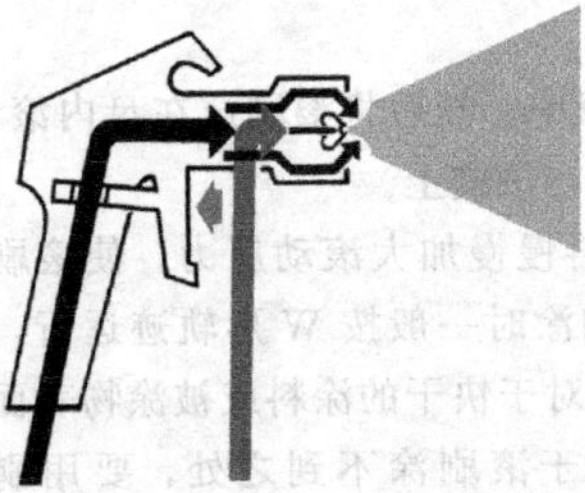

图 8-1　空气喷涂的喷枪

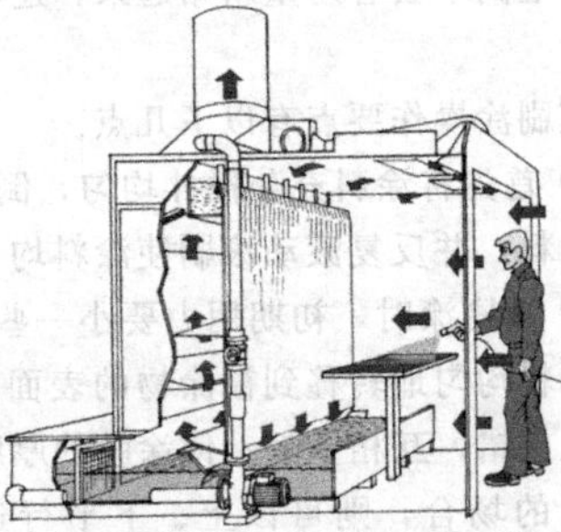

图 8-2　空气喷涂的操作

b. 高压无气喷涂。高压无气喷涂（图 8-3、图 8-4）是利用特殊形式的气动、电动或其他动力驱动的涂料泵，将涂料增至高压，通过狭窄的喷嘴喷出，涂料立即剧烈膨胀，分散成极细的微粒，并以扇形高速喷向工件表面形成涂层。高压无气喷涂的优点：涂膜质量好、附着力高、缝隙边角处也能形成很好的涂膜；雾化损失小、涂料利用率高，生产效率高。高压无气喷涂的缺点：喷体质颜料底漆时，颜料颗粒易堵塞喷嘴；喷出量和喷束图形不能自由调节，除非换喷嘴。

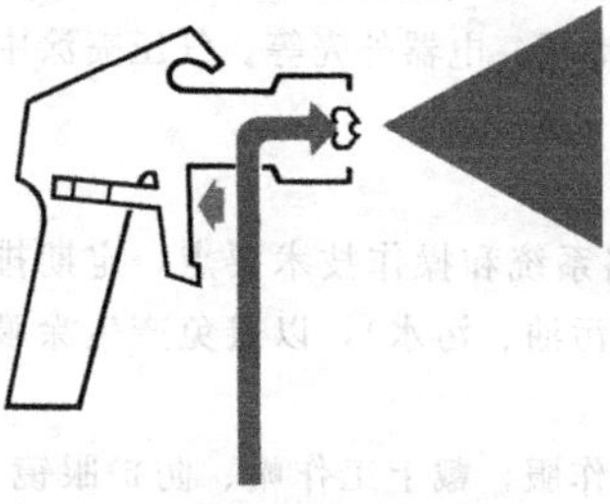

图 8-3 高压无气喷涂的喷枪

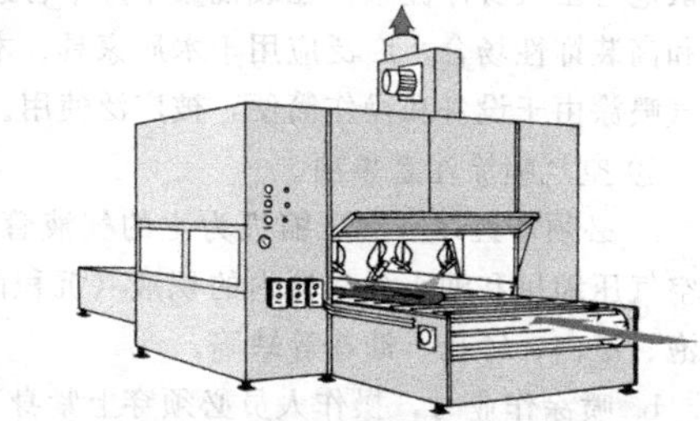

图 8-4 高压无气喷涂机械化生产

c. 静电喷涂。静电喷涂（图 8-5 和图 8-6）是利用涂料与被涂饰表面带不同的正负电荷互相吸引的原理，在制品表面上涂饰涂料的方法。静电喷涂的优点：提高涂料利用率，涂料利用率可达 85%～90%以上；涂饰效率高，涂饰工艺的连续化；涂饰质量好，带电荷的涂料使漆雾微粒非常细小，分散在工件表层形成的漆层均匀、完整、排列严密，干后涂膜平整光滑；改善涂饰施工条件，没有到处扩散的烟雾，减少环境污染；设备装置简单，由于没有烟雾，所需的通风设备简单，电能消耗少；经济效益显著，尤其对于框架类制品，如椅子，组装好的椅子只有静电喷涂最为适宜。静电喷涂的缺点：由于使用高压电，火灾危险性大，必须有可靠的安全措施，并严格遵守高压设备的安全操作规程。

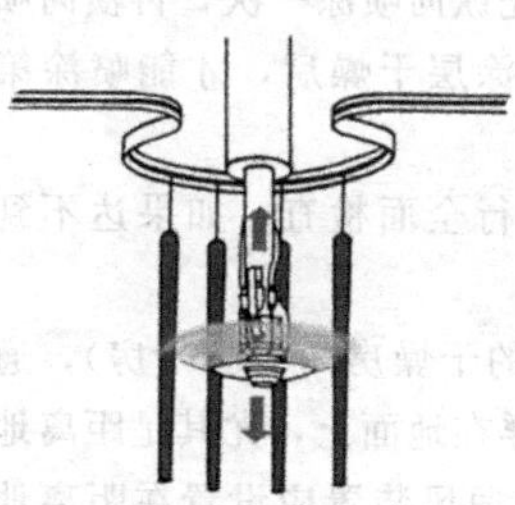

图 8-5 静电旋转式喷涂

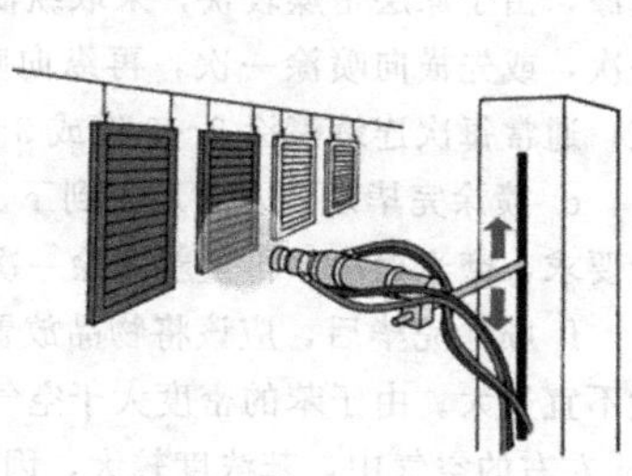

图 8-6 静电平面喷涂

由于喷涂原理不同，喷涂方法存在很大差异，在实际生产中，通常所指的喷涂就是指气压喷涂（空气喷涂和高压无气喷涂）。采取气压喷涂方法，可以适应快干性涂料的涂饰要求，弥补其他涂饰方法不能达到的效果，尤其是弯曲、凸凹等复杂物面。它具有涂膜附着力强、厚度均匀、平滑美观、质量好、生产效率高、适应性强、省工省时等优点，与手工刷涂或擦涂方法相比较，其生产效率可以提高5～10倍，尤其是对于大面积物面，但是在喷涂作业时，漆液飞扬，漆雾弥漫，污染环境，涂料耗用量大，浪费严重，同时漆雾随着空气扩散危害工人身体健康。在成批量生产中普遍应用。气压喷涂常用于快干性涂料和高装饰性场合，广泛应用于木质家具、木地板、电器外壳等。气压喷涂中空气喷涂由于设备和操作简便，被广泛使用。

③ 空气喷涂注意事项。

a. 必须掌握以空气压缩机为主的气液管路系统和操作技术要点，定期排放空气压缩机和油水分离器内的积液（沉积的污油、污水），以避免产生涂膜起泡、泛白、针孔、油花等缺陷。

b. 喷涂作业时，操作人员必须穿上紧身工作服，戴上工作帽、防护眼镜、防尘口罩或防毒口罩、橡皮手套等，以避免漆液和溶剂接触皮肤，有害气体直接进入呼吸系统，危害身体健康。

c. 喷涂作业时，必须掌握涂料黏度，按照涂料使用说明书的比例关系调配施工黏度，只要不影响涂膜质量，施工黏度越大越好。如果施工黏度小，漆液飞扬，漆雾弥漫，污染环境，涂料耗用量大，且往往溶剂或稀释剂的耗用量也较大，浪费严重。

d. 喷涂作业时，必须掌握涂料干燥性，采取正确喷涂方法。在实际生产中，喷涂醇酸树脂漆、聚氨酯树脂漆等，采取纵向双重喷涂，先顺物面纵向薄而均匀地喷涂一道，待涂层稍微干燥后，再顺物面纵向厚而均匀地喷涂一道，这样喷涂一次即可获得厚膜。提高生产效率，注意纵向双重喷涂属于“湿碰湿”，前一道涂层只需要表干，且不需要砂磨，即可喷涂后一道涂料；喷涂硝基漆，由于涂层干燥较快，采取纵横交替喷涂，先纵向喷涂一次，再横向喷涂一次，或先横向喷涂一次，再纵向喷涂一次，待涂层干燥后，才能喷涂第二道。通常每次连续喷涂2～3道或3～4道。

e. 喷涂完毕后，及时从上到下、从里到外进行全面检查，如果达不到质量要求，磨光擦净，再重新喷涂一次即可。

f. 喷涂完毕后，应该将物品放置在通风良好的干燥房内（晾干房），通风量不宜过大。由于苯的密度大于空气，苯蒸气悬浮在地面上，尤其是距离地面1m左右的空气中，苯浓度较大，因此干燥房内的通风装置应设置在距离地面1m以下，以抽去被污染的空气。

④ 喷涂缺陷。喷涂作业时，空气压缩机供气不足，压缩空气中含有油滴和水珠，涂料黏度调配不当，操作人员不能熟练掌握喷涂作业规程，都会产生涂膜缺陷，如空枪、雾化不充分、喷射不连续、喷射不均匀、雾状、开花、斑纹等。

(2) 辊涂设备

① 辊涂原理。辊涂是采用辊涂机（图 8-7 和图 8-8）完成的，它是用几个组合好的辊筒，当板件从一对转动的辊筒之间通过时，辊筒上的腻子或涂料涂布于物面上，从而形成薄而均匀、完整连续的涂层的一种施工工艺过程。辊涂最适宜在大面积板件上涂布腻子、填孔、着色等，能够使用比较大的范围涂料黏度，如高黏度涂料。它具有厚度均匀、质量好、生产效率高、适应性强、涂料耗用量少等优点，与手工刮涂方法相比较，其生产效率可以提高 1 倍以上，有利于实现机械自动化连续流水线作业，但是不宜涂布面漆，管孔内腻子丰满度比手工刮涂稍微差一些，有待进一步改进。

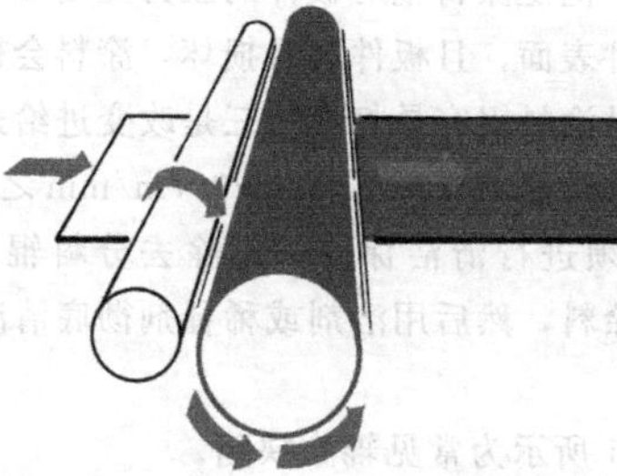

图 8-7 辊涂示意图

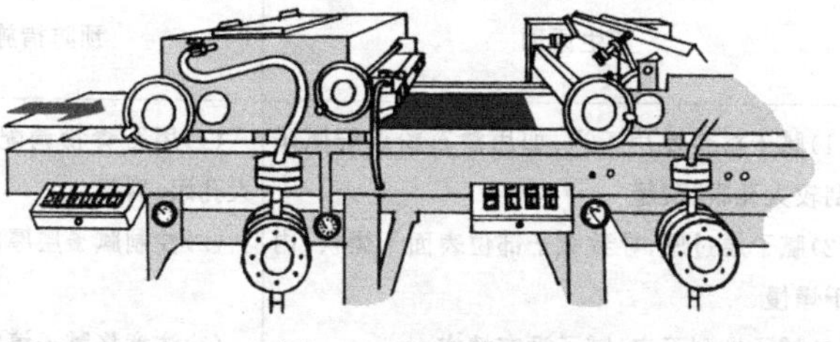

图 8-8 辊涂设备

辊涂设备可以分为顺转辊涂机、逆转辊涂机及精密辊涂机等。顺转辊涂机的涂布辊旋转方向与板件进给方向一致，结构简单，操作方便，适应性强，但是容易产生辊印痕迹，常用于涂饰黏度较低、流平性较好的涂料，尤其是填孔漆、平漆、底漆、清漆、色漆等；逆转辊涂机的涂布辊旋转方向与板件进给方向相反，涂层厚度均匀，涂膜平滑，不易产生辊印痕迹，但是结构复杂，设备费用较高，对板件质量要求较高，常用于涂饰黏度较高、涂层厚度范围较宽的涂料，尤其是腻子、填孔料；精密辊涂机也是一种顺转辊涂机，涂层厚度均匀，着色均匀一致，常用于填孔、着色，尤其是着色剂。辊涂机的结构多种多样，主要用于板件上表面的涂饰。也有些辊涂机可以用于板件下表面或板件上、下表面同时进行。在实际生产中，用于板件上表面涂饰的顺转辊涂机使用最普遍。

② 使用注意事项。

a. 辊涂的涂膜弹性好、韧性好，不易开裂，只能用于实心板、蜂窝状空心板等板式部件，不能用于格栅状空心板。

b. 辊涂作业时，调节涂层厚度可以采取三种方法：一是改变涂料辊与分料辊之间的间隙，但是涂料辊与分料辊之间的间隙控制在一定的范围内，如果间隙过大，则涂层厚度和涂料耗用量都会增加，且涂料会被辊压出来；二是改变涂料辊对板件的压力，但是涂料辊对板件的压力控制在一定的范围内，如果压力过大，不易填满板件表面，且板件容易损坏，涂料会被辊压出来，而压力过小，不易填满管孔，且涂料辊容易打滑；三是改变进给速度，它对涂料耗用量无明显的影响，通常进给速度控制在 2.5～9.7m/min 之间。

c. 辊涂完毕后，必须进行清洁保养，先除去分料辊、涂料辊、平压辊、刮刀、涂料槽的腻子或涂料，然后用溶剂或稀释剂彻底清洗干净，最后用浸湿棉纱擦拭干净。

③ 辊涂缺陷。表 8-1 所示为常见辊涂缺陷。

表 8-1　常见辊涂缺陷

缺陷名称	产生原因	预防措施
腻子凹陷	(1)腻子材料使用不当,如用滑石粉调配腻子批刮较大孔眼、裂缝 (2)腻子层过厚,导致腻子部位表面干燥快,内部干燥慢 (3)腻子批刮不实,腻子没有填实 (4)腻子层尚未干透,就急于涂饰面漆,腻子继续干燥收缩	(1)用石青粉调配腻子批刮较大孔眼、裂缝 (2)控制腻子层厚度 (3)注意将腻子填实 (4)待腻子层干透后,再涂饰面漆
辊筒印痕	(1)涂料黏度过高 (2)涂层过厚 (3)涂料辊压力不足,压紧不良	(1)降低涂料黏度 (2)控制涂层厚度 (3)加大涂料辊对板件的压力
横向波纹	(1)涂料辊与刮辊的间隙过大 (2)涂料辊的转速大于支撑辊 (3)涂布量过大	(1)调整各辊筒的间隙 (2)调整辊筒的转速比 (3)调节涂布量

续表

缺陷名称	产生原因	预防措施
纵向皱纹	(1)板件表面不平整,翘曲变形 (2)涂料黏度过高或过低 (3)涂布量过大	(1)提高板件表面平整度,控制板件的形位工差 (2)控制涂料黏度 (3)调节涂布量

(3) 淋涂设备

① 淋涂原理。淋涂是当物品从淋漆机头下面以稳定的速度移动时，淋涂机头连续淋下的涂幕硬盖在物面上，从而形成薄而均匀、完整连续涂层的一种施工工艺过程。淋涂最适宜在大面积板件或流线型物件上涂布面漆，能够使用高黏度涂料。它具有厚度均匀、质量好、生产效率高、适应性强、操作方便、涂料耗用量少、无漆雾飞扬、污染小等优点，有利于实现机械自动化连续流水线作业，在硝基清漆、丙烯酸清漆、聚氨酯清漆、光敏漆等涂饰中普遍应用，它是实施光敏漆淋涂光固化作业的关键，常用于板式家具、木地板、缝纫机台板等。由于不能涂饰垂直面，在木质家具中较少使用。

淋涂设备是以淋涂机（图 8-9）为主的一整套装置，漆液能否成为均匀的涂幕，关键在于淋涂机头。淋涂机头的结构多种多样，按照漆液成幕原理不同，可以分为底缝式、斜板式、溢流式等。底缝式淋涂机头（俗称刀片式淋涂机头）是从机头底部缝隙中淋下漆幕，涂层厚度容易控制，这种淋涂机头很受生产企业的欢迎，在实际生产中，底缝式淋涂机头使用最普遍；斜板式淋涂机头（俗称帘幕板式淋涂机头）是从倾斜帘幕板上流淌下漆幕，结构简单，但是机头长度有限，生产效率较低，淋涂过程中必须注意涂料流速均匀和涂料黏度变化，同时倾斜帘幕板上不能黏附油污，否则涂料就不能均匀流淌，出现断裂，产生涂膜裂纹；溢流式淋涂机头是从侧面溢流槽口淋下漆幕，淋涂过程中必须注意溢流槽口的大小和单位时间内注入机头的涂料量，及时清除溢流槽口的积料，这是

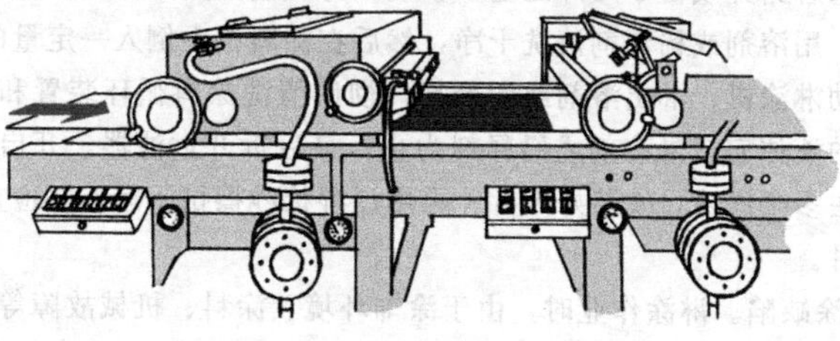

图 8-9 淋涂机

保证漆幕均匀性的关键。

② 使用注意事项。

a. 淋涂的涂膜硬度高、耐磨性好，但是抗冲击性较差，容易龟裂，不适用于薄涂层（30μm 以下）、小批量、带有沟槽的凸凹物面等。

b. 淋涂属于机械化生产方式，如果使用不当，容易出现许多问题，因此必须加强对淋漆机的涂料流量控制、施工黏度控制、淋漆机头运行、传送带运行等综合管理。

c. 淋涂作业时，涂料泵的输漆量对涂层厚度和涂料耗用量影响最大，注意调节涂料泵的输漆量。涂料槽内必须充满漆液，如果漆液供应不足，涂料槽内就会出现空隙，导致漆幕断裂，产生涂膜裂纹。

d. 淋涂作业时，涂料黏度的管理特别重要，必须根据使用说明书的比例关系正确调配涂料的施工黏度，并搅拌均匀，过滤干净，通常施工黏度为15～120s（涂-4 型黏度计），以 30～60s 为佳。

e. 淋涂作业时，必须随时检查淋涂机头落漆处的漆幕情况，如果淋涂机头的底缝宽度过大，机头内压力就会降低，漆液流下的速度就会变慢，导致涂层变厚，涂料耗用量增加；如果淋涂机头的底缝宽度过小，机头内压力就会增高，漆液流下的速度就会增大，导致涂层变薄，或断裂，或摇晃不稳定。

f. 淋涂作业时，传送带的运行速度越快，生产效率越高，单位面积上的涂料耗用量越少，但是运行速度过快，漆幕断裂，不能完整连续成幕。在实际生产中，采用黏度为 25s（涂-4 型黏度计）的硝基清漆，淋涂机头的底缝宽度为 0.6mm，底缝式淋涂机头的进给速度与淋涂量的关系为：进给速度为30～50m/min 时，淋涂量为 $200g/m^2$ 以上；进给速度为 50～70m/min 时，淋涂量为 100～$200g/m^2$；进给速度为 70～90m/min 时，淋涂量为 70～$100g/m^2$；进给速度为 90～150m/min 时，淋涂量为 50～$70g/m^2$。

g. 淋涂作业时，经常检查各部件运转情况和涂层质量，如果发现异常，立即停机检查调整，切忌在机械故障的状态下继续使用。

h. 淋涂完毕后，必须进行清洁保养，以避免淋涂机内的残余漆液变硬干结后，堵塞管路并残留于刀片之上，影响涂饰质量，其方法是：先倒空涂料槽中的漆液，用溶剂或稀释剂清洗干净，然后在涂料槽中倒入一定量的溶剂或稀释剂，启动淋涂机，淋出溶剂或稀释剂，彻底清洗涂料循环装置和淋涂机头，直到淋出的液体完全是溶剂或稀释剂为止，最后拆开过滤器，开启淋涂机头，用刷子除去多余漆液，安装好刀片，再用浸湿棉纱擦拭干净，并检查机体各部位的紧固件。

③ 淋涂缺陷。淋涂作业时，由于涂饰环境、涂料、机械故障等各种因素，都会产生涂膜缺陷，如涂层不连续、起粒、起泡、橘皮等。表 8-2 所示为常见

淋涂缺陷。

表 8-2 常见淋涂缺陷

缺陷名称	产生原因	预防措施
涂层不连续(涂层断裂、涂层断漏、涂层不均匀、涂膜破裂)	① 车间内有穿堂风(过堂风) ② 涂料黏度过低 ③ 淋涂机头上方或淋涂刀处风力过大,导致漆幕呈现飘移状(飘动) ④ 淋涂刀缝(刀口)中有异物堵塞,或涂料量过少,导致漆幕不连续(断裂) ⑤ 淋涂机头底缝与物面的距离过大 ⑥ 传送带不平稳,产生跳跃(跳动)	① 挡住穿堂风 ② 提高涂料黏度 ③ 降低通风机功率,降低淋涂机头高度,淋涂刀处加装挡风板 ④ 认真清洗刀片,清除异物,调节涂料出口量 ⑤ 调节淋涂机头与物面的距离,以 100mm 为宜 ⑥ 调整传送带的传动装置
起粒	① 过滤器损坏(涂料过滤装置有洞) ② 淋涂量过大	① 修理过滤器,调换过滤网,使之能够正常工作 ② 调节淋涂量
起泡	① 涂料槽中涂料过少,涂料循环装置内漆液中有气泡 ② 涂料槽中的消泡器位置不正确,表面不洁净,消泡剂的作用不良 ③ 涂料泵压力过大,循环流量过大(涂料在淋漆刀中的流速过快,回入贮漆罐中的涂料流速过高,导致在贮漆罐中产生气泡),冲击力过大(淋涂刀上的出漆量较大,对物面产生的冲击较大,导致在涂层上产生气泡)	① 增加涂料槽中漆液,涂料循环装置内保持一定的涂料量 ② 调整消泡器的位置,清除消泡器表面积尘 ③ 调节涂料泵的出口压力
橘皮	① 流平性较差 ② 涂料黏度过高 ③ 流量过大,涂层过厚	① 调换涂料 ② 降低涂料黏度 ③ 调整刀口宽度,调节传送带速度

(4) 光敏漆涂饰设备

① 概述。光固化是涂层固化速度最快的一种方法，依靠吸收一定波长的光能，可以使光敏漆涂层在几分钟内（3～5min），甚至几十秒内，快速固化成膜，其能源成本大大减少，工期大大缩短，干燥设备也相应减少，这是任何常规涂层固化所不能及的，有利于实现机械自动化连续流水线作业。光敏漆可

以采取喷涂、辊涂、淋涂，尤其是淋涂作业最普遍，再配置紫外线干燥设备，即可组成光敏漆涂饰设备。光敏漆涂饰设备的研制和开发，对于简化木质品涂饰工艺、减少有害气体的污染及加速涂层固化有重要意义。实现木质品涂饰的机械自动化连续流水线作业，具有重要的实际意义。在规模较大的生产企业中都配置光敏漆涂饰设备，并组成一条生产流水线，如板式家具生产线、木地板生产线等，常用于各种大平面板件。

② 光敏漆涂饰设备的构造。光敏漆涂饰设备（光固化设备）主要由淋涂机、紫外线干燥设备、传送装置、操作控制台等构成。图 8-10 所示为光敏漆涂饰设备的构造示意图。

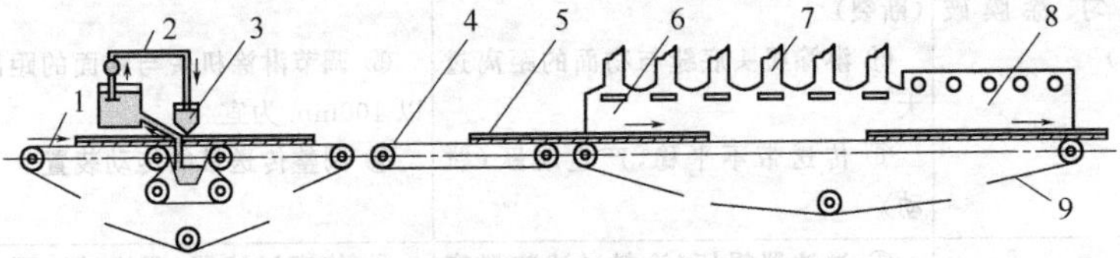

图 8-10 光敏漆涂饰设备的构造示意图

1—平胶带；2—涂料循环装置；3—淋涂机头；4—缓冲平胶带；5—板件；6—预固化炉；7—吸风口；8—主固化炉；9—链条

光敏漆涂饰设备工作时，先由平胶带 1 将板件 5 输送到淋涂机头 3，从机头底部缝隙中淋下漆幕，再进入运行速度减慢的缓冲平胶带 4，然后链条 9 替代平胶带的传动，载着板件送入预固化炉 6，此时涂层已经基本流平，且开始固化，最后进入主固化炉 8，板件从主固化炉中出来后，其涂层即可固化成膜，从而形成薄而均匀、完整连续的涂膜。

③ 使用注意事项。

a. 光固化不需要直接加热，物面温度低于 80℃，且紫外线照射时间短，涂层固化成膜快，对于不能承受高温烘烤的木材表面非常适宜。

b. 光敏漆涂饰设备是机械自动化连续流水线作业。生产运转过程中，随时检查产品质量情况，一旦发现问题，应及时处理，否则势必造成大批量的疵品，且光敏漆涂膜十分坚固，受伤后不易修复，费工、费时。

c. 紫外线照射装置主要由预固化区域和主固化区域两部分构成。预固化区域由几组黑光灯组成，其灯管与涂层表面的照射距离控制在 70mm 左右，灯管的温度控制在 40～50℃，否则会降低辐射效率；主固化区域用汞灯照射，其灯管与涂层表面的照射距离控制在150～550mm，配置有水冷却系统，灯管的温度控制在 55℃以下。根据实际情况，可以将两者同时启动，也可以只利用主固化区域。必须考虑物面形状和大小，正确地排列灯管，使光量均匀分布。为了有效利用紫外线光能，确定灯距和照距时，应该采取照度逐渐增加的方法。

d. 光敏漆涂饰设备工作时，涂层干燥程度和涂膜外观质量可以通过观察紫外灯的完好程度和冷却效果来确定，当涂层固化不良时，可以检查灯管是否损坏失效，并及时调换灯管，而涂膜烧焦时则应检查灯管外壳的冷却水是否断水。另外，涂层干燥程度和涂膜外观质量还受到传送装置的运行速度、灯管的照射时间、灯管的紫外线强度（俗称照射强度、光照强度）、淋涂量等因素的影响，如果涂层过厚，容易产生涂膜干燥不良，而涂层过薄则易产生涂膜老化。

e. 彩色光敏漆的研制开发，要求紫外线能够穿透无机颜料层，使涂层能够在深处也能快速固化，这就要求紫外线光源发射出的紫外线具有更强的渗透强度，目前光敏漆涂饰设备对于彩色光敏漆存在一定的困难，需要研制开发新型紫外线光源，并采取特殊的措施。

f. 加强光敏漆涂饰设备的日常维修和清洁保养工作。紫外线对人的肉眼容易产生刺激性，不允许直接用肉眼向紫外线照射装置内窥望，必须戴上防护眼镜，以避免损伤眼睛。

④ 涂饰缺陷。光敏漆涂饰设备工作时，涂料黏度不合适，涂料泵的输漆量过大或过小，传送装置的运行速度过快或过慢，紫外线照射装置的温度过高或过低，都会产生涂膜缺陷，如起泡、橘皮、剥落、不干、波纹、烧焦等。

（5）喷枪

喷枪是喷涂作业所使用的一种机械设备，目前已经成为一种极为广泛、比较完善的涂饰设备，应用非常普遍。

① 喷枪的分类。喷枪的种类繁多，其工作原理和结构基本相同。按照出气、出漆时两者所处的混合位置不同，喷枪可以分为内混式喷枪和外混式喷枪两种类型。内混式喷枪（内部混合式喷枪）是涂料与压缩空气在空气喷嘴（俗称空气帽）内部混合后，再随着高速压缩空气流在喷枪的出口处形成雾状，然后被喷射出去；外混式喷枪（外部混合式喷枪）是涂料与压缩空气在空气喷嘴外部混合后，即可在喷枪的出口处形成雾状，然后被喷射出去。在实际生产中，大多数生产企业选择使用外混式喷枪，以方便清洗。只有在喷涂某些高黏度涂料或特种涂料时，才选择使用内混式喷枪。按照涂料的供给方式不同，外混式喷枪又可以分为自动式喷枪、压力式喷枪和吸入式喷枪三种类型。自动式喷枪在木质品涂饰中使用不多，常用于小面积、小批量、喷花等以及实验室；压力式喷枪常用于高黏度、高固体成分含量的涂料，多在生产规模较大的生产企业使用，尚未获得推广。在木质品涂饰中，使用最普遍的就是吸入式喷枪，在实际生产中，吸入式喷枪还可以分为对嘴式喷枪和扁嘴式喷枪两种类型。

在市场上销售的喷枪，还可以分为国产喷枪和进口喷枪两种类型。对于普级、中级木质品涂饰，选择国产喷枪或普通喷枪就可以满足涂饰质量要求；对于高级木质品涂饰，最好选择进口喷枪或专用喷枪或精细喷枪。虽然价格昂贵，但是喷出漆雾细密，雾化性能好，涂饰质量能够保证。

② 基本操作方法。喷涂作业时，不仅要了解喷涂原理、喷枪结构等，还必须正确掌握喷枪的基本操作方法。一般情况下，可以分为装漆、准备、调节和喷涂四个步骤。

a. 装漆。按照涂料使用说明书的比例关系调配施工黏度，并搅拌均匀，过滤干净，然后根据涂料罐的容量大小（扁嘴式喷枪控制在1.0～1.2kg），不能过满，防止旋盖时溢出，将漆液装入涂料罐内，旋紧法兰螺栓，使其盖紧涂料罐。

b. 准备。先将手柄上的空气接头接上输气软管，连接要牢固，启动电源。打足压缩空气的压力（扁嘴式喷枪控制在4.5～5.0kgf/cm^2），待气压表达到工作时空气压力，打开空气压缩机的空气阀。打开通向油水分离器的输气管道的开关，使油水分离器的空气压力达到喷漆压力，然后打开通向喷枪的输气管道的开关。

c. 调节。喷枪工作前，主要包括出气量调节和出漆量调节两部分。两者同时进行调节时，往往通过观察喷枪口处的漆液雾化程度和涂料射流断面形状来进行。扁嘴式喷枪的空气喷嘴旋钮两侧各有一个小孔（喷气孔和出气孔）。且与喷枪内的压缩空气相通。根据喷枪工作需要旋转空气喷嘴旋钮，可以调节喷气孔位置，控制涂料射流的断面形状，将涂料射流调节成为垂直椭圆形、圆形和水平椭圆形三种断面形状。

d. 喷涂。喷涂作业时，可以采取纵横交替喷涂和纵向双重喷涂两种方法。纵横交替喷涂是先纵向喷涂一次，再横向喷涂一次，或先横向喷涂一次，再纵向喷涂一次，纵横喷涂后才能作为一道工序，待涂层干燥后，才能喷涂第二道，以避免涂层过厚，产生流挂；纵向双重喷涂是后一次喷涂的喷射面重叠前一次已经喷涂的喷射面的1/2，同一物面只需要喷涂一次即可等于两次，不必重复，这样生产效率提高1倍，涂层厚度均匀一致，以避免产生条纹，涂饰质量也可以获得保证。在实际生产中，纵向双重喷涂应用比较普遍。

喷涂质量的好坏主要取决于操作人员的实践经验和熟练程度。喷涂时手腕要灵活。注意力要集中，精心操作，应该做到枪到眼到、横平竖直、纵横交错、均匀一致、边喷涂边检查，必须达到不皱皮、不流挂和不漏喷三个基本要求。根据生产实践经验，可以归纳出喷涂的一般规律：从上到下，再由下到上；从左到右，再从右到左；先横后竖，先内后外，先难后易，先喷内转角，后喷外转角；后一次喷涂的喷射面重叠前一次喷射面的1/2，直到喷涂完成整个物面为止。

③ 使用注意事项。

a. 喷嘴口径是喷枪的重要技术参数，不同的喷嘴口径、喷射面等直接影响涂膜质量。喷嘴口径的大小必须与涂料黏度相适应，涂料黏度越大，需要的喷嘴口径越大。在实际生产中，喷涂低黏度的涂料时，应该选择小口径的喷枪（喷嘴口径为1.5mm）；喷涂高黏度的涂料时，应该选择大口径的喷枪（喷嘴口径为2.5mm）；喷涂小面积、喷花、喷涂面漆等时，应该选择小口径、小喷射面的喷枪（喷嘴口径为1.2mm以下）；喷涂大面积、喷涂底漆等时，应该选择大口径、大喷射面的喷枪（喷嘴口径为2.5mm以上）。

b. 喷涂压力的高低影响涂膜质量。喷涂压力过高，漆液喷出过浓，漆液喷散不均匀，容易产生涂膜橘皮、流挂、堆积等缺陷，且涂料的耗用量增加；喷涂压力过低，涂料微粒变粗，漆液难以雾化，容易产生涂膜粗糙、条纹等缺陷。通常喷涂压力控制在150～500kPa，头道喷涂后可以逐渐降低。在实际生产中，喷涂低黏度的涂料时，应该选择小口径的喷枪和较低的空气压力（150～500kPa）；喷涂高黏度的涂料时，应该选择大口径的喷枪和较高的空气压力（350～500kPa）。

c. 当喷涂水平面时，不存在流挂，喷涂视线好，眼睛能够全面观察物面、喷枪移动、涂层厚薄等情况，往往比垂直面更容易掌握。操作时，喷枪、眼睛、身体必须协调一致，即喷枪移动到哪里，眼睛看到哪里，身体就配合喷枪移动到哪里。目视时，顺光线的照射方向检查涂层形成情况。一旦发现漏枪，及时补喷均匀。水平面喷涂可以在同一物面上连续喷涂2～3道，一次获得厚涂层，而垂直面喷涂则不能。

d. 当喷涂垂直面时，由于喷涂方向与物面垂直，容易产生流挂，其难度比水平面喷涂大，操作人员需要具备丰富的实践经验和熟练的喷涂技能，才能达到预期的喷涂效果。

e. 当喷涂异型物面时，如边缘棱角、曲线形、转角、内外面等，正确掌握喷射距离、移动速度、喷涂压力、涂层结构等，操作要灵活，动作要快，勤喷涂勤关枪（时喷时关），防止产生流挂。

f. 喷枪使用完毕后，必须及时清洗干净，防止残漆干结后堵塞涂料喷嘴的孔道，影响涂饰质量。造成喷枪报废，其方法为：先倒空涂料罐中的漆液，用溶剂或稀释剂清洗干净，然后在涂料罐中倒入适量的溶剂或稀释剂（按照涂料罐容量的1/2），将涂料罐装在喷枪上，扣动扳机，从喷枪中强烈喷出溶剂或稀释剂，并使涂料喷嘴孔道中的残漆同时被喷出，彻底清洗涂料喷嘴孔道，直到喷出的液体完全是溶剂或稀释剂为止。

g. 加强喷枪的日常维修和清洁保养工作，定期全面拆洗喷枪。其方法为：

先旋开空气喷嘴和螺帽将其浸入溶剂或稀释剂中，再用涂料刷逐个清洗干净，直到清除所有的漆液为止，然后用浸湿棉纱擦拭干净，最后在喷枪摩擦部位涂上润滑油，重新组装好，并检查各部位的紧固件，妥善存放。

h. 两侧喷气孔的空气通路必须保持畅通，如果其中一个喷气孔或两个喷气孔不出气，则必须进行疏通，其方法为：先旋开空气喷嘴和螺帽，将其浸入溶剂或稀释剂中，待喷气孔内残漆泡软，用压缩空气吹一下即可。或用牙签或火柴棍清除堵塞的孔道，切忌用针、铁丝、铁钉等硬物去捅，避免次数过多导致喷气孔磨损变形，影响涂饰质量，造成喷枪报废。

④ 喷枪的机械故障。喷涂作业时，由于涂饰环境、涂料、机械故障等各种因素，都会产生涂膜缺陷。表 8-3 为喷枪的常见机械故障。

表 8-3 喷枪的常见机械故障

故障现象	产生原因	补救措施
涂料喷嘴前端泄漏	(1)涂料喷嘴内锥面与顶针阀之间有漆液固化 (2)涂料喷嘴内锥面和顶针阀表面毛糙 (3)涂料喷嘴和顶针阀破损 (4)顶针阀动作不灵活 (5)顶针阀的弹簧破损	(1)清洗涂料喷嘴和顶针阀 (2)用 800～1000 号铁砂布砂磨 (3)调换部件 (4)调整顶针阀 (5)调换顶针阀的弹簧
扳机移动部前端空气泄漏	(1)扇形调节螺钉松动 (2)空气阀片有漆液黏附 (3)空气阀片或空气阀破损 (4)空气阀的弹簧破损	(1)旋紧扇形调节螺钉 (2)清洗空气阀片 (3)调换空气阀片或空气阀 (4)调换空气阀的弹簧
扣动扳机不出空气	输气软管有堵塞物	清洗空气过滤网，检查出气孔，清洗出气孔
顶针阀垫圈部位涂料泄漏	(1)顶针阀垫圈移动 (2)顶针阀垫圈破损	(1)调节顶针阀垫位置 (2)调换顶针阀垫圈
漏气	(1)顶丝弹簧松动 (2)胶皮垫不严密 (3)胶皮垫老化腐烂	(1)将弹簧拆卸，稍微拉长一些即可，或将弹簧淬火，或调换新弹簧 (2)将胶皮垫取下，用黏度大的漆液将胶皮垫重新贴上 (3)同厚度的胶皮剪成同样大小的垫子，蘸上漆液贴上，贴上后如果扳机的开关很紧可以将弹簧拆卸，用文火稍微退火再装上，即可灵活自如

续表

故障现象	产生原因	补救措施
发出咕噜咕噜声音,或涂料射流时断时续,或只出气不出漆	(1)喷枪漏气	(1)将顶针阀拆卸,退出10mm左右,露出垫圈,垫圈上涂黄油,用细线在垫圈上缠上数圈,再拧上螺钉,然后轻轻扣动扳机几下,垫圈即可严密。不能拧得过紧
	(2)喷头松动	(2)将喷头拧紧,就会获得满意的涂料射流

8.2 涂料的配置与调色技术

市场上销售的色漆很多，色彩多种多样。色漆是由制漆工厂将着色颜料、体质颜料、漆料等，经过机械加工混合分散研磨制造成为均匀的原色、间色、复色、补色、极色等成品涂料，如油性调和漆、硝基磁漆等，其生产工艺复杂，质量检控要求较高。通常根据涂饰工艺要求直接选择制漆工厂生产的各色色漆即可满足使用，但是在实际生产中，成品涂料的色调往往不可能配齐，不能满足生产企业创新产品的需要。操作人员，尤其是有经验的老师傅，也不满足于成品涂料有限的几种色彩，往往对成品涂料进行必要的色彩变动。这就需要在施工场所自己动手调配色漆，调配出所需要的色彩。另外，对于制漆工厂，也还要经常对自己的成品涂料色彩进行不断变化，以满足市场的消费需要。

8.2.1 色彩的应用特点

木制品的种类繁多，应用领域非常广泛，使用者各不相同。虽然采取不同的造型设计，可以满足不同层次人们的需要，但是在同一造型设计的情况下，还可以通过色彩的变化来适应不同层次人们的需求和喜爱，因此，必须充分考虑木质品涂饰效果，尤其是光泽、色彩等外观效果以及色彩对使用者的心理影响。

(1) 色彩与光线

同样一件木质品，光线较强的地方显得色浅，光线较弱的地方显得色深，因此许多国家提倡亚光涂饰，以避免光线反射对人眼睛带来损害，且使木质品色彩均匀一致。

(2) 色彩与装饰

在处理色彩与装饰的关系时，必须牢固树立“装饰是为人而不是为物”的观念，根据现实生活需要、民族风格、习惯要求等来确定，这样才能达到理想的装饰目的，如卧室家具用浅黄色，就可以用紫罗兰色线条来处理边部，能够起到画龙点睛的作用，且使整件木质家具轻巧稳健，明快不空虚。

(3) 色彩与用途

每一件木质品都有明确的使用目的，用途都不相同，如卧室家具、客厅家具、厨房家具、儿童家具、办公家具、宾馆家具、医院家具等。在木质品涂饰中，必须根据用途、涂饰要求，以及人们的社会地位、工作性质、文化程度、气质修养、年龄、性别等来具体设计色彩，如卧室家具色彩，对于新结婚的年轻人，大多数喜欢茶色、浅黄色等不透明色漆涂饰，以及浅色、本木色、淡柚木色等浅色亮光透明清漆涂饰，这些色彩能够使房间增添温暖、雅致之感，具有一种明快感觉，显示青春活力。而对于中老年人，它们喜爱深柚木色、仿红木色等亚光透明清漆涂饰，这些色彩能够使他们时刻怀念起已经逝去的岁月，希望生活空间里看到、摸到自己所走过的路程和所留下的痕迹，显示心态端庄、稳重。办公家具中的大班台色彩，大多数用黑色的闪光漆或珠光漆。一些大班台还加上一条金黄色的锁边，显示使用者的豪华气派，而普通办事人员的写字台色彩，大多数用浅灰色不透明色漆涂饰，显示办事快捷，效率高。医院家具色彩，常以白色为主，但是纯白色容易给人带来空虚的感觉，因此，可以在白色中加入一些绿色，增添安静、和平的气氛，促进病人的身心健康，增强抵抗力。

(4) 色彩与时代要求

古典家具大多数用深红色、紫红色、青灰色等，这些色彩显得高贵、古朴、庄重，而现代家具趋向于浅色，这是人们希望生活稳定，具有一个明朗、舒适、雅致的居住环境。

8.2.2 色漆的配色要点

(1) 抓住特征

自然界的一切物体，在光的作用下，都能够反射出各自不同特征的色彩。因此，色漆的各种色彩名称就是按照色彩特征来进行命名的，如天蓝色色漆，按照天空的蓝色进行调配，而苹果绿色色漆，则按照苹果表面的浅绿色进行调配。调配色彩时，应该在大脑中确定一个物体或样板，且呈现某种色彩特征的空间形象，这样才能有个大致的方向，准确配色，否则将会无从下手。

(2) 找出规律

从色彩学的角度出发，必须掌握色彩的叠加原理。调配色彩时，必须掌握色漆涂膜中所含主色、次色、辅色的品种以及各种色彩在漆液总和中的数量配比关系的规律。颜料是配色的主要原料，可以用颜料调配出各种色彩的色漆(颜料拼色法、颜料相加法)。由于颜料的生产企业不同，其色度、色光等均有差异，应该先做样板，符合涂饰要求后，再调配色彩。当分析样板的色彩构成时，首先应该分析是由何种色彩构成的，再判断构成色彩的颜料中，哪些为主色、次色、辅色颜料，然后估算各色的用量多少，最后进行试配。

一般情况下，主色颜料是构成色彩中的主要色相（漆液成分的多数），它是用量最多的一种色调；次色颜料是构成色彩中占次要地位的色相，其用量较少；辅色（俗称副色）颜料是构成色彩中的色相和用量最少的、不可缺少的一种色调。调配色彩时，用基本色彩（如红、黄、蓝、黑、白），可以调配出各种色彩。如调配肉红色，应该用白色、红色、黄色，其中白色为主色，红色为次色，黄色为辅色；调配墨绿色，应该用黄色、蓝色、黑色，其中黄色为主色，蓝色为次色，黑色为副色；调配乳白色，应该用白色、黄色，其中白色为主色，黄色为副色。在木质品涂饰中，除了用颜料调配色漆外，还可以用各种色漆调配出各种色彩的色漆（色漆拼色法、色漆相加法）。表 8-4 所示为常用色漆色彩的配比。

表 8-4 常用色漆色彩的配比

配比 / 色彩名称	红色漆(大红) /%	黄色漆(中黄) /%	蓝色漆(深蓝) /%	白色漆 /%	黑色漆 /%
粉红色	5			95	
肉红色	5	4	1	90	
紫红色	60		20		20
西红色	70	30			
铁红色	80		20		
深红色	90				10
浅紫红色	95		5		
深棕色	50	25			25
棕色	60	20			20
乳白色		2		98	
奶油色		5		95	
奶黄色		4		95	1
军黄色		90	10		
深金黄色	20	50	30		
橘黄色	30	70			
橙黄色	30	70			
金黄色	50	40	10		
赭黄色	60	20			20
栗色	20	30			50
熟褐色	25	25			50

续表

配比 色彩名称	红色漆(大红)/%	黄色漆(中黄)/%	蓝色漆(深蓝)/%	白色漆/%	黑色漆/%
苹果绿色		15	5	80	
豆绿色		15	15	70	
深绿色		30	70		
墨绿色		40	40		20
中绿色		50	50		
深绿色		60	40		
草绿色		70	30		
军绿色	10	70	20		
浅天蓝色			5	95	
天蓝色			20	80	
中蓝色			50	50	
海蓝色		5	20	75	
浅银灰色		4	1	95	
深银灰色		5	5	85	5
深灰色				70	30

一般情况下，主色色漆是指遮盖力和着色力最强的某种色漆；次色色漆是指遮盖力和着色力较弱的某种色漆；辅色色漆是指遮盖力和着色力最弱的某种色漆。在五原色色漆中（如红、黄、蓝、黑、白），红色、黑色为主色，黄色、蓝色为次色，白色为辅色。在实际生产中，除了准确掌握各种色彩的配比外，还必须根据色彩的深浅顺序来进行调配。调配色彩时，必须将深色漆加入浅色漆中，由浅到深，切忌顺序颠倒，否则不能保证次色、辅色色漆均匀地分散到漆液中，尤其是加入着色力强的色漆时，应注意少量加入，以避免用量最少的主色色漆搅拌不均匀，最终出现明显色彩差异，影响色彩的装饰效果，还会使调配出来的色漆大大超过实际用量，造成浪费。

8.2.3 色漆的选择方法

调配色彩是指按照合理比例关系调配出所需要色彩的色漆的一种施工工艺过程，它是一项复杂、细致的工作。用单色色浆（色漆）调配复色色漆，除了判断出色彩的主色、次色、辅色外，还应该选择正确的调配方法，尤其是生产企业无机械搅拌设备，且小批量手工调配时，更应该选择正确的调配方法。另外，当用量较大时，应该提供色样委托制漆工厂专门配制。为了保证调配色彩的准确性，应该根据样板来进行，先试配小样。将小样涂布于玻璃片或白净马口铁板上，待干燥 20～30min 后，色彩基本稳定（落色），再对照样板，观察小样色彩与样板色彩是否一致。在符合色彩要求后，确定其内含几种色漆。将这几种色漆分别装入罐中，先称其毛重，调配色彩，配色完毕后，再称一次，两次称量之差就是参加配色的各种色漆质量，可以作为调配大样的参考。按照小样色彩的这种质量比例关系放大，根据需要用量一次配成大样，这样调配的色漆涂饰在木质品上，就可以达到醒目鲜艳的效果。调配色彩时，首先以主色色漆为主。慢慢地、间断性加入次色色漆，充分搅拌均匀，随时取样，边调边看，不能过头，防止影响色彩的装饰效果。当色调基本接近样板时要非常小心，渐渐加入辅色色漆，注意色漆的色彩应该略浅于样板。

色漆特点是湿浅干深。由于各种涂料在未干时色彩较浅（湿色），干后色彩较深，因此湿漆的色彩应该比样板略为浅淡一些。调配色彩时，对于干样板，待色漆表干后，才能确定该色漆与样板的相似程度；对于湿样板，则可以将样品滴一滴在色漆中。然后观察两种色彩是否相同，色彩相同，表示色彩已经配准。如色彩存在差异，则需要适当加料或减料后，再进行配色，直到配准为止。制漆工厂不同，往往同一种名称的色漆，其色彩、色种、性能、用途等均存在一定的差异，因此，调配色彩时，必须用同一类型的漆液进行调配。看看是否能够共同调和使用，切忌随意调配。如果仅仅只是色彩和色种相同，而性能和用途不相同，就不能相互调配，否则会降低涂料的性能，甚至造成涂料报废。

光线过暗容易影响配色的准确性。因此，调配色彩时，应该在晴天、太阳光下以及光线明亮的地方进行，这样才能随时正确观察色漆的色彩以及该色漆与样板的相似程度。调配浅色色漆时，应该先加入催干剂，再进行配色。因为，催干剂往往带有棕色。如果配好后再加入催干剂，则配成的色彩不易准确。调配色彩时，容器必须清洗干净，尤其是调配硝基色漆。空桶内不能留下残余漆液。配好后的漆液，应该随时加盖密封，或用牛皮纸将漆面盖好，防止结皮。

配色完毕后，核对色漆色彩的深浅程度是否符合样板的要求，它是调配色漆的一个重要环节，且最终检验还需要在涂层干燥后才能进行。其主要内容为：色差的偏移程度，即主色、次色、辅色之间的配合程度，尤其是次色、辅色用量的多少将影响整体色差的偏移；遮盖力；颜料的漂浮和泛色性，尤其是用单色色浆调配复色色漆时，应注意次色、辅色在主色中的混溶性。

8.3 涂饰技术

8.3.1 涂装前基材表面处理方法

涂饰前的准备工作是保证木质品涂饰质量的重要前提，表面处理质量的好坏，不仅影响后面工序的进行，同时直接影响到涂膜附着力、使用寿命和装饰效果。为了获得理想的涂膜质量，不仅需要品质优良的涂料，还取决于木材表面质量。木材是一种天然生物材料，木材中内含水分、树脂、色素、单宁、酚类等物质，这些物质影响涂膜附着力，容易产生涂膜变色、回粘等缺陷，并影响到木材着色效果；经过木材加工后，往往产生色彩不均匀、木毛、毛刺、裂纹等缺陷以及灰尘、油迹、胶迹、墨迹、笔线等污染。为了使涂膜平滑光亮，色彩均匀一致，无刨痕砂痕，边缘棱角、线条等部位均匀通顺，因此，必须对木材预先进行表面处理。表面处理是在基础着色、涂层着色前，为了获得质量优异的涂膜，具有较高的保护功能和装饰功能，对木材表面所进行的一系列施工工艺过程，它是木质品涂饰的第一道工序或第一阶段。其作用是清除木材表面影响与涂层产生良性黏结的各种不良因素，提高木材表面的平滑度。表面处理非常重要，它是涂膜能否牢固地附着于木材表面的基础，是涂饰作业的一个重要环节。表面处理的工作内容很多，主要包括表面检查（材面检查）、表面清理和表面清除三种类型，如木材干燥、表面清理、除去污迹、除去树脂、除去色素、除去刨痕等。

8.3.2 透明涂饰工艺流程

(1) 特点

① 保留或增强了基材的天然色彩或花纹。

② 常常用于中高档木制品以及名贵木材的表面涂饰。

(2) 透明涂饰工艺

① 表面处理，包括：表面清净→去树脂→脱色（漂白）→嵌补。

② 涂饰涂料，包括：填孔→（着色）→涂底漆→涂面漆。

③ 涂膜修整，包括：砂光（磨光）→抛光。

(3) 透明涂饰技术要求

① 表面清净。涂饰前的第一道工序，确保在涂饰前得到一个清净和光滑的木制品表面。表面清净主要的目的是去除木制品零部件表面的木毛、灰尘和油渍。表面清净常采用的方法是砂光和吹尘（采用砂光机自带此功能）。

② 去除树脂。树脂的主要成分是松节油和松香，不同的树种材料具有不同的树脂，落叶图松、红松、马尾松等针叶材中含有树脂。去除树脂的方法主要有高温干燥、洗涤法、溶解法、封闭底漆阻断、挖补法等。

③ 脱色（漂白）。脱色（漂白）主要使用化学药剂对需要涂饰的木制品零部件表面进行处理。常用化学药剂为氧化漂白剂和还原漂白剂两类。

④ 嵌补。采用腻子填平，腻子种类比较多，是几种材料按照一定比例配制而成的。比如：可利用含75%碳酸钙、24.2%虫胶酒精溶液和0.8%着色颜

料配制成腻子。

⑤ 着色与染色。在进行涂饰前，可根据需要对木制品零部件进行着色或染色，使其颜色满足实际的需要。其包括染料染色和媒染剂染色。

⑥ 填孔。可使用水性、油性、合成树脂填孔剂。

⑦ 涂底漆。

⑧ 砂光。

⑨ 涂面漆。

8.3.3　不透明涂饰工艺流程

(1) 特点

① 遮盖作用。

② 中低档木制品、刨花板、中密度纤维板。

(2) 不透明涂饰工艺

① 表面处理，包括：表面清净→去树脂→嵌补。

② 涂饰涂料，包括：填孔→涂底漆→涂面漆。

③ 涂膜修整，包括：砂光→抛光。

(3) 不透明涂饰技术要求

不透明涂层除不显木纹外，技术要求同透明涂饰。

8.3.4　特种涂饰工艺流程

随着木材的使用量越来越多，而像紫檀、花梨、水曲柳、柚木等珍贵木材的资源又日趋减少，如何利用普通木材，特别是使用刨花板、中密度纤维板、胶合板等经二次加工后的木材资源，用以制造款式新、仿珍贵木材的高档家具，已是家具制造业当前必须解决的问题。在普通木材或二次加工木材上作不透明涂饰以后再进行特种涂饰处理是充分利用木材资源的有效途径。

(1) 模拟木纹工艺

模拟木纹，是指在普通木材或二次加工木材的表面模仿绘制如水曲柳、花梨木、核桃木、柚木等纹理清晰的珍贵木材的花纹。由于模拟木纹可仿绘出珍贵木材的天然花纹，因此模拟木纹工艺是用在经不透明涂饰的木面上，再外罩透明面漆，就可获得如在珍贵木材表面进行透明涂饰的仿制效果。现以 PU 聚酯工艺为例，介绍模拟木纹的制作工艺。

① 确定底漆色彩。用于模拟木纹的底漆应具有对基材较强的遮盖力，并且模拟木纹最终体现的是透明涂饰，所以模拟木纹底漆的色彩应近似于透明涂饰时的涂膜色，如仿红木色、深柚木色等。

② 绘制木纹。这是本工艺的关键。要使绘制的木纹达到相似于所要仿制木材的天然花纹，就要求绘制者平时对各种木材的天然花纹多观察、多识别、

多积累，也需要绘制者在实际操作过程中多实践、多体会。

a. 木纹色浆的调配。木纹色浆是制作木纹的着色材料，它的色彩表现了经填孔着色后的木孔色，因此木纹色浆的颜色一般较底漆的颜色深，这种木纹色与底色之间的色彩差异，才能体现透明涂饰工艺中经过填孔着色后涂膜色与管孔色之间的色彩差异，从而达到如透明涂饰时显露真木纹的效果。

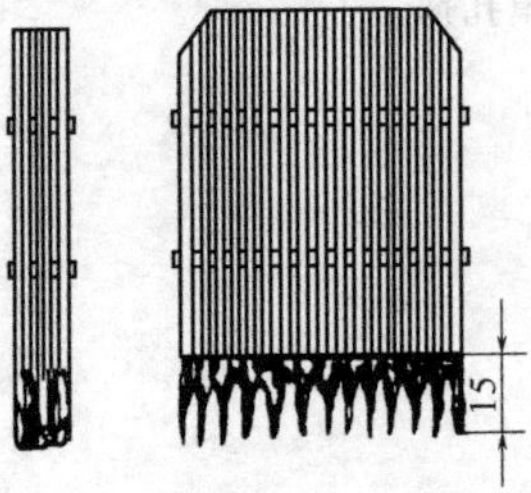

(a) 3 支排笔　(b) 锯齿形 12 支排笔

图 8-11　排笔

b. 绘制木纹的常用工具。手工绘制木纹的工具主要是羊毫毛笔，3 支、8 支和 12 支排笔，如图 8-11 所示。

③ 手工绘制木纹的一般操作工艺。手工绘制水曲柳模拟木纹大体可分为四个阶段：基础准备、绘制木纹、清漆罩光和涂膜修整。

a. 选择纹理优美的水曲柳清漆样板作为仿绘的样板。

b. 按样板色泽的深浅和色调调制色浆。

c. 绘制时，手持毛笔以环孔或半环孔为主纹起笔，随后向左右扩散，一笔描成后用长毛猪鬃底纹笔轻轻掸刷，使描绘的纹理产生管峰，以显示木纹的真实感。掸刷时，应注意饰面上的色浆不宜太湿或太干，否则效果不佳，待纹理和管峰都绘制好后，再用猪鬃刷沿管峰部轻轻地点出点点鬃眼，这样绘制的木纹既有木孔，又有鬃眼，更具真实感。待模拟木纹表干以后即可薄薄地喷涂一层清面漆以稳固木纹，然后进行拼色，调整色差。在绘制模拟木纹工艺中，调整色差是将局部纹理断续处连接起来，并在面与面深浅不同处进行拼色，这是模拟木纹工艺与常规的透明涂饰工艺在拼色操作时的不同之处。在拼色以后的模拟木纹上再喷涂一道 PU 聚酯透明面漆，这时就足以让人相信家具是采用水曲柳木材制作的了。绘制水曲柳模拟木纹的操作方法如图 8-12 所示。

(2) 玉眼木纹工艺

玉眼木纹是为了突出涂饰面上的粗木纹而采用的一种特殊涂饰工艺，也是一项技术难度要求较高的操作过程。因此，玉眼工艺多用于管孔大、鬃眼深、纹理美的优质木材，像水曲柳、柞木之类大孔径材的表面涂饰。玉眼木纹的制作原理是使带有颜色的老粉或腻子之类的填充料充分地填充于木材的管孔中，使填充着色颜料的管孔纹理与材面其他部位所着的颜色形成强烈的反差，从而达到材面木纹充分显露出来的目的。早期制作玉眼木纹时填充于管孔中的老粉或腻子大多做成白色或象牙色，这种颜色很像玉色，故而称为玉眼。尽管现在制作玉眼管孔的颜色除白色、象牙色以外，还有红色、咖啡色或绿色等多种颜色，但其制作过程相似，因而现在仍沿袭过去的叫法，称为玉眼木纹工艺。

（3）模拟大理石纹工艺

天然大理石具有优美的网络状筋形花纹，因而大理石制品用于表面层的装饰既高贵又典雅。但天然大理石价格昂贵，因此在普通的木制品表面可采用模拟大理石纹的制作工艺，使普通的木制品具有天然大理石的装饰效果。模拟大理石纹的制作也有不同的工艺，目前主要有如下三种不同的制作方法。

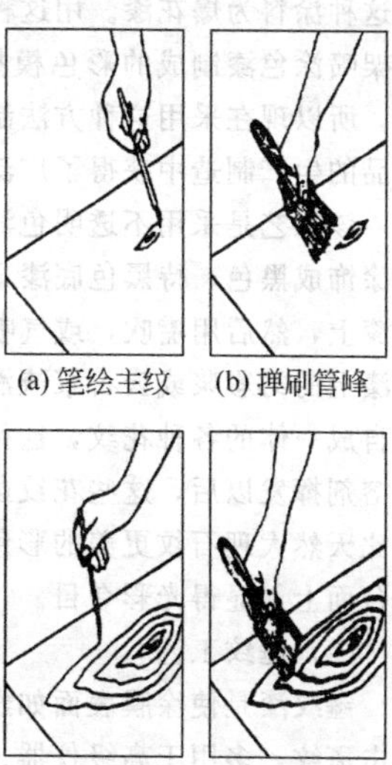
(a) 笔绘主纹　(b) 掸刷管峰　(c) 笔绘环纹　(d) 掸刷环纹

图 8-12　绘制水曲柳模拟木纹的操作方法

① 丝棉网框架喷制消色大理石纹工艺。用丝棉网喷制消色大理石纹，首先要按市售大理石的规格制作一个木框，通常是 300mm×300mm 或 500mm×500mm 的框架，然后在木框上绷上不规则的细疏丝棉，这样就制成了喷涂大理石的丝棉框架。

② 传统彩色大理石纹的制作工艺。先按不透明色漆的涂饰工艺在需做彩色大理石花纹的木面上做嵌缝、填孔、砂光，并涂饰白底漆或灰白色底漆以后，按消色模拟大理石纹的制作方法在丝棉框上喷涂粉红色、棕色等色漆，然后再随意喷上几条不规则的弯曲线条，取走丝棉框架以后，这时在制作的物面上就会呈现出近似天然彩色大理石的美丽花纹。然后，继续下一块的模拟彩色大理石纹的制作。若希望整个物面看似是由一整块大理石制成的，这时在模拟大理石纹制作时，就不必按丝网框架的要求一块一块地挨着喷涂模拟大理石纹色漆，只需无序地摆放丝棉框架，但是不漏地喷涂同一种色漆，这样制成的彩色模拟大理石纹就可以是连续的、整体的，看似一块完整的大理石板材。待喷涂的模拟大理石纹色漆干透以后，同样需喷涂一道透明清漆进行上光、罩面，这样制成的模拟彩色大理石就可以达到以假乱真的功效。

③ 用幻彩浆、云石浆制作彩色天然大理石纹工艺。近年来，随着以云母氧化钛为核，包覆其他着色颜料制成珠光颜料的开发和改进，涂料生产厂使用这类珠光颜料制成了一种名叫幻彩浆、云石浆的新型涂料着色剂，并且配以特殊的施工工艺，采用喷、洒化石水（一种特制的稀释剂）的方法，使洒、蘸在被涂物面上的幻彩浆、云石浆流淌成不规则的、相互交错或自成一体的彩色大理石花纹，然后罩上透明面漆，就可制得具有斑斓花纹的彩色大理石图案。由于采用这种方法制得的彩色模拟大理石花纹形似节日燃放的烟花爆竹，所以又

称这种涂料为爆花漆。用这种方法制得的彩色大理石花纹较传统的、采用丝棉框架喷涂色漆制成的彩色模拟大理石花纹更多姿多彩，并且制作工艺简单得多，所以现在采用这种方法制作模拟彩色大理石纹的工艺已在高档家具、办公用品的生产制造中获得了广泛的应用。

该工艺是采用不透明色漆工艺并涂饰了彩色底漆以后进行的。通常，将底色涂饰成黑色，待黑色底漆干燥后，将幻彩漆或云石漆不规则地点点洒、蘸在底漆上，然后用嘴吹，或气喷，或用化石水使其自然流淌的方法，使洒、蘸在底漆上的幻彩浆或云石浆流淌成红色、黄色、绿色等多种色彩，或相互交融，或自成一体的各种花纹，这种花纹或大或小，自然美丽，宛如天然生成一般。待溶剂挥发以后，这些花纹虽自然，但暗淡，当喷涂了一道透明面漆以后，这些比天然大理石纹更美的彩色模拟大理石花纹显映在被涂的家具制品或办公台的台面上，显得光彩夺目。

(4) 锤纹工艺

锤纹漆是使涂膜表面如经过锤子锤过的金属表面，有一层形似凹凸不平的锤击斑纹，多用于高级仪器、仪表的表面涂饰。近年来，家具表面的涂饰工艺中也有采用这种锤纹工艺的。家具表面使用的锤纹漆色彩与使用于金属制品上的锤纹漆不同，大多采用枣红、玫瑰红、墨绿等色彩。经这种彩色锤纹漆涂饰的家具显得十分明快，很受年轻人的喜爱。锤纹漆的施工方法有喷涂法、溶解喷涂法和洒硅法三种。

① 喷涂法。锤纹漆喷涂操作主要有先点后喷及先喷后点两种方法。

a. 先点后喷法。采用先点后喷的锤纹漆施工工艺，首先将被喷涂的工件水平放置在喷台上，使用 1.5～2.5mm 口径的喷枪。喷涂时，要求出漆量大而气压小，使其喷出的锤纹漆成大点状均匀地洒落在被涂的工件表面上，点洒喷涂以后，立即将喷枪调整至正常的喷涂状态，在已经过点洒喷涂的涂膜面上以雾状薄薄地再喷涂同样的锤纹漆一道，待涂膜干燥以后，再喷涂一层透明面漆进行罩光，待这层透明罩光漆干燥以后，就获得了锤状花纹的漂亮涂层。

b. 先喷后点法。将工件平置于喷台上，先按正常喷涂法薄薄地在工件上喷上一道彩色锤纹漆，然后立即将喷枪调整至大出漆量、小气压的喷涂状态，将漆液成点状均匀地洒落在经上述薄喷涂锤纹漆的工件表面，干燥以后，再喷涂一道透明清漆进行罩光。

② 溶解喷涂法。先将锤纹漆按一般喷漆的操作法，均匀地喷涂于被涂装的经涂前处理和涂饰了不透明底漆的工件表面上，待喷涂的锤纹漆涂膜已处于表干状态时，即以点状喷涂法均匀地将锤纹漆的专用稀释剂均匀地喷洒于该锤纹漆的表面上，这时洒落的稀释剂又一次将已处于表干的锤纹漆涂膜溶解，又一次引起点上溶剂的挥发，从而形成美丽的锤纹。

③ 洒硅法。洒硅是利用“硅水”可改变涂膜表面张力的作用，使“硅水”的微滴可对涂膜中的铝粉和漆料产生强烈的排斥作用，形成以“硅水”液滴为圆心，铝粉沉陷于窝底的凹陷锤窝，这样就形成了美丽的锤花。因此，洒硅法的操作方法应该是先在被涂的工件上喷涂一道锤纹漆，待涂膜表干时，再以点状薄喷一层“硅水”，然后再喷涂一层锤纹漆，干燥以后就可获得所需锤花的锤纹漆涂膜。如在其表面再喷涂一道透明的罩光面漆，则效果更好。喷涂的“硅水”是一种由高黏度硅油溶解于汽油和二甲苯中的硅油溶液。硅油在混合溶剂中的含量常控制在1%以内。

(5) 裂纹工艺

裂纹工艺是将与底漆色彩明显不同的裂纹面漆喷涂于被涂的物件表面上，当裂纹面漆成膜时，由于溶剂快速挥发，涂膜内部就因体积收缩而产生宽大的裂缝，此时，在连续的涂膜表面上就出现了不规则的裂纹间隙，从而使与裂纹面漆色彩不同的底层色彩在裂纹的间隙中显露出来，这样在涂膜表面上就形成了所需要的美丽的龟裂状花纹。在家具、沙发的雕花、线脚部位采用裂纹漆涂装，可大大提高其工艺制作的艺术效果，这是显而易见的，也就是裂纹工艺的特点。

由于生产裂纹漆的颜料和填料含量高，自身疏松，并且对底层涂膜缺少应有的附着力，因此在裂纹漆的表面上还必须喷涂一道清面漆，以增加对裂纹漆自身的黏结强度和对底漆的附着力。裂纹漆一般由低沸点溶剂、高含量的着色颜料、填充料及树脂、增塑剂等材料组成。常用的树脂是硝化纤维素，也有用热塑性丙烯酸树脂的。裂纹漆的施工方法虽与不透明的色漆工艺相似，但在设计、制作时还应考虑以下几点。

① 合理选择色彩明显不同的底漆和裂纹面漆，这样可以获得美丽的裂纹花纹。

② 喷涂裂纹漆时，应使用专用稀释剂，特别是不能使用高沸点的强溶剂；同时，在喷涂操作时要一气呵成，不能回喷、补喷，其裂纹的大小、疏密由涂层的厚度来控制。通常，涂层厚，裂纹就大而疏；涂层薄，则裂纹就小而密。若涂层太薄，裂纹就不会显现。

③ 裂纹漆的裂纹是在溶剂挥发以后，涂膜收缩时出现的，因此裂纹往往需要在施工1h后才出现。

④ 裂纹漆干燥以后，可用水砂研磨至表面平滑，去除积尘后，再喷涂透明面漆罩光，这是为了增加耐磨性和稳定裂纹，同时还可增加裂纹漆对底漆的胶接力。

⑤ 为提高裂纹漆的艺术效果，还可在裂纹处填上铜金粉胶液或铝粉胶液，以显露裂纹的金色或银光。

⑥ 如在细裂纹漆面上喷涂一层棕色或咖啡色的硝基漆，这时在其表面上可获得犹如覆盖上一层人造革似的涂装效果。

(6) 闪光工艺

为了改进木制家具，特别是高级卧房家具和高级办公家具表面涂饰色漆色彩单调的状况，虽然有采用镶色的涂装工艺，但仍有色彩比较呆板的感觉，因此目前又有了采用闪光漆的涂饰工艺。经涂饰了闪光漆以后的家具或办公台表面在阳光或灯光的照射下会发出闪闪银光，特别是涂饰了墨绿、银白、枣红或深咖啡色的闪光漆以后，其闪光表面更具青春活力，深受广大青年朋友的喜爱。

① 闪光漆的组成。通常我们所称的闪光漆是由树脂、透明或半透明的彩色颜料、闪光铝粉和溶剂等材料组成的。由于家具是木制品，不能像金属制品那样可以进烘房烘烤，因此用于家具表面涂饰的闪光漆树脂常是热塑性的或可自交联固化的，如双组分的PU聚酯、热塑性的丙烯酸树脂、硝基漆等高性能的透明树脂，目前生产家具闪光面漆的树脂大多是双组分的PU聚酯。闪光铝粉是一种颗粒状的、粒度分布均匀而又比较规则高反射性的非浮型铝粉。着色颜料是一类易分散、牢固度又好的有机颜料。

② 闪光漆的施工工艺。闪光漆的操作工艺是属于不显木纹的不透明涂饰工艺，因此涂饰闪光漆以前，应按不透明色漆的涂装工艺程序，将白坯砂光，嵌补缝隙，刮涂油腻子填木孔，然后涂饰底漆。为了使闪光漆的闪光点十分明显，所以底漆一般涂饰成黑色或深灰色，底漆干燥后，经研磨去尘处理，这时的底漆表面应很平整，然后才可喷涂闪光面漆。喷涂闪光面漆时，喷枪口径宜用1.5～2.0mm，空气压缩机的压力在294.2～392.3kPa，喷涂厚度常控制在干膜厚度30μm左右，一般喷涂一道，有时由于表干后可以明显察觉涂膜太薄，还应加喷一道，但这时应待前一道闪光漆已趋干燥以后，否则在加喷后一道闪光漆时，会因前一道涂层溶解而出现铝粉迁移，影响闪光点的均匀分布。待闪光漆的涂膜干燥后，即可喷涂透明面漆罩光。

③ 施工注意事项。

a. 闪光漆应使用喷涂法施工，这样才有利于闪光铝粉在涂膜中均匀分布。

b. 在闪光涂膜上是否还需增加一道透明面漆，应视产品质量要求而定。通常，在要求表面光泽高、闪光点效果明显的场合，宜复喷一道透明面漆。但若质量要求一般，只求有闪光点，并不要求高光泽的场合，只喷涂一道闪光面漆，一般就能满足使用要求。

c. 在喷涂了PU聚酯闪光面漆以后，若需再喷涂PU聚酯透明面漆罩光，其喷涂的层间间隔时间至少应大于2h。因为喷涂透明面漆以前，应让闪光漆中的低沸点溶剂大部分挥发，逸出膜面，否则将因高封闭性的PU聚酯透明面漆覆盖易产生膜面气泡而变得粗糙，影响涂膜的外观质量。

d. 烘烤型的金属闪光漆不适宜于木家具的表面闪光涂饰。闪光漆涂膜大多是一种半透明的彩色涂层，因此在实施喷涂闪光漆时，应选择好配套的底漆颜色，这是因为不同的底漆色彩，将与上层闪光漆的色彩在干燥的闪光漆涂膜中产生颜色的相互影响，并且深底色将会影响最终闪光漆的色彩。例如，用大红漆打底，面上喷涂黄色的闪光漆，最终得到的闪光漆涂膜将获得金红色的闪光效果。现将喷涂闪光漆所使用的底、面层色彩的显映效果列于表 8-5。

表 8-5　喷涂闪光漆所使用的底、面层色彩的显映效果

底层漆色彩	闪光器色彩	闪光涂层色彩	底层漆色彩	闪光器色彩	闪光涂层色彩
浅天蓝	黄	葱绿	蓝	绿	墨绿
奶黄	蓝	天蓝	红	黄	金红
宝石蓝	黄	苹果绿	浅绿	雪青	浅雪青
橘红	黄	橙黄	铁红	黄	棕黄

e. 当闪光漆有较强的遮盖力时，对底色的要求就不十分严格，也没有上述的色彩干扰问题，但为了避免可能产生的影响，在实物上喷涂以前，最好能进行小样试喷，以检验闪光漆层应达多大厚度才可消除底色对面层闪光漆涂膜色彩的影响。

(7) 珠光工艺

木家具表面涂饰珠光漆以后，在光线的照射下可获得不同色彩的珠光效果。珠光漆和闪光漆在组成上、反射光谱上都有较大的区别。

① 组成不同。构成闪光漆的发光体是颗粒状的非浮型铝粉；而构成珠光漆的发光体是以云母钛、碱式碳酸铅或氯氧化铋等化合物为载体，经过化学处理，使在这种载体颗粒上覆盖了一类在光线作用下能反射不同色彩的化合物，这种在光线作用下能发光的颗粒就是被称作珠光颜料的光反射体。

② 反射光谱的色彩不同。闪光漆的光反射体是铝粉，因此闪光漆涂膜所反射的是银色白光；而珠光漆的光反射体珠光颜料是具有不同色光的反射体，所以有多种色彩，并且珠光漆反射的光谱是珠光片所特有的光谱色，因此有红色、蓝色、绿色、金色、银色、古铜色等多种色彩。珠光漆的施工方法与闪光漆的施工方法相似，这里不再作详细介绍，请参阅闪光漆的施工工艺。

(8) 双色裂纹漆的涂装工艺

双色裂纹漆的涂装工艺与美式涂装用的裂纹漆不同，它是裂纹的沟槽为一种颜色，裂纹的花朵为另一种颜色，出现双色效应。目前在一些大的酒店有采用这种方法涂装柱子、屏风，还有一些音响等设备也采用这种方法涂装，用它来突出美感。它可以采用各色有色（如黑色）PE或PU底漆，有色或清硝基底漆和各色（如红色或白色）裂纹漆。施工方法是：喷涂或刷涂，喷涂可以得到像土地干燥开裂的裂纹，刷涂可以得到像树皮状的裂纹。所以可以根据花纹要求选择施工方法。下面介绍以黑底红花为例，进行喷涂施工的工艺。底材采用中密度纤维板。

① 涂装材料。黑色PU底漆，白色或清硝基漆，红色裂纹漆，PU漆稀释剂和硝基漆稀释剂。

② 涂装工艺流程施工方法：喷涂。

a. 用黑色PU底漆涂布在底板上，一般施工两道，将底板涂布平整，第一道干燥后打磨。

b. 喷涂硝基清底漆或白底漆2～4道（18～20s），每道间隔10～30min。硝基底漆的厚度可以根据花纹的要求而定，涂膜越厚，裂出来的花纹越丰满，花纹较好看，同时附着力也好。

c. 喷裂纹漆。当硝基底漆干燥20min左右（表干即可）就可以喷涂（红色）裂纹漆（喷涂黏度为13s左右），裂纹漆要一步喷到位，避免重复喷涂。如果要求花纹大，走枪要慢一些，让裂纹漆的涂膜喷得厚一些，如果要求花纹小，走枪可以快一些，让涂膜薄一些，但是不能太薄，太薄则不容易出现花纹。喷枪移动速度要一致，涂膜要均匀，不然花纹大小不均匀，此时喷涂不久裂纹就会出现。

d. 在上面罩一道清漆。可以采用硝基清面漆，也可以采用PU清面漆，如果底漆很厚，这一道可以省略。这时形成的裂纹为：裂纹的沟槽为黑色，花朵为红色，如果底漆采用金色PU漆，则产生沟槽为金色，花朵为红色的裂纹效果。根据客户需要可以做成各种各样不同颜色的花纹，十分漂亮。也可以制成像皮革的花纹。只要将裂纹漆喷得薄一点，上面罩一道皮革常采用颜色的色漆（如黑色、红色、白色等面漆），效果就像压花的皮革。

注意事项：尽量避免在湿度大的天气施工，如果在这种条件下施工可以适量加入硝基用防白水，加入防白水后，裂纹会出现得慢一些。

(9) 植绒漆的涂装工艺

植绒漆的涂装是将棉、毛、人造纤维等短纤维（又称为绒毛）粘贴在被涂物上的一种涂装方法。选择适当颜色的纤维，并考虑色彩的设计，就可以得到千变万化的效果，用于屏风、抽屉、橱柜、皮箱内面的涂装。如果用于布料上，还可以制造出绫罗绸缎中罗纱感觉的布匹，还可以用于交通工具（车辆）的机身上隔声防震用涂装。

① 涂装材料与工具。涂装底材以杉木、柏树、椴木、香莲树等为宜，避免有些木材的吸收能力太强，将胶液吸收到木材内部失去黏结能力。也可采用

一些与乙酸乙烯乳液（白乳胶）结合能力强的人造板材。

涂料包括：

a. 乙酸乙烯酯乳液（白乳胶）；

b. 乳液用水性着色浆（如灰色）；

c. 有色短纤维（如灰色）。

必须充分干燥能保持粉末状均匀飞扬，要求无其他粗的纤维和杂质。先将乙酸乙烯酯乳液（白乳胶）加入适量的乳胶漆用水性着色浆，使其颜色与有色短纤维的颜色一致；如有色短纤维的颜色为灰色；则采用灰色的水性色浆将乙酸乙烯酯乳液调成灰色；如有色短纤维的颜色为红色，则采用红色的水性色浆将乙酸乙烯酯乳液调成红色。涂装工具包括：植绒喷枪、吸尘器和附有金属网、振动设备的传送带和烘烤设备。

② 涂装工艺流程。

a. 涂布。有色乙酸乙烯酯乳液（白乳胶），可以刷涂也可以喷涂，厚度以减去被板材吸收的以外，还有足够的胶料可以用以黏合绒毛为准。所以根据材质的情况来决定涂刷一道还是两道。

b. 喷涂短纤维。用植绒喷枪将短纤维均匀地喷涂在上述乳胶湿润的涂面上。

c. 干燥。可以自然干燥或加热干燥。

d. 筛落短纤维。将涂装好绒毛的板材反面朝上放在附有金属网、有振动设备的传送带上，进行振动，除去多余的绒毛。如果没有上述设备，可以反过来用人工敲打，将多余的绒毛收集起来下次再用。需要注意的是，要尽量避免伤害植毛面。不可强压，否则纤维不垂直，影响装饰性能。如果要求快速涂装，可以采用其他的有色胶代替有色乙酸乙烯乳液（白乳胶）。其他工艺相同。

(10) 造型仿古涂装工艺

造型仿古涂装是一种古色古香的涂装方法，用青色、棕色或黑色仿古漆，用单色或混合色进行底涂，将金粉或银粉加入贴金漆搅拌均匀后，根据黏度，可以用稀释剂稀释，然后涂装在有底漆的涂膜上，再用青绿色、紫铜色或青铜色等颜料的磁漆予以点画涂装，则底色、金属粉闪光以及磁漆的点画花纹重叠显现出古色古香的涂膜。这种涂装的良好与否全靠调色和颜色的组合。

① 涂装材料。不起毛着色剂、硝基二度清底漆、硝基有色底漆、外墙乳胶漆、黑棕色仿古漆、比利时进口蜡油。

② 涂装工艺流程。

方法一：a. 素材破坏处理，用铁钉敲制作虫孔，用锉刀制作碰伤、边缘破坏等；b. 240 号砂纸打磨；c. 喷涂，要喷湿、喷厚，让其充分渗透到木材深处；d. 喷涂硝基二度清底漆（喷涂黏度 18～20s）；e. 干燥后用 240 号砂纸轻轻打磨；f. 喷涂硝基二度清底漆（喷涂黏度 18～20s）；g. 干燥后用 240 号砂纸轻轻打磨；h. 刷涂乳胶漆，使用时可以少加水稀释，也可以不加水稀释，30℃保持干燥 1～2h，要干燥彻底；i. 材面边缘或中间作局部处理，用刀片或木片将乳胶漆多余的涂膜去除，露出底漆和底色；j. 涂装仿古漆，用毛刷取少量仿古漆轻轻刷在边缘处，不要整个边缘都涂刷，只要局部涂刷就可以，尽量做到若隐若现；k. 涂蜡油：用毛刷或干净棉布蘸取，涂擦在整个被涂物面，要薄而均匀。

方法二：a. 240 号砂纸打磨；b. 喷涂硝基有色底漆（一般为棕黄色或红棕色，喷涂黏度 18～20s）；c. 干燥后用 240 号砂纸打磨；d. 喷涂第二道硝基有色底漆（喷涂黏度 18～20s）；e. 干燥后用 320 号砂纸轻轻打磨；f. 喷涂硝基白底漆（喷涂黏度 15～16s），薄喷，半遮盖；g. 干燥后用 240～320 号砂纸打磨，要将边缘或贴花部分局部磨穿，露出硝基有色底漆；h. 刷涂白色造型漆，在素材中间或贴花边缘进行刷涂，如果采用的是水性造型漆，必须在 30℃保持干燥 1～2h，也可以低温烘烤（40℃约 20min），要干燥彻底；i. 干燥后用 320 号砂纸对造型漆的部分稍加打磨；j. 喷涂硝基二度清底漆（喷涂黏度 16～17s），薄喷；k. 干燥后用 400 号砂纸轻轻打磨；l. 喷涂硝基亚光清面漆（喷涂黏度 11～12s）。

方法三：a. 240 号砂纸打磨；b. 喷涂硝基有色底漆（一般为涂黄色或红棕色，喷涂黏度 18～20s）；c. 干燥后用 240 号砂纸打磨；d. 喷涂第二道硝基有色底漆（喷涂黏度 18～20s）；e. 干燥后用 320 号砂纸轻轻打磨；f. 喷涂硝基白底漆（喷涂黏度 15～16s），薄喷，半遮盖；g. 干燥后用 240～320 号砂纸打磨，要将边缘或贴花部分局部磨穿，露出硝基有色底漆；h. 刷涂白色造型漆，也可用镘刀将造型漆抹在表面上，再用海绵、棉布轻拍、拖拽或旋转，涂装成不同形状，如果采用的是水性造型漆，必须在 30℃保持干燥 1～2h，也可以低温烘烤（40℃约 20min），要干燥彻底；i. 干燥后用 320 号砂纸对造型漆的部分稍加打磨；j. 喷涂硝基清面漆（喷涂黏度 12～13s）；k. 在硝基清面漆未干透之前（即刚表干），轻轻地掸拂金（铜）粉，多余的金粉可用圆刷从表面上扫除，干燥后用 400 号砂纸轻轻打磨；l. 喷涂绿色硝基亚光有色面漆（喷涂黏度 11～32s），只要局部喷涂就可以，尽量做到若隐若现；这样就会产生“铜绿”的效果。用这种方法制造的相框、灯座、蜡台等工艺品，因穿上了一层“铜绿”，倍感古老，身价倍增。

(11) 皱纹涂饰工艺

皱纹（俗称裂纹）是用与底色明显不同的皱纹漆喷涂在木质品表面。由于漆液中溶剂快速挥发，涂膜内部体积收缩产生宽大的裂缝，就在涂膜表面出现不规则的裂纹间隙，从而使与皱纹漆色彩不同的底色在裂纹间隙中显露出来，形成美观均匀的皱纹。另外，皱纹漆的增韧剂和硝化纤维含量很少，形成的涂膜韧性较小。也容易形成美观均匀的皱纹。皱纹漆主要包括硝基皱纹漆、丙烯酸皱纹漆等。皱纹模拟涂饰工艺流程与不透明色漆涂饰基本相同。操作时，先做好底层，用硝基磁漆喷涂 2～3 道。不能回喷、补喷，如果皱纹漆是黑色，就先喷白色硝基漆作为底色，再用皱纹漆喷涂 2 道，待涂层干燥 2～3h 后，皱纹即可显现。由于皱纹漆自身疏松，对底层涂膜附着力较差，因此待涂膜完全干透后，硝基清喷漆罩光，增加对底层涂膜附着力和皱纹漆黏结强度，使涂膜更加坚固，形态更加醒目，就可以获得美观均匀的皱纹。

注意事项：正确选择色彩明显不同的底漆和皱纹漆，这样才能形成美观均匀的皱纹；由于皱纹漆与普通喷漆不同，其颜料成分所占的比例非常大，需要专用稀释剂，不能用高沸点强溶剂。最好用挥发快的低沸点溶剂，如丙酮，这样可以降低漆液的黏度；皱纹的大小、疏密是由涂层厚度来控制的，如果涂层过厚，皱纹大而疏，而涂层过薄则皱纹小而密，但是涂层非常薄，就显现不出皱纹；为了提高皱纹漆的艺术效果，可以用毛笔在裂纹间隙处填上铜（金）粉胶液或铝粉胶液，以充分显露金光或银光。其他部位无皱纹，需要揩净；如果在已经干燥的皱纹漆涂膜上再喷涂一层棕黄色或咖啡色硝基漆，就可以获得类似覆盖一层人造革的装饰效果。

第9章 木制品产品质量检测

质量检验是利用各种测试手段，按规定技术标准中的各项指标，对零部件及产品进行检测，最终确定出质量的优劣和对产品进行质量监督。通过质量的检测用科学的数据反映出产品的实际质量水平，划分出质量等级，促使优质产品得到进一步发展和提高，不合格的劣质产品停止生产，及时退出销售市场，可使生产企业树立质量观念和加强质量管理，同时也为消费者提供了参考依据，保障了消费者的利益。

9.1 木制品产品质量检验的形式

木制品产品质量检验的形式可分为形式检验和出厂检验。

9.1.1 形式检验

形式检验是指对产品质量进行全面考核。它的特点是按规定的试验方法对产品样品进行全性能试验，以证明产品样品符合指定标准和技术规范的全部要求形式。试验的结果一般只对产品样品有效，用样品的形式试验结果推断产品的总体质量情况有一定风险。凡有下列情况之一时，应进行形式检验。

① 新产品或老产品转厂生产的试制定型鉴定。

② 正式生产后，如结构、材料、工艺有较大改变，可能影响产品性能时。

③ 正常生产时，定期或积累一定产量后应周期性进行一次检验，检验周期一般为一年。

④ 产品长期停产后，恢复生产时。

⑤ 出厂检验结果与上次形式检验有较大差异时。

⑥ 客户提出要求时。

⑦ 国家质量监督机构提出进行形式检验的要求时。

形式检验采用抽样检验的方式，将母样编号后随机抽取检验的子样。

木制品单件产品母样数不少于 20 件，从中抽取 4 件，其中 2 件送检，2 件封存；成套产品的母样数不少于 5 套，从中随机抽取 2 套，其中 1 套送检，

1套封存；如果送检样品中有相同结构的产品或单体，则可从中随机抽取2件。

涂膜理化性能检验用的试样，木制件一般在送检产品上直接取得，也可在与送检产品相同材料、相同工艺条件下制作的试样上进行试验。

形式检验结果评定：第一，木制品质量的形式检验结果评定，应分别按QB/T 1951.1—1994《木家具质量检验及质量评定》的规定对不符合技术要求项目的不合格类别进行评定；第二，木制品质量形式检验不合格品的复验结果评定。各类木制品产品经形式检验为不合格的，可以进行一次复验。复验样品应从封存的备用样品中进行检验，复验项目应对形式检验不合格的项目或因试件损坏而未能检验的项目进行检验复验。产品检验结果一般是判断合格与否，在检验结果报告中注明“复验合格（或不合格）”。

9.1.2 出厂检验

出厂检验是指在产品进行形式检验合格的有效期内，由企业质量检验部门进行检验。它一般是在产品出厂或产品交货时必须进行的各项检验。单件产品和成套产品的出厂检验应进行全数检验，但当检查批数量较多、全数检验有困难时，也可进行抽样检验（依据GB/T 2828.1—2003）。

出厂检验结果评定：各类木制品出厂检验时，每件（套）木制产品的评定应按上述相应形式检验结果评定的方法进行。批次产品质量检验时，在抽取受检产品件数中，不符合产品数小于或等于合格判定数时，应评定该批次产品为合格批；反之，该批次产品应该评定为不合格批。产品检验结果各项技术指标符合形式检验时评定要求的，按形式检验时评定的产品合格性或等级出厂；若低于形式检验时评定等级要求的，降级出厂，不合格品不应出厂。

9.2 木制品产品质量检验的内容

木制品产品质量检验的内容主要包括外观质量检验、理化性能检验、力学性能检验和环保性能检验4大类项目。

（1）外观质量检验

外观质量检验包括产品外形尺寸检验、各类产品主要尺寸（功能尺寸）检验、木工加工质量和加工精度的检验、用料质量及其配件质量的检验、涂饰质量外观检验以及产品标志的检查。

（2）理化性能检验

理化性能检验包括涂膜理化性能的检验、软质和硬质覆面理化性能的检验。主要有耐液（10%的碳酸钠＋30%乙酸）检测、耐湿热检测、耐干热检测、附着力检测、耐磨检测、耐冷热温差检测、光泽检测、抗冲击力检测等。

(3) 力学性能检验

力学性能检验是利用技术测试手段考察木制品在正常或非正常使用情况下的强度、耐久性和稳定性，以便对家具某些特征的性质进行评估。

(4) 环保性能检验

环保性能检验是指各类木制品产品中有害物质释放量检验，主要包括甲醛释放量的检验、重金属含量的检验、挥发性有机化合物 VOC 释放量的检验、苯及同系物甲苯及二甲苯释放量的检验、放射性元素的检验等。

木制品质量检验时，对送检试样的检验程序应先进行外观检验，再进行力学性能试验，最后进行理化性能试验等。检验程序应符合不影响余下检验项目正确性的原则。不同检验项目应采用不同的方法进行检验，以确定产品是否合格。

木制品质量检验的方法可概括分为眼看手摸法和技术测试法。眼看手摸法主要凭经验来判断，故缺乏准确可靠的数据，但目前我国大多数木制品企业基本上均采用这种方式在企业内部进行评定产品质量，这种方法对木制品质量和使用性能，只能作大概的评定，无法确切地判断出产品的内在质量，也无法向用户提供有关产品质量使用性能的数据，更不能作为改进设计工艺和提高产品质量的科学依据。技术测试法是采用专门的测试仪器和工具，对既定的质量指标进行测定，这是一种用具体的数据概念来评定产品质量的科学方法，目前在我国木制品质量监督检验、质量认证、质量合格证、产品评级、市场监督管理等活动中，根据各类木制品产品的标准要求，已经广泛采用这种科学有效的测试方法。

木制品作外观检验时，应在自然光或光照度 300～600lx 范围内的近似自然光（如 40W 荧光灯）下，视距为 700～1000mm，至少由 3 人共同进行检验，以多数相同的结论为检验结果，检验时可根据不同的检验项目采用各种测量工具。各类木制品的理化性能、力学性能和环保性能的检验，则必须采用相应的检测仪器或试验设备进行技术测定。

9.2.1 木制品表面粗糙度检测

木材表面粗糙度的轮廓有时虽然可以用计算方法求出，但由于木材在切削后出现弹性恢复、木纤维的撕裂、木毛的竖起等原因，使得计算结果往往不够准确，所以必须借助于专门的仪器来观测表面的轮廓，按照求得的参数值来评定表面粗糙度。为了使测量轮廓尽可能与实际表面轮廓相一致，并具有充分的代表性，就应要求测量时仪器对被测表面没有或仅有极小的测量压力。测量木材表面粗糙度的方法较多，根据测量原理不同，常用的方法主要有目测法、光断面法、阴影断面法、轮廓仪法等。

(1) 目测法

目测法又称感触法或样板比较法，它是车间常用的简便方法。它是通过检验者的视觉（用肉眼，有时还可借助于放大镜放大）或凭检验者的触觉（用手摸），将被测表面与粗糙度样板（可预先在实验室用仪器测定其粗糙度）进行观察对比，按照两者是否相符合来判断和评价被测表面的粗糙程度。粗糙度样板可以是成套的特制样板（样板尺寸应不小于200mm×300mm），也可用从生产的零部件中挑选出来的表面粗糙度合乎要求的所谓“标准零件”。为使检验结果准确，样板在树种、形状、含水率、结构、纹理、加工方法等方面应与被检验的零部件相一致，否则会产生较大的误差。在GB/T 14495—1993《木制件表面粗糙度比较样块》标准中，对样板的制作方法和表面特征等均有规定。

(2) 光断面法

光断面法是利用双筒显微镜的光切原理测量表面粗糙度，所以又称光切法。此法的主要优点是对被测表面没有测量应力，能反映出木材表面毛绒状的微观不平度，但测量和计算较费时。这类仪器主要由光源镜筒和观察镜筒两大部分组成。这两个镜筒的光（轴）线互相垂直，均与水平成45°角，而且在同一垂直平面内，从光源镜筒中发出光，经过聚光镜、狭缝和物镜形成狭长的汇聚光带。此光带照射到被测表面后，反射到目镜镜筒中，如图9-1所示。表面的凹凸不平使照射在表面上的光带相应地变成曲折，所以从观察目镜中看到的光带形状，即是放大了的表面轮廓，利用显微读数目镜就可测出峰与谷之间的距离，并计算出表面粗糙度的参数值。此种测量仪器视野较小，所以它只适用

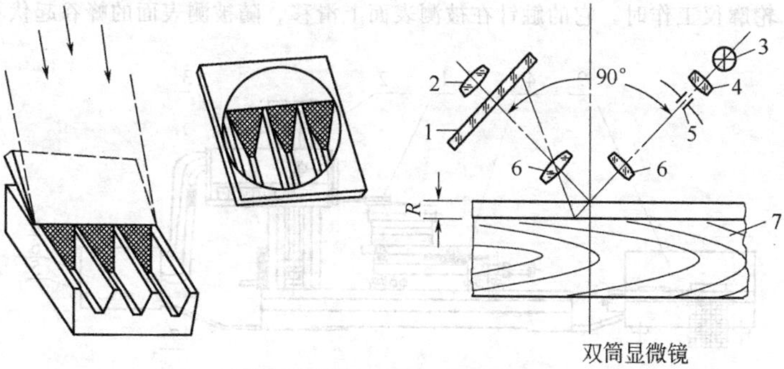

图 9-1 光断面法示意图

1—分划板；2—目镜；3—光源；4—聚光镜；
5—小孔光栅；6—物镜；7—被测工件

于测量粗糙度较小的木材表面，同时由于木材的反光性能较差，在测量时，光带的分界线往往小，易分辨清楚。

(3) 阴影断面法

阴影断面法原理与光断面法基本相同，但在被测表面上放有刃口非常平直的刀片，从光源镜筒射出的平行光束照射到刀片上，投射在木材表面上的刀片阴影轮廓就相应地反映出被测量的木材表面的不平度。为使阴影边缘清晰，在这种仪器中宜采用单色平行光束，此法也同样可以用显微读数目镜来观测木材表面的粗糙度。

(4) 轮廓仪法

轮廓仪法是利用磨锐的触针沿被测表面向上机械移动或轻轻滑移的过程中，通过轮廓信息顺序转换的方法来测量表面粗糙度的，所以又称针描法或触针法。图 9-2 所示为一种轮廓顺序转换的接触（触针）式仪器。这种轮廓仪由轮廓计和轮廓记录仪组合而成，属于实验室条件下使用的高灵敏度的仪器，它包括立柱，用于以稳定的速度移动传感器的传动电动机、电源部分、传感器、测量部分、计算部分和记录部分等几个主要部分。传感器 1 是用特制的装置固定在立柱 2 的传动电动机 3 上的。在立柱的平台上装有工作台 4，它能使被测零件在相互垂直的两个方向上移动。仪器工作的控制和来自传感器的电信号的加强和转换都是由电源部分 5 和测量部分 6 来实现的。它们通过电缆 7 与传动电动机 3 和用于处理电信号并将测量结果发送到数字显示装置的计算部分 8 以及轮廓记录仪 9 联结起来，用这种轮廓仪可以测量表面轮廓的 R_y、R_z、R_a 等参数。

轮廓仪工作时，它的触针在被测表面上滑移、随被测表面的峰谷起伏不平

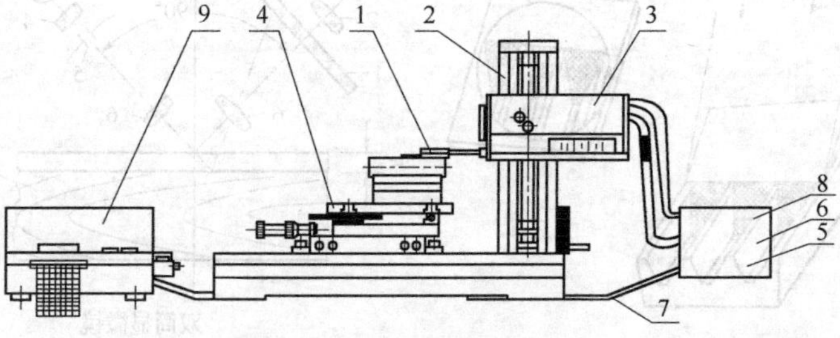

图 9-2　触针式轮廓仪法示意图

1—传感器；2—立柱；3—传动电动机；4—工作台；5—电源部分；6—测量部分；7—电缆；8—计算部分；9—轮廓记录仪

而上下摆动引起触针的垂直位移，通过测量头中的传感器将这种位移转换成电信号，再经滤波器将表面轮廓上不属于表面粗糙度范围内的成分滤去，然后经过放大处理，轮廓计将测量的粗糙度参数的平均结果以数值显示出来，轮廓记录仪则以轮廓曲线的形式（垂直放大倍数可达 10^5、水平放大倍数可达 2×10^3）将表面轮廓起伏的现状记录描绘在纸带上。轮廓仪法测量迅速准确、精度高；可以直接测量某些难以测量的零件表面（如孔、槽等）的粗糙度；既可以直接测量出各种表面粗糙度参数的数值；也可以绘出被测表面的轮廓曲线图形；使用简便、测量效率高。

9.2.2 木制品涂膜检测

根据木制品产品的等级和加工工艺不同，在涂饰完工后 7～10 天内，并使涂层达到完全干燥后，对木制品及其零部件表面涂膜的物理与化学性能进行测试，以判定其表面涂饰质量。

(1) 木制品表面涂膜的外观质量要求及其检测

木制品表面涂膜外观质量的检测与评定是检验其涂膜外观是否达到涂饰工艺规程中的各项技术要求，是判断产品表面涂饰效果优劣的一种方法，也是评定家具产品质量的一个重要内容。目前，在木制品生产和产品质量评定中，对各类不同等级木制品表面涂膜的外观质量的要求见表 9-1。

表 9-1 对各类不同等级木制品表面涂膜的外观质量要求

项目	产品类别		
	普级家具	中级家具	高级家具
色泽涂层	① 颜色基本均匀，允许有轻微木纹模糊 ② 成批配套产品颜色基本接近 ③ 着色部位粗看时(距离 1m)允许有不明显的流挂、色花、过楞、白楞、白点等缺陷	① 颜色较鲜明，木纹清晰与样板相似 ② 整件产品或配套产品色泽相似 ③ 分色处色线整齐 ④ 凡着色部位，不得有流挂、色花、过楞，不应有目视可见的白楞、白点、积粉、杂渣等缺陷 ⑤ 内部着色与外表颜色接近	① 颜色鲜明。木纹清晰，与样板基本一致 ② 整件产品或配套产品色泽一致 ③ 分色处色线必须整齐一致 ④ 凡着色部位，目视不得有着色缺陷，如积粉、色花、刷毛、过楞、杂渣、白楞、白点、不平整度和修色的色差等缺陷 ⑤ 内部着色与外表颜色要相似

续表

项目	产品类别		
	普级家具	中级家具	高级家具
透明图层	① 涂层表面手感光滑，有均匀光泽。涂膜实干后允许有木孔沉陷 ② 涂层表面允许有不明显粒子和微小不平整度及不影响使用性能的缺陷。但不得有涂膜发黏、明显流挂、附有刷毛等缺陷	① 正视面抛光的涂层，表面应平整光滑，漆实干后无明显木孔沉陷 ② 侧面不抛光的涂层表面手感光滑，无明显粒子，涂膜实干后允许有木孔沉陷 ③ 涂层表面应无流挂、缩孔、鼓泡、刷毛、皱皮、漏漆、发黏等缺陷。允许有微小胀边和不平整度	① 涂层表面平整光滑、涂膜实干后不得有木孔沉陷 ② 涂层表面不得有流挂、缩孔、胀边、鼓泡、皱皮，线角处与平面基本相似，无积漆、磨伤等缺陷
抛光层		正视面抛光： ① 涂层平坦，具有镜面般的光泽 ② 涂层表面目视应无明显加工痕迹、细条纹、划痕、雾光、白楞、白点、鼓泡、油白等缺陷	表面全抛光： ① 涂层平坦。具有镜面般的光泽 ② 涂层表面不得有目视可见的加工痕迹、细条纹、划痕、雾光、白楞、白色、鼓泡、油白等缺陷
不涂饰部位	允许有不影响美观的漆迹、污迹	要保持清洁	要保持清洁，边缘漆线整齐

注：1. 不透明涂层除不显木纹外，其余要求须符合上表。

2. 填孔型亚光涂层除光泽要求不同外，其余须符合上表中、高级产品的要求。

3. 古铜色除图案要求不同外，其余应符合高级产品的要求。

木制品表面涂膜外观质量的检测与评定一般都以目测与标准样板（或标准样品）进行比较。其检测与评定的内容很多，综合起来主要有以下4个方面。

① 色泽涂层的检验用指定的样板（或样品）与实物的表面比较，观察其颜色的鲜明度和木纹的清晰程度、整件或成套产品的颜色相似程度，以及分色处色线的整齐程度等；检查着色部位的颜色有无流挂、过楞、色

花、白楞、白点、笔毛、积漆、积粉等缺陷；检杳内部着色与外部着色的相似程度。

② 透明涂层的检验。根据主、次面的不同要求，观察涂膜表面的平整光滑程度和沉陷等情况；检查涂层有无流挂、缩孔、鼓泡、皱皮、漏漆、胀边、针孔、毛糙、脱离、龟裂等缺陷。

③ 抛光面的检验。涂膜经砂磨、抛光后是否有镜面般的光亮度；涂膜表面有无加工痕迹，如细条纹、划痕、雾光、鼓泡等缺陷。

④ 不涂饰部位的检验。内部清洁或不涂饰部位是否保持清洁，是否有肥皂水迹或其他污迹及杂渣，边沿漆线是否涂饰整齐等。

(2) 木制品表面涂膜的理化性能指标及其检测

木制品表面涂膜理化性能检测试验是为了正确确定涂饰的工艺规程和保证木制品表面涂膜具有高质量的装饰性和保护性。其测试项目是根据木制品使用过程中常会出现的问题而确定的，一般包括耐液性、耐湿热性、耐干热性、附着力、厚度、光泽度、耐冷热温差性、耐磨性、抗冲击性等几个方面，见表9-2。上述各类理化性能测试试验用试件的要求见表 9-3。

第一，耐液性测定。耐液性是指涂膜耐各种日常可能接触液体作用的性能。其测试方法见表 9-4。

第二，耐湿热性测定。耐湿热性是指涂膜抵抗湿热作用的性能。其测试方法见表 9-5。

第三，耐干热性测定。耐干热性是指涂膜抵抗干热作用的性能。其测试方法见表 9-6。

第四，附着力测定。附着力是指涂膜与被涂制品、零部件或材料表面通过物理和化学作用结合在一起的牢固程度。其测试方法见表 9-7。

第五，厚度的测定。确定木制品表面涂膜的厚薄大小。其测试方法见表 9-8。

第六，光泽度的测定。光泽度是指涂膜表面反射所产生的光亮程度。用光电光泽仪测定的光泽值是以涂膜表面正反射光量与同一条件小标准板表面的正反射光量之比的百分数表示的。其测试方法见表 9-9。

第七，耐冷热温差性的测定。耐冷热温差性是指涂膜在冷、热交替作用下耐温差的性能。其测试方法见表 9-10。

第八，耐磨性的测定。耐磨性是指涂膜表面抵抗磨损的能力。其测试方法见表 9-11。

第九，抗冲击性的测定。抗冲击性是指涂膜抵抗外界冲击的能力。其测试方法见表 9-12。

表 9-2　木制品表面涂膜的理化性能指标

分级	耐液	耐湿热	耐干热	附着力	光泽度				耐磨性	抗冲击	耐冷热温差
					高光泽		亚光				
					原光	抛光	填孔亚光	显孔亚光			
1	无印痕	无试杯印痕	无试杯印痕	割痕光滑，无涂膜剥落	>90	>85	25～35	<14	涂膜未露白	无可见变化（无损伤）	试部膜观察间中的涂样分表面，无裂纹、鼓泡、光明显失色等和变陷即为缺不合格
2	轻微的变泽印痕	间断轻微印痕及轻微变泽	间断轻微印痕及轻微变泽	割痕交叉处有涂膜剥落，涂膜沿割痕有少量断续剥落	80～89	75～84	15～24	15～24	涂膜局部轻微露白	涂膜表面无裂纹，但可见冲击印痕	
3	轻微变色或明显的变泽印痕	近乎完整的环痕或圈痕及轻微变色	近乎完整的环痕或圈痕及轻微变色	涂膜沿割痕有断续或连续剥落	70～79	65～74	<14	25～35	涂膜局部明显露白	涂膜表面有轻度的裂纹，通常有1～2圈环裂或弧裂	
4	明显的变色、鼓泡、皱纹等	明显环痕或圈痕变色	明显环痕或圈痕变色	50%以上的方格切中沿割膜涂有大碎痕片剥落或全部剥落	<69	<64	—	—	涂膜局部明显露白	涂膜表面有中度到较重的裂纹，通常有3～4圈环裂或弧裂	
5	—	严重环痕或圈痕、变色或鼓泡	严重环痕或圈痕、变色或鼓泡	50%以上的方格切中沿割膜涂有大碎痕片剥落或全部剥落	—	—	—	—	—	涂膜表面有严重的裂纹，通常有5圈以上环裂或弧裂或涂膜脱落	

注：根据 GB/T 4893.1—1985～GB/T 4893.9—1992、GB/T 4893.1—1985～4893.3—2005 标准编制。

表 9-3 木制品表面涂膜理化性能测试试验用试件的要求

项目	试件尺寸/mm	试件数	试件的要求	实验室条件
耐液性	250×200	1	① 涂饰完工后至少存放10天,完全干燥后试验 ② 表面须平整,涂膜无划痕、鼓泡等缺陷	湿度:(20±2)℃ 相对湿度 60%～70%
耐湿热性	250×200	1		
耐干热性	250×200	1		
附着力	250×200	1		
厚度	250×200	1		
光泽度	250×200	1		
耐冷热温差性	250×200	4		
耐磨性	ϕ100×(3～5) 中心开 ϕ=8.5mm 圆孔	1		
抗冲击性	200×180	1		

注：根据 GB/T 4893.1—1985 ～ GB/T 4893.9—1992、GB/T 4893.1—1985 ～ 4893.3—2005 标准编制。

表 9-4 木制品表面涂膜耐液性测定方法

试液	试验设备和材料	试验时间	试验方法
氯化钠(15%浓度) 碳酸钠(10%浓度) 乙酸(30%浓度) 乙醇(70%医用) 洗涤剂(洗洁精)(25%脂肪醇环氧乙烷,75%水) 酱油 蓝黑墨水 红墨水 碘酒 花露水(70%～75%乙醇,2%～3%香精) 茶水(10g 云南滇红1级碎茶,加入1000g 沸水,泡5min) 咖啡(40g 速溶咖啡加1000g 沸水) 甜炼乳 大豆油 蒸馏水	① 定性滤纸(GB 1915—1980) ② 玻璃罩(ϕ50mm、h25 mm) ③ 不锈钢光头镊子 ④ 观察箱 ⑤ 清洗液(15ml 洗涤剂+1000ml 蒸馏水)	10s 10min 1h 4h 8h 24h 80h	① 试件表面用软布擦净 ② 选3个试验区和一个对比区,试验区中心距试件边缘不小于40mm,两试验区中心距离不小于65mm ③ 浸透试液的 ϕ25mm 滤纸在每个试验区放上5层后用玻璃罩罩住 ④ 达到规定时间后揭去滤纸吸干残液 ⑤ 静置16～24h ⑥ 用清洗液及清水洗净表面并用软布擦干 ⑦ 静置30min ⑧ 观察与对比区间的差异 a. 放入观察箱检查光泽和印痕情况 b. 在室内自然光下检查光变色、鼓泡和皱纹情况 c. 以两个试验区一致评定值为最终试验值

注：根据 GB/T 4893.1—2005 标准编制。

表 9-5　木制品表面涂膜耐湿热性测定的方法

试验设备及材料	试验温度/℃	试验方法
① 铜试杯 ② 矿物油(燃点不低于 250℃) ③ 电炉 ④ 坩埚钳 ⑤ 水银温度计(0～100℃) ⑥ 木板：100mm×100mm×10mm ⑦ 白色尼龙纺(70mm×70mm，品号 21156，品名 112/62，53g/m^2) ⑧ 不锈钢镊子 ⑨ 蒸馏水 ⑩ 定性滤纸 ⑪ 观察箱 ⑫ 天平(0.1g)	55 70 85	① 任取 3 个试验区，每区为 ϕ50mm，试验区中心距试件边≥40mm，3 试验区中心相距≥65mm ② 记录试验前状况 a. 颜色：试验区与对比区色彩相一致 b. 光泽：用光电光泽仪测定试验区光泽值 c. 表状：目视试验区无明显缺陷 ③铜试杯盛(100±1)g 矿物油加热至超过规定温度 10℃ ④ 将单层尼龙纺浸透蒸馏水后置于试验区上 ⑤ 待铜试杯油温达到规定温度后放于尼龙纺上，静置 15min ⑥ 除去试杯和尼龙纺，用滤纸吸干 ⑦ 静置 16～24h 后用滤纸轻拭 ⑧ 观察试验区和对比区的差异： a. 放入观察箱检查印痕 b. 室内自然光下检查 颜色：与对比区色彩不一的为变色 光泽：低于原光泽 5%～10%为轻微变泽 表状：目视有细小气泡为涂膜鼓泡 ⑨ 以两个试验区一致为最终试验值

注：根据 GB/T 4893.2—2005 标准编制。

表 9-6　木制品表面涂膜耐干热性测定的方法

试验设备及材料	试验温度/℃	试验方法
① 铜试杯 ② 矿物油(燃点不低于 250℃) ③ 电炉 ④ 坩埚钳 ⑤ 水银温度计(0～100℃) ⑥ 木板：100mm×100mm×10mm ⑦ 观察箱 ⑧ 天平(0.1g)	70 80 90 100 120	① 任取 3 个试验区，每区为 ϕ50mm，试验区中心距试件边≥40mm，3 试验区中心相距≥65mm ② 记录试验前状况 a. 颜色：试验区与对比区色彩相一致 b. 光泽：用光电光泽仪测定试验区光泽值 c. 表状：目视试验区无明显缺陷 ③ 铜试杯盛(100±1)g 矿物油加热至超过规定温度 10℃ ④ 将铜试杯放在木板上使油温降到规定的试验温度再移到试件的试验区上 ⑤ 静置 15min 后将试杯取走，用滤纸轻拭试验区 ⑥ 静置 16～24h 后用滤纸轻拭 ⑦ 观察试验区和对比区的差异： a. 放入观察箱检查印痕 b. 室内自然光下检查 颜色：与对比区色彩不一的为变色 光泽：低于原光泽 5%～10%为轻微变泽 表状：目视有细小气泡为涂膜鼓泡 ⑧ 以两个试验区一致的评定值为最终试验值

注：根据 GB/T 4893.3—2005 标准编制。

表 9-7　木制品表面涂膜附着力测定的方法

试验设备与工具	试验方法
① PE涂膜附着力测定仪或其他具有等同试验结果的仪器 ② 氧化锌橡皮膏 ③ 猪鬃漆刷 ④ 观察灯：白色磨砂灯泡(60W) ⑤ 放大镜(4×)	① 取3个试验区(尽量不选用纹理部位)试验区中心距试件边缘≥40mm，试验区间中心相距≥65mm ② 每个试验区的相邻部位分别测两点涂膜厚度，取其算术平均值 ③ 在试验区的涂膜表面切割出两组相互成直角的格状割痕，每组割痕包括11条长35mm、间距2mm的平行割痕，所有切口应穿透到从基材表面，割痕与木纹方向近似为45°，如下图所示 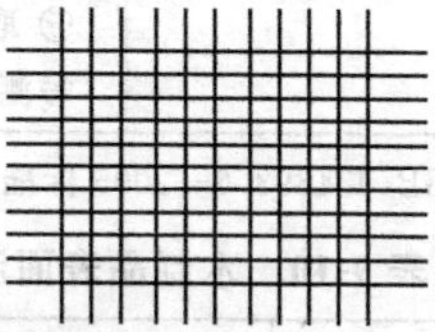 ④ 用漆刷将浮屑掸去 ⑤ 用手将橡皮膏压贴在试验区的切割部位 ⑥ 顺对角线方向将橡皮膏猛揭 ⑦ 在观察灯下用放大镜仔细检查涂膜损伤情况

注：根据 GB/T 4893.4—2005 标准编制。

表 9-8　木质家具表面涂膜厚度测定的方法

试验设备与工具	试验方法
① 钻孔装置 ② 测量显微镜 ③ 记号笔	① 试件上取3个试验点，其中一点在试件中心，其余两点在对角线上距试件边缘≥50mm的位置 ② 用钻孔装置的钻头在不施加过大压力下将涂膜钻透为止 ③ 移去钻孔装置清除钻屑 ④ 将测量显微镜聚集于锥孔与主光轴垂直的母线上，用测微装置测量出该母线涂膜部分的长度 b，如下图所示用下式计算涂膜的厚度 δ $\delta=b/2$ ⑤ 取3点厚度的算术平均值 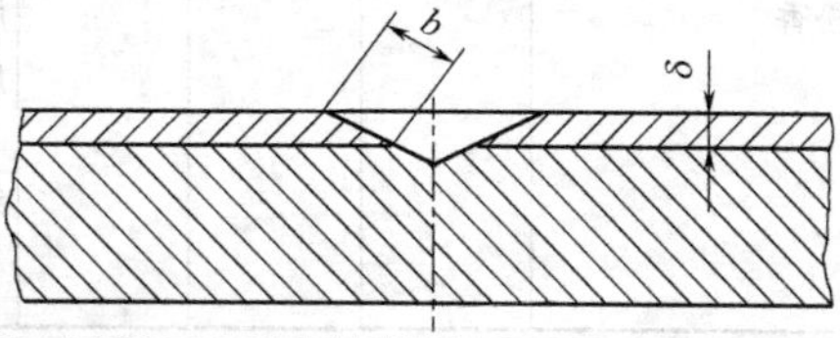

注：根据 GB/T 4893.5—2005 标准编制。

表 9-9 木制品表面涂膜光泽度测定的方法

试验设备与工具	试验方法
① 光电光泽仪(GZ-Ⅱ型) ② 绒布或擦镜纸	① 按光电光泽仪的说明选择量程和校正仪器指针至标准板的标定值 ② 试件表面擦净,并取 3 个试验区,一个在试件中心,另两个在任意位置 ③ 将仪器测头置于试验区上,使木纹方向顺着测头内光线的入射和反射方向 ④ 记录各试验区的光泽值(读数精确至 1%) ⑤ 取 3 个试验区读数的算术平均值 每测一块试件,均须用标准板作一次校对

注:根据 GB/T 4893.6—2005 标准编制。

表 9-10 木制品表面涂膜耐冷热温差性测定的方法

试验设备与工具	试验条件		试验时间/周	试验方法
	温度/℃	相对湿度/%		
① 恒温恒湿箱(温度高于 60℃,相对湿度 98%~99%) ② 低温冰箱(温度低于 40℃) ③ 天平(0.1g) ④ 电炉 ⑤ 放大镜(4×) ⑥ 扁鬃刷 ⑦ 石蜡 ⑧ 松香	40±2 −20±2	98~99	3 6 9 12 15 18	① 取 4 块试件,3 块做试验,1 块作比较,试件在实验室内稳定 24h ② 用配比为 1∶1 的石蜡—松香混合液将试件周边和背面封闭 ③ 每一试验周期分为两个阶段: a. 试件放入恒温恒湿箱内 1h b. 取出后立即放入低温冰箱中 1h ④ 每 3 周处理后,将试件放在实验室条件下静置 18h 后作检查 ⑤ 用放大镜观察试件中间的涂膜表面,不应产生裂纹、鼓泡,且不应具有明显失光和变色等缺点 ⑥ 以两块试样一致评定值为最终试验结果

注:根据 GB/T 4893.7—2005 标准编制。

表 9-11 木制品表面涂膜耐磨性测定的方法

试验设备与工具	磨转次数/r	试验方法
① 涂膜磨耗仪(JM-1 型) ② 砂轮修整器 ③ 橡胶砂轮(JM-120)厚 10mm，直径 50mm ④ 吸尘器 ⑤ 天平(0.001g)	400 1000 2000 3000 4000 5000	① 在试件中部 65mm 范围内均布取 3 点测涂膜厚度，取算术平均值 ② 将试件放于磨耗仪工作盘上(工作盘转速为 71～75r/min) ③ 在磨耗仪的加压臂上加 1000g 砝码和安装上经修整后的新砂轮，臂末端加平衡砝码 ④ 放下加压臂和吸尘嘴，开启电源、吸尘和转盘开关 ⑤ 先磨 50 转，使涂膜表面呈平整均匀的磨耗圆环，取出试件刷去浮屑，用天平称重 ⑥ 继续磨 100 转后取下试件，刷去浮屑，再称重，前后重量之差即为涂膜失重 ⑦ 调整计数器到规定的磨转转数(此时应减去已砂磨的 100r)继续砂磨到试验结束 ⑧ 观察涂膜表面磨损情况。若涂膜轻微露白痕迹难以判断时可用洁净软布蘸少许彩色墨水涂在该部位并迅速擦去。此时在露白部位会留下墨水痕迹 ⑨ 以两块试件一致评定值为最终试验结果

注：根据 GB/T 4893.8—2005 标准编制。

表 9-12　木制品表面涂膜抗冲击性测定的方法

试验设备与工具	冲击高度/mm	试验方法
① 冲击器：由水平基座、垂直导管、冲击块与钢球 4 部分组成，如下图所示 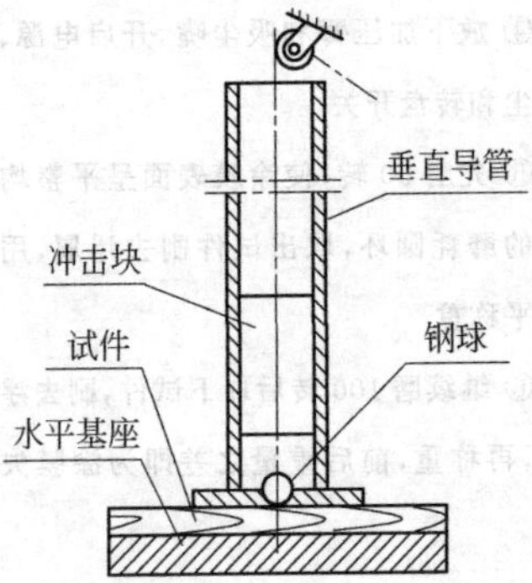 ② 放大镜(10×) ③ 光源：60W 白炽磨砂灯泡	10 25 50 100 200 400	① 确定冲击部位：各冲击部位中心距试件边沿应≥50mm，各冲击部位中心的距离≥20mm，如下图所示 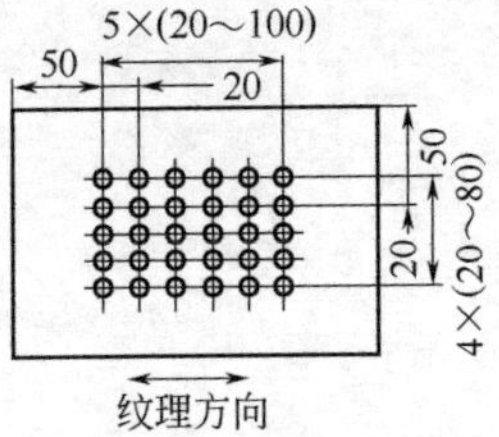 ② 将试件放在水平基座上，所有冲击部位都处在水平基座范围内 ③ 将冲击器放在被测试件上，钢球对准冲击部位中心 ④ 将冲击块提升到规定的冲击高度，向钢球冲击一次，每个冲击高度各冲击 5 个部位 ⑤ 将试件置于光源下，用放大镜检查各冲击部位的损伤程度，检查时，可晃动试件、光源和改变观察角度进行，必要时也可涂上与涂膜颜色反差较大的水性着色剂，稍待片刻后擦去着色剂再作检查 ⑥ 评定出同一冲击高度的每个冲击部位的数字等级，取其算术平均值最接近的整数作为最终评定结果

注：根据 GB/T 4893.9—1992 标准编制。

9.2.3　家具产品力学检测

对家具进行整体力学性能试验能为产品实现标准化、系列化和通用化取得可靠的数据和规定出科学的质量指标，有利于根据使用功能的实际要求来合理设计出家具的结构和确定出零部件的规格尺寸，以利于提高设计质量。家具产品的力学性能试验是最终的质量检验手段，科学的测试方法和标准可以保证产品具有优良的品质和提高企业的质量管理水平，同时还可将家具的质量和性能真实地反映给用户，便于用户根据自己各自的使用场合、使用要求和使用方法，从产品的质量及价格等方面综合考虑后选购适用的家具。

（1）家具力学性能试验的依据

模拟家具在人们正常使用和习惯性的误用情况下可能经受到的载荷作为力学性能试验的基本依据，从而确定出各类家具应具有的强度指标。家具在日常使用过程中，常会出现一些非正常的误用情况，如图 9-3 所示。其受力情况有的会影响到家具的结构刚度、结构强度，有的会影响到其稳定性和耐久性。因此，必须根据家具在正常使用和非正常但可允许的误用情况下所可能受到的各种载荷来对各类家具进行力学性能试验，规定出各类家具进行强度、耐久性和稳定性试验的项目和试验方法。

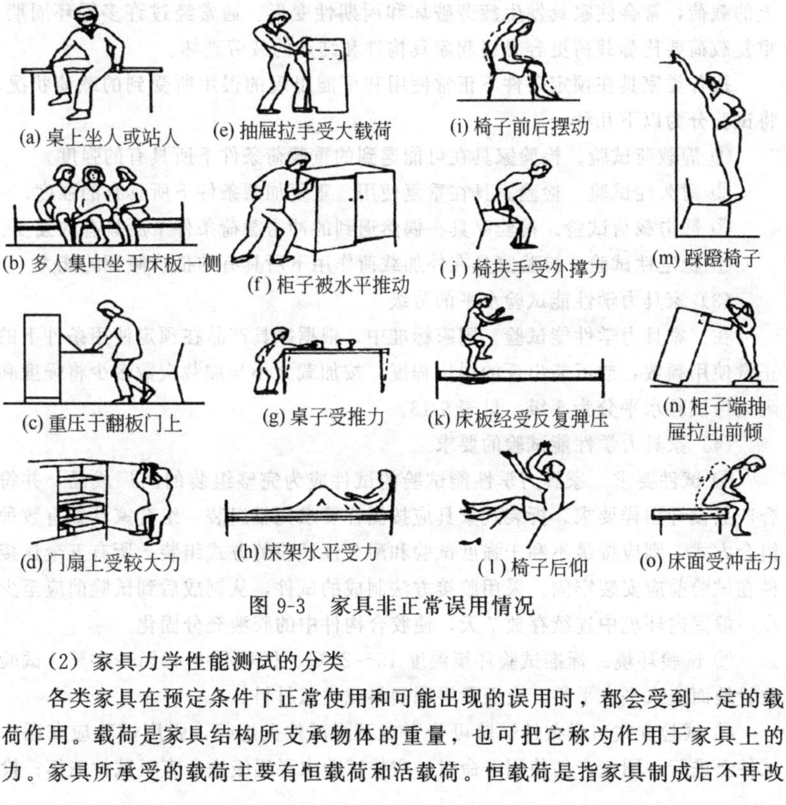

图 9-3　家具非正常误用情况

（2）家具力学性能测试的分类

各类家具在预定条件下正常使用和可能出现的误用时，都会受到一定的载荷作用。载荷是家具结构所支承物体的重量，也可把它称为作用于家具上的力。家具所承受的载荷主要有恒载荷和活载荷。恒载荷是指家具制成后不再改变的载荷，即家具本身的重量；活载荷是指家具在使用过程中所接受的大小或方向有可能随时改变的外加载荷，即可能出现在家具上的人和物的重量以及其他作用力。活载荷又可分为静载荷、冲击载荷、重复载荷等。

① 静载荷。它是指逐渐作用于家具上达到最大值并随后一直保持最大值的载荷，常使家具处于静力平衡或产生蠕动变形。如一个人慢慢地安静坐到椅子上，他的体重就是静载荷的一个例子；书柜内书和碗柜中碗盘的重量也是静载荷。

② 冲击载荷。它是指在很短时间内突然作用于家具上并产生冲击力的载荷，会使家具发生冲击破坏和瞬间变形。它通常是由运动的物体产生的，如小孩在床上跳跃就是冲击载荷作用到床上。从对家具产生的破坏效果来说，冲击载荷要比静载荷大得多，如一个人猛然坐到椅子上，就有相当于其体重 2～3 倍以上的力作用到椅子上。

③ 重复载荷。它又称循环载荷，是指周期性间断循环或重复作用于家具上的载荷，常会使家具发生疲劳破坏和周期性变形。通常经过许多循环周期。重复载荷要比静载荷更容易引起家具构件和结点的疲劳破坏。

按各类家具在预定条件下正常使用和可能出现的误用所受到的载荷状况，将试验分为以下几种。

① 静载荷试验。检验家具在可能遇到的重载荷条件下所具有的强度。

② 耐久性试验。检验家具在重复使用、重复加载条件下所具有的强度。

③ 冲击载荷试验。检验家具在偶然遇到的冲击载荷条件下所具有的强度。

④ 稳定性试验。检验家具在外加载荷作用下所具有的抵抗倾翻的能力。

(3) 家具力学性能试验水平的分级

在《家具力学性能试验》国家标准中，根据家具产品在预定使用条件下的正常使用频数，或可能出现的误用程度，按加载大小与加载次数多少将强度和耐久性试验水平分为 5 级，见表 9-13。

(4) 家具力学性能试验的要求

① 试件要求。家具力学性能试验的试件应为完整组装的出厂成品，并符合产品设计图样要求。拆装式家具应按图样要求完整组装；组合家具如有数种组合方式，则应按最不利于强度试验和耐久性试验的方式组装。所有五金连接件在试验前应安装牢固。采用胶接方法制成的试件，从制成后到试验前应至少在一般室内环境中连续存放 7 天，使胶合构件中的胶液充分固化。

② 试验环境。标准试验环境温度 15～25℃、相对湿度 40％～70％。试验位置地面应水平、平整，表面覆层积塑料或类似材料。

③ 试验方式。耐久性试验可分别在不同试件上进行，强度试验应在同一试件上进行；测定产品使用寿命时，应按试验水平逐级进行直至试件破坏；检

表 9-13 家具力学性能试验水平分级

试验水平	预订的使用条件
1	不经常使用,小心使用,不可能出现误用的家具,如供陈设古玩、小摆件等的架类家具
2	轻载使用,误用可能性很少的家具,如高级旅馆家具、高级办公家具等
3	中载使用,比较频繁使用、比较易于出现误用的家具,如一般卧房家具、一般办公家具、旅馆家具等
4	重载使用、频繁使用、经常出现误用的家具,如旅馆门厅家具、饭厅家具和某些公共场所家具等
5	使用极频繁,经常超载使用和误用的家具,如候车室、影剧院家具等

注：摘自 GB/T 10357.1—7—1989。

查产品力学性能指标是否符合规定要求，则可直接按试验水平相应等级进行试验。

④ 加载要求。强度试验时加力速度应尽量缓慢，确保附加动载荷小到可忽略不计的程度；耐久性试验时加力速度应缓慢，确保试件无动态发热；均布载荷应均匀地分布在规定的试验区域内。

⑤ 试验设备及附件。试验设备应保证完成对试件的正常加力，须设有各种加力装置以及加载垫、加载袋、冲击块、冲击锤、绳索、滑轮、重物、止滑挡块等试验所必需的附件。

⑥ 测量精度。尺寸小于 1m 的精确到±0.5mm；大于 1m 的为±1mm。力的测量精度为±5%。

(5) 家具力学性能试验结果的评定

家具力学性能试验前应实测试件的外形尺寸，仔细检查其质量，并记录零部件和接合部位的缺陷。试验后对试件尺寸和质量重新进行评定，要重点检查以下几个方面。

① 零部件产生断裂或豁裂部位及情况。

② 某些牢固的部件出现永久性松动。

③ 某些部件产生严重影响功能的磨损、位移或变形。

④ 五金连接件出现松动。

⑤ 活动部件开关不灵便等。

9.2.4 家具产品环保性能检测

(1) 家具中有害物质的来源

由于家具的种类、档次、用途、形态、色彩、质感繁多，造成家具污染的毒物种类、毒物浓度、污染形式、污染时间、危害对象、消除办法等也就各不相同。从国内家具市场近年来的情况来看，人造板类家具污染重于其他类家具，箱柜类家具污染重于其他类家具，胶接合的家具污染重于连接件接合或榫接合或钉接合的家具，装修类家具污染重于商品类家具，家庭类家具污染重于公共类家具，小厂家生产的家具污染重于大厂家生产的家具或名牌家具。通过大量的科学研究证实，家具已成为室内空气污染的主要污染源之一。

① 家具材料的污染形式。家具材料的种类很多，产品材料选取不当，会对环境造成很大的影响和污染，主要表现在以下几个方面。

第一，家具材料及其在使用过程中会对环境产生污染。当前许多家具产品在使用过程会不同程度地对室内环境不断产生污染，其主要是由家具材料引起的。

第二，家具材料在被制造加工过程中会对环境产生污染。家具在制造过程中，由于所选材料的加工性能不同或规格大小不当，使得设备工具、能量消耗大，生产加工过程中产生的废气、废液、切屑、粉尘、噪声、边角余料以及有害物质等，都会对资源消耗和环境产生较大的影响。

第三，家具材料使用报废后易对环境造成污染。采用不同材料制成的家具在使用报废后，为进行回收处理，或处理方法手段不当、或其回收处理困难，都会对环境造成污染。

第四，家具材料本身的制造过程会对环境造成污染。许多家具产品，其生产使用和加工过程对环境污染都很小，而且其回收处理也比较容易，但材料本身的生产过程对环境污染严重。

② 家具材料的污染来源。家具中的有害物质（毒物）主要来自于木质人造板材中固有的胶黏剂、家具制作过程中使用的胶黏剂、家具油漆过程中使用的涂料等。

第一，木质人造板材中固有的胶黏剂是指在生产人造板材时所使用的胶黏剂，人造板材包括胶合板、刨花板、细木工板、中（高）密度板、胶合层积材、集成材等产品，这些产品靠大量的胶黏剂将单板、薄片、碎料、纤维、小木块黏合到一起，在表面再胶贴一层材质较好的材料。这些胶黏剂中含有大量有毒的有机溶剂，如甲醛、苯、甲苯、二甲苯、丙酮、氯仿（三氯甲烷）、二氯甲烷、环已酮等。从生产角度来讲，这些有机溶剂对保证产品质量起到了不可替代的作用；从健康角度来讲，这些有机溶剂被称为有害物质，严重威胁着人们的健康，特别是人造板类家具。

第二，家具制作过程中使用的胶黏剂。在家具制作过程中也要使用大量的胶黏剂。对于商品类家具，如果厂家在制造家具过程中不采用连接件接合、榫接合或钉接合进行结构固定，而使用大量的胶黏剂，这就使得家具中带有大量的毒物；对于装修类家具，装修工人通常图省事，抢工期，几乎不采用加工机器，大量地使用胶黏剂，使得装修类家具成为主要的污染源，其毒物种类也为甲醛、苯、甲苯、二甲苯等有机溶剂。

第三，家具油漆过程中的涂料。家具涂料通常采用的是溶剂性涂料，如聚氨酯漆、硝基漆、醇酸漆等。这类家具漆以有机溶剂为溶剂，与合成树脂一起销售时，一般分成组漆，每组漆包括底漆、固化漆、面漆、稀释剂、腻子等，其中稀释剂即为多种有机溶剂的混合物，如苯、甲苯、二甲苯、丙酮、二氯乙烷、环己酮、乙酸乙酯等，是造成空内污染的污染源。同时，涂料中颜料和助剂中的铅、铬、镉、汞、砷等重金属及其化合物，也是有毒物质，它们主要通过呼吸道、消化道进入人体对健康造成危害。

③ 家具材料的有害物质种类。据检测，口前室内空气环境污染物约有300多种。其中，在家具中有害物质（毒物）种类为甲醛、挥发性有机化合物VOC、苯、甲苯、二甲苯、汽油、乙酸乙酯、乙酸丁酯、丙酮、乙醚、丁醇、环己酮、TDI（甲苯二异氰酸酯）、松节油等上百种能挥发到室内空气中的有机溶剂，这些毒物可以通过人们呼吸或污染皮肤侵入体内，是造成人们健康危害的主要隐患。另外，在家具表面漆涂层中还含有铅、镉、铬、汞、砷等可溶性重金属有害元素以及装饰石材放射性核素污染物等，也可以对人们健康造成威胁，特别是对儿童造成的危害更大。家具材料中的有害物质主要有以下几类。

a. 游离甲醛。家具行业最突出的也是最难彻底解决的问题，就是人造板材料中游离甲醛释放量超标问题。

甲醛是一种挥发性有机物，常温下为无色、有强烈辛辣刺激性气味的气体，易溶于水、醇和醚，其35%～40%的水溶液常称为“福尔马林”。因为甲醛溶液的沸点为19℃，所以通常室温下其存在的形态都为气态。

甲醛主要隐藏在各种木质或贴面人造板、家具或塑料、装饰纸、合成织物、化纤布品等大量使用胶黏剂的材料或环节。其危害性主要体现在对人的眼睛、鼻子和呼吸道有刺激性，使人出现嗅觉异常、眼睛刺痛、流泪、鼻痛胸闷、喉咙痛痒、多痰恶心、咳嗽失眠、呼吸困难、头痛无力、皮肤过敏，以及消化、肝功能、肺功能和免疫功能异常等。大多数报道其作用浓度均在0.12mg/m^3（0.1×10^{-6}）以上。根据经验，通常嗅觉界限为0.15～0.3mg/m^3；刺激界限为0.3～0.9mg/m^3；忍受界限为0.9～6mg/m^3；口服15mL（浓度35%）即可致死。因此，长时间处于甲醛浓度高的空气中能诱发各种疾病。

b. 挥发性有机化合物VOC。挥发性有机化合物VOC是指熔点低于室温、沸点在50～260℃之间，具有强挥发性、特殊刺激性和有毒性的有机物气体的总称，是室内重要的污染物之一。VOC的主要成分为脂肪烃、芳香烃、卤代烃、氧烃、氮烃等达900多种。其中，部分已被列为致癌物，如氯乙烯、苯等。

VOC易被肺吸收，具有强烈芳香气味。主要隐藏在涂料、涂料的添加剂或稀释剂以及某些胶黏剂、防水剂等材料中。其危害性主要表现为刺激眼睛和呼吸道、皮肤过敏，使人产生头痛、咽痛、腹痛、乏力、恶心、疲劳、昏迷等。在家具的生产、销售、使用的过程中长期释放，危害人体健康，特别是危害儿童的健康。根据经验，总挥发性有机化合物浓度在0.2mg/m^3以下，对人体不产生影响，无刺激、无不适；在0.2～3.0mg/m^3之间，可能使人出现刺激和不适；在3.0～25mg/m^3之间，会使人出现刺激感和不适感，产生头痛、疲倦和瞌睡；浓度在25mg/m^3以上，可能会导致中毒、昏迷、抽筋以及其他的神经毒性作用，甚至死亡。即使室内空气中单个VOC含量都远低于其限制浓度（常为0.025～0.03mg/m^3），但由于多种VOC的混合存在及其相互作用，可能会使总挥发性有机化合物浓度超过要求的0.2～0.3mg/m^3，使危害强度增大，整体暴露后对人体健康的危害仍相当严重。

c. 苯及同系物甲苯、二甲苯。苯（C_6H_6）、甲苯（$C_6H_5—CH_3$）和二甲苯［$C_6H_4—(CH_3)_2$］都是芳香族烃类化合物，为无色透明、具有特殊芳香气味和挥发性的油状液体。主要以蒸气形式由呼吸道或皮肤进入人体，吸收中毒。苯是致癌物，可引发癌症、白血病等。苯、甲苯、二甲苯也是室内主要污染物之一。

苯及同系物甲苯、二甲苯主要隐藏在人造板和家具的胶黏剂、涂料以及添加剂、溶剂和稀释剂等材料中。苯属于中等毒类，甲苯和二甲苯属于低毒类，急性中毒主要作用于中枢神经系统，慢性中毒主要作用于造血组织及神经系统，短时间高浓度接触会可出现头晕、头痛、恶心、呕吐，以及黏膜刺激症状（如流泪、咽痛或咳嗽等），严重者可意识丧失、抽搐，甚至呼吸中枢麻痹而死亡。少数人可出现心肌缺血或心律失常。长期低浓度接触会出现头晕、头痛、乏力、失眠、多梦、记忆力减退、免疫力低下，严重者可致再生障碍性贫血、白血病。因此，应严格控制室内苯污染，目前室内空气评价标准规定的苯最高浓度为0.03mg/m^3，而民用建筑工程室内污染物浓度限量为0.09mg/m^3。

d. 游离甲苯二异氰酸酯（TDI）。甲苯二异氰酸酯（TDI）是二异氰酸酯类化合物中毒性最大的一种，它在常温常压下为乳白色液体，有特殊气味，挥发性大，不溶于水，易溶于丙酮、乙酸乙酯、甲苯等有机溶剂中。

由于TDI主要用于生产聚氨酯树脂和聚氨酯泡沫塑料，且具有挥发性，所以一些新购置的含此类物质的家具、沙发、床垫、椅子、地板，一些家装材料，做墙面绝缘材料的含有聚氨酯的硬质板材，用于密封地板、卫生间等处的聚氨酯密封膏，一些含有聚氨酯的防水涂料等，都会释放出 TDI。

TDI 的刺激性很强，特别是对呼吸道、眼睛、皮肤的刺激，可能引起哮喘性气管炎或支气管哮喘，表现为眼睛刺激、眼膜充血、视力模糊、喉咙干燥。长期低剂量接触可能引起肺功能下降，长期接触可引起支气管炎、过敏性哮喘、肺炎、肺水肿，有时可能引起皮肤炎症。室内装饰材料和家具所释放的 TDI 都会通过呼吸道进入人体，尽管浓度不高，但是往往释放期是比较长的，故对人体是长期低剂量的危害。国际上对于在涂料内聚氨酯含量的标准是小于 0.3%，而我国生产的聚氨酯涂料一般是 5%或更高，即超出国际标准几十倍。根据中国涂料协会的统计，此类涂料的年产量高达 11 万吨以上，可见应用是相当广泛的，对室内空气的污染也是相当严重的。

e. 氨。氨为无色而有强烈刺激性恶臭气味的气体，极易溶于水。乙醇和乙醚可燃。浓度达到 16%～25%易爆炸，是人们所关注的室内主要污染物之一。

室内空气中氨的隐藏点主要有 3 个：一是来自于高碱混凝土膨胀剂和含尿素与氨水的混凝土防冻剂等外加剂，这类含有大量氨类物质的外加剂在墙体中随着温度、湿度等环境因素的变化而还原成氨气从墙体中缓慢释放出来，造成室内空气中氨的浓度增加，特别是夏季气温较高，氨从墙体中释放速度较快，造成室内空气中氨浓度严重超标；二是来自于家具用木质板材，这些木质板材在加压成型过程中使用了大量胶黏剂，如脲醛树脂胶，主要是甲醛和尿素聚合反应而成，它们在室温下易释放出气态甲醛和氨，造成室内空气中氨的污染；三是来自于家具和室内装饰材料的涂料，如在涂饰时所用的添加剂和漂白剂大部分都用氨水，它们在室温下易释放出气态氨，造成室内空气中氨的污染。但是，这种污染释放期比较快，不会在空气中长期大量积存，对人体的危害相对小一些。

氨是一种碱性物质。对皮肤或眼睛造成强烈刺激，浓氨可引起皮肤或眼睛烧灼感，氨可以吸收皮肤组织中的水分，使组织蛋白变性，并使组织脂肪皂化，破坏细胞膜结构，它对接触的皮肤组织都有腐蚀和刺激作用。人对氨的嗅阈为 0.5～1.0mg/m^3。对口、鼻黏膜及上呼吸道有很强的刺激作用，其症状根据氨的浓度、吸入时间以及个人感受性等而有轻重。轻度中毒表现有鼻炎、咽炎、气管炎、支气管炎。一般要求空气中氨的浓度限制在 0.2～0.5mg/m^3。

f. 氡。氡是天然存在的无色、无味的放射性惰性气体，不易被察觉地存在于人们的生活和工作的环境空气中：自然界的铀系、钍系元素衰变为镭，而氡是镭的衰变产物。室内氡的污染，一般是指氡及其子体对人的危害。

氡主要来自于含镭量较高的土壤、黏土、水泥、砖、石料或石材等家具与室内建筑装修材料。氡及其子体极易吸附在空气中的细微粒上，被吸入人体后自发衰变产生电离辐射，杀死或杀伤人体细胞组织，被杀死的细胞可以通过新陈代谢再生，但杀伤的细胞就有可能发生变异，成为癌细胞，使人患有癌症。因此，氡对人体的危害是通过内照射进行的，其危害性会导致肺癌、白血病等。科学研究表明，氡诱发癌症的潜伏期大多在15年以上，由于其危害是长期积累的且不易察觉，因此，必须引起高度重视。一般要求室内氡气浓度不超过200Bq/m^3（Bq，放射性活度，1Bq=1s^{-1}）。

g. 重金属。铅、镉、铬、汞、砷等重金属是常见的有毒污染物，其可溶物对人体有明显危害。皮肤长期接触铬化合物可引起接触性皮炎或湿疹，重金属主要通过呼吸道、消化道进入人体，造成危害。过量的铅、镉、汞、砷会损伤中枢神经系统、骨髓造血系统、神经系统和肾脏，特别是对儿童生长发育和智力发育影响较大，因此，应注意这些有毒污染物误入口中。重金属离子主要来源于涂料中颜料以及含有金属有机化合物的防腐防霉剂等助剂，这些涂料中的金属有机化合物具有较强的杀菌力，虽然重金属离子含量比较少，但其中有许多是半挥发性物质，其毒性不亚于挥发性有机物，有的毒性可能更大，其挥发速度慢，对居室有长期慢性的作用，对人体也有较大的毒害。

h. 酚类物质。由于一些酚具有可挥发性，所以室内空气中的酚污染主要是释放于家具和家装建材中的酚。由于其可以起到防腐、防毒、消毒的作用，所以常被作为涂料或板材的添加剂；另外，家具和地板的亮光剂中也有应用。

酚类物质种类很多，均有特殊气味，易被氧化，易溶于水、乙醇、氯仿等物质。它分为可挥发性酚和不可挥发性酚两大类。酚及其化合物为中等毒性物质。这种物质可以通过皮肤、呼吸道黏膜、口腔等多种途径进入人体，由于渗透性强，可以深入到人体内部组织，侵害神经中枢，刺激骨髓，严重时可导致全身中毒。它虽然不是致癌突变性物质，但是它却是一种促癌剂。居住环境中的酚多为低浓度和局部性的酚，长期接触这类酚会出现皮肤瘙痒、皮疹、贫血、记忆力减退等症状。

i. 放射性核素。放射性核素主要是指建筑材料、装修材料以及家具石材中天然放射性核素镭（^{226}Ra）、钍（^{232}Th）等，它们无色、无臭、无形，主要隐藏在各种天然石材、花岗岩、砖瓦、陶瓷、混凝土、砂石、水泥制品、石膏制品等。镭（^{226}Ra）、钍（^{232}Th）等天然放射性核素的危害性主要表现为对人体的造血器官、神经系统、生殖系统、消化系统等造成损伤，导致白血病、癌症、生育畸形或不育等症状。

j. 有毒玻璃和五金配件。劣质木制品所采用的玻璃为含铅的玻璃，这种玻璃中的铅成分会缓慢积累在人体的肌肉、骨骼中，特别是对婴幼儿和少年儿童的脑部和骨骼发育有不良的影响，容易导致畸形。另外，有些劣质的家具五金配件表面含有氰化物的电镀液，这种物质对人体健康也是有害的。

(2) 家具中有害物质含量的测定

由于木制品品种繁多，采用的材料多种多样，从天然木材、人造板、人造石、金属材料到布艺、皮革、塑料、玻璃等，都可以用于制造木制品，或作为木制品的主要用材，或作为木制品的辅料，或作为木制品中的装饰用材。木制品材料是木制品中产生有害物质的主要因素。目前，木制品中存在的有害物质主要是人造板及胶黏剂中释放出的游离甲醛，涂料中挥发性有机化合物、苯、甲苯和二甲苯、游离甲苯二异氰酸酯等，以及木制品涂膜中的可溶性铅、镉、铬和汞等重金属。这些物质都会对人体健康造成危害。

① 家具中有害物质限量要求。根据 GB 18584—2001《室内装饰装修材料　木家具中有害物质限量》强制性标准的规定，木家具中有害物质限量应符合表 9-14 的要求。

表 9-14　木家具中有害物质限量要求

项　目	限量值
甲醛释放量(干燥器法)/(mg/L)	≤1.5(EI)
重金属含量(限色漆)/(mg/kg)	
可溶性铅	≤90
可溶性镉	≤75
可溶性铬	≤60
可溶性汞	≤60

注：根据 GB 18584—2001 标准编制。

② 木家具中有害物质含量测定方法。木家具中有害物质含量的具体测定方法可按 GB 18584—2001《室内装饰装修材料　木家具中有害物质限量》强制性标准中的规定进行。

a. 甲醛释放量的测定。按 GB/T 17657—1999《人造板及饰面人造板理化性能试验方法》中第 4.12 节规定的 24h 干燥器法进行。

试件取样。应在满足试验规定要求的出厂合格产品中取样。取样时应充分考虑产品的类别，使用人造板材料的种类和实际面积抽取部件。若产品中使用同种木质材料则抽取 1 块部件；若产品中使用数种木质材料则分别在每种材料的部件上取样。试件应在距木家具部件边沿 50mm 内制备。

试件规格。长为 (150±1)mm，宽为 (50±1)mm。

试件数量，共 10 块，制备试件时应考虑每种木质材料与产品中使用面积的比例，确定每种材料部件上的试件数量。

试件封边。试件锯完后其端面应立即采用熔点为 65℃的石蜡或不含甲醛的胶纸条封闭。试件端面的封边数量应为部件的原实际封边数量，至少保留 50mm 一处不封边。

试件存放。应在实验室内制备试件，试件制备后应在 2h 内开始试验，否则应重新制作试件。

甲醛收集。在直径为 240mm、容积为 9～11L 的干燥器底部放置直径为 120mm、高度为 60mm 的结晶皿，在结晶皿内加入 300mL 蒸馏水。在干燥器上部放置金属支架。金属支架上固定试件，试件之间互不接触。测定装置在 (20±2)℃下放置 24h，蒸馏水吸收从试件释放出的甲醛，此溶液作为待测液。

甲醛定量。量取 10mL 乙酰丙酮（体积分数为 0.4%）和 10mL 乙酸铵溶液（质量分数为 20%），将其装入 50mL 带塞三角烧瓶中，再从结晶皿中移取 10mL 待测液到该烧瓶中。塞上瓶塞，摇匀，再放到 (40±2)℃的水槽中加热 15min，然后把这种黄绿色的反应溶液静置暗处，冷却至室温（18～28°C，约 1h）。在分光分度计上 412mm 处，以蒸馏水作为对比溶液，调零。用厚度为 5mm 的比色皿测定该反应溶液的吸光度 A_s。同时用蒸馏水代替反应溶液进行空白试验，确定空白值为 A_b。此乙酸丙酮法与气候箱法比较，操作简便，行之有效，试验周期短，试验成本低，并已被多数国家所采用。

b. 可溶性重金属含量的测定。按 GB/T 9758—1988《色漆和清漆“可溶性”金属含量的测定》标准中规定的火焰（或无焰）原子吸收光谱测定可溶性重金属元素。其主要原理为：采用一定浓度的稀盐酸溶液处理制成的涂层粉末，然后使用火焰原子吸收光谱法或无焰原子吸收光谱法测定溶液中的可溶性重金属元素含量。

可溶性铅含量的测定按 GB/T 9758.1—1988 中第 3 章的要求进行。

可溶性镉含量的测定按 GB/T 9758.4—1988 中第 3 章的要求进行。

可溶性铬含量的测定按 GB/T 9758.6—1988 中第 6 章的要求进行。

可溶性汞含量的测定按 GB/T 9758.7—1988 中第 6 章的要求进行。

9.3 木材质量常用检测方法

9.3.1 木材年轮宽度和晚材率测定方法

木材年轮宽度和晚材率测定方法引自国家标准 GB/T 1930—1991《木材

年轮宽度和晚材率测定方法》，并略作删改。该标准适用于测定木材横截面上各整年轮的平均宽度及早晚材区别明显木材的各整年轮中晚材所占的百分数。

(1) 原理

测定试样所有整年轮的宽度、个数及晚材总宽度，以确定其年轮平均宽度及晚材率。

(2) 试验设备

测试量具，测量尺寸座准确至 0.01mm。

(3) 试样

一般用 GB/T 1928—2009 规定的试样，在试验硬度前，先测定年轮宽度和晚材率；或采用专门制作的试样。

(4) 试验步骤

① 在试样端面上，按径向画一直线，沿直线测出整年轮部分的总宽度，准确至 0.01mm，并数出测量范围内的年轮数，结果填写入记录表中。

② 在试样整年轮总宽度的范围内，测出每个年轮的晚材宽度，准确至 0.01mm。

(5) 结果计算

① 试样年轮的平均宽度计算公式（准确至 0.1mm），即

$$R_b = b/n$$

式中 R_b——试样年轮的平均宽度，mm；

b——试样测定范围内的整年轮总宽度，mm；

n——试样测定范围内的整年轮数，个。

② 晚材率的计算公式（准确至 1%），即

$$L_W = \frac{\sum L_b}{b} \times 100$$

式中 L_W——试样的晚材率，%；

$\sum L_b$——测定范围内的晚材总宽度，mm。

9.3.2 木材密度测定方法

木材密度测定方法引自国家标准 GB/T 1933—1991《木材密度测试方法》，并略作删改。该标准等效采用国际标准 ISO 3131—1975《木材物理力学试验时密度的测定》，适用于木材无疵小试样的气干密度、全干密度和基本密度的测定。

(1) 原理

测定试样的质量和体积，以求出木材的密度。

(2) 试验设备

① 天平，称量应准确至0.001g。

② 烘箱，应能保持在（103±2）℃。

③ 玻璃干燥器和称量瓶。

④ 测试量具，测量尺寸应准确至0.01mm。

（3）气干密度的测定

① 试样尺寸为20mm×20mm×20mm。当一树种试材的年轮平均宽度在4mm以上时，试样尺寸应增大至50mm×50mm×50mm。

② 在试样各相对面的中心位置，分别测出弦向、径向和顺纹方向尺寸，准确至0.01mm。允许使用其他测量方法测量试样体积，准确至0.01cm³。称出试样质量，准确至0.001g。

③ 将试样放入烘箱内，开始温度60℃保持4h后，进行烘干和称量；试样全干质量称出后，立即于试样各相对面的中心位置，分别测出弦向、径向和顺纹方向尺寸，准确至0.01mm。

④ 结果计算

a. 试样含水率为W时的气干密度按下式计算，准确至0.001g/cm³。

$$\rho_W=\frac{m_W}{V_W}$$

式中 ρ_W——试样含水率为W时的气干密度，g/cm³；

m_W——试样含水率为W时的质量，g；

V_W——试样含水率为W时的体积，cm³。

b. 试样的体积干缩系数按下式计算，准确至0.001%。

$$K=\frac{V_W-V_0}{V_0 W}\times 100$$

式中 K——试样的体积干缩系数，%；

V_0——试样全干时的体积，cm³；

W——试样含水率，%。

c. 试样含水率为12%时的气干密度按下式计算，准确至0.001g/cm³。

$$\rho_{12}=\rho_W[1-0.01(1-K)(W-12)]$$

式中 ρ_{12}——试样含水率为12%时的气干密度，g/cm³；

K——试样的体积干缩系数，%；

W——试样含水率，%；

ρ_W——试样含水率为W时的气干密度，g/cm³。

（4）全干密度的测定

试验步骤如上，结果按下式计算，准确至0.001g/cm³。

$$\rho_0=\frac{m_0}{V_0}$$

式中 ρ_0——试样全干时的密度，g/cm³；

m_0——试样全干时的质量，g。

（5）基本密度的测定

① 试样用饱和水分的湿材制作，尺寸为 20mm×20mm×20mm。当一树种试材的年轮平均宽度在 4mm 以上时，试样尺寸应增大至 50mm×50mm×50mm。

② 在试样各相对面的中心位置，分别测出弦向、径向和顺纹方向尺寸，准确至 0.01mm。对试样进行烘干和称量，方法同上。

③ 基本密度的计算按下式进行，准确至 0.001g/cm³

$$\rho_y=\frac{m_0}{V_{max}}$$

式中 ρ_y——试样的基本密度，g/cm³；

V_{max}——试样饱和水分时的体积，cm³；

m_0——试样全干时的质量，g。

9.3.3 木材含水率测定方法

木材含水率测定方法引自国家标准 GB/T 1931—1991《木材含水率测定方法》，并略作删改。该标准等效采用国际标准 ISO 3130—1975《木材物理机械试验含水率的测定》，适用于木材物理力学试验时含水率的测定。

（1）原理

气干或湿材的试样中所包含水分的质量与全干试样的质量之比，表示试样中水分的含量。

（2）试验设备

① 天平，称量应准确至 0.001g。

② 烘箱，应能保持在（103±2)℃。

③ 玻璃干燥器和称量瓶。

（3）试样

试样通常在需要测定含水率的试材、试条上，或在物理力学试验后试样上，按该项试验方法的规定部位截取。试样尺寸约为 20mm×20mm×20mm。

（4）试验步骤

① 试样取到后应立即称量，准确至 0.001g，结果记录。

② 将同批试验取得的含水率试样，一并放入烘箱内，在（103±2)℃的温度下烘 8h 后，从中选定 2～3 个试样进行第一次试称，以后每隔 2h 试称一次，至最后两次称量之差不超过 0.002g 时，即认为试样达到全干。

③ 将试样从烘箱中取出，放入装有干燥剂的玻璃干燥器内的称量瓶中，盖好称量瓶和干燥器盖。

④ 试样冷却至室温后，自称量瓶中取出称量。

⑤ 如试样为含有较多挥发物质（树脂、树胶等）的木材，用烘干法测定含水率会产生过大的误差时，宜改用真空干燥法测定木材的含水率。

(5) 结果计算

试样的含水率，按下式计算，准确至0.1%。

$$W=\frac{m_1-m_0}{m_0}\times 100$$

式中 W——试样晚材率，%；

m_1——试样试验时的质量，g；

m_0——试样全干时的质量，g。

9.3.4 木材湿胀性测定方法

木材湿胀性测定方法引自国家标准GB/T 1934.2—1991《木材湿胀性测定方法》，并略作删改。该标准适用于木材无疵小试样的径向、弦向和体积湿胀性测定。

(1) 原理

干木材吸湿或吸水后，其尺寸和体积随含水率的增高而膨胀。木材全干时的尺寸或体积与吸湿至大气相对湿度平衡或吸水至饱和时的尺寸或体积之比，表示木材的湿胀性。

(2) 试验设备

① 天平，称量应准确至0.001g。

② 烘箱，应能保持在(103±2)℃。

③ 玻璃干燥器和称量瓶。

④ 浸渍试样的容器。

⑤ 测试量具，测量尺寸应准确至0.01mm。

(3) 线湿胀性的测定

① 试材加工尺寸为20mm×20mm×20mm。

② 将试样放入烘箱内，开始温度60℃保持约4h，再将试样烘至全干，冷却后在试样各相对面的中心位置，分别测出径向和弦向尺寸，准确至0.01mm。

③ 将试样放置于温度(20±2)℃、相对湿度65%±5%的条件下吸湿至尺寸稳定。在吸湿过程，用2～3个试样，每隔6h试测一次弦向尺寸的变化，至两次连续测量之差不超过0.2mm时，即认为尺寸达到稳定，然后测所有试样的径向和弦向尺寸。

④ 测量尺寸后的试样，浸入盛蒸馏水的容器中，待吸收水分尺寸达到稳定为止。为检验试样的尺寸是否达到稳定，可在浸水 20 昼夜后，选定 2～3 个试样，测量弦向尺寸，以后每隔 3 昼夜测量一次，如两次测量结果相差不大于 0.02mm 时，即认为尺寸达到稳定，然后测量全部试样的径向和弦向尺寸。

⑤ 试样从全干到气干的径向或弦向的线湿胀率按下式计算，准确至 0.1%，即

$$\alpha_W=\frac{l_W-l_0}{l_0}\times 100$$

式中 α_W——试样从全干到气干时的径向或弦向线湿胀率，%；

l_W——试样气干时的径向或弦向尺寸，mm；

l_0——试样全干时的径向或弦向尺寸，mm。

⑥ 试样从全干到吸水至尺寸稳定时的径向或弦向的线湿胀率按下式计算，准确至 0.1%，即

$$\alpha_{max}=\frac{l_{max}-l_0}{l_0}\times 100$$

式中 α_{max}——试样从全干吸水到尺寸稳定时的径向或弦向线湿胀率，%；

l_{max}——试样吸水至稳定时的径向或弦向尺寸，mm；

l_0——试样全干时的径向或弦向尺寸，mm。

(4) 体积湿胀性的测定

① 试材加工尺寸为 20mm×20mm×20mm。

② 试验步骤同上，但应增测试样顺纹方向的尺寸，并计算出湿材、气干材和全干时试样的体积。

③ 试样从全干到气干的体积湿胀率按下式计算，准确至 0.1%，即

$$\alpha_{V_W}=\frac{V_W-V_0}{V_0}\times 100$$

式中 α_{V_W}——试样从全干到气干时的体积湿胀率，%；

V_W——试样气干时的体积，mm^3；

V_0——试样全干时的体积，mm^3。

④ 试样从全干到吸水至尺寸稳定时的体积湿胀率按下式计算，准确至 0.1%，即

$$\alpha_{V_{max}}=\frac{V_{max}-V_0}{V_0}\times 100$$

式中 $\alpha_{V_{max}}$——试样从全干吸水到尺寸稳定时的体积湿胀率，%；

V_{max}——试样吸水至稳定时的体积，mm^3；

V_0——试样全干时的体积，mm^3。

9.3.5 木材干缩性测定方法

木材干缩性测定方法引自国家标准GB/T 1932—1991《木材干缩性测定方法》，并略作删改。该标准使用于无疵木材小试样，从湿材干燥到气干或全干时的线干缩性及体积干缩性测定。

(1) 原理

含水率低于纤维饱和点的湿木材，其尺寸和体积随含水率的降低而缩小。从湿木材到气干或全干时尺寸及体积的变化与原湿材尺寸及体积之比，表示木材气干或全干时的线干缩性及体积干缩性。

(2) 试验设备

① 天平，称量应准确至0.001g。

② 烘箱，应能保持在(103±2)℃。

③ 玻璃干燥器和称量瓶。

④ 测试量具，测量尺寸应准确至0.01mm。

(3) 线干缩性的测定

试样用饱和水分的湿材制作，试材锯解及试样截取；试样尺寸为20mm×20mm×20mm。

① 测定时，试样的含水率应高于纤维饱和点，否则应将试样浸泡于温度(20±2)℃的蒸馏水中，至尺寸稳定后再测定。为检查尺寸是否达到稳定，以浸水的2～3个试样每隔3昼夜，试测一次弦向尺寸，待连续两次试测结果之差不超过0.02mm，即可认为试样尺寸达到稳定。然后在各试样各相对面的中心位置，分别测量试样的径向和弦向尺寸，准确至0.01mm，填入记录表，在测定过程中应使试样保持湿材状态。

② 将测量后的各试样，放置气干。在气干过程，用2～3个试样每隔6h试测一次弦向尺寸，至连续两次试测结果的差值不超过0.02mm，即可认为达到气干，然后分别测出各试样径向和弦向尺寸，并称出试样的质量，准确至0.001g。

③ 将测定后的试样放在烘箱中，开始温度60℃保持6h，然后烘干，并测出各试样全干时的质量和径向和弦向尺寸。

④ 在测定过程中，见发生开裂或形状畸变的试样应予舍弃。

⑤ 结果计算

a. 试样从湿材至全干时，径向和弦向的全干缩率按下式计算，准确至0.1%，即

$$\beta_{max}=\frac{l_{max}-l_0}{l_{max}}\times 100$$

式中 β_{max}——试样径向或弦向全干干缩率，%；

l_{max}——试样含水率高于纤维饱和点（即湿材）时的径向或弦向尺寸，mm；

l_0——试样全干时径向或弦向的尺寸，mm。

b. 试样从湿材至气干，径向或弦向的气干干缩率按下式计算，准确至0.1%，即

$$\beta_W=\frac{l_{max}-l_W}{l_{max}}\times 100$$

式中 β_W——试样径向或弦向的气干干缩率，%；

l_{max}——试样含水率高于纤维饱和点（即湿材）时的径向或弦向尺寸，mm；

l_W——试样气干时径向或弦向的尺寸，mm。

(4) 体积干缩性的测定

试验按上述步骤进行，但应增测试样顺纹方向的尺寸，并计算出湿材、气干材和全干时试样的体积。其结果计算如下。

① 试样从湿材到全干的体积干缩率按下式计算，准确至0.1%，即

$$\beta_{V_{max}}=\frac{V_{max}-V_0}{V_{max}}\times 100$$

式中 $\beta_{V_{max}}$——试样体积的全干干缩率，%；

V_{max}——试样湿材时的体积，mm^3；

V_0——试样全干时的体积，mm^3。

② 试样从湿材到气干时体积的干缩率按下式计算，准确至0.1%，即

$$\beta_{VW}=\frac{V_{max}-V_W}{V_{max}}\times 100$$

式中 β_{VW}——试样体积的全干干缩率，%；

V_W——试样气干时的体积，mm^3。

9.3.6 木材吸水性测定方法

木材吸水性测定方法引自国家标准GB/T 1934.1—1991《木材吸水性测定方法》，并略作删改。该标准适用于木材无疵小试样的吸水性测定。

(1) 原理

木材是多孔性有机材料，具有吸收其周围水分的能力。木材的吸水性，用当木材吸水至饱和或在规定时间内所吸水分与全干木材质量的比率来表示。

(2) 试验设备

① 天平，称量应准确至0.001g。

② 烘箱，应能保持在(103±2)℃。

③ 玻璃干燥器和称量瓶。

④ 浸渍试样的容器。

(3) 实验步骤

① 试材加工尺寸为 20mm×20mm×20mm，允许使用全干密度测定后的试样。

② 将试样放入烘箱内，开始温度 60℃保持约 4h，进行烘干和称量。

③ 试样称量后，随即放入盛有蒸馏水的容器内，用不锈金属网，将试样压入水面以下，盖好容器。水的温度保持在 (20±2)℃的范围内。

④ 试样放入水中经 6h 进行第一次称量，以后经 1、2、4、8、12、20 昼夜各称量一次，此后每隔 10 昼夜再次称量，至最后两次的含水率之差小于 5%时，即可认为达到最大吸水率。每次称量时，试样从容器中取出须用吸水纸吸去表面水分后再进击称量。容器内的蒸馏水必须保持清洁，一般每隔 4～5 昼夜更换一次。

⑤ 试样的吸水率按下式计算，准确至 1%，即

$$A=\frac{m-m_0}{m_0}\times 100$$

式中 A——试样的吸水率，%；

m——试样吸水后的质量，g；

m_0——试样全干时的质量，g。

9.3.7 木材顺纹抗压强度试验方法

木材顺纹抗压强度试验方法引自国家标准 GB/T 1935—1991《木材顺纹抗压强度试验方法》，并略作删改。该标准参照采用国际标准 ISO3787—1976《木材试验方法——顺纹抗压极限应力的测定》，适用于木材无疵小试样的顺纹抗压强度试验。

(1) 原理

沿木材纹理方向以均匀速度施加压力至破坏，以确定木材的顺纹抗压强度。

(2) 试验设备

① 试验机，测定荷载的精度应符合 GB/T 1928—1991《木材物理力学试验方法总则》要求，并具有球面滑动支座。

② 测试量具，测量尺寸应准确至 0.1mm。

③ 天平，称量应准确至 0.001g。

④ 烘箱，应能保持在 (103±2)℃。

⑤ 玻璃干燥器和称量瓶。

(3) 试验步骤

① 试样加工尺寸为30mm×20mm×20mm，长度为顺纹方向。当一树种试材的年轮平均宽度在4mm以上时，试样尺寸应增大至75mm×50mm×50mm。

② 在试样长度中央，测量宽度及厚度，准确至0.1mm。

③ 将试样放在试验机球面活动支座的中心位置，以均匀速度加荷，在1.5～2.0min内使试样破坏，即试验机的指针明显退回为止，读数准确至100N。

④ 试样破坏后，对长30mm的用整个试样，长75mm的立即在试样中部截取长约10mm的木块一个，进行称量，准确至0.001g，然后测定试样含水率。

⑤ 试样含水率为W时的顺纹抗压强度按下式计算，准确至0.1MPa，即

$$\sigma_W = \frac{P_{max}}{bt}$$

式中 σ_W——试样含水率为W时的顺纹抗压强度，MPa；

P_{max}——破坏载荷，N；

b——试样宽度，mm；

t——试样厚度，mm。

⑥ 试样含水率为12%时的顺纹抗压强度按下式计算，准确至0.1MPa，即

$$\sigma_{12} = \sigma_W[1+0.05(W-12)]$$

式中 σ_{12}——试样含水率为12%时顺纹抗压强度，MPa；

W——试样含水率，%。

9.3.8 木材横纹抗压弹性模量测定方法

木材横纹抗压弹性模量测定方法引自国家标准GB/T 1943—1991《木材横纹抗压弹性模量测定方法》，并略作删改。该标准适用于木材无疵小试样的横纹抗压弹性模量测定。

(1) 原理

木材横纹受压时，在比例极限应力内，以应力与应变之比求出木材横纹抗压弹性模量。

(2) 试验设备

① 试验机，测定荷载的精度应符合GB/T 1928—1991《木材物理力学试验方法总则》要求，并具有球面滑动支座。

② 杠杆式引伸仪，放大倍数约为1000，基距为20mm。

③ 测试量具，测量尺寸应准确至0.1mm。

④ 天平，称量应准确至0.001g。

⑤ 烘箱，应能保持在（103±2）℃。

⑥ 玻璃干燥器和称量瓶。

（3）试验步骤

① 试样尺寸为60mm×20mm×20mm，分别按弦向及径向制作。弦向试样的长度为木材弦向；径向试样的长度为木材径向。

② 在试样长度中央，测量宽度及厚度，准确至0.1mm。

③ 在弦向试样的两弦面上，距长度两端20mm处各画两条标距线；在试样各标距线中点，用胶黏剂贴上0.5～1mm、面积为5mm×5mm的黄铜片。

④ 用夹持器将两杠杆式引伸仪稳固地安装在试样两侧的黄铜片上，使引伸仪的刀口对准标距线中点。

⑤ 将试样放在试验机的球面滑动支座中心位置，沿试样纵轴方向以均匀速度加荷，上、下极限为100～400N。先加荷至下限，立即读出引伸仪指示的变形值，再在4～5s内均匀加荷至上限，记录变形值；如此反复六次。

⑥ 试验后，立即于试样中部截取约20mm长的木块一个，测定试样含水率。

⑦ 根据后三次测得的试样变形值，分别计算出上、下限变形平均值。上、下限荷载的变形平均值之差，即为上、下限荷载间的变形值。

a. 试样含水率为W时径向或弦向的横纹抗压弹性模量按下式计算，准确至1MPa，即

$$E_W=\frac{Pl}{bt\Delta l}$$

式中 E_W——试样含水率为W时的横纹抗压弹性模量，MPa；

P——上、下限荷载之差，N；

l——引伸仪的基距，mm；

b——试样宽度，mm；

t——试样厚度，mm；

Δl——上、下限荷载间的试样变形值，mm。

b. 试样含水率为12%时的横纹抗压弹性模量按下式计算，准确至1MPa，即

$$E_{12}=E_W[1+0.055(W-12)]$$

式中 E_{12}——试样含水率为12%时的横纹抗压弹性模量，MPa；

W——试样含水率，%。

9.3.9 木材顺纹抗拉强度试验方法

木材顺纹抗拉强度试验方法引自国家标准GB/T 1938—1991《木材顺纹抗拉强度》，并略作删改。该标准等效采用国际标准ISO 3345—1975

《木材——顺纹抗拉极限应力的测定》，适用于木材无疵小试样的顺纹抗拉强度试验。

(1) 原理

沿试样顺纹方向，以均匀速度施加拉力至破坏，以求出木材的顺纹抗拉强度。

(2) 试验设备

① 试验机，测定荷载的精度应符合 GB/T 1928—1991《木材物理力学试验方法总则》要求。试验机的十字头行程不小于 400mm，夹钳的钳口尺寸为 10～20mm，测量尺寸应准确至 0.1mm，并具有球面滑动接头，以保证试样沿纵轴受拉，防止纵向扭曲。

② 测试量具，测量尺寸应准确至 0.1mm。

③ 天平，称量应准确至 0.001g。

④ 烘箱，应能保持在 (103±2)℃。

⑤ 玻璃干燥器和称量瓶。

(3) 试验步骤

① 试样纹理必须通直，年轮的切线方向应垂直于试样有效部分（是指中部 60mm 一段）的宽面。试样有效部分与两端夹持部分之间的过渡弧表面应平滑，并与试样中心线相对称；试样尺寸参照 GB 1938—1991 要求进行。

② 在试样有效部分中央，测量厚度和宽度，准确至 0.1mm。

③ 将试样两端夹紧在试验机的钳口中，使试样宽面与钳口相接触，两端靠近弧形部分露出 20～25mm，竖直地安装在试验机上。

④ 试验以均匀速度加荷，在 1.5～2min 内使试样破坏。读取破坏荷载数据，准确至 100N。如拉断处不在试样有效部分，试验结果应予舍弃。

⑤ 试样试验后，立即在有效部分选取一段，测定试样含水率。

⑥ 试样含水率为 W 时的顺纹抗拉强度按下式计算，准确至 0.1MPa，即

$$\sigma_W=\frac{P_{max}}{tb}$$

式中 σ_W——试样含水率为 W 时的顺纹抗拉强度，MPa；

P_{max}——破坏荷载，N；

b——试样宽度，mm；

t——试样厚度，mm。

⑦ 试样含水率为 12% 时阔叶材的顺纹抗拉强度按下式计算，准确至 0.1MPa，即

$$\sigma_{12}=\sigma_W[1+0.015(W-12)]$$

式中 σ_{12}——试样含水率为 12% 的顺纹抗拉强度，MPa；

W——试样含水率，%。

⑧ 试样含水率为 12%时的针叶材的顺纹抗拉强度可取 $\sigma_{12}=\sigma_{W}$。

9.3.10 木材抗弯强度试验方法

木材抗弯强度试验方法引自国家标准 GB/T 1936.1—1991《木材抗弯强度试验方法》，并略作删改。该标准等效采用国际标准 ISO 3133—1975《木材——静力弯曲极限强度的测定》，适用于木材无疵小试样的抗弯强度试验。

(1) 原理

在试样长度中央，以均匀速度加荷至破坏，以求出木材的抗弯强度。

(2) 试验设备

① 试验机，测定荷载的精度应符合 GB/T 1928—1991《木材物理力学试验方法总则》要求。试验装置的支座及压头端部的曲率半径为 30mm，两支座间距离应为 240mm。

② 测试量具，测量尺寸应准确至 0.1mm。

③ 天平，称量应准确至 0.001g。

④ 烘箱，应能保持在 (103±2)℃。

⑤ 玻璃干燥器和称量瓶。

(3) 试验步骤

① 试样尺寸为 300mm×20mm×20mm，长度为顺纹方向。允许与抗弯弹性模量的测定用同一试样，先测定弹性模量，后进行抗弯强度试验。

② 抗弯强度只作弦向试验。在试样长度中央，测量径向尺寸为宽度，弦向为高度，准确至 0.1mm。

③ 采用中央加荷，将试样放在试验装置的两支座上，沿年轮切线方向（弦向）以均匀速度加荷，在 1～2min 内使试样破坏。读取破坏荷载数据准确至 10N。

④ 试验后，立即在试样靠近破坏处截取约 20mm 长的木块一个，测定试样含水率。

⑤ 试样含水率为 W 时的抗弯强度按下式计算，准确至 0.1MPa，即

$$\sigma_{bW}=\frac{3P_{max}l}{2bh^2}$$

式中 σ_{bW}——试样含水率为 W 时的抗弯强度，MPa；

P_{max}——破坏载荷，N；

l——两支座间跨距，mm；

b——试样宽度，mm；

h——试样高度，mm。

⑥ 试样含水率为 12%时的抗弯强度按下式计算，准确至 0.1MPa，即

$$\sigma_{b12}=\sigma_W[1+0.04(W-12)]$$

式中 σ_{b12}——试样含水率为12%时的抗弯强度，MPa；

W——试样含水率，%。

9.3.11 木材抗弯弹性模量测定方法

木材抗弯弹性模量测定方法引自国家标准 GB/T 1936.2—1991《木材抗弯弹性模量测定方法》，并略作删改。该标准参照采用国际标准 ISO 3349—1975《木材——静力弯曲弹性模量的测定》，适用于木材无疵小试样的抗弯弹性模量测定。

(1) 原理

木材受力弯曲时，在比例极限应力内，按荷载与变形的关系确定木材抗弯弹性模量。

(2) 试验设备

① 试验机，测定荷载的精度应符合 GB/T 1928—1991《木材物理力学试验方法总则》要求。试验装置的支座及压头端部的曲率半径为 30mm，两支座间距离应为 240mm。

② 测试量具，测量尺寸应准确至 0.1mm。

③ 百分表，应准确至 0.01mm，量程为 0～10mm。

④ 天平，称量应准确至 0.001g。

⑤ 烘箱，应能保持在 (103±2)℃。

⑥ 玻璃干燥器和称量瓶。

(3) 试验步骤

① 试样加工尺寸为 300mm×20mm×20mm，长度为顺纹方向。允许与抗弯强度试验用同一试样，先测定弹性模量，后进行抗弯强度试验。

② 采用弦向加荷。在试样长度中央，测量径向尺寸为宽度，弦向为高度，准确至 0.1mm。

③ 两点加荷，用百分表测量试样变形。

④ 测量试样变形的下、上限荷载，一般取 300～700N。试验机以均匀速度先加荷至下限荷载，立即读百分表指示值，读至 0.005mm，记数。然后经 20s 加荷至上限荷载，再记数，随即卸载。如此反复四次。每次卸载，应稍低于下限，然后再加载至下限载荷。

⑤ 对于甚软木材，下、上限荷载取 200～400N，自下限至上限的加荷时间可取 15s。为保证加荷范围不超过试样的比例极限应力，试验前，可在每批试样中选 2～3 个试样进行观察试验，绘制荷载-变形图，在其直线范围内确定上、下限荷载。

⑥ 抗弯弹性模量测定后，如不进行抗弯强度试验，应立即于试样中部截取约 20mm 长的木块一个，测定试样含水率。

⑦ 根据后三次测得的试样变形值，分别计算出上、下限变形平均值。上、下限荷载的变形平均值之差，即为上、下限荷载间的变形值。

a. 试样含水率为 W 时的抗弯弹性模量按下式计算，准确至 10MPa，即

$$E_W=\frac{23Pl^3}{108bh^3f}$$

式中 E_W——试样含水率为 W 时的抗弯弹性模量，MPa；

P——上、下限荷载之差，N；

l——两支座间跨距，mm；

b——试样宽度，mm；

h——试样高度，mm；

f——上、下限荷载间的试样变形值，mm。

b. 试样含水率为 12%时的抗弯弹性模量按下式计算，准确至 10MPa，即

$$E_{12}=E_W[1+0.015(W-12)]$$

式中 E_{12}——试样含水率为 12%时的抗弯强度，MPa；

W——试样含水率，%。

9.3.12 木材顺纹抗剪强度试验方法

木材顺纹抗剪强度试验方法引自国家标准 GB/T 1937—1991《木材顺纹抗剪强度试验方法》，并略作删改。该标准等效采用国际标准 ISO 3347—1976《木材——顺纹抗剪极限应力的测定》，适用于木材无疵小试样的顺纹抗剪强度试验。

(1) 原理

由加压方式形成的剪切力，使试样一表面对另一表面顺纹滑移，以测定木材顺纹抗剪强度。

(2) 试验设备

① 试验机，测定荷载的精度应符合 GB/T 1928—1991《木材物理力学试验方法总则》要求，并具有球面滑动压头。

② 木材顺纹抗剪试验装置。

③ 测试量具，测量尺寸应准确至 0.1mm。

④ 天平，称量应准确至 0.001g。

⑤ 烘箱，应能保持在 (103±2)℃。

⑥ 玻璃干燥器和称量瓶。

(3) 试验步骤

① 试样尺寸 40mm×35mm×20mm，试样缺角的部分角度为 106°40′；采

用角规检查，允许误差为±20′。

② 测量试样受剪面的宽度和长度，准确至0.1mm。

③ 将试样装于试验装置的垫块上，调整螺杆，使试样的顶端和一面上部贴紧试验装置上部凹角的相邻两侧面，至试样不动为止。再将压块置于试样斜面上，并使其侧面紧靠试验装置的主体；将装好试样的试验装置放在试验规上，使压块的中心对准试验机上压头的中心位置。

④ 以均匀速度加荷，在1.5～2min内使试样破坏，对荷载读数准确至10N。

⑤ 将试样破坏后的小块部分，立即测定含水率。

⑥ 试样含水率为W时的弦面或径面顺纹抗剪强度按下式计算，准确至0.1MPa，即

$$\tau_W=\frac{0.96P_{max}}{bl}$$

式中 τ_W——试样含水率为W时的弦面或径面顺纹抗剪强度，MPa；

P_{max}——破坏荷载，N；

b——试样受剪面宽度，mm；

l——试样受剪面长度，mm。

⑦ 试样含水率为12%时的弦面或径面的顺纹抗剪强度按下式计算，准确至0.1MPa，即

$$\tau_{12}=\tau_W[1+0.03(W-12)]$$

式中 τ_{12}——试样含水率为12%时的弦面或径面的顺纹抗剪强度，MPa；

W——试样含水率，%。

9.3.13 木材横纹抗压试验方法

木材横纹抗压试验方法引自国家标准GB/T 1939—1991《木材横纹抗压试验方法》，并略作删改。该标准等效采用国际标准ISO 3132—1975《木材——横纹抗压试验》，适用于木材无疵小试样的横纹全部抗压试验及横纹局部抗压试验。

(1) 原理

从横纹抗压试验的荷载-变形图上，确定比例极限荷载，计算出木材横纹抗压比例极限应力。

(2) 试验设备

① 试验机，测定荷载的精度应符合GB/T 1928—1991《木材物理力学试验方法总则》要求，并具有球面滑动支座。试验机应有记录装置，记录荷载的刻度间隔，应不大于50N/mm；记录试样变形的刻度间隔，应不大于0.01mm/mm。

② 测试量具，测量尺寸应准确至0.1mm。

③ 天平，称量应准确至0.001g。

④ 烘箱，应能保持在（103±2)℃。

⑤ 玻璃干燥器和称量瓶。

(3) 木材横纹全部抗压试验

① 试样加工尺寸为30mm×20mm×20mm，长度为顺纹方向；当一树种试材的年轮平均宽度在4mm以上时，试样尺寸应增大至75mm×50mm×50mm。

② 分别用径向和弦向试样进行试验。测量试样的长度和长度中央的宽度，准确至0.1mm。弦向试验时，试样宽度为径向；径向试验时，试样宽度为弦向。

③ 将试样放在试验机的球面滑动支座中心处。弦向试验时，在试样径面加荷；径向试验时，在试样弦面加荷。

④ 试验以均匀速度加荷，在1～2min内达到比例极限荷载。

⑤ 试验后，对长30mm（或长75mm）的整个试样立即在中部截取约10mm长的木块一个，测定试样含水率。

⑥ 试样含水率为W时，径向或弦向的横纹全部抗压比例极限应力按下式计算，准确至0.1MPa，即

$$\sigma_{yW}=\frac{P}{bl}$$

式中 σ_{yW}——试样含水率为W时的横纹全部抗压比例极限应力，MPa；

P——比例极限载荷，N；

l——试样长度，mm；

b——试样宽度，mm。

⑦ 试样含水率为12%时径向或弦向的横纹全部抗压比例极限应力按下式计算，准确至0.1MPa，即

$$\sigma_{y12}=\sigma_{yW}[1+0.045(W-12)]$$

式中 σ_{y12}——试样含水率为12%时的横纹全部抗压比例极限应力，MPa；

W——试样含水率，%。

(4) 木材横纹局部抗压试验

① 试样加工尺寸为60mm×20mm×20mm，长度为顺纹方向；当一树种试材的年轮平均宽度在4mm以上时，试样尺寸应增大至150mm×50mm×50mm。

② 分别用弦向、径向试样进行试验。在试样长度中央测量宽度，准确至0.1mm。弦向试验时，试样宽度为径向；径向试验时，试样宽度为弦向。

③ 在 60mm×20mm×20mm 试样的受压面上，距两端 20mm 处画两条垂直于长轴的平行线；对 150mm×50mm×50mm 的试样，在受压面上距两端 50mm 处画线。

④ 将试样放在试验机的球面滑动支座上，使试样中心位于支座中心。加压钢块的长、宽、厚尺寸，对 60mm×20mm×20mm 试样用 30mm×20mm×10mm；对 150mm×50mm×50mm 试样用 70mm×50mm×10mm。弦向试验时，在试样径面上加荷；径向试验时，在试样弦面上加荷。然后按第 9.3.13 节（3）的③～⑤进行试验。

⑤ 试样含水率为 W 时径向或弦向的横纹局部抗压比例极限应力按下式计算，准确至 0.1 MPa，即

$$\sigma_{yW}=\frac{P}{ab}$$

式中 σ_{yW}——试样含水率为 W 时的横纹局部抗压比例极限应力，MPa；

P——比例极限载荷，N；

a——加压钢块宽度，mm；

b——试样宽度，mm。

⑥ 试样含水率为 12%时径向或弦向的横纹局部抗压比例极限应力按下式计算，准确至 0.1MPa，即

$$\sigma_{y12}=\sigma_{yW}[1+0.045(W-12)]$$

式中 σ_{y12}——试样含水率为 12%时的横纹局部抗压比例极限应力，MPa；

W——试样含水率，%。

9.3.14 木材硬度试验方法

木材硬度试验方法引自国家标准 GB/T 1941—1991《木材硬度试验方法》，并略作删改。该标准等效采用国际标准 ISO 3350—1975《木材——静力硬度的测定》，适用于使用木材无疵小试样径面、弦面和端面硬度的测定。

(1) 原理

木材具有抵抗其他刚体压入的能力，用规定半径的钢球，在静荷载下压入木材以表示其硬度。

(2) 试验设备

① 试验机，测定荷载的精度应符合 GB/T 1928—1991《木材物理力学试验方法总则》要求。

② 电触型硬度试验设备，包括一个半径为 5.64mm±0.01mm 钢半球端部的压头。

③ 天平，称量应准确至 0.001g。

④ 烘箱，应能保持在（103±2)℃。

⑤ 玻璃干燥器和称量瓶。

（3）试验步骤

① 试样尺寸为70mm×50mm×50mm，长度为顺纹方向。

② 每一试样应分别在两个弦面、任一径面和任一端面上各试验一次。

③ 将试样放于试验机支座上，并使试验设备的钢半球端头正对试样试验面的中心位置。然后以3～6mm/min的均匀速度将钢压头压入试样的试验面，直至压入5.64mm深为止，记录荷载读数，准确至10N；对于加压试样易裂的树种，钢半球压入的深度，允许减至2.82mm。

④ 试验后，应立即在试样端面的压痕处截取约20mm×20mm×20mm的木块一个，测定试样含水率。

⑤ 试样含水率为W时的硬度按下式计算，准确至10N，即

$$H_W=KP$$

式中 H_W——试样含水率为W时的硬度，N；

P——钢半球压入试样的荷载，N；

K——压入试样深度为5.64mm或2.82mm时的系数，分别等于1或4/3。

⑥ 试样两个弦面的试验结果取平均值，连同一个径面和一个端面的试验结果，作为该试样各面的硬度。

⑦ 试样含水率为12%时的硬度按下式计算，准确至10N，即

$$H_{12}=H_W[1+0.03(W-12)]$$

式中 H_{12}——试样含水率为12%时的硬度，N；

W——试样含水率，%。

9.3.15 木材抗劈力试验方法

木材抗劈力试验方法引自国家标准GB 1942—1991《木材抗劈力试验方法》，并略作删改。该标准适用于使用木材无疵小试样的抗劈力试验。

（1）原理

模拟斧劈木材施力状态，于试样一端垂直于木纹方向施加拉力，使其沿纹理劈裂，以测定木材的抗劈能力。

（2）试验设备

① 试验机，测定荷载的精度应符合GB/T 1928—1991《木材物理力学试验方法总则》要求，并具有适合于试样楔形切口的试验附件。

② 测试量具，测量尺寸应准确至0.1mm。

(3) 试验步骤

① 试样尺寸为 20mm×20mm×50mm，在制作楔形切口时，在试样上钻孔。径面抗劈试样，钻孔方向沿年轮径向；弦面抗劈试样，钻孔方向沿年轮切线方向，然后沿试样长度方向两个钻孔的中心连线锯开。

② 测量试样抗劈面的宽度，准确至 0.1mm。

③ 将试样正确装于试验机附件上，以均匀速度加荷，在 0.2～0.5min 内使试样破坏，记录破坏荷载，准确至 10N；凡破坏不在试样中心线两侧各 2mm 范围内的，试验结果应予舍弃。

④ 试样弦面或径面的抗劈力按下式计算，准确至 1N/mm，即

$$C=\frac{P_{max}}{b}$$

式中 C——试样的抗劈力，N/mm；

P_{max}——破坏荷载，N；

b——试样抗劈面的宽度，mm。

9.3.16 木材冲击韧性试验方法

木材冲击韧性试验方法引自国家标准 GB/T 1940—1991《木材冲击韧性试验方法》，并略作删改。该标准等效采用国际标准 ISO 3348—1975《木材——冲击弯曲强度的测定》，适用于使用摆锤式冲击试验机测定木材无疵小试样的冲击韧性。

(1) 原理

于试样中央施加冲击荷载，使试样产生弯曲破坏，以确定木材的冲击韧性。

(2) 试验设备

① 摆锤式冲击试验机，测量精度应符合 GB/T 1928—1991《木材物理力学试验方法总则》要求，试样支座和摆锤冲头端部的曲率半径为 15mm，两支座间的距离为 240mm，支座高应大于 20mm。

② 测试量具，测量尺寸应准确至 0.1mm。

(3) 试验步骤

① 试样尺寸为 300mm×20mm×20mm，长度为顺纹方向。

② 冲击韧性只作弦向试验。在试样长度中央，测量径向尺寸为宽度，弦向为高度，准确至 0.1mm。

③ 将试样对称地放在试验机支座上，使试验机摆锤冲击于试样长度中央的径面上，必须一次冲断，将试样吸收能量记录，准确至 1J。

④ 试样的冲击韧性按下按式计算，准确至 $1kJ/m^2$，即

$$A=\frac{1000Q}{bh}$$

式中 A——试样的冲击韧性，kJ/m^2；

Q——试样吸收能量，J；

b——试样宽度，mm；

h——试样高度，mm。

附 录

现行家具行业国家标准

家具行业现使用的国家标准分五大类：①家具通用技术与基础标准；②家具产品质量标准；③家具产品试验方法标准；④家具用化学涂层试验方法标准；⑤家具用部分辅助材料及其试验方法标准。具体标准如下。

一、家具通用技术与基础标准

GB/T 3324—2008　木家具通用技术条件

GB/T 3325—2008　金属家具通用技术条件

GB/T 3326—1997　家具　桌、椅、凳类主要尺寸

GB/T 3327—1997　家具　柜类主要尺寸

GB/T 3328—1997　家具　床类主要尺寸

GB/T 3976—2002　学校课桌功能尺寸

GB/T 33666—1992　图书用品设备产品型号编制方法

GB/T 13667.1—2003　钢制书架通用技术条件

GB/T 13667.2—2003　积层式钢制书架技术条件

GB/T 13667.3—2003　手动密集书架技术条件

GB/T 13668—2003　钢制书柜、资料柜通用技术条件

GB/T 14530—1993　图书用品设备　木制目录柜技术条件

GB/T 14531—2008　图书用品设备　阅览桌椅技术条件

GB/T 14532—2008　图书用品设备　木制书柜、图纸柜、资料柜技术条件

GB/T 14533—1993　图书用品设备　木制书架、期刊架技术条件

QB/T 1241—1991　家具五金　家具拉手安装尺寸

QB/T 1242—1991　家具五金　杯状暗铰链安装尺寸

QB 1338—1991　家具制图

QB/T 2189—1995　家具五金　杯状暗铰链及其安装底座要求和检验

QB/T 3654—1999　圆榫接合（原 ZB Y80 001—1988）

QB/T 3657.1—1999　木家具涂饰工艺　聚氨酯清漆涂饰工艺规范（原 ZB/T Y800 004.1—1989）

QB/T 3657.2—1999　木家具涂饰工艺　醇酸清漆、酚醛清漆涂饰工艺规范

QB/T 3658—1999　木家具　公差与配合（原 ZB/T Y80 005—1989）

QB/T 3659—1999　木家具　形状和位置公差（原 ZB/T Y80 006—1989）

QB/T 3913—1999　家具用木制零件断面尺寸（原 GB 3330—1982）

QB/T 3914—1999　家具工业常用名词术语（原 GB 3330—1982）

QB/T 3915—1999　家具功能尺寸的标注（原 GB 10166—1988）

二、家具产品质量标准

QB/T 1951.1—1994　木家具　质量检验及质量评定

QB/T 1951.2—1994　金属家具　质量检验及质量评定

QB/T 1952.1—2003　软体家具　沙发质量检验及分等综合评定

QB/T 1952.2—2003　软体家具　弹簧软床垫质量检验及分等综合评定

QB/T 2280—2007　办公椅

QB/T 3644—1999　漆艺家具（原 ZB/T Y88 001—1989）

QB/T 3660—1999　木衣箱（原 ZB/T Y81 001—1989）

QB/T 3661.1—1999　软体家具　沙发（原 ZB/T Y81 002.1—1989）

QB/T 3661.2—1999　软体家具　弹簧软床垫（原 ZB/T Y81 002.2—1989）

QB/T 3916—1999　课桌椅（原 GB 10356—1989）

三、家具产品试验方法标准

GB/T 10357.1—1989　家具力学性能试验　桌类强度和耐久性

GB/T 10357.2—1989　家具力学性能试验　椅凳类稳定性

GB/T 10357.3—1989　家具力学性能试验　椅凳类强度和耐久性

GB/T 10357.4—1989　家具力学性能试验　柜类稳定性

GB/T 10357.5—1989　家具力学性能试验　柜类强度和耐久性

GB/T 10357.6—1989　家具力学性能试验　单层床强度和耐久性

GB/T 10357.7—1989　家具力学性能试验　桌类稳定性

四、家具用化学涂层试验方法标准

GB/T 1720—1979　漆膜附着力测定法

GB/T 1721—2008　清漆、清油及稀释剂外观和透明度测定法

GB/T 1722—1992　清漆、清油及稀释剂颜色测定法

GB/T 1723—1993　涂料黏度测定法
GB/T 1727—1992　漆膜一般制备法
GB/T 1728—1979　漆膜、腻子膜干燥时间测定法
GB/T 1730—2007　漆膜硬度测定法　摆杆阻尼试验
GB/T 1731—1993　漆膜柔韧性测定法
GB/T 1732—1993　漆膜耐冲击测定法
GB/T 1733—1993　漆膜耐水性测定法
GB/T 1734—1993　漆膜耐汽油性测定法
GB/T 1735—2009　耐热性测定法
GB/T 1740—1979　漆膜耐湿热测定法
GB/T 1741—1979　漆膜耐霉菌测定法
GB/T 1743—1979　漆膜光泽测定法
GB/T 1748—1979　腻子膜柔韧性测定法
GB/T 1749—1979　厚漆、腻子稠度测定法
GB/T 1761—1979　漆膜抗污气性测定法
GB/T 1762—1980　漆膜回黏性测定法
GB/T 1763—1979　漆膜耐化学试剂性测定
GB/T 1764—1979　漆膜厚度测定法
GB/T 1766—1995　色漆和清漆　涂层老化的评级方法
GB/T 1768—1979　漆膜耐磨性测定法
GB/T 1769—1979　漆膜磨光性测定法
GB/T 1770—1979　底漆、腻子膜打磨性测定法
GB/T 4893.1—2005　家具表面漆膜耐液测定法
GB/T 4893.2—2005　家具表面漆膜耐湿热测定法
GB/T 4893.3—2005　家具表面漆膜耐干热测定法
GB/T 4893.4—2005　家具表面漆膜附着力交叉切割测定法
GB/T 4893.5—2005　家具表面漆膜厚度测定法
GB/T 4893.6—2005　家具表面漆膜光泽测定法
GB/T 4893.7—2005　家具表面漆膜耐冷热温差测定法
GB/T 4893.8—2005　家具表面漆膜耐磨性测定法
GB/T 4893.9—1992　家具表面漆膜抗冲击测定法
GB/T 9271—2008　色漆和清漆　标准试板
GB/T 9276—1996　涂层自然气候暴露试验方法
GB/T 9753—2007　色漆和清漆　杯突试验
QB/T 3655—1999　家具表面软质覆面材料剥离强度的测定（原 ZB Y80

002—1988）

QB/T 3656—1999　家具表面硬质覆面材料剥离强度的测定（ZB Y80 003—1988）

五、家具用部分辅助材料及其试验方法标准

GB/T 1931—2009　木材含水率测定方法

GB/T 1932—2009　木材干缩性测定方法

GB/T 1933—2009　木材密度测定方法

GB/T 1934.1—2009　木材吸水性测定方法

GB/T 1934.2—2009　木材湿胀性测定方法

GB/T 1936.1—2009　木材抗弯强度试验方法

GB/T 1941—2009　木材硬度试验方法

GB/T 4897—2003　刨花板

GB/T 9846—2004　胶合板

GB/T 11718.1—2009　中密度纤维板

GB/T 15102—2006　浸渍胶膜纸饰面人造板

GB/T 16799—2008　家具用皮革

参考文献

[1] 宫艺兵，赵俊学. 室内装饰材料与施工工艺 [M]. 哈尔滨：黑龙江人民出版社，2005.

[2] 劳动和社会保障部中国就业培训技术指导中心组织. 精细木工 [M]. 北京：中国城市出版社，2003.

[3] 饶勃. 实用木工手册 [M]. 上海：上海交通大学出版社，1998.

[4] 花军等. 现代木工机床结构 [M]. 哈尔滨：东北林业大学出版社，2006.

[5] 房志勇. 装修装饰木工基本技术 [M]. 北京：金盾出版社，1999.

[6] 潘福刚. 木工基本技能 [M]. 北京：中国劳动和社会保障出版社，2005.

[7] 李永刚. 手工木工 [M]. 北京：中国城市出版社，2003.

[8] 建筑专业《职业技能鉴定教材》编审委员会. 木工 [M]. 北京：中国劳动出版社职业技能鉴定教材.

[9] 尹思慈. 木材学 [M]. 北京：中国林业出版社，1996.

[10] 王寿华，王比君. 木工手册 [M]. 北京：中国建筑工业出版社，2005.

[11] 立军. 木工 [M]. 北京：机械工业出版社，2006.

[12] 宋魁彦. 家具设计制造学 [M]. 哈尔滨：黑龙江人民出版社，2006.

[13] 刘忠传. 木制品生产工艺学 [M]. 北京：中国林业出版社，1991.